中国特色高水平高职学校项目建设成果

建筑施工技术

JIANZHU SHIGONG JISHU

主　编◎刘任峰
副主编◎王天成　葛贝德
主　审◎马利耕

中国铁道出版社有限公司
CHINA RAILWAY PUBLISHING HOUSE CO., LTD.

内 容 简 介

本书依据高等职业院校建筑工程技术专业人才培养目标和定位要求，以建筑施工工作过程为导向构建学习领域，并结合课程标准完成编写，包括基础工程施工、主体工程施工、防水工程施工、装饰工程施工四个学习情境，共设 14 个任务。

本书是新形态教材，侧重培养学生建筑施工技能，以满足企业对学生知识、能力及素质等方面的要求。

本书适合作为高职建筑工程技术专业教材，也可作为土建施工职业技能培训教材及从事相关专业的企业技术人员参考书。

图书在版编目(CIP)数据

建筑施工技术 / 刘任峰主编. -- 北京：中国铁道出版社有限公司, 2025. 2. -- ISBN 978-7-113-31868-0

Ⅰ. TU74

中国国家版本馆 CIP 数据核字第 20240144XF 号

书　　名：建筑施工技术	
作　　者：刘任峰	
策　　划：祁　云　何红艳	**编辑部电话**：(010)63560043
责任编辑：何红艳　徐盼欣	
封面设计：刘　颖	
责任校对：苗　丹	
责任印制：赵星辰	

出版发行：中国铁道出版社有限公司(100054,北京市西城区右安门西街 8 号)
网　　址：https://www.tdpress.com/51eds
印　　刷：北京联兴盛业印刷股份有限公司
版　　次：2025 年 2 月第 1 版　2025 年 2 月第 1 次印刷
开　　本：880 mm×1 230 mm　1/16　印张：21.75　字数：670 千
书　　号：ISBN 978-7-113-31868-0
定　　价：69.80 元

版权所有　侵权必究

凡购买铁道版图书，如有印制质量问题，请与本社教材图书营销部联系调换。电话：(010)63550836

打击盗版举报电话：(010)63549461

中国特色高水平高职学校项目建设成果系列教材编审委员会

主　任：高洪旗　哈尔滨职业技术大学党委书记
　　　　　刘建国　哈尔滨职业技术大学校长、党委副书记

副主任：金　淼　哈尔滨职业技术大学宣传(统战)部部长
　　　　　杜丽萍　哈尔滨职业技术大学教务处处长
　　　　　徐翠娟　哈尔滨职业技术大学国际学院院长

委　员：黄明琪　哈尔滨职业技术大学马克思主义学院党总支书记
　　　　　栾　强　哈尔滨职业技术大学艺术与设计学院院长
　　　　　彭　彤　哈尔滨职业技术大学公共基础教学部主任
　　　　　单　林　哈尔滨职业技术大学医学院院长
　　　　　王天成　哈尔滨职业技术大学建筑工程与应急管理学院院长
　　　　　于星胜　哈尔滨职业技术大学汽车学院院长
　　　　　雍丽英　哈尔滨职业技术大学机电工程学院院长
　　　　　赵爱民　哈尔滨电机厂有限责任公司人力资源部培训主任
　　　　　刘艳华　哈尔滨职业技术大学质量管理办公室教学督导员
　　　　　谢吉龙　哈尔滨职业技术大学机电工程学院党总支书记
　　　　　李　敏　哈尔滨职业技术大学机电工程学院教学总管
　　　　　王永强　哈尔滨职业技术大学电子与信息工程学院教学总管
　　　　　张　宇　哈尔滨职业技术大学高建办教学总管

本书编委会

主　　编：刘任峰（哈尔滨职业技术大学）

副主编：王天成（哈尔滨职业技术大学）

　　　　葛贝德（哈尔滨职业技术大学）

参　　编：李晓光（哈尔滨职业技术大学）

　　　　朱琳琳（哈尔滨职业技术大学）

　　　　孙　勇（黑龙江科技大学）

　　　　李　林（黑龙江省黑建—建筑工程有限责任公司）

主　　审：马利耕（哈尔滨职业技术大学）

编写说明

实施中国特色高水平高职学校和专业建设计划(简称"双高计划")是教育部、财政部为建设一批引领改革、支撑发展、中国特色、世界水平的高等职业学校和骨干专业(群)而做出的重大决策。哈尔滨职业技术大学(原哈尔滨职业技术学院)入选"双高计划"建设单位。为了切实有效落实"双高计划",学校对中国特色高水平学校建设进行顶层设计,编制了站位高端、理念领先的建设方案和任务书,并扎实开展了人才培养高地、特色专业群、高水平师资队伍与校企合作等项目建设,借鉴国际先进的教育教学理念,开发中国特色、国际水准的专业标准与规范,深入推动"三教"改革,组建模块化教学创新团队,实施"课程思政",开展"课堂革命",校企双元开发活页式、工作手册式、新形态教材。为适应智能时代先进教学手段应用,学校加大优质在线资源的建设,丰富教材的信息化载体,为开发优质特色教材奠定基础。

按照教育部印发的《职业院校教材管理办法》要求,教材编写总体思路是:依据学校双高建设方案中教材建设规划、国家相关专业教学标准、专业相关职业标准及职业技能等级标准,服务学生成长成才和就业创业,以立德树人为根本任务,融入课程思政,对接相关产业发展需求,将企业应用的新技术、新工艺和新规范融入教材之中。教材编写遵循技术技能人才成长规律和学生认知特点,适应相关专业人才培养模式创新和课程体系优化的需要,注重以真实生产项目、典型工作任务及典型工作案例等为载体开发教材内容体系,实现理论与实践有机融合,满足"做中学、做中教"的需要。

本系列教材是哈尔滨职业技术大学中国特色高水平高职学校项目建设的重要成果之一,也是哈尔滨职业技术大学教材建设和教法改革成效的集中体现。教材体例新颖,具有以下特色:

第一,教材研发团队组建创新。按照学校教材建设统一要求,遴选教学经验丰富、课程改革成效突出的专业教师担任主编,邀请相关企业作为联合建设单位,形成了一支学校、行业、企业高水平专业人才参与的开发团队,共同参与教材编写。

第二,教材内容整体构建创新。精准对接国家专业教学标准、职业标准、职业技能等级标准确定教材内容体系,参照行业企业标准,有机融入新技术、新工艺、新规范,构建基于职业岗位工作需要的体现真实工作任务、流程的内容体系。

第三,教材编写模式形式创新。与课程改革相配套,按照"工作过程系统化""项目+任务式""任务驱动式""CDIO式"四类课程改革需要设计四大教材编写模式,创新新形态、活页式及工作手册式教材三大编写形式。

第四，教材编写实施载体创新。依据本专业教学标准和人才培养方案要求，在深入企业调研、岗位工作任务和职业能力分析基础上，按照"做中学、做中教"的编写思路，以企业典型工作任务为载体进行教学内容设计，将企业真实工作任务、真实业务流程、真实生产过程纳入教材之中。开发了教学内容配套的教学资源①，满足教师线上线下混合式教学的需要，本教材配套资源同时在相关平台上线，可随时下载相应资源，满足学生在线自主学习课程的需要。

第五，教材评价体系构建创新。从培养学生良好的职业道德、综合职业能力与创新创业能力出发，设计并构建评价体系，注重过程考核和学生、教师、企业等参与的多元评价，在学生技能评价上借助社会评价组织的"1+X"考核评价标准和成绩认定结果进行学分认定，每部教材均根据专业特点设计了综合评价标准。

为确保教材质量，哈尔滨职业技术大学组建了中国特色高水平高职学校项目建设成果系列教材编审委员会，教材编审委员会由职业教育专家和企业技术专家组成。学校组织了专业与课程专题研究组，对教材持续进行培训、指导、回访等跟踪服务，有常态化质量监控机制，能够为修订完善教材提供稳定支持，确保教材的质量。

本套教材是我校在国家骨干院校教材建设的基础上，经过几轮修订，融入课程思政内容和课堂革命理念，既具积累之深厚，又具改革之创新，凝聚了校企合作编写团队的集体智慧。本系列教材的出版，充分展示了课程改革成果，为更好地推进中国特色高水平高职学校项目建设做出积极贡献！

哈尔滨职业技术大学中国特色高水平高职
学校项目建设成果系列教材编审委员会
2025年1月

---

① 2024年6月，教育部批复同意以哈尔滨职业技术学院为基础设立哈尔滨职业技术大学（教发函〔2024〕119号）。本书配套教学资源均是在此之前开发的，故署名均为"哈尔滨职业技术学院"。

前 言

《建筑施工技术》是高等职业院校建筑工程技术专业核心课程的配套教材。本书根据高等职业院校的培养目标,按照高等职业院校教学改革和课程改革的要求,以企业调研为基础,确定工作任务,明确课程目标,制定课程设计的标准,以能力培养为主线,与企业合作,共同进行课程的开发和设计。本书目标:培养学生具有土建施工岗位的职业能力,在掌握基本施工理论和技能的基础上,侧重培养学生土建施工能力,满足企业对学生知识、能力及素质等方面的要求。在教学中,以理论够用为度,着重培养学生实践运用能力以及分析解决问题的能力。

教材设计的理念与思路是按照学生职业能力成长的过程进行培养:选择真实的土建工程施工工作任务为主线进行教学,注重理论联系实际,在教学中以培养学生设计方法运用的能力为重点,以培养学生分析解决问题的能力为目标,采用新形态形式,方便学生随时利用网络获取学习资源。

本书特色与创新体现在以下几个方面:

(1)采用"学习情境-工作任务"式结构形式。本书打破了传统知识体系的结构形式,与典型土建企业合作,校企合作开发了全新的以土建技术与管理人员的工作任务为载体的任务结构形式;教材设计的教学模式对接岗位工作模式,开发了利于学生自主学习的能力训练工作单,通过完成真实的工作任务掌握工作流程,实现学习过程与工作过程一致。

(2)全面融入行业技术标准、素质教育与能力培养。将土建行业工程技术标准和学生就业岗位的职业资格标准融入教材,突出了职业道德和职业能力培养。通过学生自主学习,在完成任务中训练学生对于知识、技能和职业素养方面的综合职业能力,锻炼学生分析问题、解决问题的能力,注重多种教学方法和学习方法的组合使用,注重学生素质教育与能力的培养。

(3)采用新形态设计,引导学生学习工作过程系统化。整个教材的设计逻辑是以"学生学习为中心",每个学习情境由情境导入、学习目标、工作任务、任务单、资讯思维导图、自测训练、计划单、决策单、作业单、检查单、评价单、教学反思单等组成,学生可以按照完成工作任务的需要随时利用网络获取学习资源,实现了教材教学功能利用的最大化与实时共享。

(4)配套教学资源丰富,支撑线上精品在线平台开放。本书配套教学资源主要包括视频等,可通过扫描书中二维码观看。教材支撑的"建筑施工技术"课程资源在学银在线(超星尔雅网络课程平台)上线,该平台主要配套资源包括视频、PPT、测试题、作业库、试卷库等,每年更新资源15%左右。

本书共设四个学习情境 14 个任务,参考教学时数为 60～70 学时。

本书由哈尔滨职业技术大学刘任峰任主编,负责制定教材编写提纲及统稿定稿工作;由哈尔滨职业技术大学王天成、哈尔滨职业技术大学葛贝德任副主编,负责任务的实践性审核;哈尔滨职业技术大学李晓光、哈尔滨职业技术大学朱琳琳、黑龙江科技大学孙勇、黑龙江省黑建—建筑工程有限责任公司李林参与编写。具体编写分工如下:刘任峰编写学习情境一,王天成、葛贝德编写学习情境二,李晓光、朱琳琳编写学习情境三,孙勇、李林编写学习情境四。

本书由黑龙江省教学名师马利耕教授主审,他提出了很多专业技术性修改建议。哈尔滨职业技术大学教材编审委员会领导对本书编写工作给予悉心指导和大力帮助。在此一并表示衷心感谢!

由于编者的业务水平和经验之限,书中难免有疏漏和不妥之处,恳请广大读者批评指正。

编　者
2024 年 10 月

目 录

学习情境一　基础工程施工 1

　任务1　土方工程施工 2
　任务2　桩基础工程施工 44

学习情境二　主体工程施工 70

　任务3　砌筑工程施工 71
　任务4　模板工程施工 94
　任务5　钢筋工程施工 120
　任务6　混凝土工程施工 144
　任务7　预应力混凝土工程施工 172
　任务8　结构安装工程施工 204

学习情境三　防水工程施工 238

　任务9　地下防水工程施工 239
　任务10　屋面防水工程施工 256

学习情境四　装饰工程施工 280

　任务11　抹灰工程施工 281
　任务12　饰面工程施工 296
　任务13　建筑地面工程施工 312
　任务14　门窗工程施工 326

学习情境一 基础工程施工

学习指南

情境导入

根据基础工程施工过程,选取土方工程施工、桩基础工程施工两个真实工作任务为载体,使学生通过训练掌握基础工程各分部工程的施工准备工作、施工工艺、施工要点、施工质量控制要点、常见施工问题的处理办法及施工计算等内容。通过阅读勘察设计报告和施工图纸,学生能够编制基础工程施工方案,并完成基础工程施工技术交底任务,从而胜任施工员、质检员、监理员等岗位的工作。

学习目标

1. 知识目标

(1)了解土方工程的施工工艺和施工流程;

(2)掌握土方工程的质量控制点、常见施工问题的处理办法;

(3)了解桩基础工程的施工工艺和施工流程;

(4)掌握桩基础工程的质量控制点、常见施工问题的处理办法。

2. 能力目标

(1)能够通过阅读勘察设计报告和施工图纸,合理制定土方工程施工方案并指导施工,能够解决施工中的常见问题;

(2)能够通过阅读勘察设计报告和施工图纸,合理制定桩基础工程施工方案并指导施工,能够解决施工中的常见问题。

3. 素质目标

(1)具备"严谨认真、吃苦耐劳、诚实守信"的职业精神;

(2)具备与他人合作的团队精神和责任意识。

工作任务

1. 土方工程施工;
2. 桩基础工程施工。

任务1　土方工程施工

任 务 单

课程	建筑施工技术		
学习情境一	基础工程施工	学时	14
任务1	土方工程施工	学时	6
布置任务			
任务目标	1. 能够阐述土的工程性质,列举土的种类和鉴别方法; 2. 能够说明土料填筑的要求,说明压实功、含水率和铺土厚度对填土压实的影响,陈述填土压实方法的技术要求; 3. 能够计算土方工程量; 4. 能够开展土方开挖前施工准备工作,应用土壁支撑方法进行边坡支护,正确选择施工机械进行施工; 5. 能够应用集水井降水法进行降水施工; 6. 具备热爱建筑行业情感及树立正确职业观,具备与他人合作的团队精神和责任意识		
任务描述	在建筑工程施工项目部进驻施工现场后,项目技术负责人应根据项目施工图纸、施工现场周边环境、设备材料供应等情况编写土方工程施工方案,进行土方工程施工技术交底。 1. 进行编写土方工程施工方案的准备工作。 2. 编写土方工程施工方案: (1)进行土方工程施工准备; (2)选择土方工程施工方法; (3)确定土方工程施工工艺流程; (4)明确土方工程施工要点; (5)明确土方工程施工质量控制要点。 3. 进行土方工程施工技术交底		

学时安排	布置任务与资讯	计划	决策	实施	检查	评价
	(1学时)	(1学时)	(1学时)	(2学时)	(0.5学时)	(0.5学时)

对学生的要求	1. 每名同学均能按照资讯思维导图自主学习,并完成知识模块中的自测训练; 2. 具备施工图识读能力; 3. 能够看懂地质勘察报告; 4. 具备任务咨询能力; 5. 严格遵守课堂纪律,不迟到、不早退,学习态度认真、端正; 6. 积极参与小组任务,严禁抄袭; 7. 每组均提交"土方工程施工方案"

信 息 单

课程	建筑施工技术	
学习情境一	基础工程施工	学时 14
任务 1	土方工程施工	学时 6

资讯思维导图

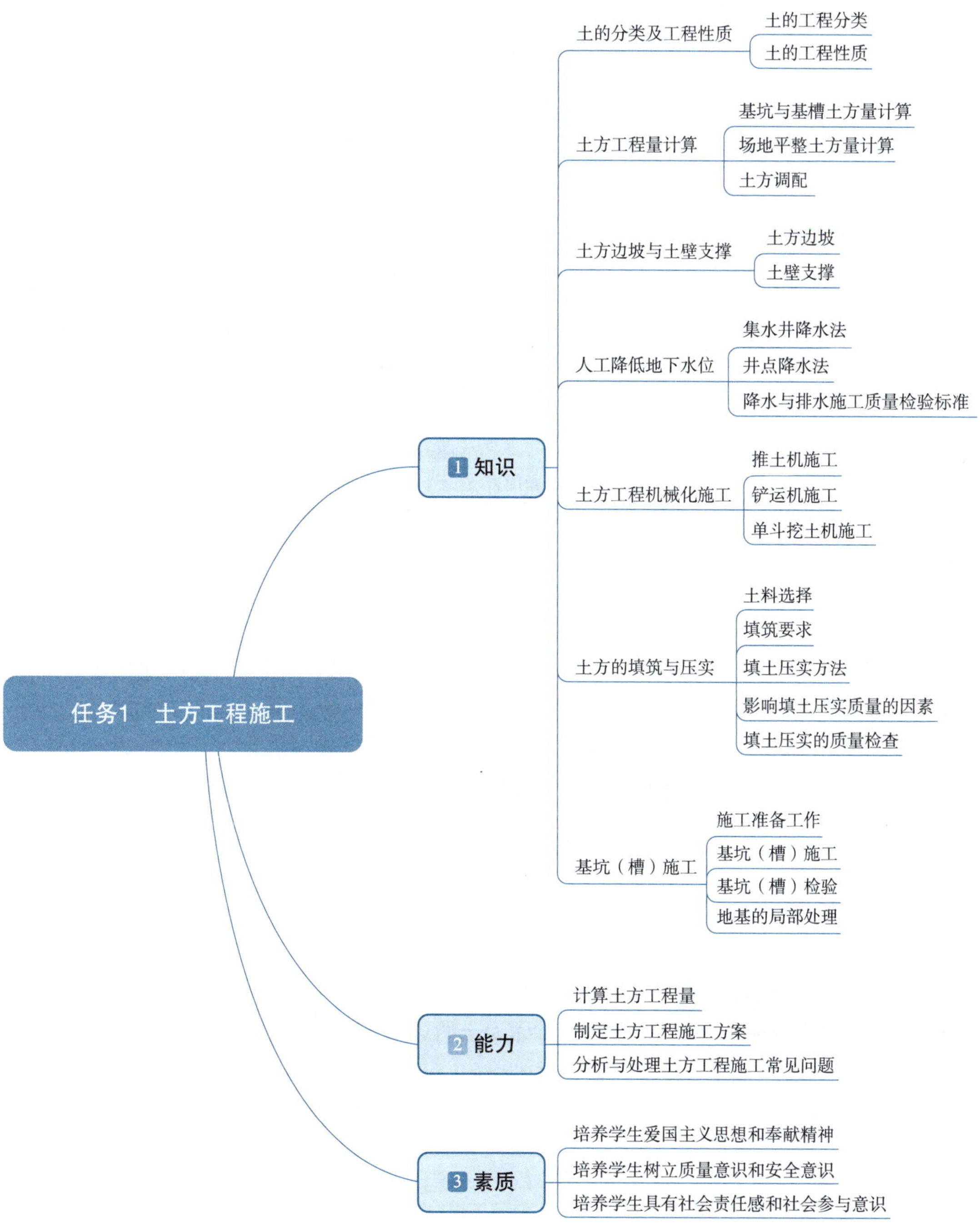

```
任务1 土方工程施工
├─ 1 知识
│   ├─ 土的分类及工程性质
│   │   ├─ 土的工程分类
│   │   └─ 土的工程性质
│   ├─ 土方工程量计算
│   │   ├─ 基坑与基槽土方量计算
│   │   ├─ 场地平整土方量计算
│   │   └─ 土方调配
│   ├─ 土方边坡与土壁支撑
│   │   ├─ 土方边坡
│   │   └─ 土壁支撑
│   ├─ 人工降低地下水位
│   │   ├─ 集水井降水法
│   │   ├─ 井点降水法
│   │   └─ 降水与排水施工质量检验标准
│   ├─ 土方工程机械化施工
│   │   ├─ 推土机施工
│   │   ├─ 铲运机施工
│   │   └─ 单斗挖土机施工
│   ├─ 土方的填筑与压实
│   │   ├─ 土料选择
│   │   ├─ 填筑要求
│   │   ├─ 填土压实方法
│   │   ├─ 影响填土压实质量的因素
│   │   └─ 填土压实的质量检查
│   └─ 基坑（槽）施工
│       ├─ 施工准备工作
│       ├─ 基坑（槽）施工
│       ├─ 基坑（槽）检验
│       └─ 地基的局部处理
├─ 2 能力
│   ├─ 计算土方工程量
│   ├─ 制定土方工程施工方案
│   └─ 分析与处理土方工程施工常见问题
└─ 3 素质
    ├─ 培养学生爱国主义思想和奉献精神
    ├─ 培养学生树立质量意识和安全意识
    └─ 培养学生具有社会责任感和社会参与意识
```

知识模块1　土的分类及工程性质

一、土的分类

土的种类繁多,分类方法也很多,如根据土的颗粒级配或塑性指数分类;根据土的沉积年代分类;根据土的工程特点分类;等等。在土方工程施工中,根据土的坚硬程度和开挖方法将土分为松软土、普通土、坚土、砂砾坚土、软石、次坚石、坚石、特坚石等八类。前四类属一般土,后四类属岩石,见表1-1。

表1-1　土的工程分类

土的分类	土的级别	土的名称	开挖方法及工具
一类土（松软土）	Ⅰ	砂土;粉土;冲积砂土层;疏松的种植土;泥炭(淤泥)	用锹、锄头挖掘,少许用脚蹬
二类土（普通土）	Ⅱ	粉质黏土;潮湿的黄土;夹有碎石、卵石的砂;粉土混卵(碎)石;种植土及填土	用锹、条锄挖掘,少许用镐翻松
三类土（坚土）	Ⅲ	软及中等密实黏土;重粉质黏土;砾石土;干黄土及含碎石、卵石的黄土;粉质黏土;压实的填土	主要用镐,少许用锹、条锄挖掘,部分用撬棍
四类土（砂砾坚土）	Ⅳ	坚硬密实的黏性土或黄土;含碎石、卵石的中等密实的黏性土或黄土;粗卵石;天然级配砂石;软泥灰岩	整个先用镐、撬棍,后用锹挖掘,部分用楔子及大锤
五类土（软石）	Ⅴ~Ⅵ	硬质黏土;中等密实的页岩、泥灰岩、白垩土;胶结不紧的砾岩;软石灰及贝壳石灰石	用镐或撬棍、大锤挖掘,部分用爆破方法
六类土（次坚石）	Ⅶ~Ⅸ	泥岩、砂岩、砾岩;坚实的页岩、泥灰岩、密实的石灰岩;风化花岗岩、片麻岩及丘长岩	用爆破方法开挖,部分用风镐
七类土（坚石）	Ⅹ~ⅩⅢ	大理岩、辉绿岩、玢岩;粗、中粒花岗岩;坚实的白云岩、砂岩、砾岩、片麻岩、石灰岩;微风化的安山岩、玄武岩	用爆破方法开挖
八类土（特坚石）	ⅩⅣ~ⅩⅥ	安山岩、玄武岩;花岗片麻岩;坚实的细粒花岗岩、闪长岩、石英岩、辉长岩、辉绿岩、玢岩、角闪岩	用爆破方法开挖

二、土的工程性质

1. 土的组成

土一般由土颗粒(固相)、水(液相)和空气(气相)三部分组成,这三部分之间的比例随着周围条件的变化而变化,三者相互间比例不同,反映出土的物理状态不同,如干燥、稍湿或很湿,密实、稍密或松散。这些指标是最基本的物理性质指标,对评价土的工程性质、进行土的工程分类具有重要意义。

土的三相物质是混合分布的,为阐述方便,一般用三相图表示,如图1-1所示。在三相图中,把土的固体颗粒、水、空气各自划分开来。

2. 土的工程性质

（1）土的可松性

自然状态下的土经开挖后,其体积因松散而增加,以后虽经振动夯实,仍不能恢复原来的体积,这种性质称为土的可松性。土的可松性程度一般用可松性系数表示。

最初可松性系数为

$$K_p = \frac{V_2}{V_1} \quad (1\text{-}1)$$

最终可松性系数为

$$K'_p = \frac{V_3}{V_1} \quad (1\text{-}2)$$

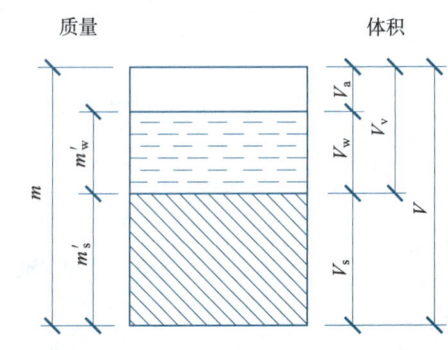

m—土的总质量,kg;m'_s—土中固体颗粒的质量,kg;
m'_w—土中水的质量,kg;V—土的总体积,m³;
V_a—土中空气体积,m³;V_s—土中固体颗粒体积,m³;
V_w—土中水所占的体积,m³;V_v—土中孔隙体积,m³。

图1-1　土的三相图

式中 K_p——土的最初可松性系数;
K'_p——土的最终可松性系数;
V_1——土在自然状态下的体积,m³;
V_2——土经开挖后松散状态下的体积,m³;
V_3——土经压(夯)实后的体积,m³。

土的可松性系数对土方的平衡调配,留弃土量、土方运输量及运输工具数量的计算都有直接影响。各类土的可松性系数见表1-2。

表1-2 各类土的可松性系数

土的类别	体积增加百分比/%		可松性系数	
	最初	最终	K_p	K'_p
一类土(种植土除外)	8~17	1~2.5	1.08~1.17	1.01~1.03
一类土(植物性土、泥炭)	20~30	3~4	1.20~1.30	1.03~1.04
二类土	14~28	1.5~5	1.14~1.28	1.02~1.05
三类土	24~30	4~7	1.24~1.30	1.04~1.07
四类土(泥灰岩、蛋白石除外)	26~32	6~9	1.26~1.32	1.06~1.09
四类土(泥灰岩、蛋白石)	33~37	11~15	1.33~1.37	1.11~1.15
五~七类土	30~45	10~20	1.30~1.45	1.10~1.20
八类土	45~50	20~30	1.45~1.50	1.20~1.30

(2)土的含水率

土的含水率是土中水的质量与固体颗粒质量之比,以百分数表示,即

$$w = \frac{m_w}{m_s} \times 100\% \tag{1-3}$$

式中 w——土的含水率;
m_w——土中水的质量,kg;
m_s——土中固体颗粒的质量,kg。

一般土的干湿程度用含水率表示。含水率在5%以下称为干土;在5%~30%以内称为潮湿土;大于30%称为湿土。含水率对土方边坡的稳定性、回填土的夯实等均有影响。在一定含水率的条件下,用同样的夯实机具,可使回填土达到最大密实度,此含水率称为土的最佳含水率。各类土的最佳含水率如下:砂土为8%~12%;粉土为9%~15%;粉质黏土为12%~15%;黏土为19%~23%。

(3)土的渗透性

土的渗透性是指水流通过土中孔隙的难易程度。土的渗透性用渗透系数K表示。地下水的流动以及在土中的渗透速度都与土的渗透性有关。地下水在土中渗流速度一般可按达西定律计算确定(见图1-2),其计算式为

$$v = KI \tag{1-4}$$

式中 v——水在土中的渗流速度,m/d;
I——水力坡度,$I = \frac{h}{L}$;
K——土的渗透系数,m/d。

K值的大小反映土渗透性的强弱。土的渗透系数可以通过室内渗透试验或现场抽水试验测定,一般土的渗透系数见表1-3。

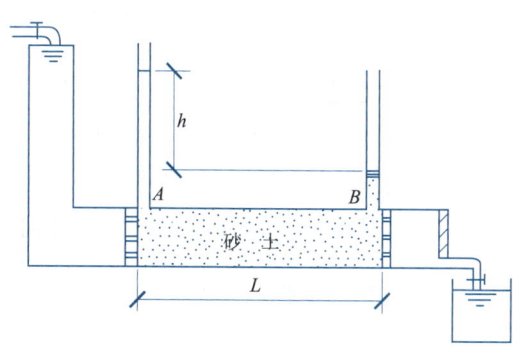

h—A、B两点的水头差;L—渗流路径,m。

图1-2 砂土渗透实验

表 1-3　一般土的渗透系数

土 的 名 称	渗透系数/(m/d)	土 的 名 称	渗透系数/(m/d)
黏土	<0.005	中砂	5.00~20.00
粉质黏土	0.005~0.1	均质中砂	35~50
粉土	0.1~0.5	粗砂	20~50
黄土	0.25~0.5	圆砾石	50~100
粉砂	0.5~1	卵石	100~500
细砂	1~5		

(4) 土的天然密度和干密度

土在天然状态下单位体积的质量称为土的天然密度(简称密度)。一般黏土的密度为 1 800~2 000 kg/m³，砂土的密度为 1 600~2 000 kg/m³。土的密度计算式为

$$\rho = \frac{m}{V} \tag{1-5}$$

干密度是土的固体颗粒质量与总体积的比值，即

$$\rho_d = \frac{m_s}{V} \tag{1-6}$$

式中　ρ——土的天然密度，kg/m³；

ρ_d——土的干密度，kg/m³；

m——土的总质量，kg；

m_s——土中固体颗粒的质量，kg；

V——土的体积，m³。

(5) 土的孔隙比和孔隙率

孔隙比和孔隙率反映了土的密实程度。孔隙比和孔隙率越小土越密实。孔隙比 e 是土的孔隙体积 V_v 与固体体积 V_s 的比值，即

$$e = \frac{V_v}{V_s} \tag{1-7}$$

孔隙率 n 是土的孔隙体积 V_v 与总体积 V 的比值，用百分率表示为

$$n = \frac{V_v}{V} \times 100\% \tag{1-8}$$

知识模块 2　土方工程量计算

土方工程量是土方工程施工组织设计的重要依据，是采用人工挖掘组织劳动力，或采用机械施工计算机械台班和工期的依据。在土方工程施工前，通常要计算土方工程工程量，根据土方工程量的大小，拟定土方工程施工方案，组织土方工程施工。土方工程外形往往很复杂，不规则，要准确计算土方工程量难度很大。一般情况下，将其划分成一定的几何形状，采用具有一定精度又与实际情况近似的方法计算。

一、基坑与基槽土方量计算

1. 基坑土方量

基坑是指长宽比小于或等于 3 的矩形土体。基坑土方量可按立体几何中棱柱体(由两个平行的平面作底的一种多面体)体积公式计算，如图 1-3 所示，即

$$V = \frac{H}{6}(A_1 + 4A_0 + A_2) \tag{1-9}$$

式中　H——基坑深度,m;

　　　A_1,A_2——基坑上下底的面积,m^2;

　　　A_0——基坑中截面的面积,m^2。

2. 基槽土方量

基槽土方量计算可沿长度方向分段后,按照上述同样的方法计算,如图1-4所示,即

$$V_1 = \frac{L_1}{6}(A_1 + 4A_0 + A_2) \tag{1-10}$$

式中　V_1——第一段的土方量,m^3;

　　　L_1——第一段的长度,m。

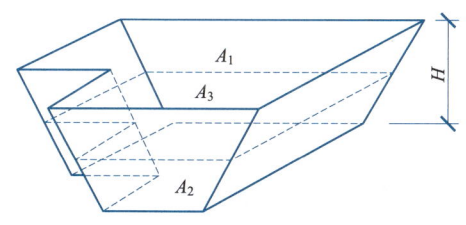

图1-3　基坑土方量计算

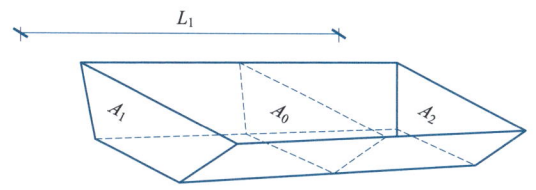

图1-4　基槽土方量计算

将各段土方量相加,即得总土方量为

$$V = V_1 + V_2 + \cdots + V_n$$

式中　$V_1,V_2,\cdots,V_n$——各段土方量,m^3。

二、场地平整土方量计算

场地平整就是将天然地面平整成施工要求的设计平面。场地设计标高是进行场地平整和土方量计算的依据,合理选择场地设计标高,对减少土方量、提高施工速度具有重要意义。场地设计标高是全局规划问题,应由设计单位及有关部门协商解决。当场地设计标高无设计文件特定要求时,可按厂区内"挖填土方量平衡法"经计算确定,可达到土方量少、费用低、造价合理的效果。

场地平整土方量的计算方法有方格网法和断面法两种。断面法是将计算场地划分成若干横截面后逐段计算,最后将逐段计算结果汇总。断面法计算精度较低,可用于地形起伏变化较大、断面不规则的场地。当场地地形较平坦,一般采用方格网法。

1. 方格网法

方格网法计算场地平整土方量包括以下步骤:

(1)绘制方格网图

由设计单位根据地形图(一般在1/500的地形图上),将建筑场地划分为若干方格,方格边长主要取决于地形变化复杂程度,一般取$a = 10$ m、20 m、30 m、40 m等,通常采用20m。方格网与测量的纵横坐标网相对应,在各方格角点规定的位置上标注角点的自然地面标高(H)和设计标高(H_n),如图1-5所示。

(2)计算场地各方格角点的施工高度

各方格角点的施工高度为角点的设计地面标高与自然地面标高之差,是以角点设计标高为基准的挖方或填方的施工高度。各方格角点的施工高度为

$$h_n = H_n - H \tag{1-11}$$

式中　h_n——角点的施工高度,即填方高度(以"+"为填,"-"为挖),m;

　　　H_n——角点的设计标高,m;

　　　H——角点的自然地面标高,m;

　　　n——方格的角点编号(自然数列$1,2,3,\cdots,n$)。

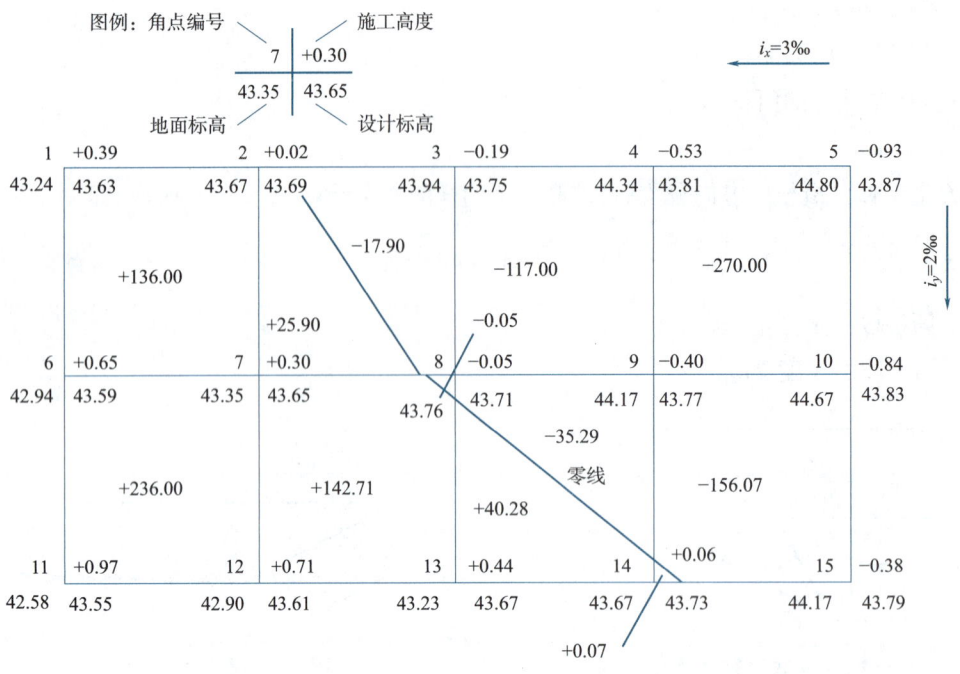

图 1-5 方格网法计算土方工程量图(单位:m)

(3)计算"零点"位置,确定零线

当同一方格四个角点的施工高度同号时,该方格内的土方则全部为挖方或填方,如果同一方格中一部分角点的施工高度为"+",而另一部分为"-",则此方格中的土方一部分为填方,一部分为挖方,沿其边线必然有一不挖不填的点,即为"零点",如图 1-6 所示。

零点位置按下式计算:

$$x_1 = \frac{ah_1}{h_1+h_2}, \qquad x_2 = \frac{ah_2}{h_1+h_2} \tag{1-12}$$

式中 x_1,x_2——角点至零点的距离,m;
h_1,h_2——相邻两角点的施工高度,均用绝对值表示,m;
a——方格的边长,m。

在实际的工程中,为省略计算,确定零点的方法也可以用图解法,如图 1-7 所示。方法是用尺在各角点上标出挖填施工高度相应比例,用尺相连,与方格相交点即为零点位置。此法甚为方便,同时可避免计算或查表出错。将相邻的零点连接起来,即为零线。它是确定方格中挖方与填方的分界线。

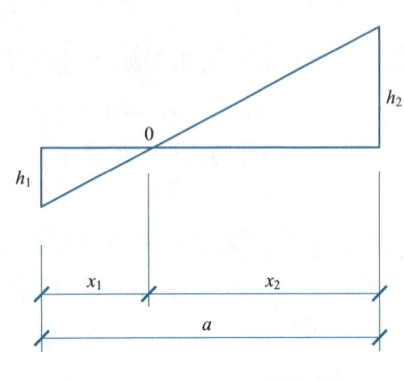

图 1-6 零点位置计算示意图

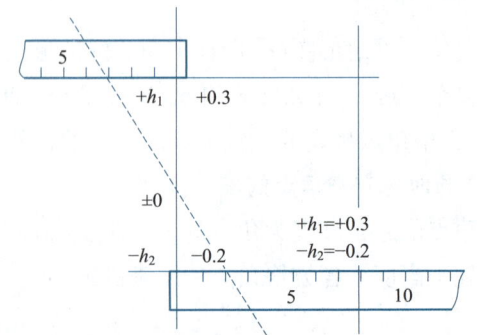

图 1-7 零点位置图解法(单位:m)

(4)计算方格土方工程量

按方格底面积图形和表 1-4 所列计算公式,计算每个方格内的挖方量或填方量。

表 1-4　常用方格网点计算公式

项　目	图　式	计算公式
一点填方或挖方（三角形）		$V = \dfrac{1}{2}bc\dfrac{\sum h_i}{3} = \dfrac{bch_3}{6}$ 当 $b = c = a$ 时，$V = \dfrac{a^2 h_3}{6}$
二点填方或挖方（梯形）		$V_+ = \dfrac{b+c}{2}a\dfrac{\sum h_i}{4} = \dfrac{a}{8}(b+c)(h_1+h_3)$ $V_- = \dfrac{d+e}{2}a\dfrac{\sum h_i}{4} = \dfrac{a}{8}(d+e)(h_2+h_4)$
三点填方或挖方（五角形）		$V = \left(a^2 - \dfrac{bc}{2}\right)\dfrac{\sum h_i}{5} = \left(a^2 - \dfrac{bc}{2}\right)\dfrac{h_1+h_2+h_4}{5}$
四点填方或挖方（正角形）		$V = \dfrac{a^2}{4}\sum h_i = \dfrac{a^2}{4}(h_1+h_2+h_3+h_4)$

（5）边坡土方量的计算

场地的挖方区和填方区的边沿都需要做成边坡，以保证挖方土壁和填方区的稳定。边坡的土方量可以划分成两种近似的几何形体进行计算：一种为三角棱锥体；另一种为三角棱柱体。

①三角棱锥体边坡体积。

三角棱锥体边坡体积如图 1-8 中①—③、⑤—⑦所示，计算公式如下：

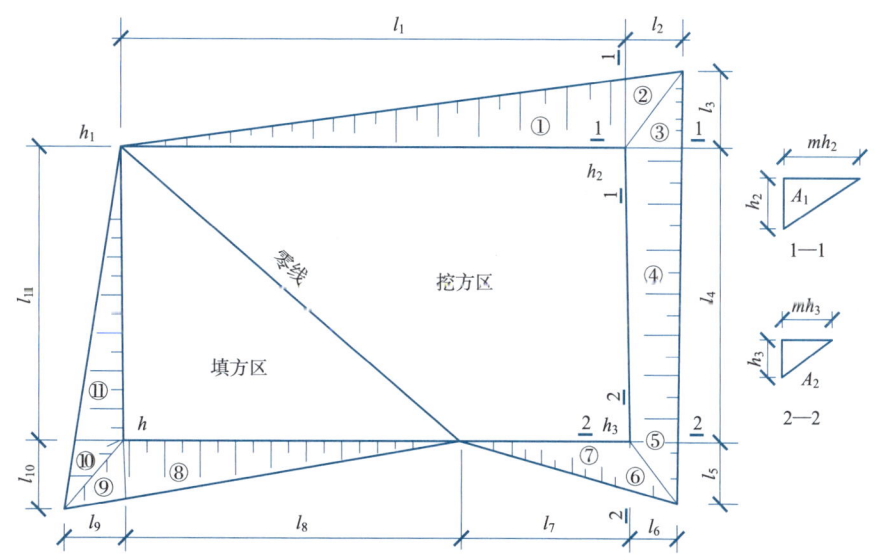

图 1-8　场地边坡平面图

$$V_1 = \dfrac{1}{3}A_1 l_1 \tag{1-13}$$

式中　l_1——三角棱锥体边坡的长度，m；

A_1——三角棱锥体边坡的端面积，m^2。

②三角棱柱体边坡体积。

三角棱柱体边坡体积如图1-8中④所示,计算公式为

$$V_4 = \frac{A_1 + A_2}{2} l_4 \qquad (1\text{-}14)$$

当两端横断面面积相差很大时,边坡体积为

$$V_4 = \frac{l_4}{6}(A_1 + 4A_0 + A_2) \qquad (1\text{-}15)$$

式中　l_4——三角棱柱体边坡的长度,m;

A_1,A_2,A_0——三角棱柱体边坡两端及中部横断面面积,m^2。

(6)计算土方总量

将挖方量(或填方区)所有方格计算的土方量和边坡土方量汇总,即得该场地挖方和填方的总土方量。

2. 断面法

沿场地取若干相互平行的断面,可利用地形图或实际测量定出,将所取的每个断面(包括边坡断面)划分为若干三角形和梯形,所图1-9所示,则面积为

$$A_1' = \frac{h_1 d_1}{2}, \quad A_2' = \frac{(h_1 + h_2) d_2}{2}, \quad \cdots$$

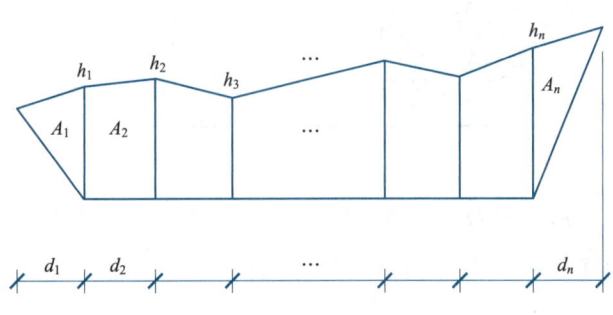

图1-9　断面法示意图

某一断面面积为

$$A_i = A_1' + A_2' + \cdots + A_n'$$

若 $d_1 = d_2 = \cdots = d_n = d$,则

$$A_i = d(h_1 + h_2 + \cdots + h_{n-1})$$

设各断面积分别为 $A_1, A_2, \cdots, A_m$,相邻两断面间的距离依次为 $L_1, L_2, \cdots, L_m$,则所求的土方体积为

$$V = \frac{A_1 + A_2}{2} L_1 + \frac{A_2 + A_3}{2} L_2 + \cdots + \frac{A_{m-1} + A_m}{2} L_{m-1} \qquad (1\text{-}16)$$

用断面法计算土方量,边坡土方量已包括在内。

3. 应用案例

哈尔滨某学院图书馆施工场地地形图和方格网布置如图1-10所示。方格网的边长 $a = 20$ m,方格网角点上的标高分别为地面的设计标高和自然标高,该场地为粉质黏土,为了保证填方区和挖方区边坡稳定性,设计填方区边坡坡度系数为1.0,挖方区边坡坡度系数为0.5,试用方格网法计算挖方和填方的总土方量。

(1)计算各角点的施工高度

根据方格网各角点的地面设计标高和自然标高,按照式(1-11)计算得

$h_1 = (251.50 - 251.40)\,\text{m} = 0.10\,\text{m} \qquad h_2 = (251.44 - 251.25)\,\text{m} = 0.19\,\text{m}$

$h_3 = (251.38 - 250.85)\,\text{m} = 0.53\,\text{m} \qquad h_4 = (251.32 - 250.60)\,\text{m} = 0.72\,\text{m}$

$h_5 = (251.56 - 251.90)\,\text{m} = -0.34\,\text{m} \qquad h_6 = (251.50 - 251.60)\,\text{m} = -0.10\,\text{m}$

$h_7 = (251.44 - 251.28)\,\text{m} = 0.16\,\text{m} \qquad h_8 = (251.38 - 251.95)\,\text{m} = 0.43\,\text{m}$

$h_9 = (251.62 - 252.45)\,\text{m} = -0.83\,\text{m} \qquad h_{10} = (251.56 - 252.00)\,\text{m} = -0.44\,\text{m}$

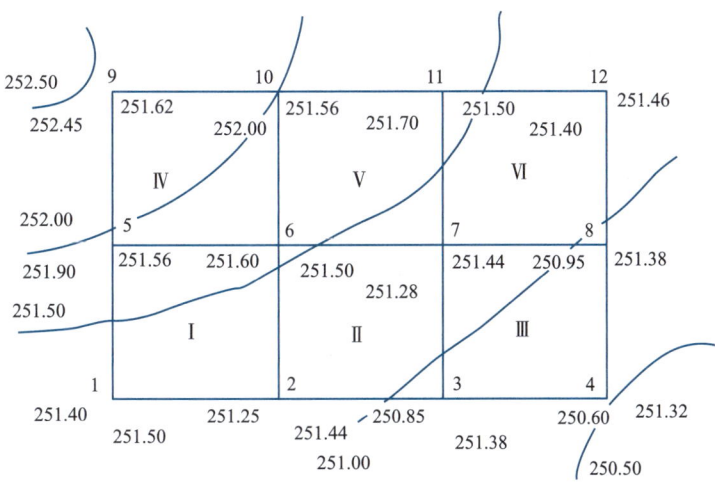

图 1-10 建筑场地方格网布置图（单位：m）

$h_{11} = (251.50 - 251.70)\text{m} = -0.20\text{ m}$ $h_{12} = (251.46 - 251.40)\text{m} = 0.06\text{ m}$

各角点施工高度计算结果标注在图 1-11 中。

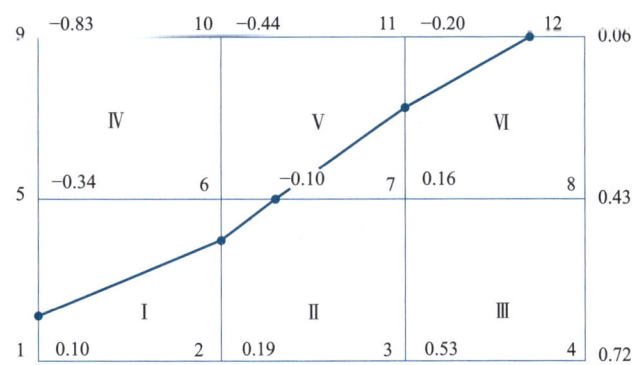

图 1-11 施工高度及零线位置（单位：m）

（2）计算零点位置

由图 1-11 可知，方格网 1—5、2—6、6—7、7—11、11—12 两端的施工高度符号不同，这说明在这些方格边上有零点的存在，由式（1-12）求得

1—5 线：$x_1 = 4.55$ m；2—6 线：$x_1 = 13.10$ m；6—7 线：$x_1 = 7.69$ m；7—11 线：$x_1 = 8.89$ m；11—12 线：$x_1 = 15.38$ m。

将各零点标于图上，并将相邻的零点连接起来，即得零点位置，如图 1-11 所示。

（3）计算各方格的土方量

方格 Ⅲ、Ⅳ 底面为正方形，土方量为

$$V_{\text{Ⅲ}}(+) = 20 \times 20 \div 4 \times (0.53 + 0.72 + 0.16 + 0.43)\text{ m}^3 = 181\text{ m}^3$$

$$V_{\text{Ⅳ}}(-) = 20 \times 20 \div 4 \times (0.34 + 0.10 + 0.83 + 0.44)\text{ m}^3 = 171\text{ m}^3$$

方格 Ⅰ 底面为两个梯形，土方量为

$$V_{\text{Ⅰ}}(+) = 20 \div 8 \times (4.55 + 13.10) \times (0.10 + 0.19)\text{ m}^3 = 12.80\text{ m}^3$$

$$V_{\text{Ⅰ}}(-) = 20 \div 8 \times (15.45 + 6.90) \times (0.34 + 0.10)\text{ m}^3 = 24.59\text{ m}^3$$

方格 Ⅱ、Ⅴ、Ⅵ 底面为三角形和五边形，土方量为

$$V_{\text{Ⅱ}}(+) = 65.73\text{ m}^3 \qquad V_{\text{Ⅱ}}(-) = 0.88\text{ m}^3$$

$$V_{\text{Ⅴ}}(+) = 2.92\text{ m}^3 \qquad V_{\text{Ⅴ}}(-) = 51.10\text{ m}^3$$

$$V_{\text{Ⅵ}}(+) = 40.89\text{ m}^3 \qquad V_{\text{Ⅵ}}(-) = 5.70\text{ m}^3$$

方格网总填方量为

$$\sum V_i(+) = (181 + 12.80 + 65.73 + 2.92 + 40.89)\ \text{m}^3 = 306.34\ \text{m}^3$$

方格网总挖方量为

$$\sum V_i(-) = (171 + 24.59 + 0.88 + 51.10 + 5.70)\ \text{m}^3 = 253.26\ \text{m}^3$$

(4) 边坡土方量计算

如图1-12所示，除④、⑦按三角形棱柱体计算外，其余均按三角形棱锥体计算，由式(1-13)和式(1-14)可得

$V_1(+) = 0.003\ \text{m}^3$ $V_2(+) = V_3(+) = 0.000\ 1\ \text{m}^3$ $V_4(+) = 5.22\ \text{m}^3$

$V_5(+) = V_6(+) = 0.06\ \text{m}^3$ $V_7(+) = 7.93\ \text{m}^3$ $V_8(+) = V_9(+) = 0.01\ \text{m}^3$

$V_{10} = 0.01\ \text{m}^3$ $V_{11} = 2.03\ \text{m}^3$ $V_{12} = V_{13} = 0.02\ \text{m}^3$

$V_{14} = 3.18\ \text{m}^3$

边坡总填方量为

$$\sum V_i(+) = (0.003 + 0.000\ 1 + 5.22 + 2 \times 0.06 + 7.93 + 2 \times 0.01 + 0.01)\ \text{m}^3 = 13.29\ \text{m}^3$$

边坡总挖方量为

$$\sum V_i(-) = (2.03 + 2 \times 0.02 + 3.18)\ \text{m}^3 = 5.25\ \text{m}^3$$

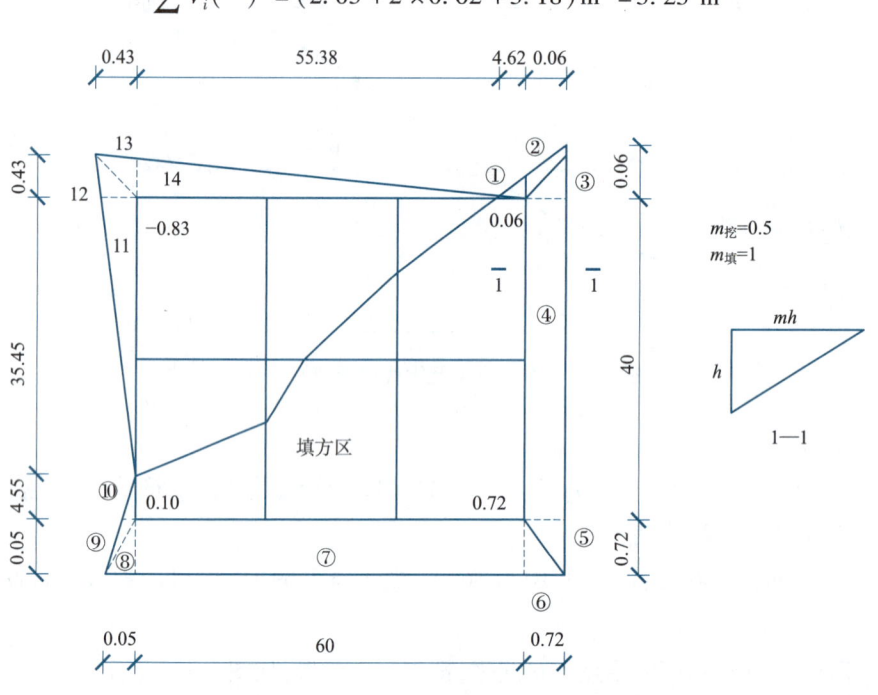

图 1-12 场地边坡平面图（单位：m）

三、土方调配

土方调配是土方工程施工组织（土方规划）中的重要内容，在场地土方工程量计算完成后，即可着手土方的调配工作。土方调配，就是对挖土、堆弃和填土三者之间的关系进行综合协调的处理。好的土方调配方案，应该使土方的运输量或费用最少，而且施工方便。

1. 土方调配原则

①力求达到挖方与填方基本平衡和运距最短。使挖方量与运距的乘积之和最小，即土方运输量或费用最小，降低工程成本。但有时仅局限于一个场地范围内的挖填平衡难以满足上述原则，可根据场地和周围地形条件，考虑就近借土或就近堆弃。

②近期施工与后期利用相结合。当工程分期分批施工时，若先期工程有土方余额，应结合后期工程

的需求来考虑利用量与堆放位置,以便就近调配,必须考虑全场土方的调配,不可只顾局部平衡而妨碍全局。

③应分区与全场结合。分区土方的余额或欠额的调配,必须考虑全场土方的调配,不可只顾局部平衡而妨碍全局。

④尽可能与大型建筑物的施工相结合。大型建筑物位于填土区时,应将开挖的部分土体予以保留,待基础施工后再进行填土,以避免土方重复挖、填和运输。

⑤合理布置挖、填方分区线,选择恰当的调配方向、运输线路,使土方机械和运输车辆的性能得到充分发挥。

⑥好土用在回填质量要求高的地区。

总之,进行土方调配,必须依据现场具体情况、有关技术资料、工期要求、土方施工方法与运输方法等,综合考虑上述原则,并经计算比较,选择经济合理的调配方案。

2. 土方调配区的划分

进行土方搭配时首先要划分调配区,划分调配区应注意以下几点:

①调配区的划分应与房屋或构筑物的位置相协调,满足工程施工顺序和分期分批施工的要求,使近期施工与后期利用相结合。

②调配区的大小应该满足土方施工用主导机械的技术要求,使土方机械和运输车辆的功效得到充分的发挥。例如:调配区的范围应该大于或等于机械的铲土长度,调配区的面积最好和施工段的大小相适应。

③当土方运距较大或厂区内土方不平衡时,可根据附近地形,考虑就近借土或就近弃土,这时每一个借土区或弃土区均可作为一个独立的调配区。

④调配区的范围应该和土方的工程量计算用的方格网协调,通常可由若干方格组成一个调配区。

3. 土方调配图表的编制

场地土方调配,需绘制成相应的土方调配图表,编制的方法如下:

(1)划分调配区

在场地平面图上先画出零线,确定挖填方区;根据地形及地理条件,把挖方区和填方区再适当地划分为若干调配区,其大小应满足土方机械的操作要求。

(2)计算土方量

计算各调配区的挖方和填方量,并标写在图上。

(3)计算调配区之间的平均运距

调配区的大小及位置确定后,便可计算各挖填调配区之间的平均运距。当用铲运机或推土机平土时,挖方调配区和填方调配区土方重心之间的距离,通常就是该挖填调配区之间的平均运距。因此,确定平均运距需先求出各个调配区土方的重心,并把重心标在相应的调配区图上,然后用比例尺量出每对调配区之间的平均运距即可。当挖填方调配区之间的运距较远,采用汽车、自行式铲运机或其他运土工具沿工地道路或规定线路运输时,其运距可按实际计算。

调配区之间重心的确定方法如下:

取场地或方格网中的纵横两边为坐标轴,分别求出各区土方的重心位置,即

$$\bar{x} = \frac{\sum V_{xi}}{\sum V_i}, \quad \bar{y} = \frac{\sum V_{yi}}{\sum V_i} \tag{1-17}$$

式中:$\bar{x}, \bar{y}$——挖或填方调配区的重心坐标,m;

V——各个方格的土方量,m^3;

x, y——各个方格的重心坐标,m。

为了简化计算,可用作图法近似地求出形心位置来代替重心位置。

(4) 进行土方调配

土方最优调配方案的确定,是以线性规划为理论基础的,常用"表上作业法"求得。

(5) 绘制土方调配区

根据表上作业法求得的最优调配方案,在场地地形图上绘制土方调配区,图上应标出土方调配方向,土方数量及平均运距,如图1-13所示。

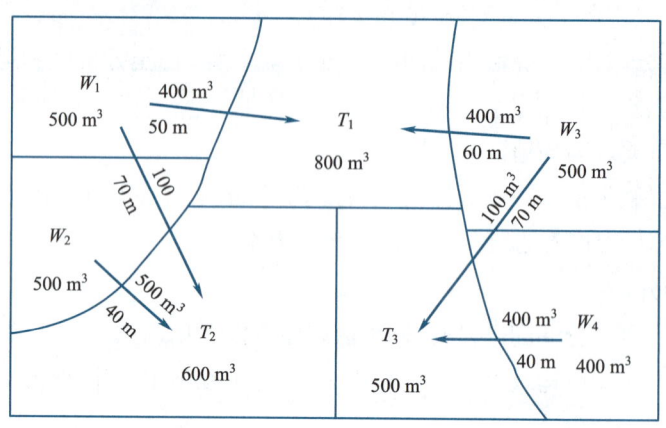

图 1-13 土方调配图

知识模块3 土方边坡与土壁支撑

为了保持土方工程施工时土体的稳定性,防止塌方,保证施工安全,当挖方超过一定深度或填方超过一定高度时,应考虑放坡或加以临时支撑以保持土壁的稳定。

一、土方边坡

土方边坡(building slope)的稳定,主要是由于土体内土颗粒间存在摩阻力和内聚力使土体具有一定的抗剪强度,土体抗剪强度的大小与土质有关。当土体剪应力增加或抗剪强度降低时,使土体中剪应力大于土的抗剪强度,造成土方边坡在一定范围内整体沿某一滑动面向下和向外移动而丧失其稳定性。边坡失稳往往是在外界不利因素影响下触发和加剧的。引起土体剪应力增加或抗剪强度降低的主要因素有开挖深度过大;边坡太陡;坡顶堆放重物或存在动载;雨水或地面水浸入土体使土的含水率增加而造成土的自重增加;地下水渗流所产生的动水压力;土质较差;饱和的细砂、粉砂受振动而液化等。所以,确定土方边坡的大小时应考虑土质、挖方深度(填方高度)、边坡留置时间、排水情况、边坡上部荷载情况、气候条件及土方施工方法等因素。

土方边坡坡度以其挖方深度(或填方高度)H与其边坡底宽B之比来表示。边坡可以做成直线形边坡、阶梯形边坡及折线形边坡,如图1-14所示。

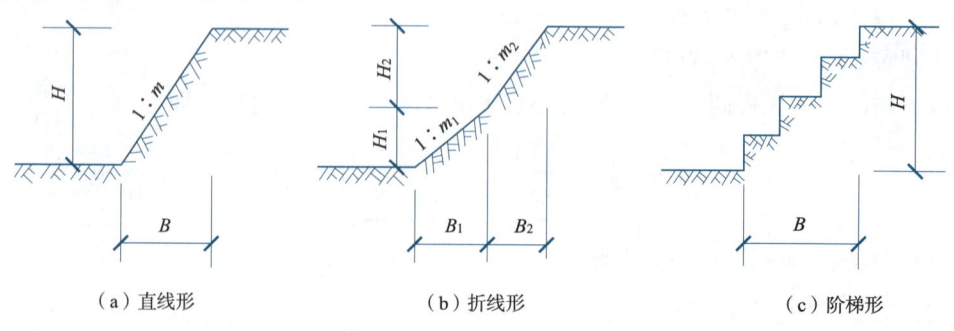

(a) 直线形　　(b) 折线形　　(c) 阶梯形

图 1-14 土方边坡

$$\text{土方边坡坡度} = \frac{H}{B} = \frac{1}{B/H} = \frac{1}{m} \tag{1-18}$$

式中 m——边坡系数 $m = \frac{B}{H}$。

当土质为天然湿度、构造均匀、水文地质条件良好,且无地下水时,开挖基坑亦可不必放坡,采取直立开挖不加支护,但挖土深度应按表1-5的规定,基坑长度应稍大于基础长度。如超过表1-5规定的深度,但不大于5 m时,应根据土质和施工具体情况进行放坡,以保证不塌方,其不加支撑的边坡最陡坡度应符合表1-6的规定。放坡后基坑上口宽度由基坑底面宽度及边坡坡度决定,坑底宽度每边应比基础宽出150~300 mm,以便施工操作。

表1-5 基坑(槽)和管沟直立不加支撑时的容许深度

土 的 类 别	挖土深度/m
密实、中密的砂土和碎石类土(充填物为砂土)	1.00
硬塑、可塑的粉质黏土及粉土	1.25
硬塑、可塑的黏土和碎石类土(充填物为黏土)	1.50
坚硬的黏土	2.00

表1-6 深度在5 m内的基坑(槽)、管沟边坡的最陡坡度

土 的 类 别	边坡坡度(高:宽)		
	坡顶无荷载	坡顶有静载	坡顶有动载
中密的砂土	1:1.00	1:1.25	1:1.50
中密的碎石类土(充填物为砂土)	1:0.75	1:1.00	1:1.25
硬塑的轻亚黏土	1:0.67	1:0.75	1:1.00
中密的碎石类土(充填物为黏性土)	1:0.50	1:0.67	1:0.75
硬塑的亚黏土、黏土	1:0.33	1:0.50	1:0.67
老黄土	1:0.10	1:0.25	1:0.33
软土(经井点降水后)	1:1.00	—	—

注:1. 静载指堆土或材料等,动载指机械挖土或汽车运输作业等。静载或动载距挖方边缘的距离应符合规范中有关规定。
2. 当有成熟施工经验时,可不受本表限制。

二、土壁支撑

开挖基坑(槽)或管沟,采用放坡开挖比较经济,但有时由于场地的限制不能按要求放坡,或因土质的原因,放坡增加的土方量很大,在这种情况下可采用边坡支护(slope retaining)的施工方法。

基坑(槽)或管沟需设置坑壁支撑时,应根据开挖深度、土质条件、地下水位、施工方法、相邻建筑物情况进行选择和设计。支撑必须牢固可靠,确保施工安全。土壁支撑有钢、木支撑,板桩和地下连续墙等。

采用钢、木支撑时,应随挖随撑,支撑好一层,下挖一层,土壁要平直,支撑要牢固。在施工过程中应经常检查,如有松动、变形等现象时,应及时加固或更换。

开挖基坑(槽)或管沟常用的木支撑有横撑式支撑、锚碇式支撑、斜柱式支撑等。基坑、基槽底部每边的宽度应为基础宽加100~150 mm,用于设置支撑加固结构。

开挖较窄的沟槽时常采用横撑式土壁支撑。根据挡土板的不同可分为以下几种形式:

1. 间断式水平支撑[见图1-15(a)]

两侧挡土板水平放置,用工具式或木横撑借木楔顶紧,挖一层土,支顶一层。

这种方式适用于能保持直立壁的干土或天然湿度的黏土类土,要求地下水很少,深度在2 m以内。

2. 断续式水平支撑[见图1-15(b)]

挡土板水平放置,并有间隔,两侧同时对称立竖向木方,用工具式或木横撑上、下顶紧。

这种方式适用于保持直立壁的干土或天然湿度的黏土类土,要求地下水很少,深度在 3 m 以内。

3. 连续式水平支撑[见图 1-15(c)]

挡土板水平连续放置,无间隔,两侧同时对称立竖木方,上、下各顶一根撑木,端头用木楔顶紧。适用于较松散的干土或天然湿度的黏土类土,地下水很少,深度为 3～5 m。

4. 连续式或间断式垂直支撑[见图 1-15(d)]

挡土板垂直放置,可连续或留适当间隙,每侧上、下各水平顶一根方木,再用横撑顶紧。适用于土质较松散或湿度很高的土,地下水较少,深度不限。

5. 水平垂直混合式支撑[见图 1-15(e)]

沟槽上部设连续式水平支撑、下部设连续式垂直支撑。适用于槽沟深度较大,下部有含水层的情况。

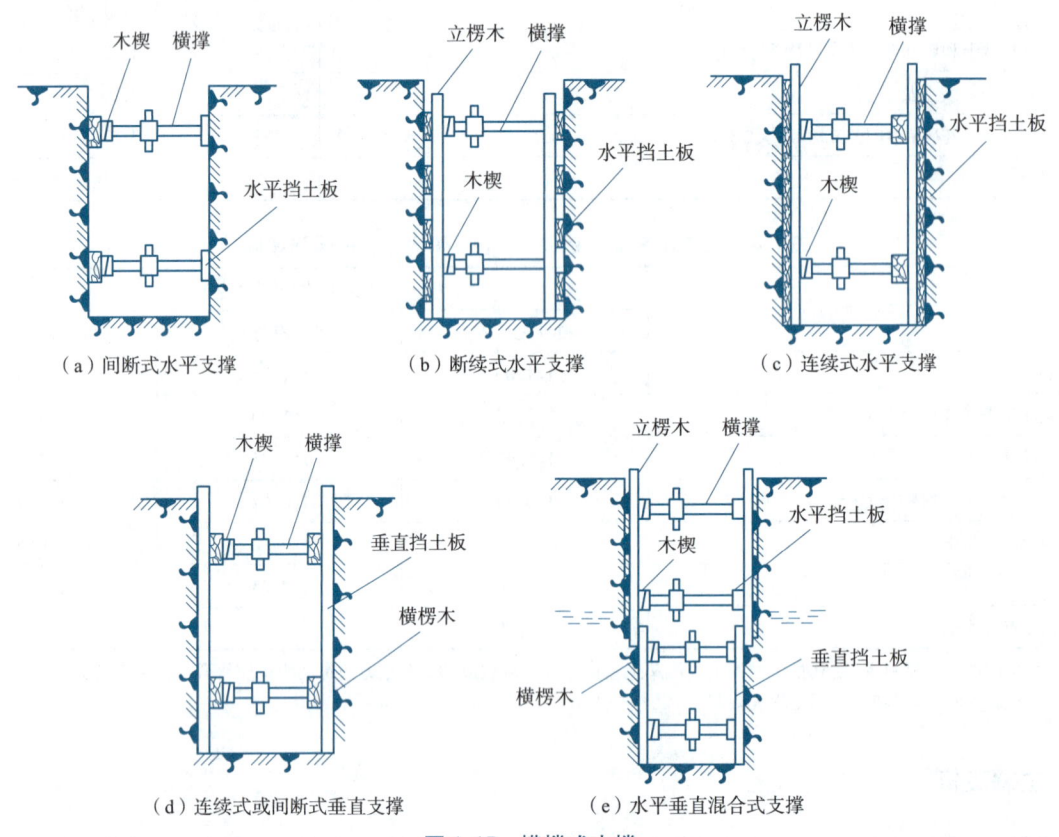

图 1-15 横撑式支撑

当开挖较大型,但深度不大的基坑或使用机械挖土,不能安装横撑时,可采用锚碇式支撑(见图 1-16)或斜柱式支撑(见图 1-17)。

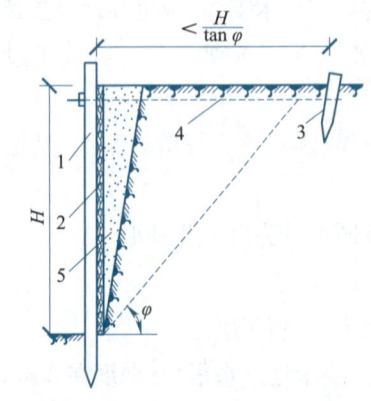

1—柱桩;2—挡土板;3—锚桩;4—拉杆;5—回填土。

图 1-16 锚碇式支撑

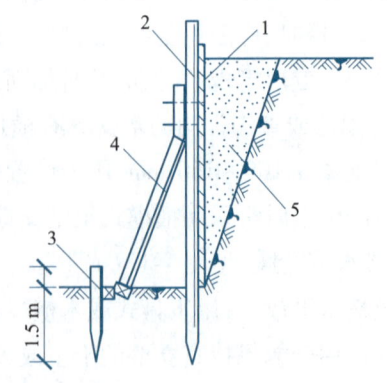

1—挡土板;2—柱桩;3—撑桩;4—斜撑;5—回填土。

图 1-17 斜柱式支撑

知识模块 4　人工降低地下水位

在开挖基坑(槽)、管沟或其他土方时,若地下水位较高,挖土底面低于地下水位,开挖至地下水位以下时,土的含水层被切断,地下水将不断流入坑内。这时不仅施工条件恶化,而且容易发生边坡失稳、地基承载力下降等不利现象。因此,为了保证工程质量和施工安全,在土方开挖前或开挖过程中必须采取措施,做好降低地下水位的工作,使地基土在开挖及基础施工过程中保持干燥状态。

在土方工程施工中,地下水控制(groundwater controlling)常采用的方法有集水井降水法和井点降水法。集水井降水法一般用于降水深度较小且地层中无流砂时;如降水深度较大,或地层中有流砂,或在软土地区,应采用井点降水法。不论采用哪种方法,降水工作都要持续到基础施工完毕并回填土后才能停止。

一、集水井降水法

集水井降水法又称明沟排水法,是在基坑开挖过程中,沿坑底周围或中央开挖有一定坡度的排水沟,在坑底每隔一定距离设一个集水井,地下水通过排水沟流入集水井中,然后用水泵抽走(见图 1-18)。

1. 集水井及排水沟的设置

为了防止基底土的细颗粒随水流失,使土结构受到破坏,排水沟及集水井应设置在基础范围之外,距基础边线距离不少于 0.4 m,地下水走向的上游。根据基坑涌水量大小、基坑平面形状及尺寸,以及水泵的抽水能力,确定集水井的数量和间距。一般每隔 30 ~ 40 m 设置一个。集水井的直径或宽度一般为 0.6 ~ 0.8 m。集水井的深度随挖土加深而加深,要始终低于挖土面 0.8 ~ 1.0 m,井壁用竹、木等材料加固。排水沟深度为 0.3 ~ 0.4 m,底宽不小于 0.2 ~ 0.3 m,边坡坡度为 1:1 ~ 1:1.5,沟底设有 1‰ ~ 2‰ 的纵坡。

当挖至设计标高后,集水井底应低于坑底 1 ~ 2 m,并铺设 0.3 m 碎石滤水层,以免在抽水时将泥砂抽出,并防止坑底土被搅动。

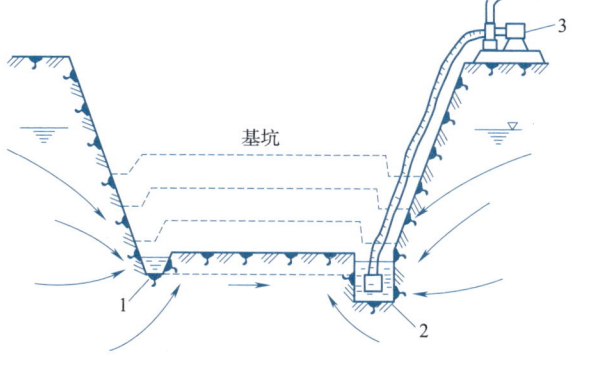

1—排水沟;2—集水坑;3—水泵。

图 1-18　集水井降水法

集水井降水常用的水泵主要有离心泵、潜水泵和泥浆泵。选用水泵类型时,一般取水泵的排水量为基坑涌水量的 1.5 ~ 2.0 倍。当基坑涌水量很小时,也可采用人力提水桶、手摇泵等将水排出。

2. 流砂现象及防治

集水井降水法由于设备简单和排水方便,采用较为普遍。但如果开挖深度较大、地下水位较高且土质较差,挖土至地下水位 0.5 m 以下时,采用坑内抽水,有时坑底土会形成流动状态随地下水涌入基坑,边挖边冒,无法挖深,这种现象称为流砂现象。发生流砂现象时,坑底土完全丧失承载能力,施工条件恶化,严重时会造成边坡塌方及附近建筑物下沉、倾斜,甚至倒塌。

(1)流砂产生的原因

流动中的地下水对土颗粒产生的压力称为动水压力。动水压力的性质,可通过图 1-19 所示的试验说明。图 1-19 中由于高水位的左端(水头为 h_1)与低水位的右端(水头为 h_2)之间存在压力差,水经过长度为 l,断面积为 F 的土体由左向右渗流。

水在土中渗流时受到土颗粒的阻力 T,同时水对土颗粒作用产生动水压力 G_D,二者大小相等,方向相反。图 1-19(a)中,作用在土体左端 a—a 截面处的静水压力 $\gamma_w h_1 F$,其方向与水流方向一致;作用在土体右端 b—b 截面处的静水压力 $\gamma_w h_2 F$,其方向与水流方向相反;水在土中渗流时受到土颗粒的阻力为 TlF。根据静力平衡条件,有

$$\gamma_w h_1 F - \gamma_w h_2 F - TlF = 0$$

$$T = \frac{h_1 - h_2}{l}\gamma_w \qquad (1\text{-}19)$$

由于 G_D 与 T 大小相等，因此

$$G_D = \frac{h_1 - h_2}{l}\gamma_w = I\gamma_w \qquad (1\text{-}20)$$

由式(1-20)可知，动水压力 G_D 的大小与水力坡度 I 成正比，即水位差愈大，动水压力愈大；而渗透路程 l 愈长，动水压力愈小。

产生流砂现象主要是由于地下水的水力坡度大，即动水压力大，当水流在水位差的作用下对土颗粒产生向上压力时，土颗粒不但受到了水的浮力，而且动水压力还使土颗粒受到向上推动的压力。当动水压力等于或大于土的浮容重 γ' 时，即

$$G_D \geqslant \gamma' \qquad (1\text{-}21)$$

则土颗粒处于悬浮状态，土颗粒随着渗流的水一起流动，即发生流砂现象。

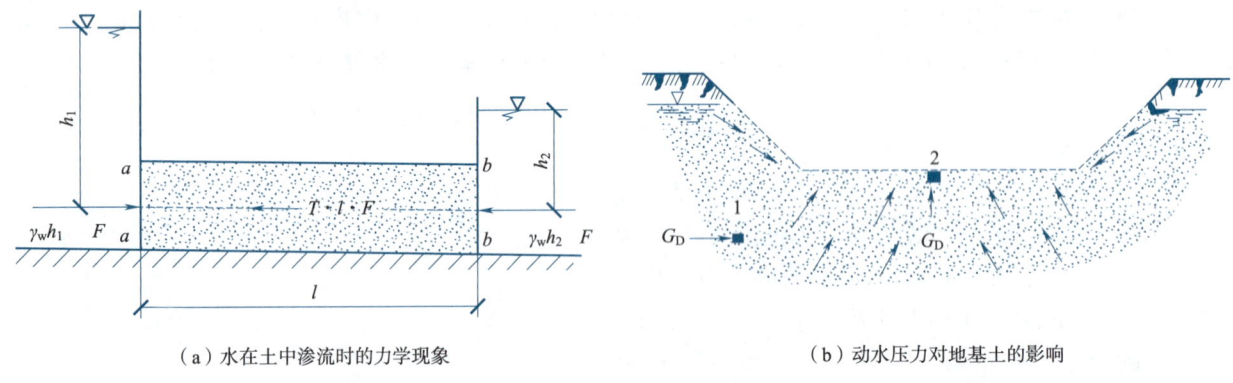

（a）水在土中渗流时的力学现象　　（b）动水压力对地基土的影响

1,2—土颗粒。

图 1-19　动水压力原理

（2）流砂的防治措施

颗粒细、均匀、松散、饱和的非黏性土容易发生流砂现象，但是否出现流砂现象的重要条件是动水压力的大小和方向。因此，防治流砂的主要途径有减少或平衡动水压力，或者改变动水压力的方向使之向下。其具体措施如下：

①安排在全年最低水位季节施工，使基坑内动水压力减小。

②采取水下挖土（不抽水或少抽水），使坑内水压力与坑外地下水压力平衡或缩小水头差。

③采用井点降水，使水位降至坑底 0.5 m 以下，使动水压力的方向向下，坑底土面保持无水状态。

④沿基坑外围四周打板桩，深入坑底下面一定深度，增加地下水从坑外流入坑内的渗流路线，减小动水压力。

⑤采用化学压力注浆或高压水泥注浆，固结基坑周围粉砂层，形成防渗帷幕。

⑥往坑底抛大石块，增加土的压重和减小动水压力，同时组织快速施工。

⑦当基坑面积较小时，也可在四周设钢板护筒，随着挖土不断加深，直到穿过流砂层。

此外，在含有大量地下水的土层或沼泽地区施工时，还可以采取土壤冻结法等。对位于流砂地区的基础工程，应尽可能采用桩基或沉井施工，以节约防治流砂所增加的费用。

二、井点降水法

井点降水法，就是在基坑开挖前，预先在基坑四周埋设一定数量的井点管，利用抽水设备从中抽水，使地下水位降至坑底以下，直至基础施工结束回填土完成为止。井点降水改善了施工条件，可使所挖的土始终保持干燥状态，同时还使动水压力方向向下，从根本上防止流砂发生，并增加土中有效应力，提高土的强度或密实度，土方边坡也可陡些，从而减少挖土数量。但在降水过程中，基坑附近的地基土会有一定的沉

降,施工时应加以注意。

1. 井点降水法的类型

井点降水的方法有轻型井点、电渗井点、喷射井点、管井井点及深井井点等。不同类型的井点降水类型及适用条件见表1-7。

表1-7 不同类型的井点降水类型及适用条件

降 水 类 型	土层渗透系数/(m/d)	降低水位深度/m
单层轻型井点	0.1~50	3~6
多层轻型井点	0.1~50	6~12
喷射井点	0.1~50	8~20
电渗井点	<0.1	根据选用井点确定
管井井点	20~200	3~5
深井井点	10~250	>15

2. 轻型井点降水

（1）轻型井点降水设备

轻型井点降水是沿基坑四周或一侧以一定间距将井点管（下端为滤管）埋入蓄水层内，井点管上端通过弯联管与总管连接，利用抽水设备将地下水经滤管进入井管，经总管不断抽出，使原有地下水位降至坑底以下。轻型井点降水法如图1-20所示。

轻型井点降水设备由管路系统和抽水设备组成。管路系统包括滤管、井点管、弯联管及总管等。滤管为进水设备,如图1-21所示。其是长度一般为1.0~1.5 m、直径为38~55 mm的无缝钢管,管壁钻有直径12~18 mm的梅花形滤孔。管壁外包两层滤网,内层为细滤网,采用3~5孔/mm²黄铜丝布或生丝布,外层为粗滤网,采用0.8~1.0孔/mm²铁丝丝布或尼龙布。为使水流通畅,在管壁与滤网间用铁丝或塑料管隔开,滤网外面再绑一层粗铁丝保护网,滤管下面为一铸铁塞头,滤管上端与井点管用螺钉套头连接。井点管是直径为38~51 mm、长5~7 m的钢管。集水总管是直径为100~127 mm的钢管,每段长4 m,其上装有与井点管连接的端接头,间距0.8 m或1.2 m。总管与井点管用90°弯头连接,或用塑料管连接。抽水设备由真空泵、离心泵和集水箱等组成。

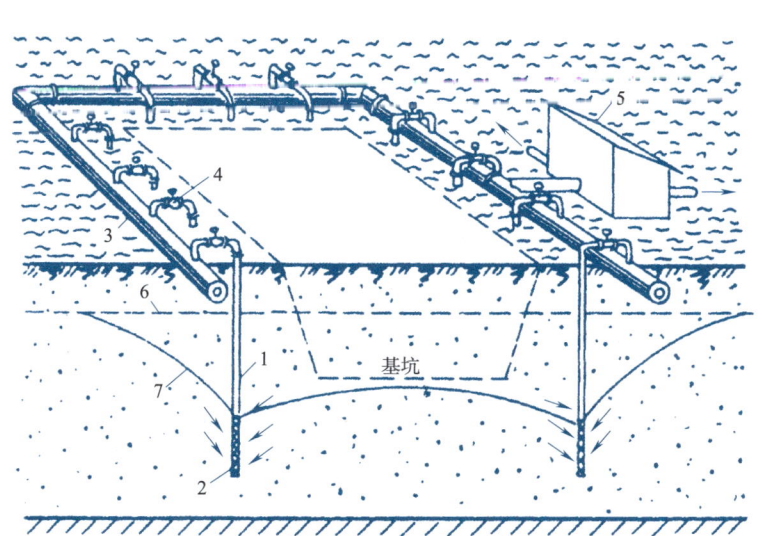

1—井点管；2—滤管；3—总管；4—弯联管；
5—水泵房；6—原有地下水位线；7—降低后地下水位线。

图1-20 轻型井点降低地下水位示意图

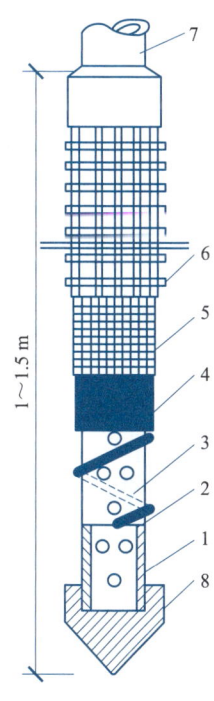

1—滤管；2—管壁小孔；3—塑料管；4—细滤网；
5—粗滤网；6—粗铁丝保护网；7—井点管；8—铸铁头。

图1-21 滤管构造

(2)轻型井点布置

轻型井点布置,根据基坑大小与深度、土质、地下水位高低与流向和降水深度要求等确定。

①平面布置。

当基坑或沟槽宽度小于6 m,且水位降低深度不超过5 m时,可采用单排线状井点,布置在地下水流的上游一侧,其两端延伸长度一般以不小于基坑(槽)为宜,如图1-22所示。如基坑宽度大于6 m或土质不良,土的渗透系数较大时,宜采用双排井点。基坑面积较大时,宜采用环状井点,如图1-23(a)所示。为便于挖土机械和运输车辆进入基坑,可不封闭,布置为U形环状井点。井点管距离基坑壁一般为0.7~1.0 m,以防局部放生漏气,井点管间距应根据土质、降水深度、工程性质等决定,一般采用0.8~1.6 m。

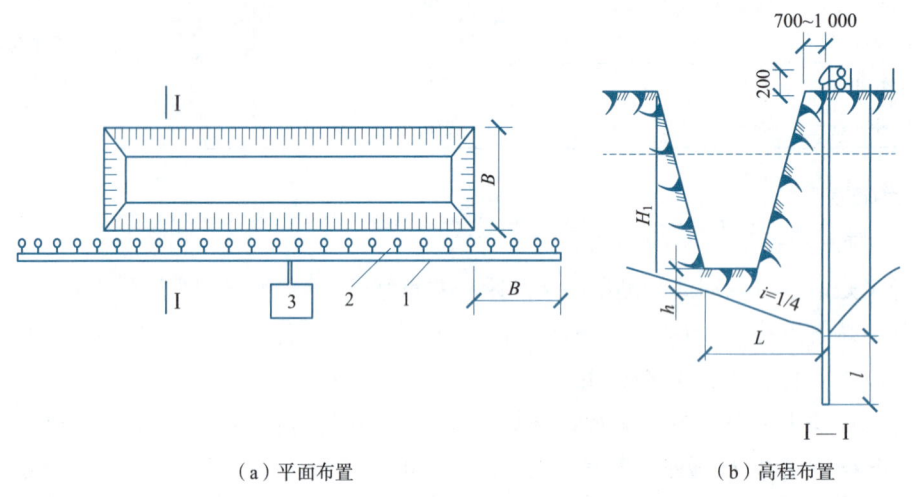

(a)平面布置　　　　(b)高程布置

1—总管;2—井点管;3—抽水设备。

图1-22　单排线状井点布置图(单位:mm)

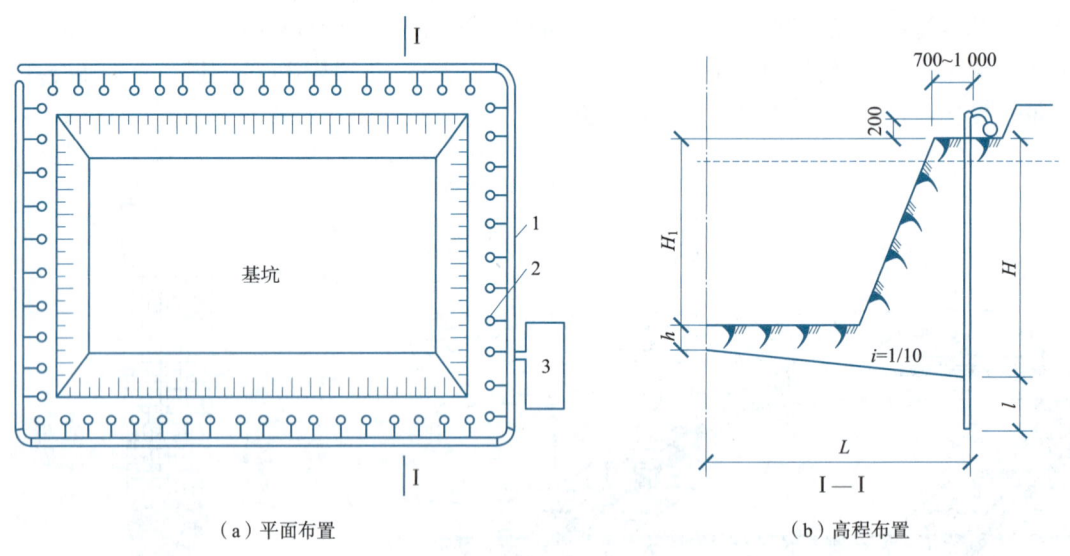

(a)平面布置　　　　(b)高程布置

1—总管;2—井点管;3—抽水设备。

图1-23　环状井点布置图(单位:mm)

一套抽水设备能带动的管长总度,一般为100~120 m。采用多套抽水设备时,井点系统要分段,各段长度要大致相等。

②高程布置。

在考虑到抽水设备的水头损失后,井点降水深度一般不超过6 m。井点管的埋设深度H(不包括滤管)按式(1-22)计算,如图1-23(b)所示。

$$H = H_1 + h + iL \tag{1-22}$$

式中　H_1——井点管埋设面至基坑底的距离,m;

　　　h——基坑中心处坑地面(单排井点时,为远离井点一侧坑底边缘)至降低后地下水位的距离,一般为 0.5~1.0 m;

　　　i——地下水降落坡度,环状井点为 1/10,单排线状井点为 1/4;

　　　L——井点管至基坑中心的水平距离(单排井点为井点管至基坑另一侧的水平距离),m。

当一级井点系统达不到降水深度要求时,可采用二级井点,即先挖去第一级井点所疏干的土,然后在基坑底部装设第二级井点,使降水深度增加,如图 1-24 所示。

③轻型井点降水法的施工。

轻型井点的安装是根据降水方案,先布设总管,再埋设井点管,然后用弯联管连接井点管与总管,最后安装抽水设备。

井点管的埋设一般用水冲法施工,分为冲孔和埋管两个过程,如图 1-25 所示。冲孔时,利用起重设备将冲管吊起,并插在井点位置上,开动高压水泵将土冲松,冲管边冲边沉。冲孔要垂直,直径一般为 300 mm,以保证井管四壁有一定厚度的砂滤层,冲孔深度要比滤管底深 0.5 m 左右,以防冲管拔出时部分土颗粒沉于底部而触及滤管。

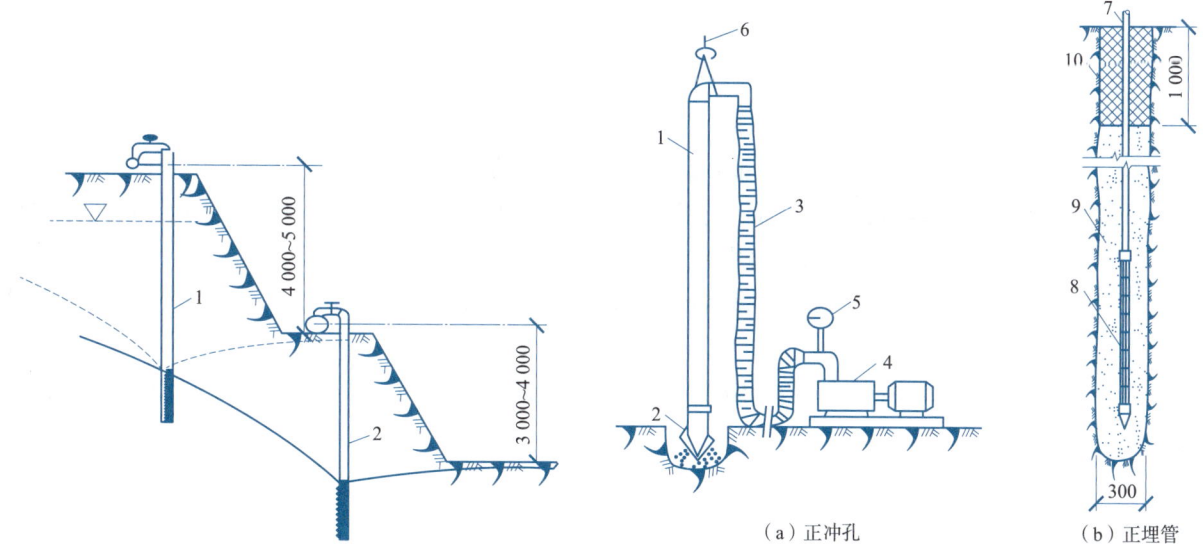

1—一级井点降水;2—二级井点降水。

图 1-24　二级井点降水示意图(单位:mm)

1—冲管;2—冲嘴;3—胶管;4—高压水泵;5—压力表;
6—起重机吊钩;7—井点管;8—滤管;9—粗砂;10—黏土封口。

图 1-25　井点管的埋设(单位:mm)

井孔冲成后,随即拔出冲管,插入井点管。井点管与井壁间应立即用粗砂灌实,距地面 1.0~1.5 m 深处,用黏土填塞密实,防止漏气。

④轻型井点的使用。

轻型井点运行后,应保证连续不断抽水。如果井点淤塞,一般可以通过听管内水流声响、手摸管壁感到有振动、手触摸管壁有冬暖夏凉的感觉等简便方法检查,发现问题,及时排除隐患,确保施工正常进行。

轻型井点法适用于土壤的渗透系数为 0.1~50 m/d 的土层降水,一级轻型井点水位降低深度 3~6 m,二级井点水位降低深度可达 6~9 m。

3. 应用案例

本工程基坑底宽 1.8 m,深 3 m,地下水位距地面 1.2 m,土方边 1∶0.5,采用轻型井点降水。

试确定:

①平面布置类型;

②井点管最小埋深及要求的降水深度;

③当采用 6 m 长井点管时,其实际埋深及降水深度。

解 ① 计算基槽上口宽度为

$$B = 1.8 \text{ m} + 2mH = (1.8 + 2 \times 0.5 \times 3) \text{m} = 4.8 \text{ m} < 6 \text{ m}$$

则采用单排线状布置。

② 最小埋深 H_A 及降水深度 S 分别为

$$H_A = H_1 + h_1 + IL$$
$$= \left[3 + 0.5 + \frac{1}{4}(1.8 + 0.5 \times 3 + 1.0)\right] \text{m} = 4.6 \text{ m}$$

$$S = H_1 + h_1 - 1.2 \text{ m} = (3 + 0.5 - 1.2) \text{m} = 2.3 \text{ m}$$

③ 若采用 6 m 井点管，确定 H_A 和 S：

$$H_A = (6.0 - 0.2) \text{m} = 5.8 \text{ m}$$
$$S = [2.3 + (5.8 - 4.6)] \text{m} = 3.5 \text{ m}$$

4. 防止或减少降水影响周围环境的技术措施

在降水过程中，由于会随水流带出部分细微土粒，再加上降水后土体的含水率降低，使土壤产生固结，因而会引起周围地面的沉降，在建筑物密集地区进行降水施工，如因长时间降水引起过大的地面沉降，会带来较严重的后果。

为防止或减少降水对周围环境的影响，避免产生过大的地面沉降，可采取下列技术措施：

(1) 采用回灌技术

降水对周围环境的影响，是由于土壤内地下水流失造成的。回灌技术即在降水井点和要保护的建(构)筑物之间打设一排井点，在降水井点抽水的同时，通过回灌井点向土层内灌入一定数量的水(即降水井点抽出的水)，形成一道隔水帷幕，从而阻止或减少回灌井点外侧被保护的建(构)筑物地下的地下水流失，使地下水位基本保持不变，这样就不会因降水使地基自重应力增加而引起地面沉降。

回灌井点可采用一般真空井点降水的设备和技术，仅增加回灌水箱、闸阀和水表等少量设备，一般施工单位皆易掌握。

采用回灌井点时，回灌井点与降水井点的距离不宜小于 6 m。回灌井点的间距应根据降水井点的间距和被保护建(构)筑物的平面位置确定。

回灌井点宜进入稳定降水曲面下 1 m，且位于渗透性较好的土层中。回灌井点滤管的长度应大于降水井点滤管的长度。

回灌水量可通过水位观测孔中水位变化进行控制和调节，通过回灌宜不超过原水位标高。回灌水箱的高度，可根据灌入水量决定。回灌水宜用清水。实际施工时应协调控制降水井点与回灌井点。

许多工程实例证明，用回灌井点回灌水能产生与降水井点相反的地下水降落漏斗，能有效地阻止被保护建(构)筑物下的地下水流失，防止产生有害的地面沉降。

回灌水量要适当，过小无效，过大会从边坡或钢板桩缝隙流入基坑。

(2) 采用砂沟、砂井回灌

在降水井点与被保护建(构)筑物之间设置砂井作为回灌井，沿砂井布置一道砂沟，将降水井点抽出的水，适时、适量排入砂沟，再经砂井回灌到地下，实践证明亦能收到良好效果。

回灌砂井的灌砂量，应取井孔体积的 95%，填料宜采用含泥量不大于 3%、不均匀系数在 3~5 之间的纯净中粗砂。

(3) 使降水速度减缓

在砂质粉土中降水影响范围可达 80 m 以上，降水曲线较平缓，为此可将井点管加长，减缓降水速度，防止产生过大的沉降。亦可在井点系统降水过程中，调小离心泵阀，减缓抽水速度。还可在邻近被保护建(构)筑物一侧，将井点管间距加大，需要时甚至暂停抽水。

为防止抽水过程中将细微土粒带出，可根据土的粒径选择滤网。另外，确保井点管周围砂滤层的厚度和施工质量，亦能有效防止降水引起的地面沉降。

三、降水与排水施工质量检验标准

降水与排水施工质量检验标准见表1-8。

表1-8 降水与排水施工质量检验标准

序号	检查项目		允许值或允许偏差		检查方法
			单位	数值	
1	排水沟坡度		‰	1～2	目测:沟内不积水,沟内排水畅通
2	井管(点)垂直度		%	1	插管时目测
3	井管(点)间距(与设计相比)		mm	≤150	钢尺量
4	井管(点)插入深度(与设计相比)		mm	≤200	水准仪
5	过滤砂砾料填灌(与设计值相比)		%	≤5	检查回填料用量
6	井点真空度	真空井点	kPa	>60	真空度表
		喷射井点		>93	
7	电渗井点阴阳极距离	真空井点	mm	80～100	钢尺量
		喷射井点		120～150	

知识模块5 土方工程机械化施工

土方工程工程量大,工期长。为节约劳动力,降低劳动强度,加快施工速度,对土方工程的开挖、运输、填筑、压实等施工过程应尽量采用机械施工。

土方工程施工机械的种类很多,有推土机、铲运机、单斗挖土机、多斗挖土机和装载机等。而在房屋建筑工程施工中,尤以推土机、铲运机和单斗挖土机应用最广。施工时,应根据工程规模、地形条件、水文地质情况和工期要求正确选择土方施工机械。

一、推土机施工

推土机由拖拉机和推土铲刀组成(见图1-26)。按行走装置的类型可分为履带式和轮胎式两种。履带式推土机履带板着地面积大,现场条件差时也可施工,还可以协助其他施工机械工作,所以应用比较广泛。按推土铲刀的操作方式可分为液压式和索式两种。索式推土机的铲刀借本身自重切入土中,在硬土中切入深度较小;液压式推土机的铲刀利用液压操纵,使铲刀强制切入土中,切土深度较大,且可以调升铲刀和调整铲刀的角度,具有较大的灵活性。

推土机操纵灵活、运转方便、所需工作面较小,行驶速度快,易于转移,并能爬30°左右的缓坡,是最为常见的一种土方机械。它多用于场地清理和场地平整,开挖深度1.5 m以内的基坑(槽),堆筑高1.5 m以内的路基、堤坝,以及配合挖土机和铲运机工作。在推土机后面安装松土装置,可破、松硬土和动土等。推土机可以推挖一～四类土,经济运距在100 m以内,效率最高为40～60 m。

为提高推土机的生产率,增大铲刀前土的体积,减少推土过程中土的散失,缩短推土时间,常采用下列施工方法:

1. 下坡推土法

在斜坡上,推土机顺下坡方向切土与推运,借助机械本身的重力作用,以增加切土深度和运土数量,一般可提高生产率30%～40%,但坡度不宜超过150,避免后退时爬坡困难。

2. 多铲集运法

当推土距离较远而土质比较坚硬时,由于切土深度不大,应采用多次铲运、分批集中、一次推运的方法,使铲刀前保持满载,缩短运土时间,一般可提高生产效率15%左右。堆积距离不宜大于30 m,堆土高度以 2 m 以内为宜。

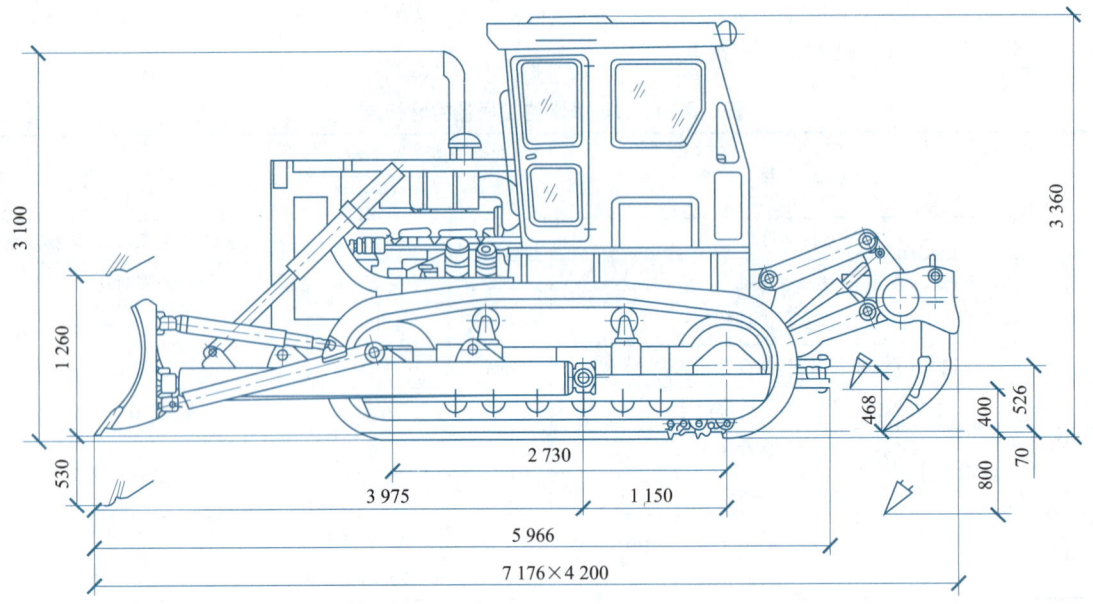

图 1-26　T-180 型推土机外形图(单位:mm)

3. 并列推土法

平整场地面积较大时,可采用两台或三台推土机并列推土,铲刀相距 150~300 mm,以减少土的散失,提高生产效率。一般采用两机并列推土可增加推土量 15%~30%,三机并列推土可增加推土量 30%~40%。

4. 槽形推土法

推土机连续多次在一条作业线上切土和推运,使地面形成一条浅槽,以减少土在铲刀两侧散失,一般可提高推土量 10%~30%。槽的深度在 1 m 左右,土埂宽约为 500 mm。当推出多条槽后,再推土埂。适于运距较远,土层较厚时使用。

此外,还可以采用斜角推土法、之字斜角推土法和铲刀附加侧板法等。

二、铲运机施工

铲运机是一种能独立完成铲土、运土、卸土、填筑和整平的土方机械。按铲斗的操纵系统可分为索式和液压式两种。液压式能使铲斗强制切土,操纵灵便,应用广泛;索式现已逐渐淘汰。按行走机构可分为自行式(见图 1-27)和拖式(见图 1-28)两种。拖式铲运机由拖拉机牵引作业,自行式铲运机的行驶和作业都靠本身的动力设备,机动性大、行驶速度快,故得到广泛采用。

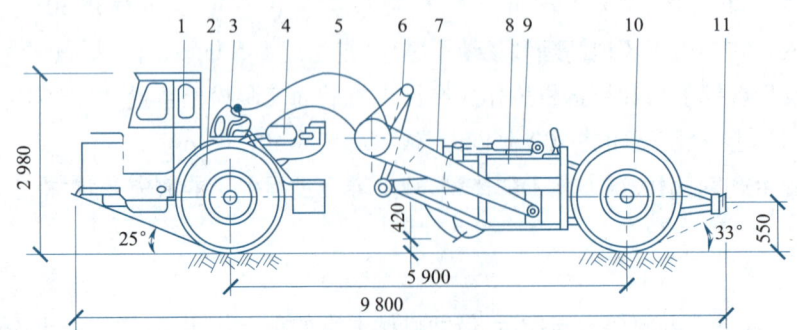

1—驾驶室;2—前轮;3—中央框架;4—转向油缸;5—辕架;6—提斗油缸;7—斗门;8—铲斗;9—斗门油缸;10—后轮;11—尾架。

图 1-27　自行式铲运机(单位:mm)

铲运机由牵引车和铲斗两部分组成。铲运机的工作装置是铲斗,铲斗前方有一个能开启的斗门,铲斗前设有切土刀片。切土时,铲斗门打开,铲斗下降,刀片切入土中。铲运机前进时,被切下的土挤入铲斗,铲斗装满土后,提起铲斗,放下斗门,将土运至卸土地点。

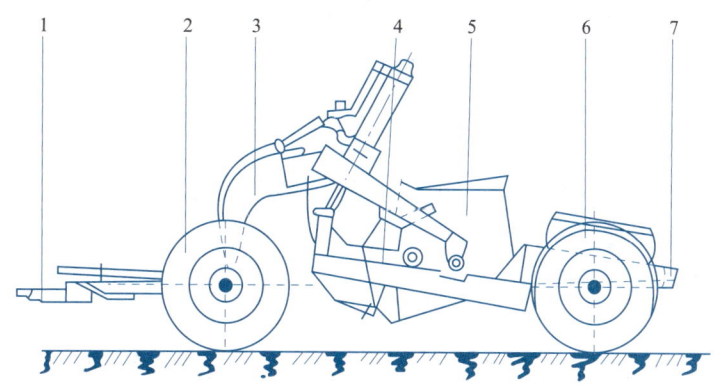

1—拖把;2—前轮;3—辕架;4—斗门;5—铲斗;6—后轮;7—尾架。

图 1-28 拖式铲运机

铲运机对行驶的道路要求较低,操纵灵活,行驶速度快,生产效率高,且费用低。在土方工程中常应用于大面积场地平整,开挖大型基坑,填筑堤坝和路基等。自行式铲运机经济运距以 800～1 500 m 为宜。适宜开挖含水率 27% 以下的一～四类土,铲运较坚硬的土时,可用推土机助铲或用松土机配合。

1. 铲运机的开行路线

为提高铲运机的生产率,应根据场地挖方和填方区分布的具体情况、工程量的大小、运距长短、土的性质和地形条件等合理地选择适宜的开行路线,以求在最短的时间内完成一个工作循环。

铲运机的开行路线有多种,常用的有以下两种:

(1)环形路线

地形起伏不大,施工地段较短时,多采用环形路线。从挖方到填方按环形路线回转,每循环一次完成一次铲土和卸土,挖填交替[见图1-29(a)、(b)];当挖填之间的距离较短时可采用大环形路线[见图1-29(c)],一个循环可完成多次铲土和卸土,这样可减少铲运机的转弯次数,提高工作效率。作业时应时常按顺、逆时针方向交换行驶,以避免机械行驶部分单侧磨损。

(2)"8"字形路线

施工地段较长或地形起伏较大时,多采用"8"字形运行路线[见图1-29(d)],铲运机在上下坡时斜向行使,每一个循环完成两次作业(两次铲土和卸土),比环形路线运行时间短,减少了转弯和空驶距离,提高了生产效率。

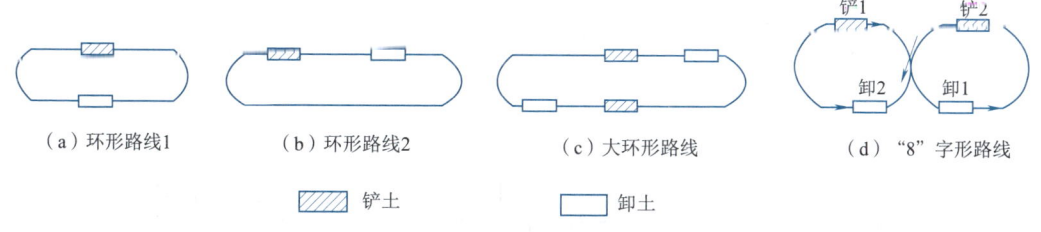

图 1-29 铲运机运行路线

2. 铲运机作业方法

(1)下坡铲土法

铲运机尽量利用地形下坡铲土,借助铲运机的重力,加深铲刀切土深度,可提高生产效率25%,最大坡度不超过20°,一般坡度为3°～9°。铲土厚度以 200 mm 为宜。

(2)跨铲法

较坚硬的土铲土回填或场地平整时,可预留土埂,铲运机间隔铲土。这样可使铲土机在铲土时减少向外撒土量,铲土埂时阻力减少。土埂两边沟槽深度以不大于 0.3 m、宽度在 1.6 m 以内为宜。

(3)助铲法

地势平坦,土质较坚硬时,可另配一台推土机在铲运机的后面进行顶推,协助铲土,以加大铲刀切土能力,缩短每次铲土时间,可提高生产效率30%左右。

三、单斗挖土机施工

单斗挖土机是大型基坑开挖中最常用的一种土方机械。挖土机按行走方式分履带式和轮胎式两种;按传动方式可分为机械传动和液压传动两种;按工作装置不同分为正铲、反铲、拉铲和抓铲四种(见图1-30)。在建筑工程中单斗挖土机斗容量一般为 0.5~2.0 m³。

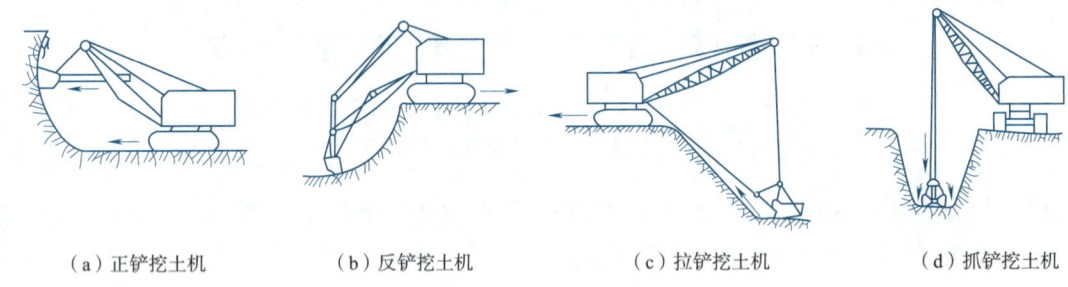

(a)正铲挖土机　　(b)反铲挖土机　　(c)拉铲挖土机　　(d)抓铲挖土机

图 1-30　单斗挖土机

1. 正铲挖土机施工

正铲挖土机的挖土特点是"前进向上,强制切土"。其挖掘力大,生产效率高,适用于开挖停机面以上的含水率不大于27%的一~四类土。当地下水位较高时,应采取降低地下水位的措施,把基坑土疏干。开挖大型基坑时需设坡道,挖土机在坑底作业。

正铲挖土机的作业方式有正向挖土,侧向卸土和正向挖土,后方卸土两种。

(1)正向挖土,侧向卸土[见图1-31(a)、(b)]

挖土机沿前进方向挖土,运输工具停在侧面装土。采用这种作业方式,挖土机卸土时铲臂回转角度小,装车方便,循环时间短,生产效率高,用于开挖工作面较大、深度不大的基坑(槽)和管沟等,是常用的开挖方法。

(2)正向挖土,后方卸土[见图1-31(c)]

挖土机沿前进方向挖土,运输工具停在后面装土。采用这种作业方式,挖土机卸土时铲臂回转角度大,汽车要倒车开入,生产效率低。当开挖工作面较小,且基坑(槽)和管沟较深时采用。

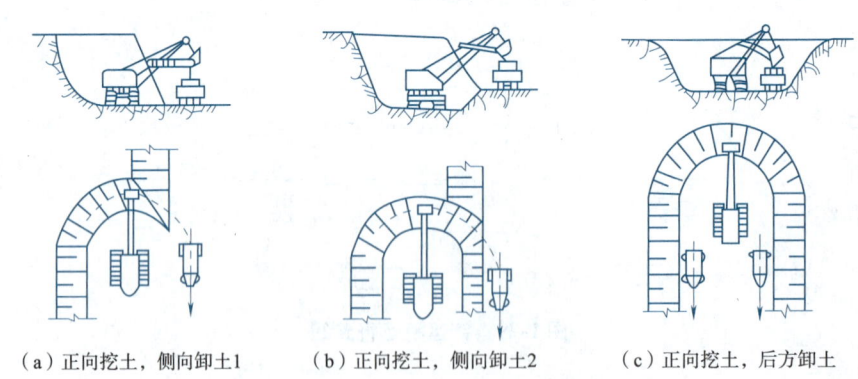

(a)正向挖土,侧向卸土1　　(b)正向挖土,侧向卸土2　　(c)正向挖土,后方卸土

图 1-31　正铲挖土机作业方式

如果开挖的基坑较深,还可采用分层挖土等方法,以提高生产效率。

2. 反铲挖土机施工

反铲挖土机的挖土特点是"后退向下,强制切土"。其挖掘力比正铲挖土机小,适宜开挖停机面以下的一~三类土,适用于开挖基坑、基槽和管沟,亦可用于地下水位较高处的土方开挖。一次开挖深度取决于反铲挖土机的最大挖掘深度。

反铲挖土机的作业方式常采用沟端开挖和沟侧开挖两种。

(1)沟端开挖[见图1-32(a)]

反铲挖土机停于沟端,向后倒退挖土,同时往沟两侧弃土或装车运走。沟端开挖工作面宽度为:单面装土时为1.3R(R为挖土机最大挖土半径),双面装土时为1.7R。基坑较宽时,可多次开行开挖或按Z字形路线开挖。

(2)沟侧开挖[见图1-32(b)]

挖土机沿基槽的一侧移动挖土,将土弃于距基槽边较远处,但开挖宽度受限制(一般为0.8R),且不能很好地控制边坡,机身停在沟边稳定性较差;一般只在无法采用沟端开挖或所挖的土不需运走时采用。

此外,当开挖土质较硬,宽度较小的沟槽时,可采用沟角开挖;当开挖土质较好,深度在10 m以上的大型基坑、沟槽和渠道时可采用多层接力开挖。

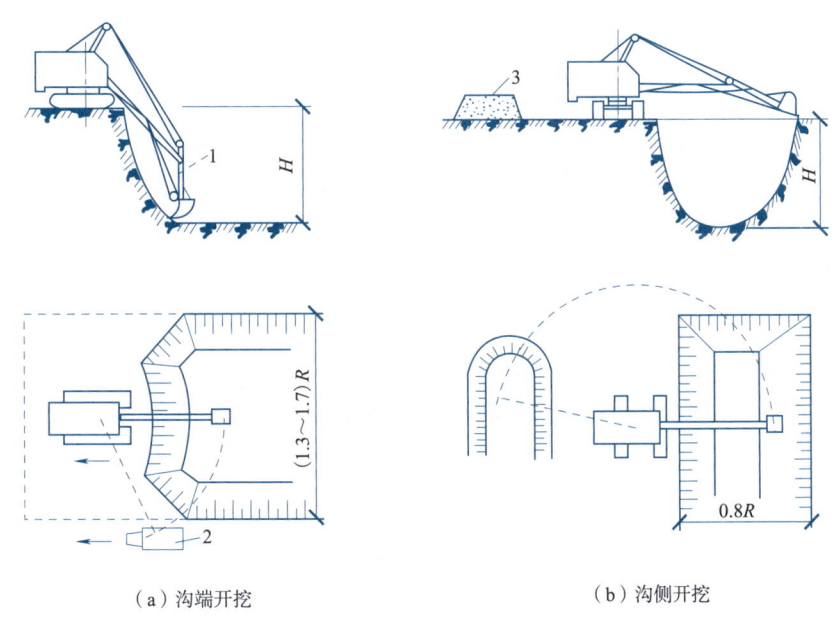

(a)沟端开挖 (b)沟侧开挖

1—反铲挖土机;2—自卸汽车;3—弃土堆。

图1-32 反铲挖土机作业方式

3. 拉铲挖土机

拉铲挖土机的挖土特点是"后退向下,自重切土",挖土时土斗在自重作用下落到地面切入土中。其挖土半径和挖土深度较大,但不如反铲挖土机灵活,开挖精确性差。可开挖停机面以下的一~三类土。适用于开挖大型基坑或水下挖土。

拉铲挖土机的开挖方式与反铲挖土机的开挖方式相似,也可分为沟端开挖和沟侧开挖。

4. 抓铲挖土机

抓铲挖土机的挖土特点是"直上直下,自重切土",挖掘力较小,适用于开挖停机面以下的一~二类土,可用于开挖窄而深的基坑、疏通旧有渠道以及挖取水中淤泥等,或用于装卸碎石、矿渣等松散材料。在软土地基地区,常用于开挖基坑、沉井等。

知识模块6 土方的填筑与压实

一、土料选择

填方土料应符合设计要求,保证填方的强度和稳定性,如设计无要求时,应符合下列规定:

①碎石类土、砂土和爆破石碴(最大粒径不大于每层铺填厚度的2/3,当用振动碾压时不超过每层铺填厚度的3/4),可用作表层以下的填料。

②含水率符合压实要求的黏性土,可作为各层填料。

③淤泥和淤泥质土一般不能用作填料,但在软土和沼泽地区,经过处理含水率符合压实要求后,可用于填方中的次要部位。

④碎块草皮和有机质含量大于5%的土,仅用于无压实要求的填方。

⑤含盐量符合规定的盐渍土,一般可用作填料,但土中不得含有盐晶、盐块或含盐植物根茎。

⑥冻土、膨胀性土、有机物含量大于8%的土,以及水溶性硫酸盐含量大于5%的土均不能作为填土。

二、填筑要求

土方填筑前,填方基底的处理应符合设计要求。设计无要求时,应符合下列规定:应清除基底上的垃圾、草皮、树根,排除坑穴中积水、淤泥和杂物等,并应采取措施防止地表水流入填方区,浸泡地基土;当填土场地地面坡度陡于1/5时,应先将斜坡挖成阶梯形,阶高0.2~0.3 m,阶宽不小于1 m;当填方基底为耕植土或松土时,应将基底碾压密实;在水田、沟渠或池塘上填土前,应根据实际情况采用排水疏干、挖除淤泥进行换土或抛填块石、砂砾、掺石灰等方法处理后,再进行填土。

填土可采用人工填土和机械填土两种方法。人工填土用手推车送土,以人工用铁锹、耙和锄等工具进行回填;机械填土可采用推土机、铲运机和汽车等设备。填土施工应接近水平分层填土、分层压实,并分层检测填土压实质量,符合设计要求后,才能填筑上层。填土应尽量采用同类土填筑。如采用不同填料分层填筑时,上层宜填筑透水性较小的填料,下层宜填筑透水性较大的填料。各种土不得混杂使用。分段填筑时,每层接缝处应作成大于1:1.5的斜坡形,碾迹重叠0.5~1.0 m。上、下层错缝距离不应小于1 m。回填基坑(槽)和管沟时,应从四周或两侧均匀地分层进行,以防基础和管道在土压力作用下产生偏移或变形。

三、填土压实方法

填土压实方法有碾压法、夯实法和振动压实法三种,如图1-33所示。此外,还可利用运土工具压实。

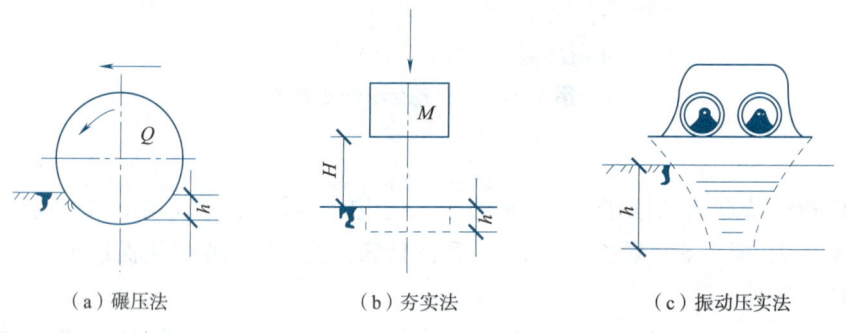

(a)碾压法　　(b)夯实法　　(c)振动压实法

图1-33 填土压实方法

1. 碾压法

碾压法[见图1-33(a)]是利用机械滚轮的压力压实土壤,使之达到所需的密实度。碾压机械有平碾、羊足碾及气胎碾等。场地平整等大面积填土工程多采用碾压法。平碾(光碾压路机)是一种以内燃机为动力的自行式压路机,适用于碾压黏性和非黏性土。羊足碾(见图1-34)一般没有动力,靠拖拉机牵引,有单筒、双筒两种。羊足碾虽与土接触面积小,但单位面积的压力比较大,土壤压实的效果较好,一般用于碾压黏性土。气胎碾在工作时是弹性体,对土壤碾压较为均匀,填土质量较好。

用碾压法压实填土时,铺土应均匀一致,碾压遍数要一样,碾压方向以从填土区的两边逐渐压向中心,每次碾压应有150~200 mm的重叠。一般行驶速度:平碾不超过2 km/h,羊足碾不超过3 km/h。

2. 夯实法

夯实法[见图1-33(b)]是利用夯锤自由下落的冲击力来夯实土壤,主要用于基坑(槽)、管沟及各种零星分散、边角部位的小面积回填,可以夯实黏性和非黏性土。夯实法分人工夯实和机械夯实两种。人工夯实常用的工具有木夯、石夯等;机械夯实常用的机械有夯锤、内燃夯土机和蛙式打夯机(见图 1-35)等。打夯前对填土应初步平整,打夯机依次夯打,均匀分布,不留间隙。

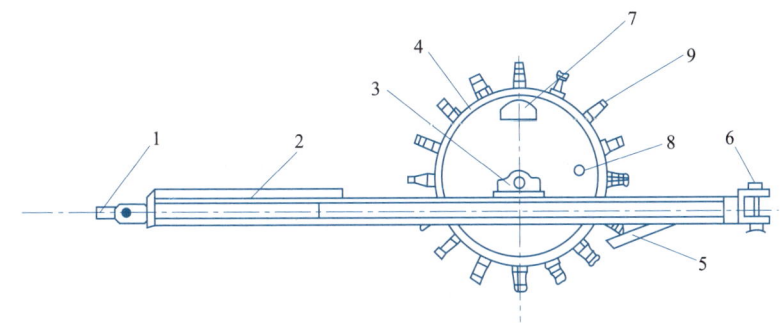

1—前拉头;2—机架;3—轴承座;4—碾筒;5—铲刀;6—后拉头;7—装砂口;8—水口;9—羊足头。

图 1-34　单筒羊足碾构造示意图

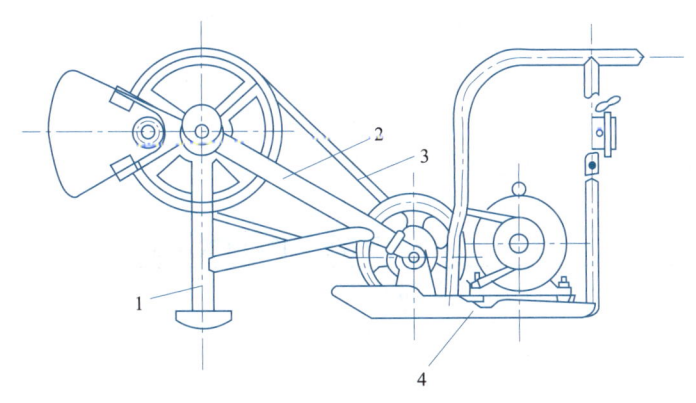

1—夯头;2—夯架;3—三角胶带;4—底盘。

图 1-35　蛙式打夯机

3. 振动压实法

振动压实法[图 1-33(c)]是将振动压实机放在土层表面,借助振动机构使压实机振动,土颗粒发生相对位移而达到紧密状态。采用这种方法振实非黏性土效果较好。

四、影响填土压实质量的因素

影响填土压实质量的因素很多,其中主要有土的含水率、压实功和铺土厚度。

1. 土的含水率

土的含水率的大小对填土压实质量有很大影响,含水率过小,土粒之间摩擦阻力较大,填土不宜被压实;含水率较大,超过一定限度时,土颗粒间的孔隙被水填充而呈饱和状态,填土也不宜被压实;只有当土具有适当的含水率,土颗粒之间的摩擦阻力由于水的润滑作用而减小,土才易被压实。土在最优含水率的情况下,使用同样的压实功进行压实,所得到的密度最大(见图 1-36)。各种土的最优含水率和最大干密度见表 1-9。

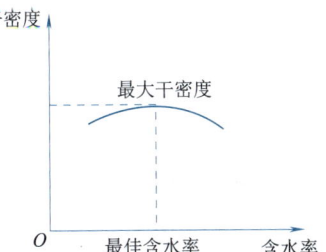

图 1-36　土的干密度与含水率关系示意图

表1-9 最优含水率与最大干密度

项 次	土的类种	变动范围	
		最优含水率(质量比)/%	最大干密度/(t/m³)
1	砂土	8~12	1.80~1.88
2	黏土	19~23	1.58~1.70
3	粉质黏土	12~15	1.85~1.95
4	粉土	16~22	1.61~1.80

注:1. 表中土的最大干密度根据现场实际达到的数字为准。
2. 一般性的回填可不作此测定。

为了保证填土在压实过程中具有最优含水率,当土过湿时应予翻松晾干,也可掺入同类干土或吸水性土料;当土过干时,则应先洒水湿润。土料含水率一般以手握成团,落地开花为宜。

2. 压实功

填土压实后的密度与压实机械在其上所施加的功有一定关系。由图1-37可看出,当土的含水率一定,在开始压实时,土的密度急剧增加,待接近土的最大密度时,压实功虽然增加许多而土的密度则变化很小。在实际施工中,对不同的土应根据压实后的密实度要求和选择的压实机械选择合理的压实遍数,见表1-10。

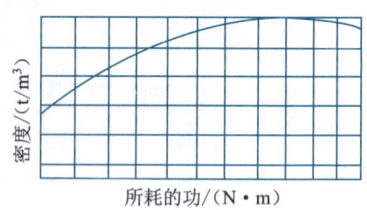

图1-37 土的密度与压实功关系图

表1-10 填方每层铺土厚度和压实遍数

压实机具	每层铺土厚度/mm	每层压实遍数/遍
平碾	250~300	6~8
羊足碾	200~350	8~16
蛙式打夯机	200~250	3~4
振动压实机	250~350	3~4
柴油打夯机	200~250	3~4
人工打夯	不大于20	3~4

3. 铺土厚度

土在压实功的作用下,其应力随深度增加而逐渐减小(见图1-38),其影响深度与压实机械、土的性质和含水率等因素有关。铺得过厚,要压很多遍才能达到规定的密实度;铺得过薄,则也要增加机械的总压实遍数。最优的铺土厚度应能使土方压实而机械功耗费最少。可按照表1-10选用。在表中规定压实遍数范围内,轻型压实机械取小值,重型压实机械取大值。

五、填土压实的质量检查

填土压实后要达到一定的密实度要求,以避免建筑物的不均匀沉陷。填方的密实度要求和质量指标以压实系数λ_c表示。压实系数为土的控制(实际)干土密度ρ_d与最大干土密度ρ_{dmax}的比值,即

$$\lambda_c = \frac{土的实际干土密度\rho_d}{土的最大干土密度\rho_{dmax}} \tag{1-23}$$

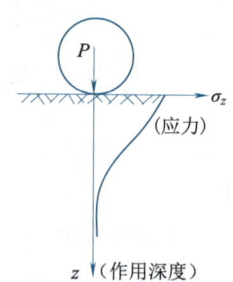

图1-38 压实作用沿深度的变化

密实度要求一般由设计根据工程结构性质、使用要求以及土的性质决定。如未作规定,可参考表1-11。

表 1-11 填土的压实系数(密实度)要求

结构类型	填土部位	压实系数 λ_c
砌体承重结构和框架结构	在地基主要受力层范围内	≥0.97
	在地基主要受力层范围以下	≥0.95
简支结构和排架结构	在地基主要受力层范围内	0.94~0.97
	在地基主要受力层范围以下	0.91~0.93
一般工程	基础四周或两侧一般回填土	0.9
	室内地坪、管道、地沟回填土	0.9
	一般堆放物件场地回填土	0.85

最大干土密度是当土在最优含水率时,通过标准的击实方法确定的。当无实验资料时,可按下式计算:

$$\rho_{dmax} = \eta \frac{\rho_w d_s}{1 + 0.01 w_{op} d_s} \tag{1-24}$$

式中 ρ_{dmax} ——压实填土的最大干密度,t/m^3;

　　　η——经验系数,对于黏土取 0.95,粉质黏土取 0.96,粉土取 0.97;

　　　ρ_w——水的密度,t/m^3;

　　　d_s——土粒相对密度;

　　　w_{op}——最优含水率,%(以小数计),可按当地经验或取 $w_p + 2$(w_p——土的塑限)。

检查压实后的实际干密度,可采用环刀法取样。其取样组数为:基坑回填每 20~50 m^3 取样一组(每个基坑不少于一组);基槽或管沟回填每层按长度 20~50 m 取样一组;基坑和室内填土每层按 100~500 m^2 取样一组;场地平整填方每层按 400~900 m^2 取样一组。每层均不少于一组,取样部位在每层压实后的下半部。

填土压实后的实际干密度应有 90% 以上符合设计要求,其余 10% 的最低值与设计值之差不得大于 0.08 t/m^3,且应分散不得集中。

知识模块 7　基坑(槽)施工

一、施工准备工作

基坑(槽)施工前,应做好各项施工准备工作,以保证土方工程顺利进行。施工准备工作主要包括学习和审查图纸;查勘施工现场;编制施工方案;平整施工工地;清除现场障碍物;做好排水降水工作;设置测量控制网;修建临时设施及道路;准备施工机具、物资及人员等。

二、基坑(槽)施工

基坑(槽)施工一般包括测量放线、切线分层开挖、排降水、修坡、整平、留预留土层等施工过程。

1. 测量放线

(1)基槽放线

根据房屋主轴线控制点,首先将外墙轴线的交点用木桩测设在地面上,并在桩顶钉上铁钉作为标志。房屋外墙轴线测定以后,再根据建筑物平面图,将内部开间所有轴线都一一测出。最后根据基槽上口的开挖宽度在中心轴线两侧用石灰在地面上撒出基槽开挖边线。同时在房屋四周设置龙门板,以便于基础施工时复核轴线位置。

(2)柱基放线

在基坑开挖前,从设计图上查对基础的纵横轴线编号和基础施工详图,根据柱子的纵横轴线,用经纬仪在矩形控制网上测定基础中心线的端点,同时在每个柱基中心线上,测定基础定位桩,每个基础的中心线上设置四个定位木桩,其桩位离基坑开挖线的距离为0.5~1.0 m。若基础之间的距离不大,可每隔1~2个或几个基坑打一个定位桩,但两个定位桩的间距以不超过20 m为宜,以便拉线恢复中间柱基的中线。桩顶上钉一个钉子,标明中心线的位置。然后按施工图上柱基的尺寸和按边坡系数确定的挖土边线的尺寸,放出基坑上口挖土灰线,标出挖土范围。

2. 基坑(槽)开挖

土方开挖应遵循"开槽支撑,先撑后挖,分层开挖,严禁超挖"的原则。

开挖基坑(槽)应按规定的尺寸合理确定开挖顺序和分层开挖深度,并按要求进行放坡或做好土壁支撑。相邻基坑开挖时,应遵循先深后浅或同时进行的施工程序。挖土应自上而下水平分段分层进行,边挖边检查坑底宽度及坡度,不够时应及时修整。每3 m左右修一次坡,至设计标高,再统一进行一次修坡清底。在挖到距坑底500 mm以内时,测量放线人员应配合抄出距坑底500 mm水平线,自坑端部200 mm处每隔2~3 m,在坑帮上钉水平标高小木橛。在挖至接近坑底标高时,用尺或事先量好的500 mm标准尺杆,随时以小木橛上平面校核坑底标高,修底铲平,要求坑底凹凸不超过20 mm。如在地下水位以下挖土,还应在基坑(槽)四周或两侧挖好临时排水沟和集水井,或采用井点降水,将水位降至坑底以下500 mm,以利于挖方进行,降水工作应持续到基础(包括地下水位下回填土)施工完成。雨季施工时,基坑(槽)应分段开挖,挖好一段浇筑一段垫层,并在基坑(槽)四周或两侧围以土堤或挖排水沟,以防地面积水流入基坑(槽)。挖出的土除预留一部分用作回填外,应把多余的土运到弃土地区,不得在场地内任意堆放,以免妨碍施工。为防止坑壁滑坡,根据土质情况及坑(槽)深度,在坑顶两边一定距离(一般为1.0 m,土质良好时为0.8 m)内不得堆放弃土,在此距离外堆土高度不得超过1.5 m,否则应验算边坡的稳定性。在坑边放置有动载的机械设备时,也应根据验算结果,离开坑边较远位置放置,如地质条件不好,还应采取加固措施。为了防止基底土受到浸水或其他原因的扰动,基坑(槽)挖好后,应立即做垫层或浇筑基础,否则,人工挖土时应在基底标高以上保留150~300 mm厚的预留土层,待基础施工时再行挖去;如用机械挖土,为防止基底土被扰动,结构被破坏,不应直接挖到坑(槽)底,应根据机械种类,在基底标高以上预留一层,待基础施工前由人工铲平修整。使用铲运机、推土机时,预留土层厚度为150~200 mm,使用正铲、反铲、拉铲挖土机时,预留土层厚度为200~300 mm。挖土不得挖至基坑(槽)的设计标高以下,如个别处超挖,应用与基土相同的土料填补,并夯实到要求的密实度。如用原土填补不能达到要求的密实度时,应用碎石类土填补,并仔细夯实。重要部位如被超挖时,可用低强度等级的混凝土填补。

三、基坑(槽)检验

基坑(槽)开挖完成后,应由施工单位、设计单位、监理单位、建设单位、质量监督部门等有关人员共同到施工现场进行检查、验槽,核对地质资料,检查地基土与工程地质勘察报告、设计图纸要求是否相符,有无破坏原状土结构或发生较大的扰动现象。如发现地基土质与地质勘探报告、设计要求不符时,应与有关人员研究,及时处理。基坑(槽)常用的检验方法如下:

1. 表面检查验槽法

①根据槽壁土层分布情况及走向,初步判明全部基底是否已挖至设计所要求的土层。
②检查槽底是否已挖至原(老)土,是否需继续下挖或进行处理。
③检查整个槽底的土的颜色是否均匀一致,土的坚硬程度是否一样,是否有局部过松软或过坚硬的部位;是否有局部含水率异常现象,走上去有没有颤动的感觉等。如有异常部位,要会同设计等有关单位进行处理。

2. 钎探检查验槽法

基坑(槽)挖好后,用铁锤把钢钎打入坑底的基土中,根据每打入一定深度的锤击次数,来判断地基土的情况。钢钎一般用直径22~25 mm的钢筋制成,钎尖呈60°尖锥状,长度1.8~2.0 m。铁锤重3.6~4.5 kg。一般均应按照设计要求进行钎探,设计无要求时可按下列规则布置:

①槽宽小于800 mm时,在槽中心布置探点一排,间距一般为1~1.5 m,应视地层复杂情况而定。

②槽宽800～2 000 mm时,在距基槽两边200～500 mm处,各布置探点一排,间距一般为1～1.5 m,应视地层复杂情况而定。

③槽宽2 000 mm以上者,应在槽中心及两槽边200～500 mm处,各布置探点一排,每排探点间距一般为1～1.5 m,应视地层复杂情况而定。

④矩形基础:按梅花形布置,纵向和横向探点间距均为1～2 m,一般为1.5 m,较小基础至少应在四角及中心各布置一个探点。

⑤基槽转角处应再补加一个点。

钎探应绘图编号,并按编号顺序进行击打,应固定打钎人员,锤击高度离钎顶500～700 mm为宜,用力均匀,垂直打入土中,记录每贯入300 mm钎段的锤击次数,钎探完成后应对记录进行分析比较,锤击数过多、过少的探点应标明与检查,发现地质条件不符合设计要求时应会同设计、勘察人员确定处理方案。

3. 洛阳铲探验槽法

在黄土地区基坑挖好后或大面积基坑挖土前,根据建筑物所在地区的具体情况或设计要求,对基坑底以下的土质、古墓和洞穴用专用洛阳铲进行钎探检查。

四、地基的局部处理

1. 松土坑的处理

①松土坑在基槽范围内,坑的范围很小,可将坑中松软虚土挖除,使坑底及四周均见天然土,然后采用与坑边天然土压缩性相近的材料回填。当天然土为砂土时,用砂或级配砂石回填;天然土为较密实的黏性土,用3∶7灰土分层夯实回填;天然土为中密可塑的黏性土或新近沉积黏性土,可用1∶9或2∶8灰土分层回填夯实,每层厚度不超过200 mm。

②松土坑范围大,超过5 m,如坑底土质与一般槽底土质相同,可将该部分基础落深,做1∶2踏步与两端相接,踏步多少按坑深而定,但每步不高于500 mm,长度不小于1 000 mm,如深度较大,用灰土分层回填夯实至坑底。

③松土坑在基槽中范围较大,且超过基槽边沿,当坑的范围较大或因其他条件限制,基槽不能开挖太宽,槽壁不能挖到天然土层时,则应将该范围内的基槽适当加宽,加宽的宽度应按下述条件决定:当用砂土或砂石回填时,基槽每边均应按$l_1∶h_1=1∶1$坡度放宽;用2∶8或1∶9灰土回填时,基槽每边均应按$l_1∶h_1=0.5∶1$坡度放宽;用3∶7灰土回填时,如坑的长度小于2 m,基槽可不放宽,但需将灰土与槽壁接触处紧密夯实。

④地下水位较高的松土坑。如遇到地下水位较高,坑内无法夯实时,可将坑(槽)中软弱虚土挖去,再用砂土、砂石或混凝土代替灰土回填;或地下水位以下用粗砂与碎石(比例为1∶3)回填,地下水位以上用3∶7灰土回填夯实至要求高度。

⑤松土坑较深,且大于槽宽或1.5 m,按以上要求处理到老土,槽底处理完毕后,还应当考虑是否需要加强上部结构的强度,常用的加强方法是在灰土基础上1～2皮砖处(或混凝土基础内),防潮层下1～2皮砖处及首层顶板处各加配4根直径为8～12 mm的钢筋,跨过该松土坑两端各1 m,以防产生过大的局部不均匀沉降。

寒冷地区冬季施工时,槽底换土不能用冻土,因冻土不易夯实,解冻后强度降低,体积收缩会造成较大的不均匀沉降。

2. 砖井及土井的处理

①砖井、土井在室外,距基础边缘5 m以内,先用素土分层夯实,回填到室外地坪以下1.5 m处,将井壁四周砖拆除或松软部分挖去,然后用素土分层回填并夯实。

②砖井、土井在室内基础附近,将水位降低到最低可能的限度,用中、粗砂及块石、卵石或碎砖等回填到地下水位以上500 mm。砖井应将四周砖圈拆至坑(槽)底以下1 m或更深些,然后再用素土分层回填并夯实;如井已回填,但不密实或有软土,可用大块石将下面软土挤紧,再分层回填素土夯实。

③砖井、土井在基础下或条形基础3B或柱基2B（B为基础宽度）范围内，先用素土分层回填夯实，至基础底下2m处，将井壁四周松软部分挖去，有砖井圈时，将砖井圈拆至槽底以下1~1.5m。当井内有水，应用中、粗砂及块石、卵石或碎砖回填至水位以上500mm，然后再按上述方法处理；当井内已填有土，但不密实，且挖除困难时，可在部分拆除后的砖石井圈上加钢筋混凝土盖封口，上面用素土或2∶8灰土回填，夯实至槽底。

④砖井、土井在房屋转角处，且基础部分或全部压在井上，除用以上办法回填处理外，还应对基础加固处理，当基础压在井上部分较少，可采用从基础中挑钢筋混凝土梁的办法处理。当基础压在井上部分较多，用挑梁的方法较困难或不经济时，则可将基础沿墙长方向向外延长出去，使延长部分落在天然土上，落在天然土上基础总面积应等于或稍大于井圈范围内原有基础的面积，并在墙内配筋或用钢筋混凝土梁来加强。

⑤砖井、土井已淤填，但不密实，可用大块石将下面软土挤密，再用上述办法回填处理，如井内不能夯填密实，而上部荷载又较大，可在井内设灰土挤密桩或石灰桩处理，如土井在大体积混凝土基础下，可在井圈上加钢筋混凝土盖板封口，上部再用素土或2∶8灰土回填密实的办法处理，使基土内附加应力传布范围比较均匀，盖板到基底的高差$h \geq d$。

3. 局部范围内硬土的处理

基础下局部遇基岩、旧墙基、大孤石或老灰土等，应尽可能挖除，以防建筑物由于局部落于坚硬地基上，造成不均匀沉降而使建筑物开裂；或将坚硬地基部分凿去300~500mm深，再回填土、砂混合物或砂做软性褥垫，起到调节变形作用，避免裂缝。如硬物挖除困难，可在其上设置钢筋混凝土过梁跨越，并与硬物间保留一定空隙或在硬物上部设置一层软性褥垫以调整沉降。

当基础一部分落于基岩或硬土层上，一部分落于软土层上时，在软土层上采用现场钻孔至基岩，或在软土部位做混凝土或砌块石支撑墙至基岩，或将基础以下基岩凿去300~500mm深填以中粗砂或土砂混合物做褥垫，调整地基的变形，避免应力集中出现裂缝；或采取加强基础和上部结构刚度的方法，来克服软硬地基的不均匀变形。

4. 橡皮土的处理

当地基为黏性土，且含水率很大趋于饱和时，夯拍后会使地基土变成踩上去有一种颤动感的土，称"橡皮土"。橡皮土不宜直接夯拍，因为夯拍将扰动原状土，土颗粒之间的毛细孔将被破坏，在夯拍面形成硬壳，水分不易渗透和散发，这时可采用翻土晾槽或掺石灰粉的办法降低土的含水率，然后再根据具体情况选择施工方法及基础类型。如果地基土已发生了颤动现象，可加铺一层碎石夯击，以将土挤密；如果基础荷载较大，可在橡皮土上打入大块毛石或红砖挤密土层，然后满铺500mm碎石后再夯实，亦可采用换土方法，将橡皮土挖除，填以砂土或级配碎石。

土方开挖工程质量检验标准见表1-12。

表1-12 土方开挖工程质量检验标准

项	序号	项 目	允许偏差或允许值/mm					检验方法
			柱基、基坑、基槽	挖方场地平整		管沟	地(路)面基层	
				人工	机械			
主控项目	1	标高	-50	±30	±50	-50	-50	水准仪
	2	长度、宽度（由设计中心线向两边量）	+200 -50	+300 -100	+500 -150	+100		经纬仪，用钢直尺量
	3	边坡坡度	按设计要求					观察或用坡度尺检查
一般项目	1	表面平整度	20	20	50	20	20	用2m靠尺和楔形塞尺检查
	2	基底土性	按设计要求					观察或土样分析

注：地(路)面基层的偏差只适用于直接在挖、填方上做地(路)面的基层。

填土工程质量检验标准见表1-13。

表1-13 填土工程质量检验标准

项	序号	项 目	允许偏差或允许值/mm					检 验 方 法
			柱基、基坑、基槽	挖方场地平整		管沟	地(路)面基层	
				人工	机械			
主控项目	1	标高	−50	±30	±50	−50	−50	水准仪
	2	分层压实系数	按设计要求					按规定方法
一般项目	1	回填土料	按设计要求					取样检查或直观鉴别
	2	分层厚度及含水率	按设计要求					水准仪及抽样检查
	3	表面平整度	20	20	30	20	20	用靠尺或水准仪

自 测 训 练

1. 在土方工程施工中,根据土的坚硬程度和开挖方法将土分为(　　　)类。

2. 自然状态下的土经开挖后,其体积因松散而增加,以后虽经振动夯实,仍不能恢复原来的体积,这种性质称为土的(　　　)。其程度一般用(　　　)表示。

3. 土方边坡坡度以其(　　　)与(　　　)之比来表示,也可以表示为土方边坡坡度 = $\frac{1}{m}$,其中 m 称为(　　　)。

4. 在土方工程施工中,降低地下水位常采用的方法有(　　　)和(　　　)。

5. 反铲挖土机的挖土特点是"后退向下,强制切土"。其挖掘力比正铲小,适宜开挖停机面(　　　)的(　　　)类土。

6. 填土应尽量采用同类土填筑。如采用不同填料分层填筑时,上层填料的透水性宜(　　　)下层填料的透水性。

7. 影响填土压实质量的因素很多,其中主要有(　　　)、(　　　)和(　　　)。

8. 土在(　　　)的情况下,使用同样的压实功进行压实,所得到的密度最大。

9. 坑(槽)、沟边(　　　)以内不得堆土、堆料和停放机具,在其范围以外堆土,其高度不宜超过(　　　)m。坑(槽)、沟与附近建筑物的距离不得小于(　　　),危险时必须加固。

10. 基坑(槽)常用的检验方法有(　　　)和(　　　)。

任务1 计 划 单

学习情境一	基础工程施工		任务1	土方工程施工
工作方式	组内讨论、团结协作共同制订计划：小组成员进行工作讨论，确定工作步骤		计划学时	
完成人				
计划依据				
序号	计划步骤		具体工作内容描述	
1	准备工作 （准备编制施工方案的工程资料，谁去做）			
2	组织分工 （成立组织，人员具体都完成什么）			
3	选择土方工程施工方法 （谁负责、谁审核）			
4	确定土方工程施工工艺流程 （谁负责、谁审核）			
5	明确土方工程施工要点 （谁负责、谁审核）			
6	明确土方工程施工质量控制要点 （谁负责、谁审核）			
制订计划说明	（写出制订计划中人员为完成任务的主要建议或可以借鉴的建议、需要解释的某一方面）			

任务1 决 策 单

学习情境一	基础工程施工	任务1	土方工程施工
决策学时			
决策目的			

决策方案过程	工作内容	内容类别		必要	非必要（可说明原因）
		内容记录	性质描述		

决策方案描述	

任务 1 作 业 单

学习情境一	基础工程施工		任务 1	土方工程施工
参加人员	第　组		开始时间：	
	签名：		结束时间：	
序号	工作内容记录		分工 （负责人）	
1				
2				
…				
小结	主要描述完成的成果		存在的问题	

任务 1 作 业 单

任务1 检 查 单

学习情境一		基础工程施工		任务1		土方工程施工	
检查学时						第 组	
检查目的及方式							
序号	检查项目	检查标准	检查结果分级① （在检查相应的分级框内画"√"）				
			优秀	良好	中等	合格	不合格
1	准备工作	资源是否已查到，材料是否准备完整					
2	分工情况	安排是否合理、全面，分工是否明确					
3	工作态度	小组工作是否积极主动、全员参与					
4	纪律出勤	是否按时完成负责的工作内容，是否遵守工作纪律					
5	团队合作	是否相互协作、互相帮助，成员是否听从指挥					
6	创新意识	任务完成不照搬照抄，看问题具有独到见解、创新思维					
7	完成效率	工作单是否记录完整，是否按照计划完成任务					
8	完成质量	工作单填写是否准确，记录单检查及修改是否达标					
检查评语						教师签字：	

---

① 优秀(90分以上)，良好(80~89分)，中等(70~79分)，合格(60~69分)，不合格(60分以下)。

任务1 评 价 单

1. 小组工作评价单

学习情境一	基础工程施工		任务1	土方工程施工		
	评价学时					
班级：				第 组		
考核情境	考核内容及要求	分值（100）	小组自评（10%）	小组互评（20%）	教师评价（70%）	实得分（∑）
汇报展示（20）	演讲资源利用	5				
	演讲表达和非语言技巧应用	5				
	团队成员补充配合程度	5				
	时间与完整性	5				
质量评价（40）	工作完整性	10				
	工作质量	5				
	报告完整性	25				
团队情感（25）	核心价值观	5				
	创新性	5				
	参与度	5				
	合作性	5				
	劳动态度	5				
安全文明（10）	工作过程中的安全保障情况	5				
	工具正确使用和保养、放置规范	5				
工作效率（5）	能够在要求的时间内完成，每超时5 min扣1分	5				

2. 小组成员素质评价单

课程		建筑施工技术			
学习情境一		基础工程施工		学时	14
任务1		土方工程施工		学时	6
班级		第　　组		成员姓名	
评分说明		每个小组成员评价分为自评和成员互评两部分,取平均值计算,作为该小组成员的任务评价个人分数。评价项目共设计五个,依据评分标准给予合理量化打分。小组成员自评分后,要找小组其他成员不记名方式打分,成员互评分为其他小组成员的平均分			
对象	评分项目	评分标准			评分
自评 (100分)	核心价值观 (20分)	是否践行社会主义核心价值观			
	工作态度 (20分)	是否按时完成负责的工作内容、遵守纪律,是否积极主动参与小组工作,是否全过程参与,是否吃苦耐劳,是否具有工匠精神			
	交流沟通 (20分)	是否能良好地表达自己的观点,是否能倾听他人的观点			
	团队合作 (20分)	是否与小组成员合作完成,是否做到相互协助、相互帮助、听从指挥			
	创新意识 (20分)	看问题是否能独立思考、提出独到见解,是否能够创新思维解决遇到的问题			
成员互评 (100分)	核心价值观 (20分)	是否践行社会主义核心价值观			
	工作态度 (20分)	是否按时完成负责的工作内容、遵守纪律,是否积极主动参与小组工作,是否全过程参与,是否吃苦耐劳,是否具有工匠精神			
	交流沟通 (20分)	是否能良好地表达自己的观点,是否能倾听他人的观点			
	团队合作 (20分)	是否与小组成员合作完成,是否做到相互协助、相互帮助、听从指挥			
	创新意识 (20分)	看问题是否能独立思考、提出独到见解,是否能够创新思维解决遇到的问题			
最终小组成员得分					
小组成员签字			评价时间		

任务1 教学反思单

学习情境一	基础工程施工	任务1	土方工程施工
班级		第 组 成员姓名	
情感反思	通过对本任务的学习和实训,你认为自己在社会主义核心价值观、职业素养、学习和工作态度等方面有哪些需要提高的部分?		
知识反思	通过对本任务的学习,你掌握了哪些知识点?请画出思维导图。		
技能反思	在完成本任务的学习和实训过程中,你主要掌握了哪些技能?		
方法反思	在完成本任务的学习和实训过程中,你主要掌握了哪些分析和解决问题的方法?		

任务2 桩基础工程施工

任 务 单

课程	建筑施工技术		
学习情境一	基础工程施工	学时	14
任务2	桩基础工程施工	学时	8
布置任务			
任务目标	1. 能够陈述桩基础工程施工工艺流程； 2. 能够阐述桩基础工程施工要点； 3. 能够列举桩基础工程施工质量控制点； 4. 能够开展桩基础工程施工准备工作； 5. 能够处理桩基础工程施工常见问题； 6. 能够编制桩基础工程施工方案； 7. 具备吃苦耐劳、主动承担的职业素养，具备团队精神和责任意识，具备保证质量建设优质工程的爱国情怀		
任务描述	在进行桩基础工程施工时，项目技术负责人应根据项目施工图纸、施工现场周边环境、设备材料供应等情况编写桩基础工程施工方案，进行桩基础工程施工技术交底。其具体任务如下： 1. 进行编写桩基础工程施工方案的准备工作。 2. 编写桩基础工程施工方案： (1)进行桩基础工程施工准备； (2)选择桩基础工程施工方法； (3)选择桩基础工程施工设备； (4)确定桩基础工程施工工艺流程； (5)明确桩基础工程施工要点； (6)明确桩基础工程施工质量控制要点。 3. 进行桩基础工程施工技术交底		

学时安排	布置任务与资讯	计划	决策	实施	检查	评价
	（3学时）	（0.5学时）	（0.5学时）	（3学时）	（0.5学时）	（0.5学时）

对学生的要求	1. 每名同学均能按照资讯思维导图自主学习，并完成知识模块中的自测训练； 2. 具备施工图识读能力； 3. 能够看懂地质勘察报告； 4. 具备任务咨询能力； 5. 严格遵守课堂纪律，不迟到、不早退，学习态度认真、端正； 6. 积极参与小组任务，严禁抄袭； 7. 每组均提交"桩基础工程施工方案"

信 息 单

课程	建筑施工技术	
学习情境一	基础工程施工	学时 14
任务2	桩基础工程施工	学时 8

资讯思维导图

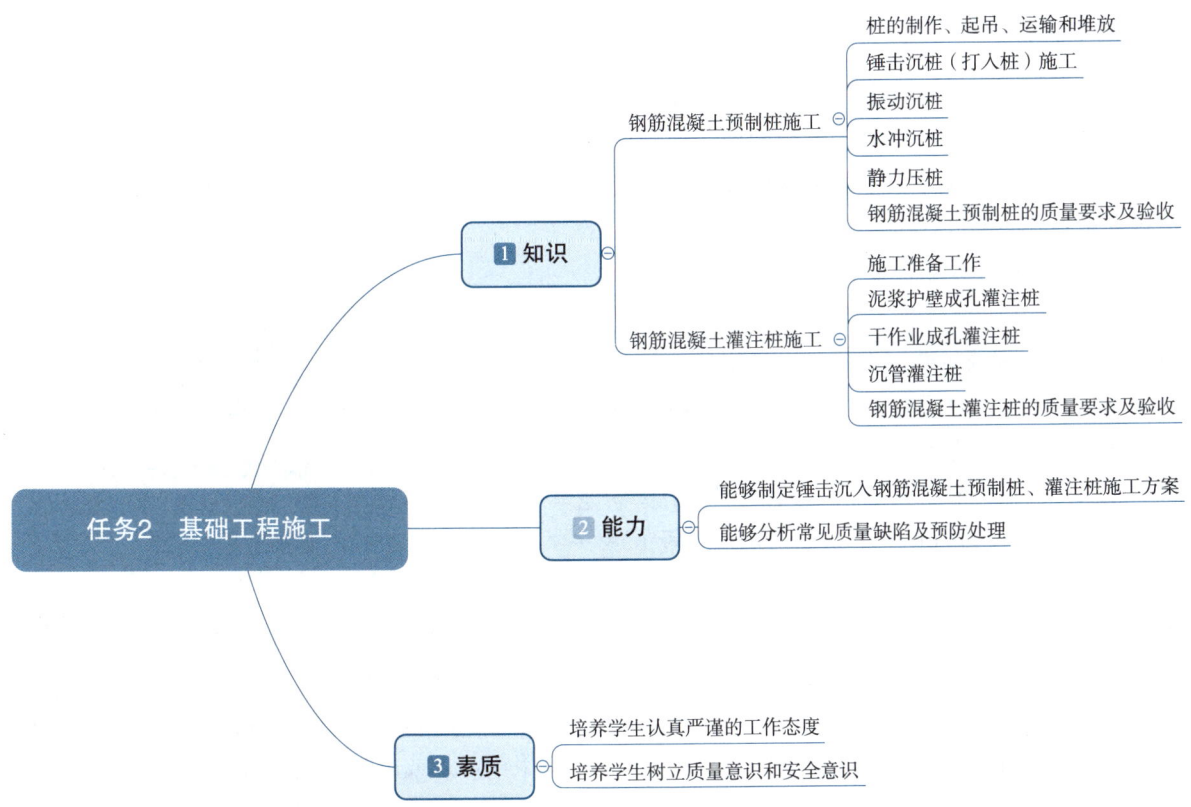

知识模块1 钢筋混凝土预制桩施工

桩基础是一种常用的深基础形式,当天然地基上的浅基础沉降量过大或天然地基的承载力不能满足设计要求时,往往采用桩基础。桩基础由若干根沉入土中的单桩和其顶部的承台或梁组成(见图2-1)。桩的作用是将上部建筑物的荷载传递到深处承载力较大的土层上,或将软弱土层挤密以提高地基土的承载能力及密实度。

桩按承载性状不同可分为端承型桩和摩擦型桩。端承型桩是指桩顶荷载全部或主要由桩端阻力来承担的桩,根据桩端阻力承担的荷载的份额不同,端承型桩又分为端承桩和摩擦端承桩;摩擦型桩是指桩顶荷载全部或主要由桩侧阻力来承担的桩,据桩侧阻力承担荷载的份额的不同,摩擦型桩又分为摩擦桩和端承摩擦桩。

按桩身的材料不同可分为混凝土桩、钢桩、组合材料桩等。

按桩的直径大小不同可分为小直径桩($d \leqslant 250$ mm)、中直径桩(250 mm $< d <$ 800 mm)和大直径桩($d \geqslant 800$ mm)。

微课•
钢筋混凝土
预制桩施工

按桩的使用功能不同可分为竖向抗压桩、竖向抗拔桩、水平受荷载桩及复合受荷载桩。

按成桩方法不同可分为非挤土桩、部分挤土桩、挤土桩。

按桩的制作工艺不同可分为预制桩和灌注桩。预制桩是先在工厂或施工现场预制成桩，然后利用沉桩设备将桩沉入土中。灌注桩是在施工现场的桩位上用机械或人工方法成孔，然后在孔内灌注混凝土而成。

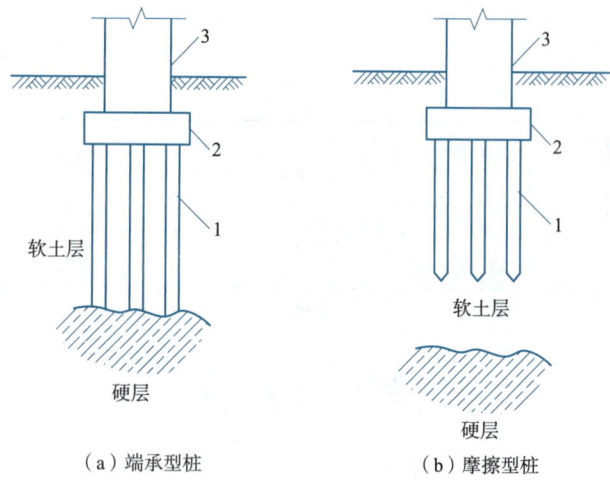

1—桩；2—承台；3—上部结构。

图 2-1 桩基础

一、桩的制作、起吊、运输和堆放

1. 桩的制作

钢筋混凝土预制桩可在预制厂或施工现场制作，一般较短的桩在预制厂制作，较长的桩在施工现场预制。桩的制作长度主要取决于运输条件及打桩机桩架高度，一般不超过 27 m。如桩长超过 30 m，可将桩分成几段预制，在打桩过程中接桩。加工预制桩的场地应平整、坚实。现场预制混凝土桩多用间隔叠浇法施工（见图 2-2），桩与桩之间用塑料薄膜、油毡或涂刷隔离剂隔开。桩的重叠层数应根据地面的允许荷载和施工条件确定，一般不宜超过四层。上层桩或邻桩的混凝土浇筑应在下层桩或邻桩混凝土达到设计强度的 30% 以后方可进行。其具体制作程序为：制作场地压实、整平——场地地坪作三七灰土或浇筑混凝土——支模——绑扎钢筋骨架、安装吊环——浇筑混凝土——

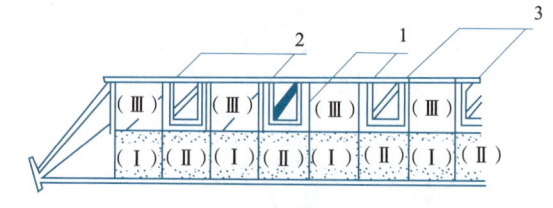

1—侧模板；2—隔离剂或隔离层；3—卡具
Ⅰ—第一批浇筑桩；Ⅱ—第二批浇筑桩；Ⅲ—第三批浇筑桩。

图 2-2 间隔重叠法施工

养护至 30% 强度、拆模——支间隔端头模板，刷间隔剂，绑钢筋——浇筑间隔桩混凝土——同样方法间隔重叠制作第二层桩——养护至 70% 强度吊起——达 100% 强度运输、堆放。

钢筋混凝土预制桩中的钢筋应严格保证位置的正确，桩尖对准纵轴线。主筋应根据桩截面大小确定，一般为 4~8 根，直径为 12~25 mm。钢筋骨架主筋连接宜采用对焊或电弧焊，主筋接头配置在同一截面内的数量，不得超过 50%；相邻两根主筋接头截面的间距应大于 35d（d 为主筋直径），且不小于 500 mm，桩顶 1 m 范围内不应有接头。箍筋直径为 6~8 mm，间距不大于 200 mm。桩尖一般用粗钢筋或钢板制作，在绑扎钢筋骨架时将其焊好。同时在桩顶和桩尖处配筋应加强（见图 2-3，图中 d 为钢筋直径）。

钢筋混凝土预制桩所采用的混凝土强度等级不低于 C30。预制桩的混凝土浇筑工作应由桩顶向桩尖连续浇筑，不得中断，并用振捣棒细致捣实。混凝土浇筑完毕后应进行养护，洒水养护时间不少于 7 d。制作完毕后的桩应符合钢筋混凝土预制桩的有关质量检验标准的规定。

2. 桩的起吊、运输和堆放

（1）起吊

当钢筋混凝土预制桩的混凝土达到设计强度标准值的 70% 后方可起吊。桩在起吊和搬运时，应保持平稳，吊索与桩间应加衬垫，采取措施保护桩身质量，防止撞击和受振动。吊点应符合设计规定，如无吊环，绑扎点的数量及位置应视桩长而异，并应符合起吊弯矩最小原则，如图 2-4 所示。

（2）运输

桩运输时，混凝土的强度应达到设计强度标准值的 100%。运输时，长桩可采用平板拖车或汽车后挂小炮车运输；短桩可采用载重汽车；当运距较小时，可采用轻便轨道平板车运输。严禁现场以拖拉方式代替装车运输。装运时，桩的支撑应按设计吊钩位置或接近吊钩位置叠放平稳并垫实，支撑或绑扎牢固，以防

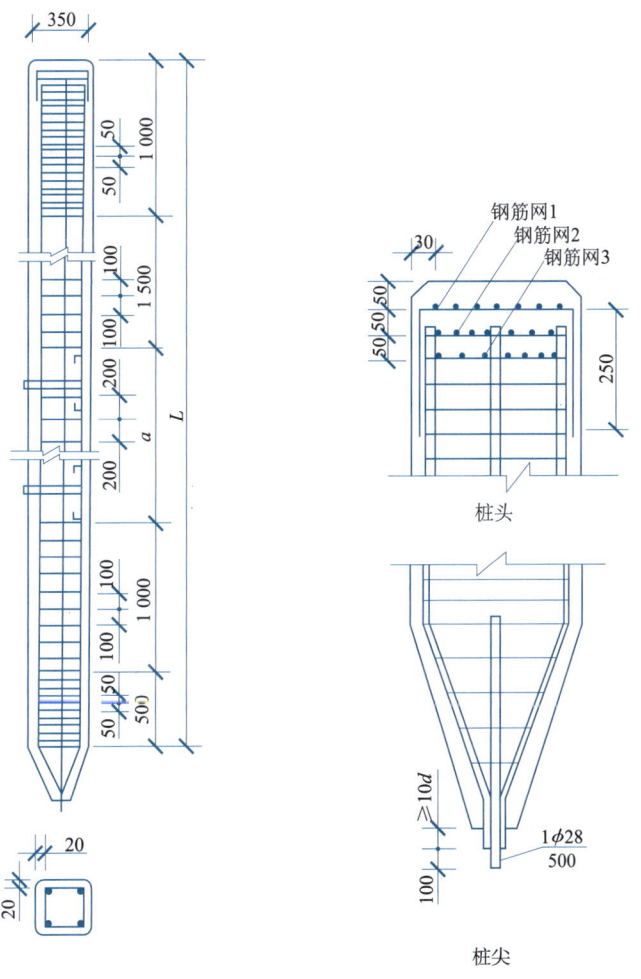

图 2-3 钢筋混凝土预制桩(单位:mm)

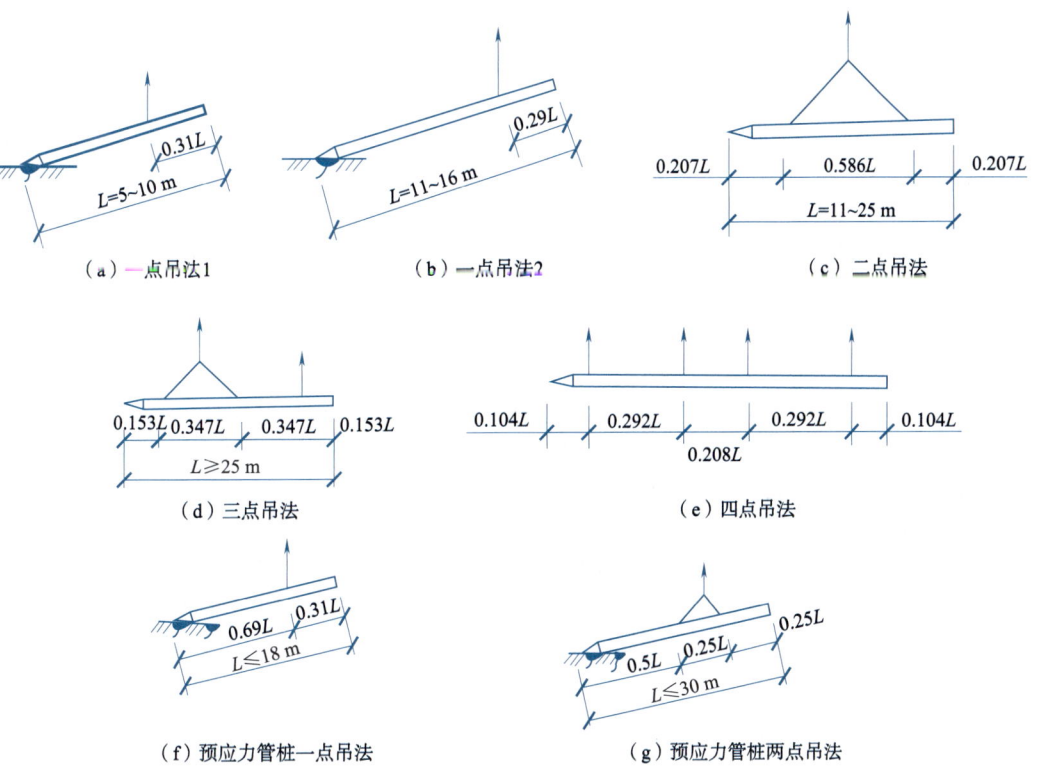

图 2-4 预制桩吊点位置

运输中晃动或滑动。运输时,应做到平稳并不得损坏。经过搬运的桩必须经过外形复检。

(3)堆放

预制桩堆放场地应平整、坚实,不得产生不均匀沉陷。桩堆放时,应按规格、桩号分层叠置,支撑点应设在吊点处,各层垫木应上下对齐,支撑平稳,最下层的垫木应适当加宽,堆放层数不宜超过四层。运到打桩位置堆放,应布置在桩架起重钩工作半径范围内,并考虑起吊方向,避免转向。

二、锤击沉桩(打入桩)施工

锤击沉桩是利用桩锤下落产生的冲击动能将桩沉入土中,锤击沉桩是钢筋混凝土预制桩常用的沉桩方法。

1. 打桩设备及选择

打桩设备包括桩锤、桩架和动力装置。桩锤是对桩施加冲击力,将桩沉入土中的机具;桩架的作用是将桩吊桩就位,并在打入过程中引导桩的方向;动力装置的作用是提供沉桩的动力,包括驱动桩锤用的动力设施,如卷扬机、锅炉、空气压缩机等。

(1)桩锤的选择

施工中常用的桩锤有落锤、单动汽锤、双动汽锤、柴油桩锤、振动桩锤和液压桩锤,其适用范围见表 2-1。桩锤的类型应根据施工现场情况、机具设备条件及工作方式和工作效率等条件选择。桩锤类型选定之后,还应确定桩锤的重量,一般选择锤重比桩稍重为宜。桩锤过重,所需动力设备大,不经济;桩锤过轻,必将加大落距,桩锤产生的冲击能量大部分被桩吸收,桩不易打入,且桩头容易打坏。因此打桩时,一般采用重锤低击和重锤快击的方法效果较好。

表 2-1 桩锤适用范围

桩锤种类	适用范围	优缺点	附注
落锤	1. 适宜打各种桩; 2. 在一般土层及黏土、含砾石的土层中均可使用	构造简单,使用方便,冲击力大,能随意调整落距,但锤击速度慢(约 6~20 次/min),效率较低	落锤是指桩锤用人力或机械拉升,然后自由落下,利用自重夯击桩顶使桩沉入土中
单动汽锤	适宜打各种桩	构造简单,落距短,不易损坏设备和桩头,打桩速度及冲击力较落锤大,效率较高	利用蒸汽或压缩空气的压力将锤头上举,然后自由下落冲击桩顶使桩沉入土中
双动汽锤	1. 适宜打各种桩,并可用于打斜桩; 2. 使用压缩空气时,可在水下打桩; 3. 可用于拔桩	冲击次数多,冲击力大,工作效率高,可不用桩架打桩,但设备笨重,移动较困难	利用蒸汽锤或压缩空气的压力将锤头上举及下冲,增加夯击能量
柴油桩锤	1. 适于打木桩、钢筋混凝土桩、钢板桩; 2. 不适于在过硬或过软的土层中打桩	附有桩架、动力等设备,不需要外部能源,机架轻、移动便利,打桩快,燃料消耗少。但在软弱土层中,起动困难,噪声和振动大,存在油烟污染公害	利用燃油爆炸,推动活塞,引起锤头跳动夯击桩顶
振动桩锤	1. 适宜于打钢板桩、钢管桩、钢筋混凝土桩和木桩; 2. 宜用于粉质黏土、松软砂土、黄土和软土; 3. 在卵石夹砂及紧密黏土中效果较差	沉桩速度快,适应性强,施工操作简易安全,能打各种桩并帮助卷扬机拔桩	利用偏心轮引起激振,通过刚性连接的桩帽传到桩上
液压桩锤	1. 适宜于打各种直桩和斜桩; 2. 适用于拔桩和水下打桩; 3. 适宜于打各种桩	不需外部能源,工作可靠,操作方便,可随时调节锤击力大小,效率高,不损坏桩头,低噪声,低振动,无废气公害。但构造复杂,造价高	一种新型打桩设备,冲击缸体由液压油提升和降落,并且在冲击缸体下部充满氮气,用以延长桩施加压力的过程,获得更大的贯入度

(2)桩架的选择

桩架的选择应考虑桩锤类型、桩的长度和施工条件等因素。桩架高度一般按桩长 + 桩锤高度 + 桩帽高度 + 滑轮组高 + 1~2 m 的起重锤工作余地高度等决定。

桩架的形式多种多样,常用的有步履式桩架及履带式桩架两种,如图 2-5 和图 2-6 所示。

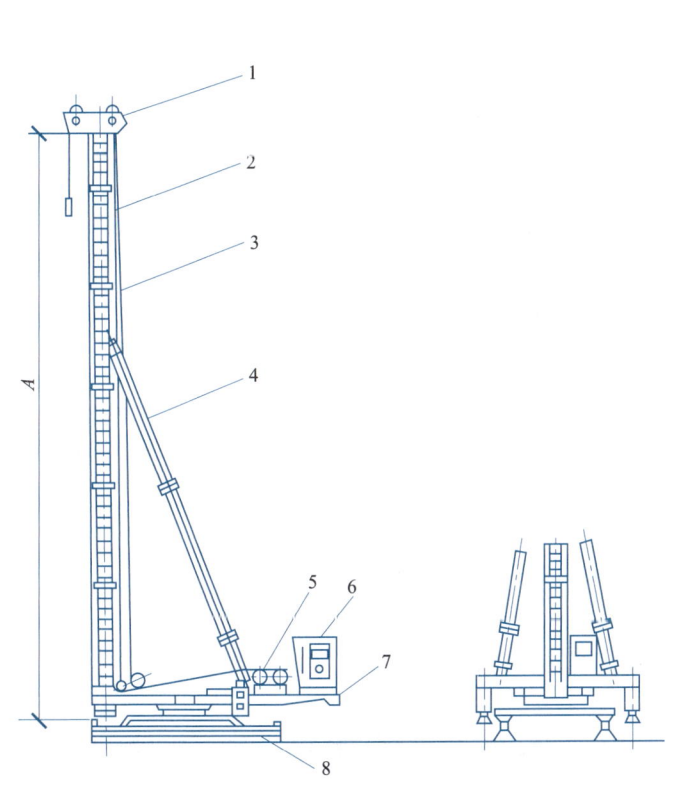

1—顶部滑轮组；2—悬杆锤；3—锤和桩起吊用钢丝线；4—斜撑；
5—吊锤与桩用卷扬机；6—司机室；7—配重；8—步履底盘。

图 2-5　步履式桩架

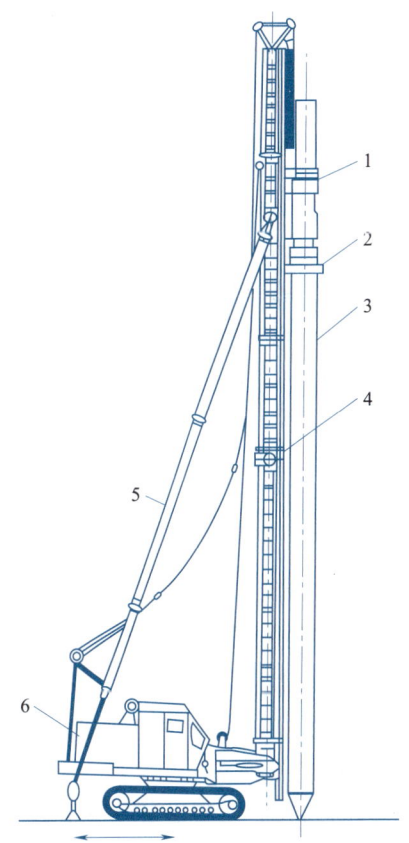

1—桩锤；2—桩帽；3—桩；
4—立柱；5—斜撑；6—车体。

图 2-6　履带式桩架

（3）动力装置

动力装置的配置应根据所选桩锤的性质决定，当选用蒸汽锤时，则需配备蒸汽锅炉和卷扬机。

2. 施工前的准备工作

打桩前应熟悉有关图纸资料，制定桩基工程施工技术措施，做好施工准备工作。

①清除影响施工的地上和地下的障碍物，平整施工场地，做好排水工作。

②机具进场调试及桩的质量检查。

③试桩。试桩主要是了解桩的贯入深度、持力层强度、桩的承载力以及施工过程中可能出现的各种问题和反常情况等，以便检验设备和工艺是否符合要求。一般试桩数量不少于两根，并做好施工详细记录。

④确定打桩顺序。打桩顺序直接影响打桩工程质量和施工进度。确定打桩顺序时，应综合考虑桩基础的平面布置、桩的密集程度、桩的规格和桩架移动方便等因素。当基坑不大时，打桩顺序一般分为自中间向两侧对称施打、自中间向四周施打、由一侧向单一方向逐排施打。自中间向两侧对称施打和自中间向四周施打这两种打桩顺序，适于桩较密集，桩距≤4d（桩径）时的打桩施工［见图 2-7（a）、（b）］，打桩时土壤由中央向两侧或四周挤压，易于保证打桩工程质量。由一侧向单一方向逐排施打，适于桩不太密集，桩距>4d 时（桩径）的打桩施工［见图 2-7（c）］，打桩时桩架单向移动，打桩效率高，但这种打法使土壤向一个方向挤压，地基土挤压不均匀，导致后面桩的打入深度逐渐减小，最终引起建筑物的不均匀沉降。当基坑较大时，应将基坑分为数段，而后在各段内分别进行。此外，当桩规格、埋深、长度不同时，打桩顺序宜先大后小，先深后浅，先长后短；当一侧毗邻建筑物时，应由毗邻建筑物一侧向另一方向施打；当桩头高出地面时，宜采取后退施打。

⑤抄平放线及定桩位。为了检查桩的入土深度，在打桩现场或附近设水准点，其位置应不受打桩影

响,数量不得少于两个。同时,桩在打入前应在桩身的侧面画上标尺或在桩架上设置标尺,以便观测桩身入土深度。根据建筑物的轴线控制桩,定出桩基轴线位置及每个桩的桩位。桩基轴线位置偏差不得大于20 mm,桩位可用小木桩或撒白灰点标出。但当桩较密时,打桩过程中周围土被挤密,原标定的桩位发生移动,这时可用龙门板定位。

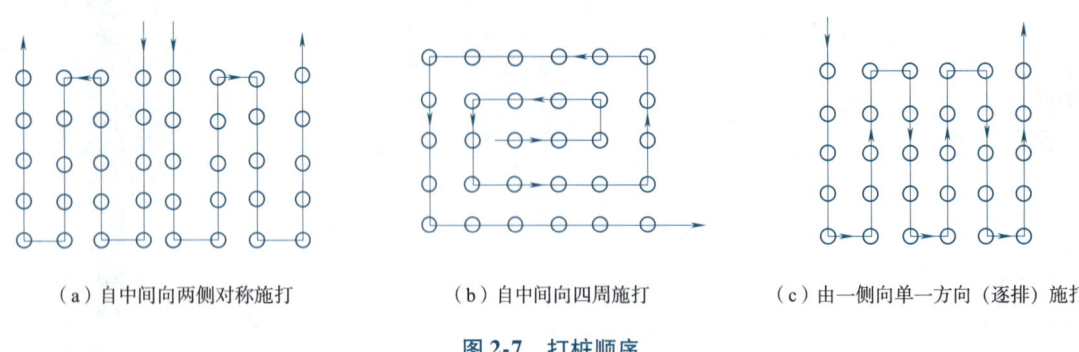

(a)自中间向两侧对称施打　　(b)自中间向四周施打　　(c)由一侧向单一方向(逐排)施打

图 2-7　打桩顺序

3. 打桩施工

打入桩的施工包括桩机就位、吊桩、打桩、送桩、接桩、拔桩、截桩等施工过程。

(1)桩机就位

桩机就位时桩架应垂直平稳,导杆中心线与打桩方向一致,并检查桩位是否正确。

(2)吊桩就位

桩机就位后,将桩运至桩架下,利用桩架上的滑轮组将桩提升就位(吊桩)。吊桩时吊点的位置和数量与桩预制起吊时相同。当桩提升至直立状态后,即可将桩送至桩架导杆内,对准桩位,调整垂直偏差,使其垂直度偏差不超过0.5%,合格后,将桩缓慢下放插入土中。在桩顶放上弹性衬垫如草袋、废麻袋等,扣好桩帽,桩帽上再放上垫木,降下桩锤压在桩帽上,在锤的重力作用下桩会沉入土中一定深度达到稳定位置。再次校正桩位及垂直度,然后即可开始打桩,如图 2-8 所示。

(3)打桩

打桩开始时用短落距轻击数锤并观察桩身与桩架、桩锤是否在同一垂直线上,然后再以全落距施打。打桩时宜重锤低击。重锤低击时,桩锤对桩头的冲击小,回弹也小,桩头不易损坏,大部分能量用于克服桩身与土的摩阻力和桩尖阻力,桩能较快地沉入土中。如在打桩过程中桩锤回弹较大,桩入土速度慢,则说明锤太轻,应及时更换。

打桩为隐蔽工程,应做好打桩记录,作为验收时鉴定质量的依据。

桩端(指桩的全截面)位于一般土层时,打桩时以控制桩端设计标高为主,贯入度只作参考。

桩端达到坚硬或硬塑的黏土、中密以上的粉土、碎石类以及风化岩时,打桩时以控制贯入度为主,桩端标高作为参考。

当贯入度达到而桩端标高未达到时,应连续锤击 3 阵,按每阵 10 击的贯入度不大于设计规定的数值加以确认。

打桩时要随时注意观察贯入度变化情况,当贯入度骤减,桩锤有较大回弹时,则可能遇到障碍物;如贯入度突然由小变大,则可能遇到软土层、土洞或桩尖、桩身可能已破坏。在打桩过程中对贯入度剧变,桩身突然发生倾斜、移位或有严重回弹,桩顶或桩身出现严重裂缝或破碎等情况,应暂时停止打桩,并及时与有关单位研究处理。

(4)送桩

当桩顶标高低于自然地面,则需用送桩器将桩送入土中,桩与送桩管的纵轴线应在同一直线上,拔出送桩器后,桩孔应及时回填或加盖。图 2-9 为送桩器的一种。

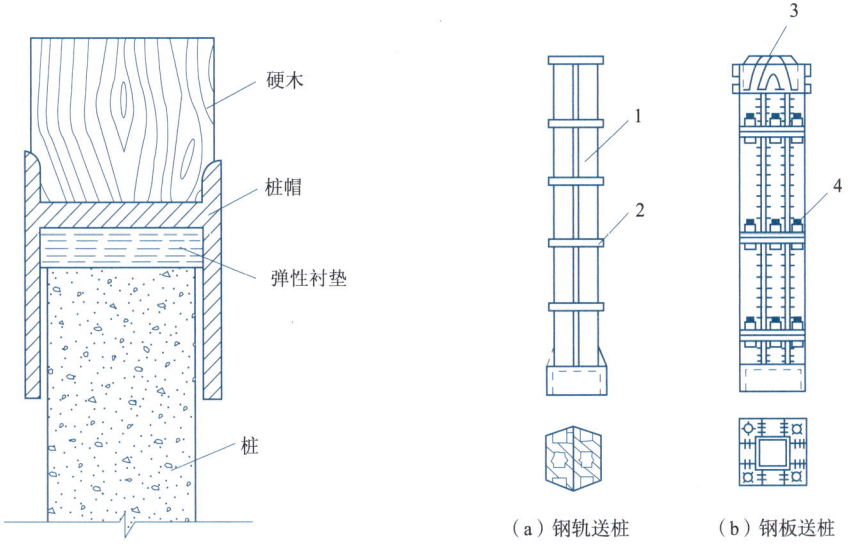

图 2-8 桩帽　　　　　　　　　　图 2-9 送桩器

1—钢轨；2—15 mm 厚钢板箍；3—硬木垫；4—连接螺栓。

（5）接桩

当设计桩较长，需分段施打时，则需在现场进行接桩。常用的接桩方法有焊接法、法兰连接法和浆锚法。前两种适用于各类土层，后一种适用于软土层，如图 2-10 所示。

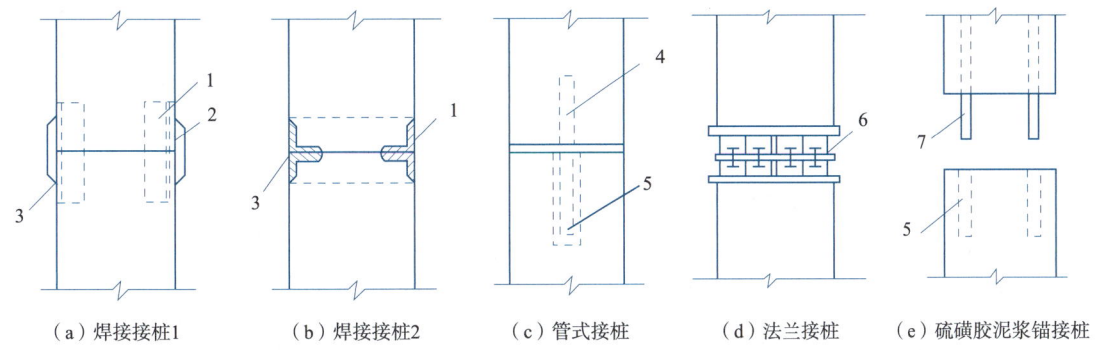

（a）焊接接桩1　（b）焊接接桩2　（c）管式接桩　（d）法兰接桩　（e）硫磺胶泥浆锚接桩

1—角钢与主筋焊接；2—钢板；3—焊缝；4—预埋钢管；5—浆锚孔；6—预埋法兰；7—预埋锚筋。

图 2-10 桩的接头形式

（6）拔桩

当已打入的桩由于某种原因需拔出时，长桩可用拔桩机进行拔桩。一般桩可用人字桅杆借助卷扬机拔出或用钢丝绳绑牢桩头借横梁用液压千斤顶抬起；采用汽锤打桩时可直接用汽锤拔桩。

（7）截桩（桩头处理）

打完桩并经过有关人员验收后，即可开挖基坑（槽），按设计要求的桩顶标高，将桩头多余部分用人工或风镐凿去，但不得打裂桩身混凝土，并应保证桩身主筋伸入承台内的锚固长度，主筋上黏着的混凝土碎块要清除干净。

当桩顶标高低于设计标高时，应将桩顶周围的土挖成喇叭口，把桩头表面的混凝土凿去，剥出主筋并焊接接长至设计要求的长度，与承台主筋绑扎在一起，然后与承台一起浇筑混凝土。

三、振动沉桩

振动沉桩与锤击沉桩的施工方法基本相同，其不同之处是用振动桩机代替桩锤。其施工原理是利用固定在桩头上的振动箱所产生的振动力，通过桩身使土体强迫振动，减低土对桩的阻力，使桩在自重和振动力作用下较快沉入土中,如图2-11所示。该法适用于砂土、塑性黏土、松散砂黏土、黄土和软土打桩。

四、水冲沉桩

水冲沉桩是在待沉桩旁插入与桩平行的射水管,管下端设喷嘴。沉桩时利用高压水,通过射水管喷嘴射水,冲刷桩尖下的土壤,减少桩身下沉的阻力,使桩在自重及锤击(或振动力)的作用下沉入土中,如图2-12所示。此法适用于砂土、砂砾土或其他坚硬土层。

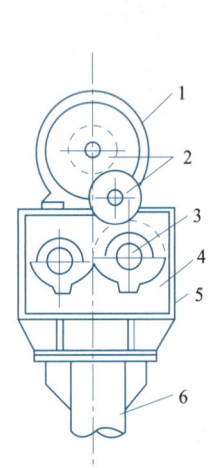

1—电动机;2—传动齿轮;3—轴;4—偏心块;5—箱壳;6—桩。

图 2-11 振动沉桩

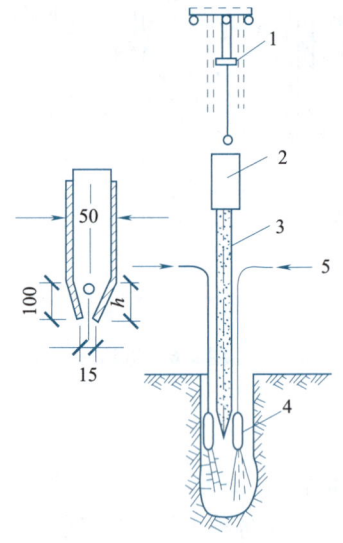

1—桩架;2—桩锤;3—桩;4—射水管;5—高压水。

图 2-12 水冲沉桩

五、静力压桩

静力压桩是在软土地基上,利用安置在压桩机上的卷扬机的牵引,由钢丝绳、滑轮及压梁,将整个桩机的自重力反压在桩顶上,以克服桩身下沉时与土的摩擦力,迫使预制桩下沉,如图2-13所示。与锤击沉桩相比,它具有施工无噪声、无振动、节约材料、降低成本、提高施工质量、沉桩速度快等特点,特别适宜于扩建工程和城市内桩基工程施工。

六、钢筋混凝土预制桩的质量要求及验收

桩在现场预制时,应对原材料、钢筋骨架、混凝土强度进行检查;采用工厂生产的成品桩时,桩进场后应进行外观及尺寸检查,并应附相应的合格证、复检报告。

施工中应对桩体垂直度、沉桩情况、桩顶完整状况、接桩质量等进行检查。对电焊接桩,重要工程应做10%的焊接缝探伤检查。

对长桩或总锤击数超过500击的锤击桩,应符合桩体强度及28 d龄期的两项条件才能锤击。

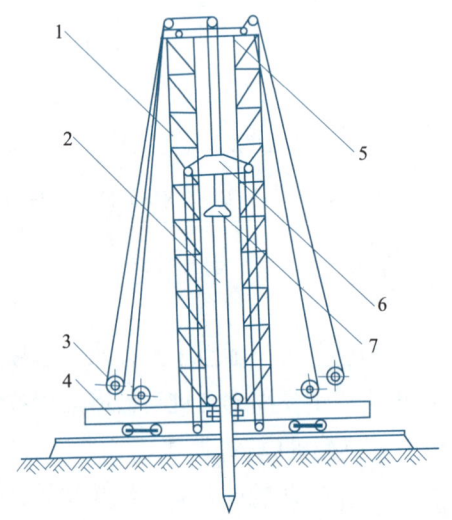

1—桩架;2—桩;3—卷扬机;4—底盘;
5—顶梁;6—压梁;7—桩帽。

图 2-13 机械静力压桩

施工结束后,应对承载力进行检查。桩的静载荷载试验根数应不少于总桩数的1%,且不少于3根;当总桩数少于50根时,应不少于2根。

桩顶标高允许偏差为 −50 ~ +100 mm。

预制桩钢筋骨架质量,应符合表2-2的规定。

表 2-2 预制桩钢筋骨架质量检验标准 单位:mm

项目	序号	检查项目	允许偏差或允许值	检查方法
主控项目	1	主筋距桩顶距离	±5	用钢直尺量
	2	多节桩锚固钢筋位置	5	用钢直尺量
	3	多节桩预埋铁件	±3	用钢直尺量
	4	主筋保护层厚度	±5	用钢直尺量
一般项目	1	主筋间距	±5	用钢直尺量
	2	桩尖中心线	10	用钢直尺量
	3	箍筋间距	±20	用钢直尺量
	4	桩顶钢筋网片	±10	用钢直尺量
	5	多节桩锚固钢筋长度	±10	用钢直尺量

桩位的允许偏差,应符合表 2-3 的规定。

表 2-3 预制桩位置的允许偏差 单位:mm

序号	项 目		允 许 偏 差
1	盖有基础梁的桩	垂直基础梁的中心线	100 + 0.01H
		沿基础梁的中心线	150 + 0.01H
2	桩数为 1~3 根桩基中的桩		100
3	桩数为 4~16 根桩基中的桩		1/2 桩径或边长
4	桩数大于 16 根桩基中的桩	最外边的桩	1/3 桩径或边长
		中间桩	1/2 桩径或边长

注:H 为施工现场地面标高与桩顶设计标高的距离。

钢筋混凝土预制桩的质量检验标准见表 2-4。

表 2-4 钢筋混凝土预制桩的质量检验标准

项目	序号	检查项目		允许偏差或允许值	检查方法
主控项目	1	桩体质量检验		按基桩检测技术规范	按基桩检测技术规范
	2	桩位偏差		见表 2-3	用钢直尺量
	3	承载力		按基桩检测技术规范	按基桩检测技术规范
一般项目	1	砂、石、水泥、钢材等原材料(现场预制时)		符合设计要求	查出厂质保文件或抽样送检
	2	混凝土配合比及强度(现场预制时)		符合设计要求	检查称量及查试块记录
	3	成品桩外形		表面平整,颜色均匀,掉角深度<10 mm,蜂窝面积小于总面积0.5%	直观
	4	成品桩裂缝(收缩裂缝或起吊、装运、堆放引起的裂缝)		深度<20 mm,宽度<0.25 mm,横向裂缝不超过边长的一半	裂缝测定仪,该项在地下水有侵蚀地区及锤击数超过 500 击的长桩不适用
	5	成品尺寸	横截面边长/mm	±5	用钢直尺量
			桩顶对角线差/mm	<10	用钢直尺量
			桩尖中心线/mm	<10	用钢直尺量
			桩身弯曲矢高	<l/1 000	用钢直尺量,l 为桩长
			桩顶平整度/mm	<2	用水平尺量
	6	电焊接桩	焊缝质量	见《建筑地基基础工程施工质量验收规范》	
			电焊结束后停歇时间/min	>1.0	秒表测定
			上下节平面偏差/mm	<10	用钢直尺量
			节点弯曲矢高	<l/1 000	用钢直尺量,l 为两节桩长
	7	硫黄胶泥接桩	胶泥浇筑时间/min	<2	秒表测定
			浇筑后停歇时间/mm	>7	秒表测定
	8	桩顶标高/mm		±50	水准仪
	9	停锤标准		设计要求	现场实测或查沉桩记录

知识模块 2　钢筋混凝土灌注桩施工

钢筋混凝土灌注桩是直接在施工现场桩位上采用机械或人工等方法成孔,然后在孔内安放钢筋笼,浇筑混凝土而成的桩。与预制桩相比,灌注桩具有低噪声、低振动、挤土影响小、节约材料、无须接桩和截桩及桩端能可靠地进入持力层、单桩承载力大等优点。但灌注桩成桩工艺较复杂,施工速度较慢,施工操作要求严格,成桩质量与施工好坏关系密切。灌注桩按成孔方法不同分为泥浆护壁成孔灌注桩、干作业成孔灌注桩、沉管灌注桩、爆破成孔灌注桩及人工成孔灌注桩等。

一、施工准备工作

1. 成孔

成孔设备就位后,必须平整、稳固,确保施工中不发生倾斜、移动。为准确控制成孔深度,在桩架或桩管上应设置控制深度的标尺,以便在施工中进行观测记录。

(1) 成孔施工顺序

对土无挤压作用的钻孔灌注桩、干作业成孔灌注桩,一般按现场条件和桩机行走方便的原则确定成孔顺序。对土有挤压作用和振动影响的锤击(或振动)沉管灌注桩,一般可结合现场条件,采用下列方法确定成孔顺序:间隔一个或两个桩位成孔;在邻桩混凝土初凝前或终凝后成孔;一个承台下的桩数在 5 根以上者,中间的桩先成孔,外围的桩后成孔。

(2) 成孔深度控制

摩擦桩以设计桩长控制成孔深度。当采用沉管法成孔时,桩管入土深度以标高控制为主,贯入度控制为辅。

端承摩擦桩和端承型桩,当采用钻、冲、挖成孔时,必须保证桩孔进入持力层的深度达到设计要求。当采用沉管法成孔时,桩管入土深度以贯入度控制为主,设计标高控制为辅。

2. 钢筋笼制作与安放

①钢筋笼的绑扎场地应选择在现场内运输和就位等都比较方便的地点。

②钢筋的种类、钢号及规格尺寸应符合设计要求。

③钢筋笼绑扎顺序是先将主筋间距布置好,待固定住架立筋后,再按规定间距绑扎箍筋。主筋、架立筋与箍筋之间可用电弧焊等方法固定。

④钢筋笼不宜过长,一般分段制作,分段长度一般为 8 m 左右。但对于长桩,当采取一些辅助措施后也可为 12 m 左右或更长一些。

⑤为了防止钢筋笼在装卸、运输和安装过程中产生变形,可采取下列措施:每隔 2.0~2.5 m 设加劲箍一道,加劲箍宜设在主筋外侧;每隔 3~4 m 装一个可拆卸的十字形临时加劲架,待钢筋笼安放入孔后再拆除;在直径为 2~3 m 的大直径桩中,可使用角钢或扁钢作为架立钢筋;在钢筋笼的外侧或内侧的轴线方向安设支柱。

⑥为确保桩身混凝土保护层的厚度,一般可在主筋外侧安设钢筋定位器。

⑦钢筋笼沉放,要对准孔位、缓慢下放,避免碰撞孔壁,到位后应立即固定。当桩长度较大时,钢筋笼可采用逐段接长法放入孔内。钢筋笼安设完毕后,一定要检测确认钢筋顶端的高度。

3. 混凝土的配制与灌注

(1) 混凝土的配制

混凝土的强度等级不应低于设计要求;用导管水下灌注混凝土时,坍落度宜为 180~220 mm;非水下直接灌注素混凝土时,坍落度宜为 60~80 mm;非水下直接灌注混凝土(有配筋)时坍落度宜为 80~100 mm。粗骨料可选用卵石或碎石,其最大粒径对于沉管灌注桩不大于 50 mm,并不得大于钢筋间最小净距 1/3;对于素混凝土桩,不得大于桩径的 1/4,并不宜大于 70 mm。细骨料可用干净的中、粗砂。

(2)灌注混凝土的方法

①孔内水下灌注宜用导管法。

②孔内无水或渗水量很小时宜用串筒法。

③孔内无水或孔内虽有水但能疏干时宜用短护筒直接投料法。

④大直径桩宜用混凝土泵。

(3)主筋的混凝土保护层厚度

非水下灌注混凝土时不应小于30 mm,水下灌注混凝土时不应小于50 mm。

(4)灌注混凝土质量控制

①检查成孔质量合格后应尽快灌注混凝土。桩身混凝土必须留有试件,直径大于1 m的桩,每根桩应有一组试块,且每个灌注台班不得少于一组,每组3件。

②混凝土灌注充盈系数(实际灌注混凝土体积与按设计桩身直径计算体积之比)不得小于1。一般土质为1.1~1.2,软土为1.2~1.3。

③每根桩的混凝土灌注应连续进行。对于水下灌注混凝土及沉管成孔从管内灌注混凝土的桩,在灌注过程中应用浮标或测锤测定混凝土的灌注高度。

④混凝土灌注应适当超过桩顶设计标高。

⑤在冬期灌注混凝土时,应采取保温措施,使灌注时的混凝土温度不低于3 ℃;桩顶的混凝土未达到设计强度50%之前不得受冻。当气温高于30 ℃时,应根据具体情况对混凝土采取缓凝措施。

二、泥浆护壁成孔灌注桩

泥浆护壁成孔灌注桩是先用钻孔机械进行钻孔,在钻孔的过程中为了防止孔壁坍塌在孔中注入泥浆(或注入清水造成泥浆)保护孔壁。钻孔达到要求深度后,进行清孔,然后安放钢筋骨架,进行水下灌注混凝土而成桩。泥浆护壁成孔灌注桩适用于地下水位以下的黏性土、粉土、砂土、碎石土、淤泥质土及风化岩土。所用成孔机械有冲抓钻机、冲击钻机、回转钻机及潜水钻机等。其施工工艺过程如图2-14所示。

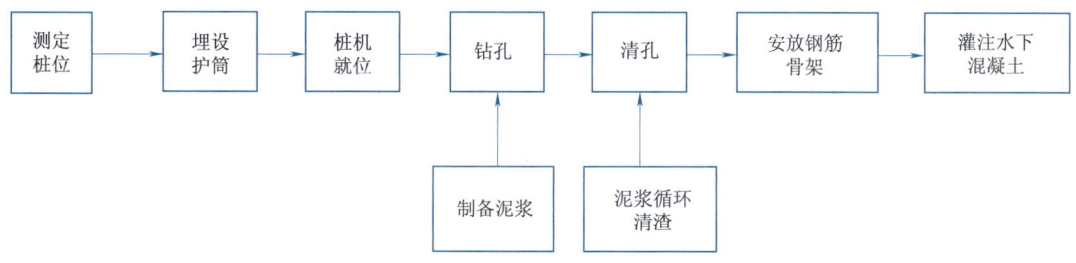

图2-14 泥浆护壁成孔灌注桩施工工艺过程

1. 埋设护筒

护筒是用4~8 mm钢板制成的圆筒(见图2-15),其内径应比钻头直径大100 mm,上部留有1~2个溢浆口。护筒埋在桩位处,埋设位置应准确,与坑壁之间用黏土填实,护筒中心与桩位中心线偏差不得大于50 mm。护筒顶面应高出地面400~600 mm,并应保持孔内泥浆面高于地下水位1 m以上。护筒埋设深度,在黏土中不宜小于1 m,在砂土中不宜小于1.5 m。护筒的作用是固定桩孔位置,保护孔口,防止塌孔,增加桩孔内的水压力,防止地面水流入孔内,并在钻孔时引导钻头方向。

2. 泥浆的制备

泥浆在桩孔内将孔壁土层的空隙渗填密实,防止漏水,保持孔内水压稳定,同时泥浆对孔壁有一定的侧压力,成为孔壁的一种液态支撑,从而可以稳固土壁,防止塌孔;泥浆具有一定的黏度,通过泥浆的循环可将切削下的泥渣悬浮后排出,起到携渣、排土的作用;泥浆对钻头有冷却和润滑的作用,提高钻孔速度。

制备泥浆的方法可根据钻孔土质确定。在黏性土或粉质黏土中成孔时,可在孔中注入清水,用原土造浆护壁。在砂土或其他土中钻孔时,应采用高塑性黏土或膨润土加水配制护壁泥浆。施工中应经常测定泥浆比重,并定期测定浓度、含水率和胶体率等指标,对施工中废弃的泥浆应按环保有关规定处理。不同土层中护壁泥浆比重见表2-5。

表2-5 不同土层中护壁泥浆比重

名　称	黏土或粉质	砂土或较厚夹砂层	砂夹卵石或易塌孔土层
比　重	1.1~1.2	1.1~1.3	1.3~1.5

3. 成孔

(1)成孔方法

泥浆护壁成孔灌注桩成孔的方法有潜水钻机成孔、回转钻机成孔、冲击钻机成孔等。

①潜水钻机成孔。潜水钻机的工作部分由封闭式防水电机、减速机和钻头组成,工作部分潜入水中。这种钻机体积小、质量小、桩架轻便、移动灵活,钻进速度快(0.3~2 m/min),噪声小,钻孔直径600~1 500 mm,钻孔深度可达50 m。适宜在地下水位较高的淤泥质土、黏性土、砂质土等土层中成孔。

②回转钻机成孔。回转钻机是由动力装置带动钻机的回转装置转动,从而使钻杆带动钻头转动,由钻头切削土壤,这种钻机性能可靠,噪声和振动小,效率高,质量好。适用于松散土层、黏性土层、砂砾层、软质岩层等各种地质条件。

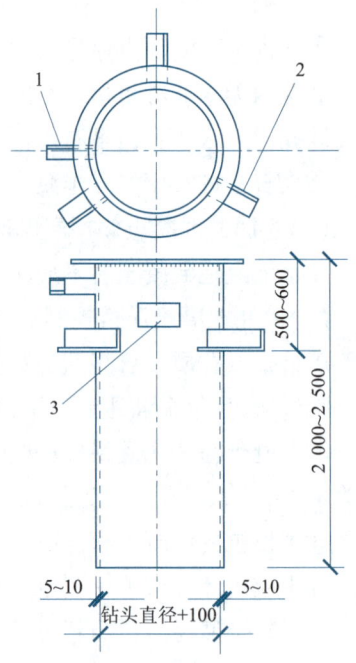

1—送浆管;2—定位支架;3—溢浆孔。

图2-15 护筒结构示意图(单位:mm)

③冲击钻成孔。冲击钻机成孔是用冲击式钻机或卷扬机悬挂冲击钻头上下往复冲击,将硬土层或岩层破碎成孔。它适用于碎石土、砂土、黏性土及风化岩层等,桩径可达600~1 500 mm。

(2)成孔过程的排渣方法

①抽渣筒排渣。如图2-16所示,抽渣筒构造简单,操作方便,抽渣时一般需将钻头取出孔外,放入抽渣筒,下部活门打开,泥渣进入筒内,上提抽渣筒,活门在筒内泥渣的重力作用下关闭,将泥渣排出孔外。

②泥浆循环排渣。泥浆循环排渣可分为正循环排渣法和反循环排渣法。正循环排渣法是利用泥浆泵使泥浆沿钻杆流动,从钻杆端部喷出,携带钻下的土渣沿孔壁向上流动,由孔口将土渣带出流入沉淀池,经处理的泥浆流入泥浆池再由泥浆泵注入钻杆,沉淀的泥渣用泥浆车运出场外,如此循环,如图2-17所示。反循环排渣法是泥浆由孔口流入孔内,同时砂石泵通过钻杆吸渣,使钻下的土渣由钻杆内腔吸出并排入沉淀池,处理后流入泥浆池,如图2-18所示。

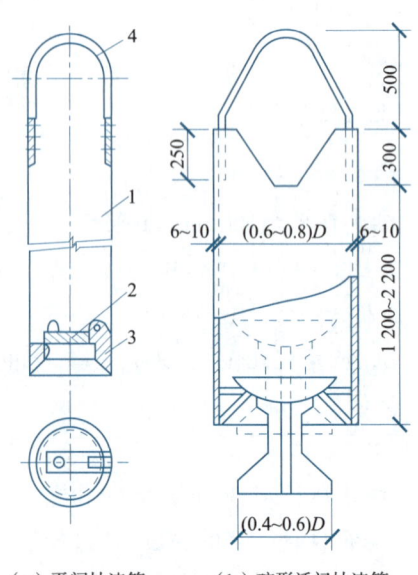

(a)平阀抽渣筒　(b)碗形活门抽渣筒

1—筒体;2—平阀;3—切削管轴;4—提环。

图2-16 抽渣筒(单位:mm)

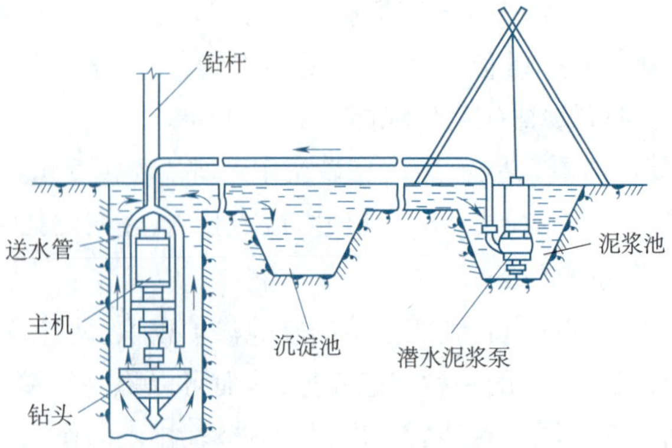

图2-17 正循环排渣法

4. 清孔

当钻孔达到设计要求深度后,应进行成孔质量的检查和清孔,清除孔底沉渣、淤泥,以减少桩基的沉降量,保证成桩的承载力。清孔可采用泥浆循环法或抽渣筒排渣法。如孔壁土质较好不易塌孔时,也可用空气吸泥机清孔。

当在黏土中成孔时,清孔后泥浆比重应控制在 1.1 左右,土质较差时应控制在 1.15～1.25。在清孔过程中必须随时补充足够的泥浆,以保持浆面的稳定,一般应高于地下水位 1.0 m 以上。孔底沉渣允许厚度应符合下列规定:端承桩≤50 mm;摩擦端承桩、端承摩擦桩≤100 mm;摩擦桩≤150 mm。清孔满足要求后,应立即安放钢筋笼,浇筑混凝土。

5. 浇筑水下混凝土

泥浆护壁成孔灌注桩混凝土的浇筑是在泥浆中进行的,故为水下浇筑混凝土,常采用导管法,如图 2-19 所示。水下浇筑混凝土应连续施工,导管提升速度不宜过快,应保持导管下端埋入混凝土内的深度不小于 1 m。

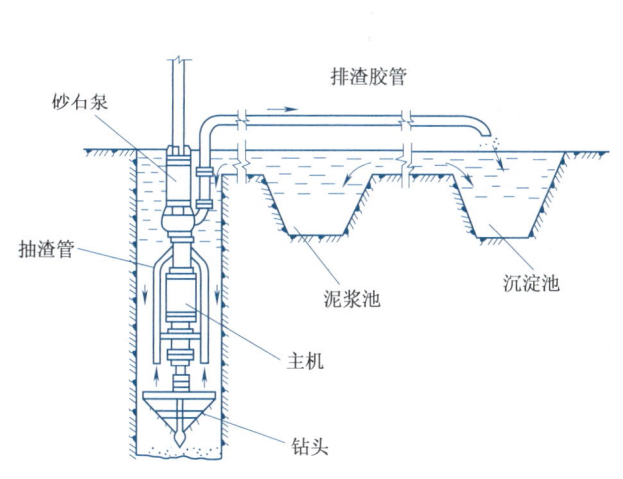

图 2-18 反循环排渣法

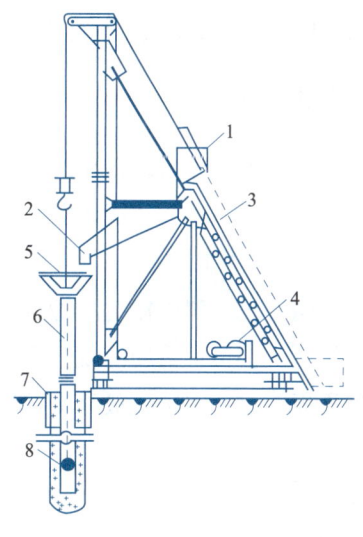

1—上料斗;2—送料斗;3—滑道;4—漏斗;
5—导管;6—护筒;7—卷扬机。

图 2-19 水下浇筑混凝土示意图

三、干作业成孔灌注桩

干作业成孔灌注桩是先用钻机在桩位处进行钻孔,然后将钢筋骨架放入桩孔内,再浇筑混凝土而成的桩,其施工过程如图 2-20 所示。干作业成孔灌注桩适用于地下水位以上的填土层、黏性土层、粉土层、砂土层和粒径不大的砾砂层。

微课
螺旋钻成孔灌注桩

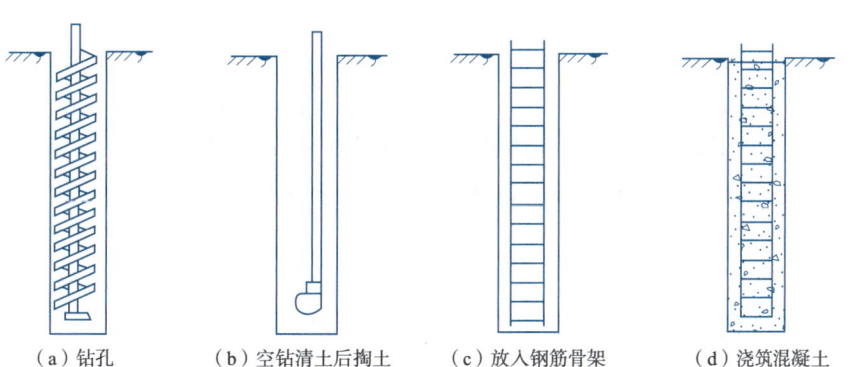

(a)钻孔　(b)空钻清土后掏土　(c)放入钢筋骨架　(d)浇筑混凝土

图 2-20 干作业成孔灌注桩施工工艺流程

常用的钻孔机械有螺旋钻机、钻扩机、洛阳铲等,其中螺旋钻机使用较广。螺旋钻机是利用动力旋转钻杆,钻杆带动钻头的螺旋叶片旋转切土,削下的土由钻头旋转而沿螺旋叶片上升排出孔外。螺旋钻机有长螺旋式钻机(螺旋钻杆长度在10 m以上)和短螺旋式钻机(螺旋钻杆长度3~5 m),一般工业与民用建筑物桩基础成孔多采用长螺旋式钻机,而短螺旋式钻机多用于爆扩桩的桩身成孔。

钻机就位时,应保持钻杆垂直对准桩位中心。钻孔时,应先慢后快,避免钻杆摇晃,并随时检查,如发现钻杆跳动,机架晃动,钻不进去或钻头发出响声,说明钻机有异常情况,应立即停车,查明原因。当遇到地下水、塌孔、缩孔等情况时,应会同有关单位研究处理。当钻孔钻到预定深度后,先在原处空钻清土,然后停钻提起钻杆。如孔底虚土超过允许厚度(100 mm),可用辅助掏土工具或二次投钻清底。

桩孔钻成并清孔后,吊放钢筋骨架,浇筑混凝土。吊放钢筋笼时应缓慢并保持直立,注意防止放偏和刮土下落,放到预定深度后将钢筋笼上端妥善固定。混凝土应随钻随灌,从成孔至混凝土浇筑的时间间隔一般不超过24 h。灌注桩的混凝土强度等级不得低于C15,坍落度一般为80~100 mm;混凝土浇筑应连续进行,随浇随振,每次浇筑高度不得大于1.5 m;当混凝土浇筑到桩顶时,应适当超过桩顶标高,以保证在凿除浮浆层后,使桩顶标高和质量符合设计要求。

四、沉管灌注桩

沉管灌注桩是利用锤击或振动的方法,将带有桩尖(桩靴)的桩管(钢管)沉入土中成孔。当桩管打到要求深度后,放入钢筋骨架,边浇筑混凝土,边拔出桩管而成桩。

1. 振动沉管灌注桩

振动沉管灌注桩是利用振动沉桩机将桩管沉入土中。桩管宜采用无缝钢管,钢管与桩尖接触部分宜用环形钢板加厚。桩尖可采用混凝土预制桩尖和活瓣式桩尖,如图2-21所示。其成桩工艺如图2-22所示。振动沉管灌注桩适用于一般黏土、淤泥质土和人工填土,更适用于砂土、稍密及中密的碎石土。

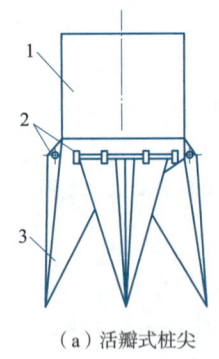
(a)活瓣式桩尖

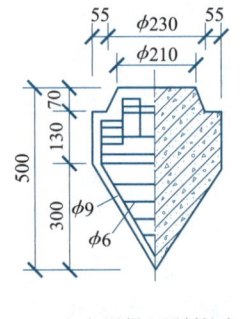
(b)混凝土预制桩尖1

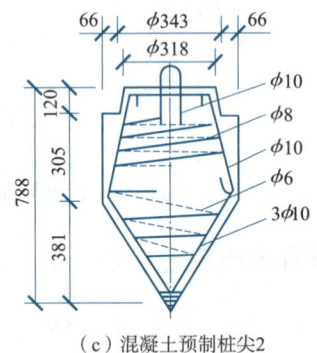
(c)混凝土预制桩尖2

1—桩管;2—锁轴;3—活瓣。

图2-21 桩尖示意图(单位:mm)

振动沉管时将桩管对准桩位中心,启动振动箱沉管至设计标高,停振,放钢筋笼,用上料斗将混凝土灌入桩管内,然后启动振动箱,边振动边拔管。如采用活瓣式桩尖,拔管开始时,应用吊砣探测活瓣是否已张开,混凝土是否已从桩管开始流出,然后才可继续拔管。拔管时应控制拔管速度,采用活瓣桩尖时,拔管速度不宜大于2.5 m/min;采用预制桩尖时拔管速度不宜大于4 m/min。同时,应边振边拔,每拔起0.5 m停拔,振动5~10 s,然后继续拔管,并随时注意混凝土下落情况。若桩管沉入黏性较大的土层,拔管时活瓣不易立即张开,易发生吊脚桩。可在开始拔管至0.5 m高时,反插几下,使活瓣及时张开,混凝土下落振实。

根据承载力的要求不同,拔管可分别采用单打法、复打法和反插法。

(1)单打法

单打法即一次拔管,拔管时先振5~10 s,再开始拔管,边振边拔,每提升0.5 m停拔,振5~10 s后再拔管0.5 m,再振5~10 s,如此反复进行直至地面。

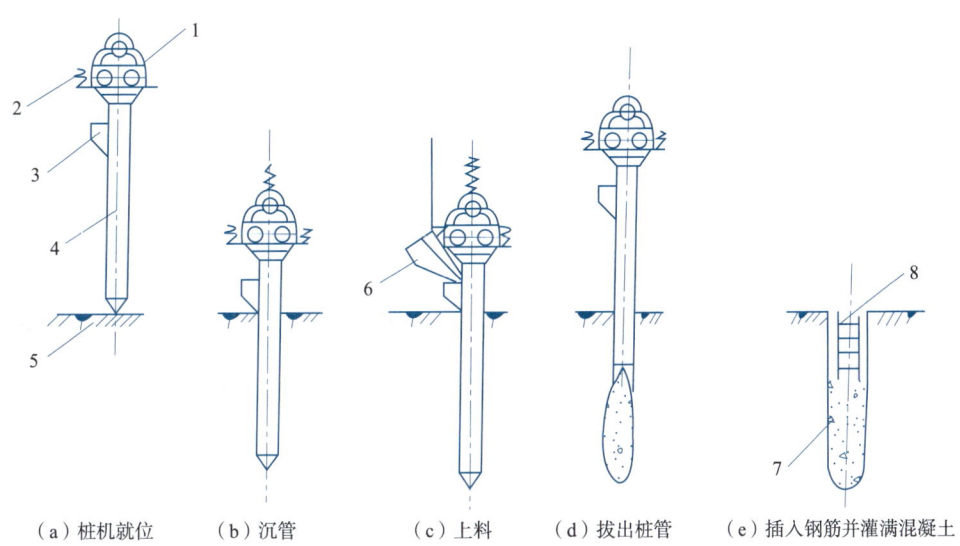

(a)桩机就位　　(b)沉管　　(c)上料　　(d)拔出桩管　　(e)插入钢筋并灌满混凝土

1—振动锤；2—加压减振弹簧；3—加料口；4—桩管；5—活瓣桩尖；6—上料斗；7—混凝土桩；8—钢筋骨架。

图 2-22　振动沉管灌注桩成桩工艺

(2)复打法

在同一桩孔内进行两次单打，或根据需要进行局部复打。局部复打应超过断桩或缩颈区 1 m 以上。全长复打时，第一次浇筑的混凝土应达到自然地面。复打法施工程序为：在第一次沉管、浇注混凝土、拔管完毕后，清除桩管外壁上的污泥，立即在原桩位上再次安设桩管，进行第二次复打沉管，使第一次浇筑的混凝土向四周挤压以扩大桩径，然后再浇筑第二次混凝土，拔管方法与单打法相同，如图 2-23 所示。施工时应注意两次沉管轴线应重合，复打桩施工必须在第一次浇筑的混凝土初凝以前完成第二次混凝土的浇筑和拔管工作，钢筋骨架应在第二次沉管后放入桩管内。

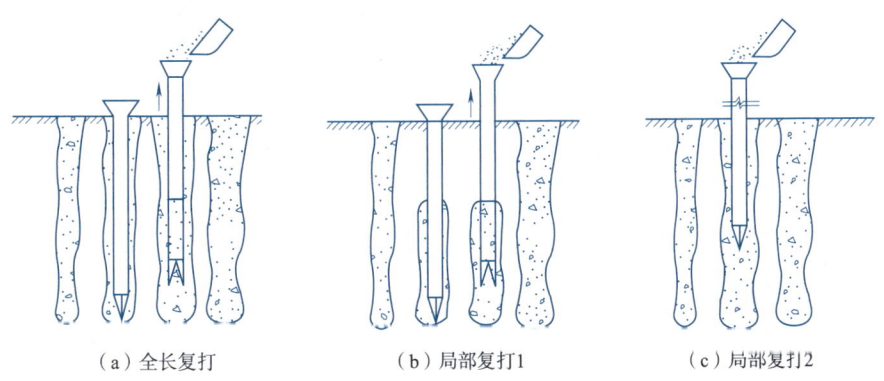

(a)全长复打　　(b)局部复打1　　(c)局部复打2

图 2-23　复打法示意图

(3)反插法

先振动再拔管，每提升 0.5～1.0 m，再把桩管下沉 0.3～0.5 m。在拔管过程中分段添加混凝土，使管内混凝土面始终不低于地表面，或高于地下水位 1.0～1.5 m 以上，如此反复直至地面。反插次数按设计要求进行，并严格控制拔管速度不得大于 0.5 m/min。

拔管过程中桩管内的混凝土应至少保持 2 m 高或不低于地面，可用吊砣探测，不足时及时补灌，以防混凝土中断形成缩颈。每根桩的混凝土灌注量应保证达到制成后桩的平均截面积与桩管端部截面积的比值不小于 1.1。混凝土浇筑高度应超过桩顶设计标高 0.5 m，适时修整桩顶，凿去浮浆层后，应确保桩顶设计标高和混凝土质量。振动沉管灌注桩的中心距不宜小于桩管外径的 4 倍，相邻桩施工时，其间隔时间不得超过水泥的初凝时间；中途停顿时，应将桩管在停顿前沉入土中，或待已完成的邻桩混凝土达到设计强度 50% 方可施工；桩距小于 3.5 倍桩直径时，应跳打施工。

2. 锤击沉管灌注桩

锤击沉管灌注桩是用桩锤击打桩管,将带活瓣式桩尖或混凝土预制桩尖的钢管沉入土中。其成桩工艺如图2-24所示。锤击沉管灌注桩适用于一般性黏土、淤泥质土、砂土和人工填土地基。

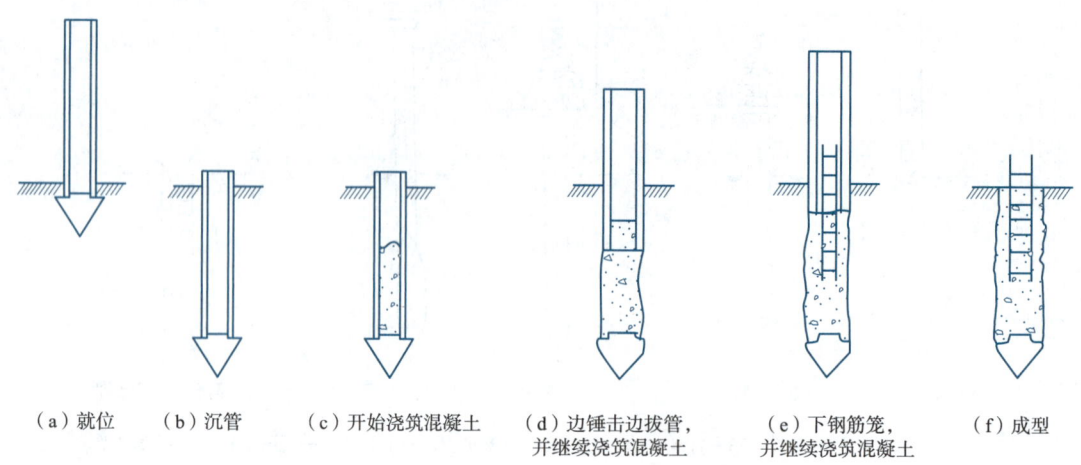

(a)就位　(b)沉管　(c)开始浇筑混凝土　(d)边锤击边拔管,并继续浇筑混凝土　(e)下钢筋笼,并继续浇筑混凝土　(f)成型

图 2-24 锤击沉管灌注桩成桩工艺

锤击沉管灌注桩应按施工顺序依次锤打,桩中心距小于4倍桩管外径或小于2 m时均应跳打,中间空出的桩须待邻桩混凝土达到设计强度50%以后,方可施打。当为扩大桩径、提高承载力或补救缺陷时,可采用复打法,要求与振动沉管灌注桩相同。但以扩大一次为宜。如作为补救措施时,常采用半复打法或局部复打法。锤击沉管时,桩机就位后吊起桩管,对准预先埋好的预制混凝土桩尖,在桩尖与桩管之间垫上麻(草)绳等作为缓冲或防水,然后慢慢放下桩管,套进桩尖压入土中。管上端扣上桩帽低锤轻击,观察如无偏移才正常施打,直至符合设计要求深度。如在沉管过程中桩尖损坏,应及时拔出桩管,用土或砂填实后另安桩尖重新沉管。检查管内无泥浆或水时,即可浇筑混凝土。浇筑过程中应使管内的混凝土顶面始终略高于地面。当混凝土灌至钢筋笼底面标高时,放入钢筋骨架,继续浇筑混凝土及拔管,直到全管拔完为止,混凝土应灌满桩管。拔管时,速度应均匀,对于一般土可控制在不大于1 m/min,淤泥和泥质软土不大于0.8 m/min,在软弱土层和软硬土层交接处控制在0.3~0.8 m/min。

3. 施工中常见问题及处理

(1)断桩

断桩一般多发生在地面以下软硬土层的交接处。主要原因是由于桩距过小,受邻桩施打时挤压的影响;桩身混凝土终凝不久就受到振动和外力;软硬土层间传递水平力大小不同,对桩产生剪应力等。因此,在施工过程中应合理确定打桩顺序,施工中控制桩中心距不小于3.5倍桩径;采用跳打法或控制时间间隔的方法,使邻桩混凝土达设计强度等级的50%后,再施打中间桩等。如发现断桩,应将断桩段拔出,略增大桩的截面面积或加箍筋后,再重新浇筑混凝土。

(2)瓶颈桩

瓶颈桩是指桩身某处直径缩小形似"瓶颈"。瓶颈桩多数发生在土质软弱、含水率高,特别是饱和的淤泥或淤泥质软土层中。产生瓶颈桩的主要原因除施工操作不当,拔管速度过快外,主要是土质原因。在含水率较大的软弱土层中沉管时,土受挤压产生很高的孔隙水压力,拔管后便作用于新浇筑的混凝土,当孔隙水压力大于混凝土产生的侧压力,就会造成缩颈。因此,施工中应严格控制拔管速度,并使桩管内保持不少于2 m高的混凝土,使之有足够的扩散压力,使混凝土出管后扩散正常。

(3)吊脚桩

吊脚桩是指桩的底部混凝土隔空或混进泥砂而形成松散层。其产生的主要原因是预制钢筋混凝土桩尖承载力低或活瓣式桩尖质量差,沉管时被破坏,因而水或泥砂进入桩管;拔管时桩尖未脱出或活瓣未张开,混凝土未及时从管内流出等。因此,在施工前应严格检查桩尖质量。如出现吊脚桩应拔出桩管,填砂后重打;或者可采取密振动慢拔,开始拔管时先反插几次再正常拔管等预防措施。

(4)桩尖进水进泥

桩尖进水进泥常发生在地下水位高或含水率大的淤泥和粉砂土层中。产生的主要原因是:钢筋混凝土桩尖与桩管接合处或活瓣式桩尖闭合不紧密;钢筋混凝土桩尖被打破或活瓣式桩尖变形等所致。如出现桩尖进水进泥应将桩管拔出,清除管内泥砂,修整桩尖缝隙后,用砂回填桩孔后再重打;若地下水位较高,待沉管至地下水位时,先在桩管内灌入 0.5 m 厚度的水泥砂浆作封底,再灌 1 m 高度混凝土,然后再继续下沉桩管。

五、钢筋混凝土灌注桩的质量要求及验收

施工前应对水泥、砂、石子、钢材等原材料进行检查,检验项目、批量和检验方法应符合国家现行有关标准的规定。

施工中应对成孔、清渣、放置钢筋笼、灌注混凝土等进行全过程检查。灌注桩的沉渣厚度:当以摩擦桩为主时,不得大于 150 mm;当以端承桩为主时,不得大于 50 mm;沉管灌注桩不得有沉渣。

施工结束后,应检查混凝土强度,并应做桩体质量及承载力的检验。每浇筑 50 m³ 必须有 1 组试件,小于 50 m³ 的桩,每根桩必须有 1 组试件;桩身质量检验数不应少于总桩数的 20%,且每个柱子承台下不得少于 1 根;桩的静载荷载试验根数应不少于总桩数的 1%,且不少于 3 根,当总根数少于 50 根时,应不少于 2 根。

灌注桩的桩位偏差应符合表 2-6 的规定,桩顶标高至少要比设计标高高出 0.5 m。

混凝土灌注桩的质量检验标准应符合表 2-7 和表 2-8 的规定。

表 2-6 灌注桩的平面位置和垂直度的允许偏差

序号	成孔方法		桩径允许偏差/mm	垂直度允许偏差/%	桩位允许偏差/mm	
					1~3 根、单排桩基垂直于中心线方向和群桩基础的边桩	条形桩基沿中心线方向和群桩基础的中间桩
1	泥浆护壁成孔灌注桩	D≤1 000 mm	±50	<1	D/6,且不大于 100	D/4,且不大于 150
		D>1 000 mm	±50		100+0.01H	150+0.01H
2	沉管灌注桩	D≤500 mm	−20	<1	70	150
		D>500 mm			100	150
3	干作业成孔灌注桩		20	<1	70	150
4	人工挖孔灌注桩	混凝土护壁	+50	<0.5	50	150
		钢套管护壁	+50	<1	100	200

注:1. 桩径允许偏差的负值是指个别断面。
2. 采用复打、反插法施工的桩径允许偏差不受上表限制。
3. H 为施工现场地面标高与桩顶设计标高的距离,D 为设计桩径。

表 2-7 混凝土灌注桩钢筋笼质量检验标准   单位:mm

项目	序号	检查项目	允许偏差或允许值	检查方法
主控项目	1	主筋间距	±10	用钢直尺量
	2	长度	±100	用钢直尺量
一般项目	1	钢筋材质检验	设计要求	抽样送检
	2	箍筋间距	±20	用钢直尺量
	3	直径	±10	用钢直尺量

表 2-8 混凝土灌注桩质量标准

项目	序号	检查项目		允许偏差或允许值	检查方法
主控项目	1	桩位		见表 2-6	基坑开挖前量护筒,开挖后量桩中心
	2	孔深/mm		+300	只深不浅,用重锤测,或测钻杆、套管长度,嵌岩桩应确保进入设计要求的嵌岩深度
	3	桩体质量检验		按基桩检测技术规范。如钻芯取样,大直径嵌岩桩应钻至桩尖下 50 cm	按基桩检测技术规范
	4	混凝土强度		设计要求	试件报告或钻芯取样送检
	5	承载力		按基桩检测技术规范	按基桩检测技术规范
一般项目	1	垂直度		见表 2-6	测套管或钻杆,或用超声波探测,干施工时吊垂球
	2	桩径		见表 2-6	井径仪或超声波检测,干施工时用钢尺量,人工挖孔桩不包括内衬厚度
	3	泥浆相对密度(黏土或砂性土中)		1.15~1.20	用比重计测,清孔后在距孔底 50 cm 处取样
	4	泥浆面标高(高于地下水位)/m		0.5~1.0	目测
	5	沉渣厚度	端承桩/mm	≤50	用沉渣仪或重锤测量
			摩擦桩/mm	≤150	
	6	混凝土坍落度	水下灌注/mm	160~220	坍落度仪
			干施工/mm	70~100	
	7	钢筋笼安装深度/mm		±100	用钢直尺量
	8	混凝土充盈系数		>1	检查每根桩的实际灌注量
	9	桩顶标高/mm		+30 −50	水准仪,需扣除桩顶浮浆层及劣质桩体

自 测 训 练

1. 桩按承载性状不同可分为(　　　　)和(　　　　)。
2. 端承型桩是指桩顶荷载全部或主要由(　　　　)来承担的桩,根据桩端阻力承担的荷载的份额不同,端承型桩又分为(　　　　)和(　　　　)。
3. 现场预制混凝土桩多用(　　　　)法施工。桩的重叠层数应根据地面的允许荷载和施工条件确定,一般不宜超过(　　)层。上层桩或邻桩的混凝土浇筑应在下层桩或邻桩混凝土达到设计强度的(　　　　)以后方可进行。
4. 预制桩的混凝土浇筑工作应由(　　　　)向(　　　　)连续浇筑,不得中断,并用振捣棒仔细捣实。混凝土浇筑完毕后应进行养护,洒水养护时间不少于(　　　　)d。
5. 钢筋混凝土预制桩的混凝土应达到设计强度标准值的(　　　　)后方可起吊,
6. 桩运输时,混凝土的强度应达到设计强度标准值的(　　　　)。
7. 打桩设备包括(　　)、(　　)和(　　　　)。
8. 自中间向两侧对称施打和自中间向四周施打这两种打桩顺序,适于桩(　　　　),桩距(　　　　)时的打桩施工;由一侧向单一方向逐排施打,适于桩(　　　　),桩距(　　　　)时的打桩施工。
9. 常用的接桩方法有(　　　　)、(　　　　)和(　　　　)。
10. 打桩施工结束后,应对承载力进行检查。桩的静载荷载试验根数应不少于总桩数的(　　　　),且不少于(　　　　)根;当总桩数少于(　　　　)根时,应不少于(　　　　)根。
11. 在泥浆护壁成孔灌注桩施工中泥浆的作用是(　　　　)、(　　　　)和(　　　　)。
12. 泥浆护壁成孔灌注桩施工中排渣方法有(　　　　)和(　　　　)。

任务2 计 划 单

学习情境一	基础工程施工	任务2	桩基础工程施工
工作方式	组内讨论、团结协作共同制订计划：小组成员进行工作讨论，确定工作步骤	计划学时	
完成人			
计划依据			
序号	计划步骤		具体工作内容描述
1	准备工作 （准备编制施工方案的工程资料，谁去做）		
2	组织分工 （成立组织，人员具体都完成什么）		
3	选择桩基础工程施工方法 （谁负责、谁审核）		
4	选择桩基础工程施工设备 （谁负责、谁审核）		
5	确定桩基础工程施工工艺流程 （谁负责、谁审核）		
6	明确桩基础工程施工质量控制要点 （谁负责、谁审核）		
制订计划说明	（写出制订计划中人员为完成任务的主要建议或可以借鉴的建议、需要解释的某一方面）		

任务2 决策单

学习情境一	基础工程施工		任务2	桩基础工程施工	
决策学时					
决策目的					
决策方案过程	工作内容	内容类别		必要	非必要（可说明原因）
		内容记录	性质描述		
决策方案描述					

任务 2 作 业 单

学习情境一	基础工程施工		任务 2	桩基础工程施工
参加人员	第　组		开始时间：	
	签名：		结束时间：	
序号	工作内容记录		分工 （负责人）	
1				
2				
⋮				
小结	主要描述完成的成果		存在的问题	

任务 2 检 查 单

学习情境一		基础工程施工		任务 2		桩基础工程施工	
检查学时						第 组	
检查目的及方式							
序号	检查项目	检查标准	检查结果分级 （在检查相应的分级框内画"√"）				
			优秀	良好	中等	合格	不合格
1	准备工作	资源是否已查到，材料是否准备完整					
2	分工情况	安排是否合理、全面，分工是否明确					
3	工作态度	小组工作是否积极主动、全员参与					
4	纪律出勤	是否按时完成负责的工作内容，是否遵守工作纪律					
5	团队合作	是否相互协作、互相帮助，成员是否听从指挥					
6	创新意识	任务完成不照搬照抄，看问题具有独到见解、创新思维					
7	完成效率	工作单是否记录完整，是否按照计划完成任务					
8	完成质量	工作单填写是否准确，记录单检查及修改是否达标					
检查评语						教师签字：	

任务2 评 价 单

1. 小组工作评价单

学习情境一	基础工程施工		任务2	桩基础工程施工		
评价学时						
班级：				第　组		
考核情境	考核内容及要求	分值(100)	小组自评(10%)	小组互评(20%)	教师评价(70%)	实得分(∑)
汇报展示(20)	演讲资源利用	5				
	演讲表达和非语言技巧应用	5				
	团队成员补充配合程度	5				
	时间与完整性	5				
质量评价(40)	工作完整性	10				
	工作质量	5				
	报告完整性	25				
团队情感(25)	核心价值观	5				
	创新性	5				
	参与度	5				
	合作性	5				
	劳动态度	5				
安全文明(10)	工作过程中的安全保障情况	5				
	工具正确使用和保养、放置规范	5				
工作效率(5)	能够在要求的时间内完成，每超时5 min扣1分	5				

2. 小组成员素质评价单

课程	建筑施工技术		
学习情境一	基础工程施工	学时	14
任务2	桩基础工程施工	学时	8
班级	第 组	成员姓名	
评分说明	每个小组成员评价分为自评和成员互评两部分,取平均值计算,作为该小组成员的任务评价个人分数。评价项目共设计五个,依据评分标准给予合理量化打分。小组成员自评分后,要找小组其他成员不记名方式打分,成员互评分为其他小组成员的平均分		
对象	评分项目	评分标准	评分
自评 (100分)	核心价值观 (20分)	是否践行社会主义核心价值观	
	工作态度 (20分)	是否按时完成负责的工作内容、遵守纪律,是否积极主动参与小组工作,是否全过程参与,是否吃苦耐劳,是否具有工匠精神	
	交流沟通 (20分)	是否能良好地表达自己的观点,是否能倾听他人的观点	
	团队合作 (20分)	是否与小组成员合作完成,是否做到相互协助、相互帮助、听从指挥	
	创新意识 (20分)	看问题是否能独立思考、提出独到见解,是否能够创新思维解决遇到的问题	
成员互评 (100分)	核心价值观 (20分)	是否践行社会主义核心价值观	
	工作态度 (20分)	是否按时完成负责的工作内容、遵守纪律,是否积极主动参与小组工作,是否全过程参与,是否吃苦耐劳,是否具有工匠精神	
	交流沟通 (20分)	是否能良好地表达自己的观点,是否能倾听他人的观点	
	团队合作 (20分)	是否与小组成员合作完成,是否做到相互协助、相互帮助、听从指挥	
	创新意识 (20分)	看问题是否能独立思考、提出独到见解,是否能够创新思维解决遇到的问题	
最终小组成员得分			
小组成员签字		评价时间	

任务2　教学反思单

学习情境一	基础工程施工	任务2	桩基础工程施工
班级		第　　组	成员姓名

情感反思	通过对本任务的学习和实训,你认为自己在社会主义核心价值观、职业素养、学习和工作态度等方面有哪些需要提高的部分?
知识反思	通过对本任务的学习,你掌握了哪些知识点?请画出思维导图。
技能反思	在完成本任务的学习和实训过程中,你主要掌握了哪些技能?
方法反思	在完成本任务的学习和实训过程中,你主要掌握了哪些分析和解决问题的方法?

学习情境二 主体工程施工

学习指南

情境导入

根据主体工程施工过程选取"砌筑工程施工""模板工程施工""钢筋工程施工""混凝土工程施工""预应力混凝土工程施工""结构安装工程施工"六个工作任务为载体,使学生通过训练掌握主体工程施工技术。学习内容与组织如下:学习主体工程各分项工程的施工准备工作、施工工艺、施工要点、施工质量控制要点、常见施工问题的处理方法及施工计算等,然后通过阅读施工图纸,完成进行主体工程各分项工程施工技术交底任务。

学习目标

1. 知识目标

(1)了解主体工程各分项工程的施工工艺和施工流程;

(2)了解主体工程各分项工程的质量控制点、常见施工问题的处理办法等基础知识。

2. 能力目标

(1)能够通过识读施工图纸,合理制定主体工程各分项工程的施工方案并指导施工;

(2)能够解决主体工程各分项工程施工中的常见问题。

3. 素质目标

(1)具备"严谨认真、吃苦耐劳、诚实守信"的职业精神;

(2)具备与他人合作的团队精神和责任意识。

工作任务

1. 砌筑工程施工;
2. 模板工程施工;
3. 钢筋工程施工;
4. 混凝土工程施工;
5. 预应力混凝土工程施工;
6. 结构安装工程施工。

任务3 砌筑工程施工

●●● 任 务 单 ●●●

课程	建筑施工技术		
学习情境二	主体工程施工	学时	40
任务3	砌筑工程施工	学时	8
布置任务			
任务目标	1. 能够阐述砌筑工程施工工艺流程； 2. 能够阐述砌筑工程施工要点； 3. 能够阐述砌筑工程施工质量控制点； 4. 能够开展砌筑工程施工准备工作； 5. 能够处理砌筑工程施工常见问题； 6. 能够编制砌筑工程施工方案； 7. 具备吃苦耐劳、主动承担的职业素养，具备团队精神和责任意识，具备保证质量建设优质工程的爱国情怀		
任务描述	在进行砌筑工程施工时，项目技术负责人应根据项目施工图纸、施工现场周边环境、设备材料供应等情况编写砌筑工程施工方案，进行砌筑工程施工技术交底。 1. 进行编写砌筑工程施工方案的准备工作。 2. 编写砌筑工程施工方案： (1)进行砌筑工程施工准备； (2)选择砌筑工程施工方法； (3)确定砌筑工程施工工艺流程； (4)明确砌筑工程施工要点； (5)明确砌筑工程施工质量控制要点。 3. 进行砌筑工程施工技术交底		

学时安排	布置任务与资讯	计划	决策	实施	检查	评价
	（3学时）	（0.5学时）	（0.5学时）	（3学时）	（0.5学时）	（0.5学时）

对学生的要求	1. 具备建筑施工图识读能力； 2. 具备建筑施工测量知识； 3. 具备任务咨询能力； 4. 严格遵守课堂纪律，不迟到、不早退；学习态度认真端正； 5. 每位同学必须积极参与小组讨论； 6. 每组均提交"砌筑工程施工方案"

信 息 单

课程	建筑施工技术	
学习情境二	主体工程施工	学时 40
任务 3	砌筑工程施工	学时 8

资讯思维导图

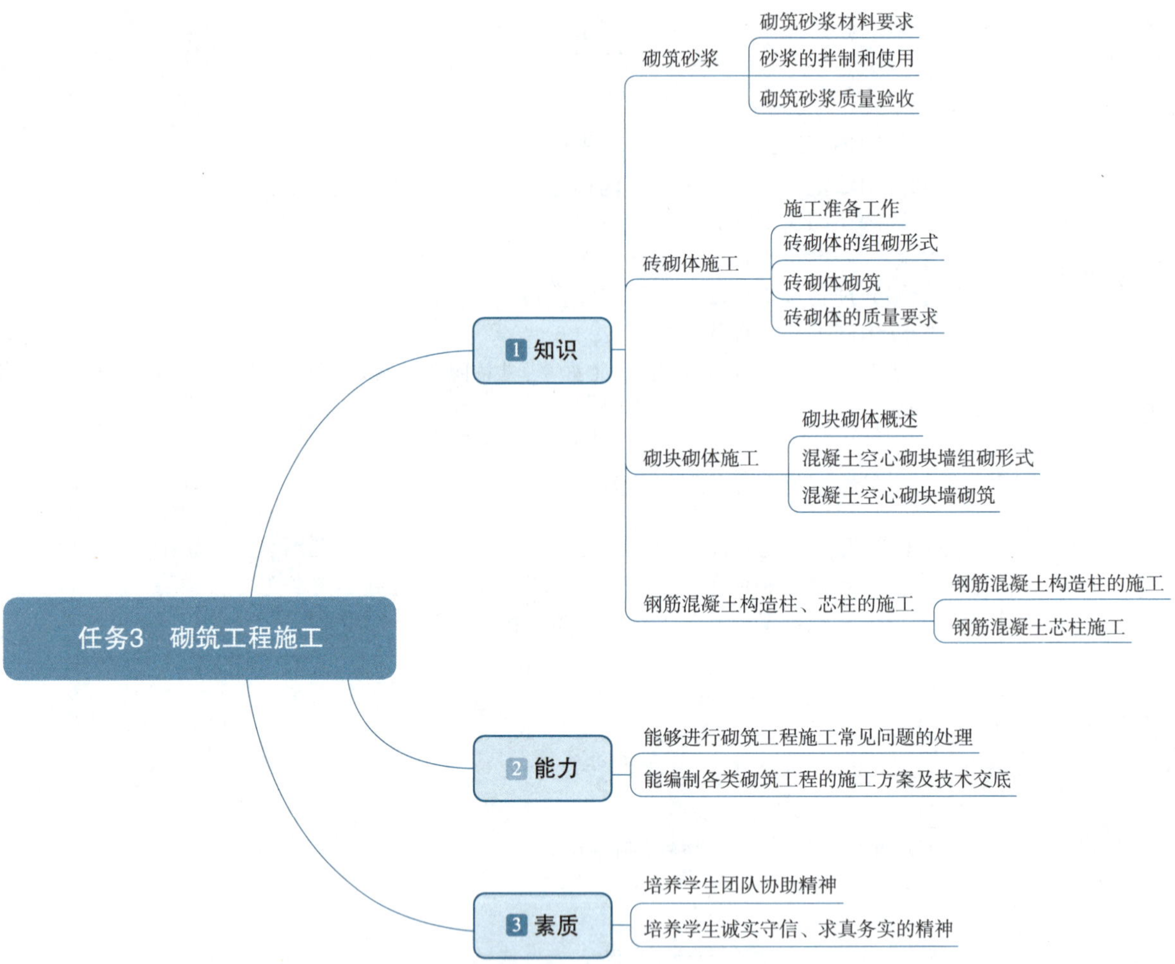

任务3 砌筑工程施工
- **1 知识**
  - 砌筑砂浆
    - 砌筑砂浆材料要求
    - 砂浆的拌制和使用
    - 砌筑砂浆质量验收
  - 砖砌体施工
    - 施工准备工作
    - 砖砌体的组砌形式
    - 砖砌体砌筑
    - 砖砌体的质量要求
  - 砌块砌体施工
    - 砌块砌体概述
    - 混凝土空心砌块墙组砌形式
    - 混凝土空心砌块墙砌筑
  - 钢筋混凝土构造柱、芯柱的施工
    - 钢筋混凝土构造柱的施工
    - 钢筋混凝土芯柱施工
- **2 能力**
  - 能够进行砌筑工程施工常见问题的处理
  - 能编制各类砌筑工程的施工方案及技术交底
- **3 素质**
  - 培养学生团队协助精神
  - 培养学生诚实守信、求真务实的精神

知识模块 1　砌 筑 砂 浆

砌筑砂浆的种类,常用的有水泥砂浆和掺有石灰膏和黏土膏的混合砂浆。为了节约水泥和改善砂浆性能,可用适当的粉煤灰取代砂浆中的部分水泥和石灰膏,制成粉煤灰水泥砂浆和粉煤灰水泥混合砂浆。水泥砂浆的流动性和保水性较差,采用水泥砂浆砌筑时,砌体强度低于相同条件下采用混合砂浆砌筑的砌体强度。水泥砂浆适用于潮湿环境,主要用于基础及特殊部位的砌筑。混合砂浆的流动性和保水性较好,是一般砌体中常用的砂浆类型,基础以上部位的砌体主要采用混合砂浆。

一、砌筑砂浆材料要求

1. 水泥

水泥应按品种、标号、出厂日期分别堆放,并保持干燥。水泥砂浆采用的水泥,其强度等级不宜大于

32.5 级；水泥混合砂浆采用的水泥，其强度等级不宜大于 42.5 级。

2. 砂

砂宜用中砂，并应过筛。拌制水泥砂浆或强度等级不小于 M5 的水泥混合砂浆，砂的含泥量不应超过 5%；拌制强度等级小于 M5 的水泥混合砂浆，砂的含泥量不应超过 10%，且不得含有草根等杂物。

3. 石灰膏

可用块状生石灰熟化而成，熟化时间不得少于 7 d，熟化后应采用孔洞不大于 3 mm×3 mm 的网过滤；对于磨细生石灰粉，其熟化时间不得少于 2 d。沉淀池中贮存的石灰膏，应防止干燥、冻结和污染，严禁使用脱水硬化的石灰膏。

4. 黏土膏

应用粉质黏土或黏土制备，宜采用孔洞不大于 3 mm×3 mm 的网过筛，并用搅拌机加水搅拌而成。黏土中的有机物含量用比色法鉴定，其色应浅于标准色。

5. 粉煤灰

粉煤灰品质等级可用Ⅲ级，砂浆中的粉煤灰取代水泥率不宜超过 40%，取代石灰膏率不宜超过 50%。

6. 水

拌和砂浆用水可采用饮用水，水质应符合现行行业标准《混凝土用水标准》（JGJ 63—2006）的规定。

二、砂浆的拌制和使用

砌筑砂浆应采用砂浆搅拌机进行拌制。水泥砂浆和水泥混合砂浆的搅拌时间不得少于 2 min。拌制水泥砂浆，应先将砂与水泥干拌均匀，再加水拌和均匀；拌制水泥混合砂浆，应先将砂与水泥干拌均匀，再加掺合料和水拌和均匀。掺用外加剂时，应先将外加剂按规定浓度溶于水中，在拌和水投入时加入外加剂溶液，外加剂不得直接投入拌制的砂浆中。拌和后的砂浆应符合设计要求的种类和强度等级，而且还应具有良好的流动性、保水性及适当的稠度，其稠度应符合表 3-1 的要求。砌筑砂浆的分层度不得大于 30 mm。水泥砂浆中水泥用量不应小于 200 kg/m³，水泥混合砂浆中水泥和掺合料总量宜为 300～350 kg/m³。

表 3-1　砌筑砂浆的稠度

项　次	砌　体　种　类	砂浆稠度/mm
1	烧结普通砖砌体	70～90
2	轻骨料混凝土小型空心砌块砌体	60～90
3	烧结多孔砖、空心砖砌体	60～80
4	烧结普通砖平拱式过梁 空斗墙、筒拱 普通混凝土小型空心砌块砌体 加气混凝土砌块砌体	50～70
5	石砌体	30～50

砂浆拌成后和使用时，均应盛入贮灰器中。如砂浆出现泌水现象，应在砌筑前再次搅拌均匀。

砂浆应随拌随用，水泥砂浆和水泥混合砂浆必须在拌成后 3 h 和 4 h 内使用完毕，如当施工期间最高气温超过 30 ℃时，必须在拌成后 2 h 和 3 h 内使用完毕。对掺用缓凝剂的砂浆，其使用时间可根据具体情况延长。

三、砌筑砂浆质量验收

砂浆强度等级分为 M20、M15、M10、M7.5、M5 和 M2.5 六个等级。

砌筑砂浆试块强度验收时其强度合格标准必须符合以下规定：

同一验收批砂浆试块抗压强度平均值必须大于或等于设计强度等级所对应的立方体抗压强度；同一验收批砂浆试块抗压强度的最小一组平均值必须大于或等于设计强度所对应的立方体抗压强度的 0.75。

抽检数量:每一检验批且不超过 250 m³ 砌体的各种类型及强度等级的砌筑砂浆,每台搅拌机应至少抽检一次。

检验方法:在砂浆搅拌机出料口随机取样制作砂浆试块(同盘砂浆只应制作一组六块 70.7 mm 立方体试块),最后检查试块强度试验报告单的代表值。

当施工中或验收时出现下列情况,应该采用现场检验方法对砂浆和砌体强度进行原位检测或取样检测,并判定其砂浆强度:

①砂浆试块缺乏代表性或试块数量不足。

②对砂浆试块的试验结果有怀疑或有争议。

③砂浆试块的试验结果,不能满足设计规定的要求。

知识模块 2　砖砌体施工

目前砖砌体常用的块体材料有烧结普通砖、烧结多孔砖、蒸压灰砂砖、蒸压粉煤灰砖等。

一、施工准备工作

1. 材料准备

(1)砖的准备

①砖的品种、强度等级必须符合设计要求,规格一致。

②用于清水墙、柱表面的砖,应边角整齐、色泽均匀。

③常温下,砖在砌筑前应提前 1~2 d 浇水湿润,烧结普通砖、多孔砖含水率宜为 10%~15%,现场以其断面四周吸水深度达到 10~20 mm 为宜。

(2)砂浆准备

做好拌制砂浆的材料准备及砂浆的拌制。施工中如用水泥砂浆代替水泥混合砂浆时应根据现行国家标准《砌体结构设计规范》(GB 50003—2011)的有关规定,考虑砌体强度降低的影响,重新确定砂浆强度等级,并以此重新设计配合比。

2. 施工机具准备

组织好水平和垂直运输机械、砂浆搅拌机械进场、安装及测试工作,并准备好脚手架、砌筑工具等。

二、砖砌体的组砌形式

砖砌体的组砌要求上下错缝,内外搭接,以保证砌体的整体性;同时组砌要有规律,少砍砖,以提高砌筑效率,节约材料。

1. 砖墙的组砌形式

(1)一顺一丁

一顺一丁砌法是一皮中全部顺砖与一皮中全部丁砖相互间隔砌成,上下皮间的竖缝相互错开 1/4 砖长,如图 3-1(a)所示。这种砌法效率较高,但当砖的规格不一致时,竖缝难以整齐。

(2)三顺一丁

三顺一丁砌法是三皮中全部顺砖与一皮中全部丁砖间隔砌成。上下皮顺砖间竖缝错开 1/2 砖长;上下皮顺砖与丁砖间竖缝错开 1/4 砖长,如图 3-1(b)所示。这种砌筑方法,由于顺砖较多,砌筑效率较高,适用于一砖和一砖以上的墙厚。

(3)梅花丁

梅花丁又称沙包式、十字式。梅花丁砌砖法是每皮中丁砖与顺砖相隔,上皮丁砖坐中于下皮顺砖,上下皮间竖缝相互错开 1/4 砖长,如图 3-1(c)所示。这种砌法内外,竖缝每皮都能错开,故整体性较好,灰缝整齐,比较美观,但砌筑效率较低。砌筑清水墙或当砖规格不一致时,采用这种砌法较好。

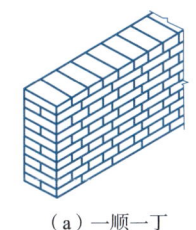
(a) 一顺一丁

(b) 三顺一丁

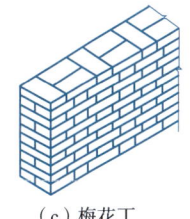
(c) 梅花丁

图 3-1 砖墙组砌形式

为了使砖墙的转角处各皮间竖缝相互错开,必须在外角处砌七分头砖(即 3/4 砖长)。当采用一顺一丁组砌时,七分头的顺面方向依次砌顺砖,丁面方向依次砌丁砖,如图 3-2(a)所示。

砖墙的丁字接头处,应分开相互砌通,内角相交处竖缝应错开 1/4 砖长,并在横墙端头处加砌七分头砖,如图 3-2(b)所示。

砖墙的十字接头处,应分皮相互砌通,交角处的竖缝相互错开 1/4 砖长,如图 3-2(c)所示。

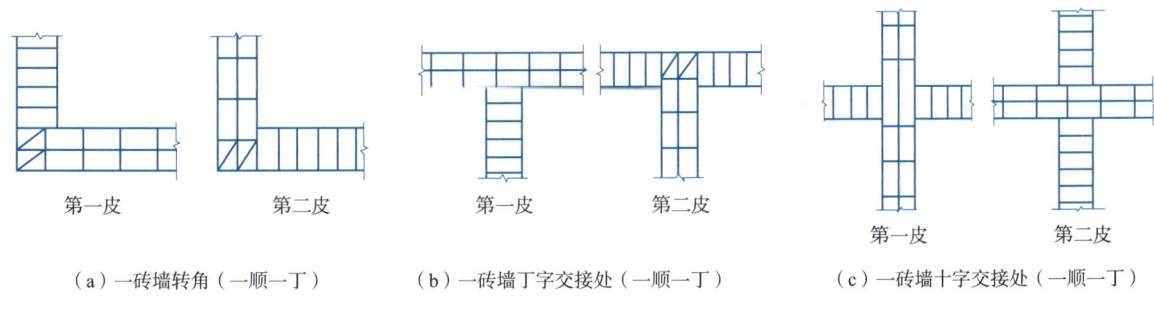

图 3-2 砖墙交接处组砌

2. 砖基础组砌形式

砖基础有带形和独立基础,基础下部扩大部分称为大放脚。大放脚有等高式和不等高式两种,如图 3-3 所示。等高式大放脚是两皮一收,两边各收进 1/4 砖长;不等高式大放脚是两皮一收与一皮一收相间隔,两边各收进 1/4 砖长。大放脚的底宽应根据计算而定,各层大放脚的宽度应为半砖长的整数倍。大放脚一般采用一顺一丁砌法。竖缝要错开,要注意十字及丁字接头处砖块的搭接,在这些交接处,纵横墙要隔皮砌通。大放脚的最下一皮及每层的最上面一皮应以丁砌为主。

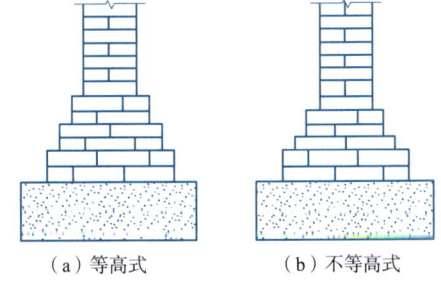

图 3-3 基础大放脚形式

3. 砖柱组砌形式

砖柱组砌,应使柱面上下皮的竖缝相互错开 1/2 砖长或 1/4 砖长,在柱心无通天缝,少砍砖,并尽量利用二分头砖(即 1/4 砖),严禁用包心组砌法,如图 3-4 所示。

4. 多孔砖与空心砖墙组砌形式

规格 190 mm × 190 mm × 90 mm 的承重多孔砖一般是整砖顺砌,上下皮竖缝相互错开 1/2 砖长(100 mm)。如有半砖规格的,也可采用每皮中整砖与半砖相隔的梅花丁砌筑形式,如图 3-5 所示。

规格为 240 mm × 115 mm × 90 mm 的承重多孔砖一般采用一顺一丁或梅花丁砌筑形式,如图 3-6 所示。

规格为 240 mm × 180 mm × 115 mm 的承重多孔砖一般采用全顺或全丁砌筑形式。

非承重空心砖一般是侧砖的,上下皮竖缝相互错开 1/2 砖长,如图 3-7 所示。

多孔砖墙的转角及丁字交接处应加砌半砖,使灰缝错开。转角处半砖砌在外角上,丁字交接处半砖砌在横墙端头,如图 3-8 所示。

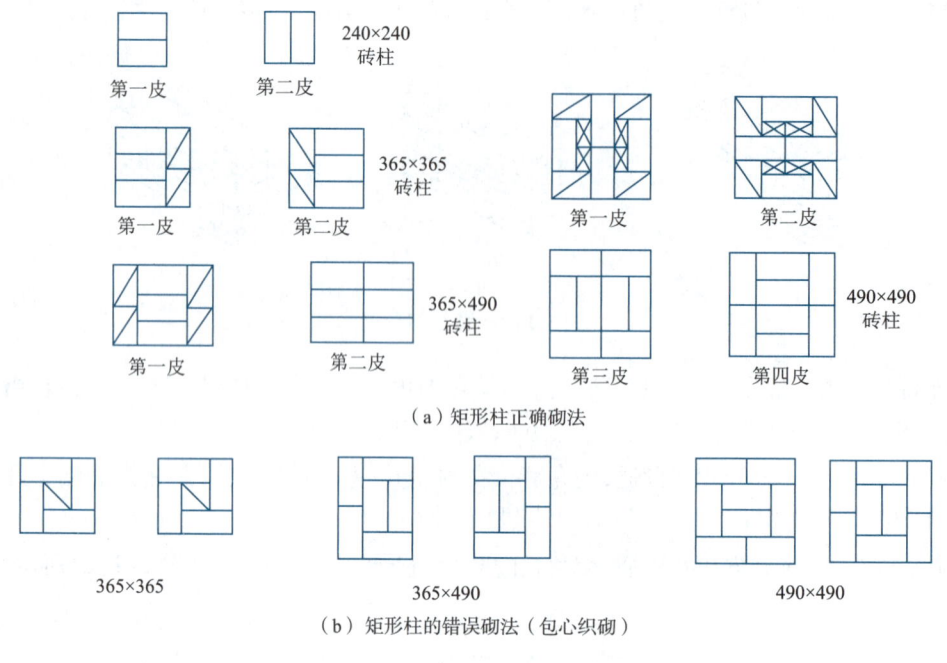

图 3-4 砖柱组砌（单位：mm）

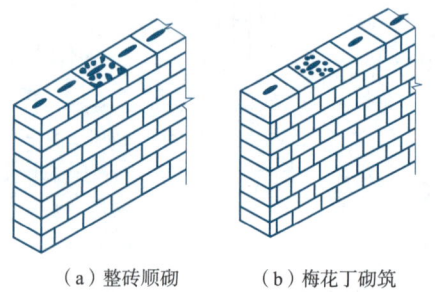

图 3-5 190 mm × 190 mm × 90 mm 多孔砖砌筑形式

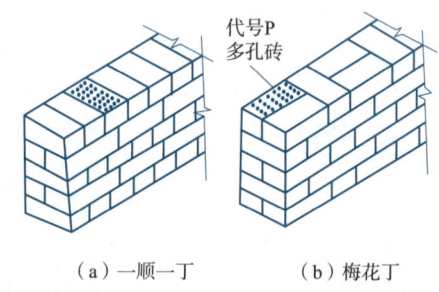

图 3-6 240 mm × 115 mm × 90 mm 多孔砖砌筑形式

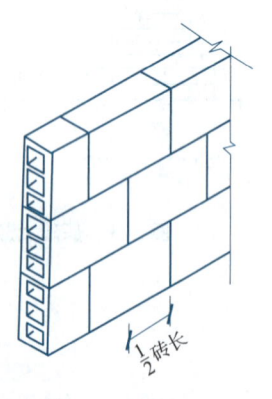

图 3-7 空心砖墙砌筑形式

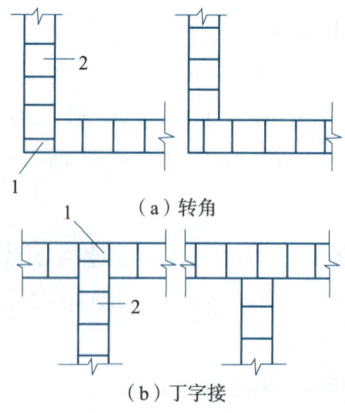

图 3-8 多孔砖墙转角及丁字交接

5. 砖平拱过梁组砌

砖平拱过梁用普通砖侧砌，其高度有 240 mm、300 mm 和 370 mm，厚度等于墙厚。砌筑时，在拱脚两边的墙端应砌成斜面，斜面的斜度为 1/4 ~ 1/6。侧砌砖的块数要求为单数。灰缝成楔形缝。过梁底的灰缝宽度不应小于 5 mm，过梁顶面的灰缝宽度不应大于 15 mm，拱脚下面应伸入墙内 20 ~ 30 mm，如图 3-9 所示。

三、砖砌体砌筑

1. 砖基础砌筑

砌筑前,应将基层表面的浮土及垃圾清除干净,并对垫层表面进行抄平,表面如有局部不平,高差超过 30 mm 处应用 C15 以上的细石混凝土找平后才可砌筑,不得使用砂浆找平。基础施工前,应在主要轴线部位设置引桩,以控制基础、墙身的轴线位置,并从中引出墙身轴线,然后向两边放出大放脚的底边线。在地基转角、交接及高低踏步处预先立好基础皮数杆,在基础皮数杆上应标注

图 3-9 平拱式过梁

底层室内地面、防潮层、大放脚、洞口、管道、沟槽和预埋件等竖向标高位置。砌筑时,可依皮数杆先在转角及交接处砌几皮砖,然后在其间拉准线砌中间部分。内外墙砖基础应同时砌起,如不能同时砌筑时应留置斜槎,斜槎长度不应小于斜槎高度。基础底标高不同时,应从低处砌起,并由高处向低处搭接。如设计无要求,搭接长度不应小于大放脚的高度。大放脚部分一般采用一顺一丁砌筑形式。水平灰缝及竖向灰缝的宽度应控制在 10 mm 左右,水平灰缝的砂浆饱满度不得小于 80%,竖缝要错开。要注意丁字及十字接头处砖块的搭接,在这些交接处,纵横墙要隔皮砌通。大放脚的最下一皮及每层的最上一皮应以丁砌为主。基础砌完验收合格后,应及时回填。回填土要在基础两侧同时进行,并分层夯实。

2. 砖墙砌筑

(1)砖墙的砌筑工艺

砖墙的砌筑工艺一般包括抄平、放线、摆砖、立皮数杆、盘角挂线、砌筑、楼层标高控制等。

①抄平放线。砌筑前在基础顶面或楼面上确定标高并用 M7.5 水泥砂浆或 C10 细石混凝土找平,使首层砖墙及各层砖墙底部标高符合设计要求。

根据龙门板上给定的轴线及图纸上标注的墙体尺寸,在基础顶面放出墙身轴线、边线及门窗洞口等位置线。二楼以上墙体的轴线可以用经纬仪或锤球由外墙基处标志的轴线上引。

②摆砖(摆底)。摆砖是在放线的基面上按选定的组砌形式用干砖试摆,砖与砖之间留出 10 mm 宽竖向灰缝。摆砖的目的是使门窗洞口、附墙垛等处符合砖的模数,以尽可能减少砍砖,并使砌体灰缝均匀、组砌得当。

③立皮数杆。为了控制砌体的标高,应用方木事先制作皮数杆。在墙身皮数杆上应标注楼面、门窗洞口、过梁、圈梁、楼板、梁及梁垫等竖向标高位置。

砌墙时,应在砖墙的转角处及交接处立起皮数杆(见图 3-10)。皮数杆间距不超过 15 m。立皮数杆时,用水准仪控制使皮数杆上标高线与相应的设计标高相吻合。

④盘角挂线。砌体角部是确定砌体横平竖直的主要依据,所以砌筑时应根据皮数杆先在转角及纵横墙体交接处砌几皮砖,并保证其垂直平整,称为盘角。再在每个皮数杆处先砌起一定高度的砖跺,称为砌跺。

在各砖跺间拉准线,依准线逐皮砌筑中间部分砌体。一砖半厚以下的砌体挂单面挂线。一砖半厚及其以上的砌体要双面挂线。

⑤砌筑。砌筑宜采用"三一"砌筑法,即一铲灰、一块砖、一挤揉并随手将挤出的砂浆刮去的砌筑方法。如采用铺浆法砌筑,即先铺一定长度的灰浆,然后再码若干块砖时,一般铺浆长度不得超过 750 mm,施工期间气温超过 30 ℃时,铺浆长度不得超过 500 mm。

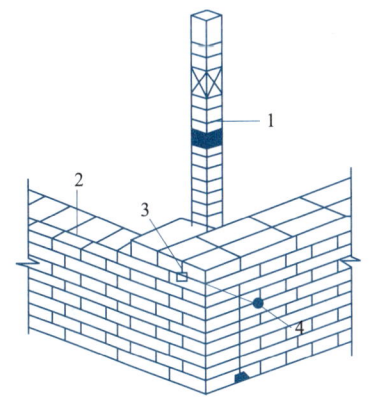

1—皮数杆;2—准线;3—竹片;4—圆钉
图 3-10 皮数杆

⑥楼层轴线的引测及各层标高的控制。各层墙体的轴线应重合,引测的轴线位移应在允许范围内。

各层标高除用皮数杆控制外,还可在墙体内侧弹出高于楼面设计标高 500 mm 的水平线来控制标高。

(2)砖墙砌筑的技术要求

①全部砖墙平行砌起,各砖层保持水平,用皮数杆控制各砖层位置。基础和每个楼层砌筑完成后必须校对墙体顶面的水平度、轴线和标高,并应控制在允许偏差范围内,其偏差值应在基础或楼板顶面调整。

②砖墙的水平灰缝厚度和竖缝宽度一般为 10 mm,不应小于 8 mm,也不应大于 12 mm。水平灰缝的砂浆饱满度应不低于 80%,用百格网检查。竖向灰缝不得出现透明缝、瞎缝和假缝,竖向灰缝宜用挤浆或加浆方法,使其砂浆饱满,严禁用水冲浆灌缝。

③砖墙的转角处和交接处应同时砌筑,严禁无可靠措施的内外墙分砌施工。对不能同时砌筑处应砌成斜槎,如图 3-11 所示,斜槎长度不应小于高度的 2/3。非抗震设防及抗震设防烈度为 6 度、7 度地区的临时间断处,当不能留斜槎时,除转角处外,可留直槎,如图 3-12 所示,但直槎必须砌成阳槎,并加设拉结钢筋,拉结钢筋的数量为每 120 mm 墙厚设置一根直径 6 mm 的拉结钢筋(但 120 mm 和 240 mm 厚墙均放置 2A6 拉结钢筋);间距沿墙高不得超过 500 mm;埋入长度从墙的留槎处算起每边均不应小于 500 mm,对抗震设防烈度为 6 度、7 度的地区,拉结钢筋埋入长度从墙的留槎处算起不应小于 1 000 mm;末端应有 90°弯钩。

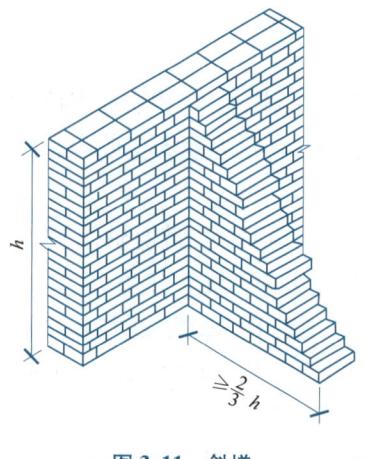 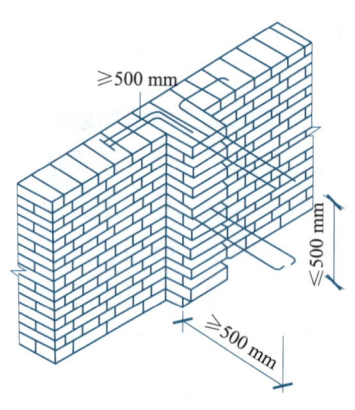

图 3-11　斜槎　　　　　　　　　图 3-12　直槎

如隔墙与墙或柱不同时砌筑而又不能留成斜槎时,可从墙或柱中引出阳槎,或在墙或柱的水平灰缝中预埋拉结钢筋,其构造与上述相同,但每道不得少于 2 根。抗震设防地区建筑物的隔墙,除应留阳槎外,沿墙高每 500 mm 配置 2A6 钢筋与承重墙或柱拉结,伸入每边墙内的长度不应小于 500 mm。砖砌体接槎时,必须将接槎处的表面清理干净,浇水湿润;并应填实砂浆,保持灰缝平直。

④宽度小于 1 m 的窗间墙,应选用整砖砌筑,半砖和破损的砖应分散使用于墙心或受力较小部位。

⑤不得在下列墙体或部位中留设脚手眼:

a. 空斗墙、半砖墙和砖柱;

b. 砖过梁上与过梁成 60°的三角形范围内;

c. 宽度小于 1 m 的窗间墙;

d. 梁或梁垫下及其左右各 500 mm 的范围内;

e. 砖砌体的门窗洞口两侧 180 mm 和转角处 430 mm 的范围内。

如砖砌体的脚手眼不大于 80 mm×140 mm,可不受上述 c、d、e 规定的限制。

⑥施工时需在砖墙中留置的临时洞口,其侧边离交接处的墙面不应小于 500 mm;洞口顶部宜设置过梁。抗震烈度为 9 度的建筑物,临时洞口的留置应与设计单位研究决定。

⑦每层承重墙的最上一皮砖、梁或梁垫下面的砖,应用丁砖砌筑;隔墙与填充墙的顶面与上层结构的接触处,宜用侧砖或立砖斜砌挤紧。

⑧设有钢筋混凝土构造柱的抗震多层砖混房屋,应先绑扎钢筋,而后砌筑砖墙,最后支设模板浇筑混凝土。

⑨砖墙每天砌筑高度以不超过 1.8 m 为宜,雨天施工时,每天砌筑高度不宜超过 1.2 m。

⑩砖砌体相邻工作段的高度差,不得超过一个楼层的高度,且不宜大于 4 m。工作段的分段位置宜设在伸缩缝、沉降缝、防震缝或门窗洞口处。砌体临时间断处的高度差不得超过一步脚手架的高度。

⑪尚未安装楼板或屋面的墙和柱,当可能遇大风时,其允许自由高度见表3-2。如超过表3-2所列限值,必须采用临时支撑等有效措施,以保证墙和柱在施工中的稳定性。

表 3-2 墙和柱的允许自由高度

墙(柱)厚/mm	墙和柱的允许自由高度/m					
	砌体密度 >1 600 kg/m³ (石墙、实心砖墙)			砌体密度 =1 300~1 600 kg/m³ (空心砖墙、空斗墙)		
	风载/(kN/m²)			风载/(kN/m²)		
	0.3(大致相当于7级风)	0.4(大致相当于8级风)	0.6(大致相当于9级风)	0.3(大致相当于7级风)	0.4(大致相当于8级风)	0.6(大致相当于9级风)
190	—	—	—	1.4	1.1	0.7
240	2.8	2.1	1.4	2.2	1.7	1.1
370	5.2	3.9	2.6	4.2	3.2	2.1
490	8.6	6.5	4.3	7.0	5.2	3.5
620	14.0	10.5	7.0	11.4	8.6	5.7

注:1. 本表适用于施工处标高(H)在 10 m 范围内的情况。如 10 m< H <15 m,15 m< H <20 m 和 H >20 m 时,表内的允许自由高度值应分别乘以 0.9、0.8 和 0.75 的系数。

2. 当所砌筑的墙,有横墙或其他结构与其连接,而且间距小于表列限值的 2 倍时,砌筑高度可不受本表规定的限制。

3. 多孔砖和空心砖墙砌筑

多孔砖和空心砖墙砌筑前应试摆,在不够整砖处,如无半砖规格,可用普通黏土砖补砌。承重空心砖的孔洞应呈垂直方向砌筑,且长圆孔应顺墙方向。非承重空心砖的孔洞应呈水平方向砌筑。非承重空心砖墙,其底部应至少砌 3 皮实心砖,在门洞两侧 1 砖长范围内,也应用实心砖砌筑。半砖厚的空心砖隔墙,如墙较高,应在墙的水平灰缝中加设 2φ8 钢筋或每隔一定高度砌几皮实心砖带。多孔砖和空心砖的砌筑技术要求和普通黏土砖基本相同。

4. 砖过梁砌筑

砖平拱过梁应用 MU7.5 以上的砖,不低于 M5 砂浆砌筑。砌筑时,过梁底处支设模板,模板中部应有 1% 的起拱,过梁底部的模板在灰缝砂浆强度达到设计强度标准值的 50% 以上时,方可拆除。砌筑时,应从两边往中间砌筑。钢筋砖过梁其底部配置 3A6~8 钢筋,两端伸入墙内不应少于 240 mm,并有 90° 弯钩埋入墙的竖缝内,在过梁的作用范围内(不少于 6 皮砖高度或过梁跨度的 1/4 高度范围内),应用 M5 砂浆砌筑。砌筑时,在过梁底处支设模板,模板上铺设 30 mm 厚 1:3 水泥砂浆层,将钢筋置于砂浆层中,均匀摆开,砖过梁接着逐层平砌砖层,最下一皮应丁砌,如图 3-13 所示。

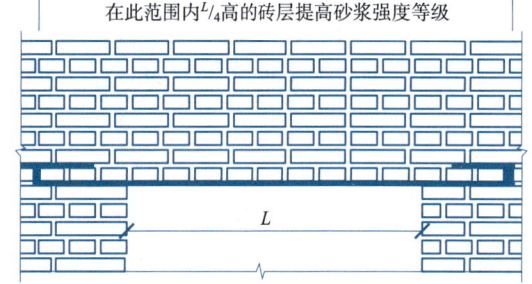

图 3-13 钢筋砖过梁

四、砖砌体的质量要求

砖砌体总的质量要求是:横平竖直,砂浆饱满,上下错缝,内外搭接。

任意一组砂浆试块的强度不得低于设计强度的75%。

砖砌体的一般尺寸允许偏差应符合表3-3的规定。

表3-3 砖砌体的一般尺寸允许偏差

序号	项 目		允许偏差/mm	检验方法	抽检数量
1	基础顶面和楼面标高		±15	用水平仪和尺检查	不应少于5处
2	表面平整度	清水墙、柱	5	用2 m靠尺和楔形塞尺检查	有代表性自然间10%,但不应少于3间,每间不应少于2处
		混水墙、柱	8		
3	门窗洞口高、宽(后塞口)		±5	用尺检查	检验批洞口的10%,且不应少于5处
4	外墙上下窗口偏移		20	以底层窗口为准,用经纬仪或吊线检查	检验批的10%,且不应少于5处
5	水平灰缝平直度	清水墙	7	拉10 m线和尺检查	有代表性自然间10%,但不应少于3间,每间不应少于2处
		混水墙	10		
6	清水墙游丁走缝		20	吊线和尺检查,以每层第一皮砖为准	有代表性自然间10%,但不应少于3间,每间不应少于2处

砖砌体的位置和垂直度的允许偏差应符合表3-4的规定。

表3-4 砖砌体的位置和垂直度的允许偏差

序号	项 目		允许偏差/mm	检验方法
1	轴线位移		10	用经纬仪复查或检查施工测量记录
2	垂直度	每 层	5	用2 m托线板检查
		全高 ≤10 m	10	用经纬仪或吊线和尺检查
		>10 m	20	

知识模块3　砌块砌体施工

一、砌块砌体概述

1. 小型砌块的种类

小型砌块有混凝土空心砌块、加气混凝土砌块、粉煤灰砌块和各种轻骨料混凝土砌块。

2. 小型砌块的规格

小型砌块以混凝土空心砌块为主,它有竖向方孔,主规格尺寸390 mm×190 mm×190 mm(见图3-14),还有一些辅助规格的砌块以配合使用。混凝土空心砌块按力学性能分为 MU3.5、MU5、MU7.5、MU10、MU15 五个强度等级。

加气混凝土砌块 A 系列尺寸为 600 mm×75(100、125、150)mm×200(250、300)mm;B 系列尺寸 600 mm×60(120、180、240)mm×240(300)mm,分为 MU1、MU2.5、MU5、MU7.5、MU10 五个强度等级。

粉煤灰砌块主规格尺寸为 880 mm×240 mm×380 mm、880 mm×240 mm×430 mm 两种,分为 MU10 和 MU15 两个强度等级。

轻骨料混凝土砌块常用品种有煤矸石混凝土空心砌块、煤渣混凝土空心砌块、浮石混凝土空心砌块及各种陶粒混凝土空心砌块等,它们的规格不一,以主规格尺寸为 390 mm×190 mm×190 mm 的居多;其强度等级也各不相同,最高的可达 MU10,最低的为 MU2.5。

3. 砌块砌体的优点

节省砌筑砂浆、提高砌筑效率、大量节约黏土、处理了工业废渣、砌块砌体强度高而且体积和质量均不大、施工操作方便。

二、混凝土空心砌块墙组砌形式

1. 砌体立面砌筑形式

混凝土空心砌块砌体的厚度等于混凝土空心砌块的宽度。其立面砌筑形式只有全顺一种,即各皮砌块均为顺砌,上下皮竖缝相互错开1/2砌块长,上下皮砌块空洞相互对准(见图3-14)。

2. 砌体转角处的组砌

应隔皮纵、横墙砌块相互搭砌,即隔皮纵、横墙砌块端面露头(见图3-15)。

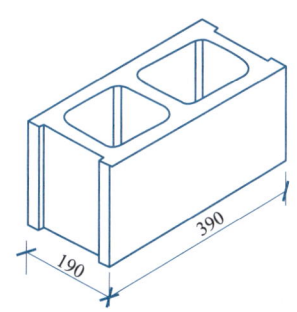

图3-14 混凝土空心砌块(单位:mm)

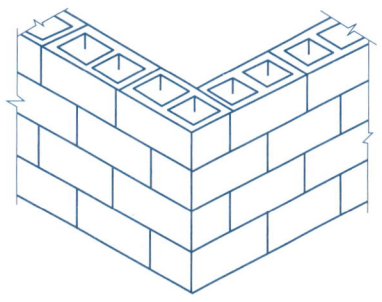

图3-15 空心砌块墙转角砌法

3. 砌体T字交接处的组砌

(1)组砌原则

应隔皮使横墙砌块端面露头。

(2)组砌做法

①当该处无芯柱时,应在纵墙上砌两块一孔半的辅助规格砌块,隔皮砌在横墙露头砌块下,其半孔应位于中间(见图3-16)。

②当该处有芯柱时,应在纵墙上且与横墙交接处砌一块三孔的大规格砌块,砌块的中间孔正对横墙露头砌块靠外的孔洞(见图3-17)。

③在T字交接处,纵墙如用主规格砌块,则会造成纵墙墙面上有连续三皮通缝,这是不允许的。

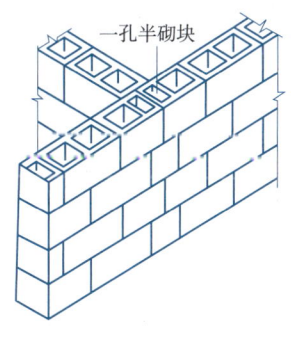

图3-16 T字交接处砌法(无芯柱)

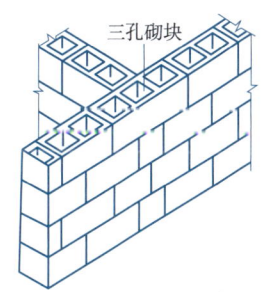

图3-17 T字交接处砌法(有芯柱)

4. 砌体十字交接处的组砌

①无芯柱时,在交接处应砌一块一孔半长的砌块,隔皮相互垂直相交,半孔应在十字的中间位置。

②有芯柱时,在交接处应砌一块三孔长的砌块,隔皮相互垂直相交,中间孔相互对齐。

③在十字交接处用主规格砌块砌筑,则会使纵横墙交接面出现连续三皮通缝,这是不允许的。

④砌块无法对孔砌筑时,允许错孔砌筑。对搭接长度有限制时,其搭接长度不应小于90 mm。对搭接长度没有限制时,应在砌块的水平灰缝中设置拉结钢筋或钢筋网片。拉结钢筋可用2φ6钢筋,钢筋网片可用直径4 mm的钢筋焊接而成,加筋的长度不应小于700 mm(见图3-18)。但竖向通缝仍不许超过两皮砌块。

三、混凝土空心砌块墙砌筑

1. 砌筑前的准备

（1）立皮数杆

砌块砌筑前,应根据砌块高度和灰缝厚度计算皮数,制作皮数杆,并将其竖立于墙的转角和交接处。皮数杆间距宜小于15 m。

（2）质量检查与清理

砌块使用前应检查其生产龄期,生产龄期不应小于28 d,使其能在砌筑前完成大部分收缩值。还应剔除外观质量不合格的砌块,承重墙体严禁使用断裂砌块或壁肋中有竖向裂缝的砌块。清除砌块表面的污物,芯柱部位所用砌块,其孔洞底部的毛边也应去掉,以免影响芯柱混凝土的浇筑。

（3）控制砌块的含水率

为控制砌块砌筑时的含水率,砌块一般不宜浇水;当天气炎热且干燥时,可提前喷水湿润;严禁雨天施工;砌块表面有浮水时,亦不得施工。为此砌块堆放时应做好防雨和排水处理。

2. 砂浆配制

为使砌筑砌块时,砂浆易于充满灰缝,尤其是填满竖缝,砂浆应具有良好的和易性。因此,防潮层以上的砌块砌体,应采用水泥混合砂浆或专用砂浆砌筑,并宜采取改善砂浆性能的措施,如掺加粉煤灰掺和料及减水剂、保塑剂等外加剂。

3. 砌筑要点

①应按照前述砌筑形式对孔错缝搭砌。

②操作中必须遵守"反砌"原则,即应使每皮砌块底面朝上砌筑,以便于铺筑砂浆并使其饱满。

③水平灰缝应平直,按净面积计算的砂浆饱满度不应低于90%。

④竖向灰缝应采用加浆方法,使其砂浆饱满,严禁用水冲浆灌缝。不得出现瞎缝、透明缝。竖缝的砂浆饱满度不宜低于80%。

⑤水平灰缝厚度和竖向灰缝宽度一般为10 mm,不应小于8 mm,也不应大于12 mm。

⑥砌筑时的一次铺灰长度不宜超过主规格块体的长度。

⑦常温条件下,空心砌块墙的每天砌筑高度,宜控制在1.5 m或一步脚手架高度内,以保稳定性。

⑧墙体留槎。

空心砌块墙的转角处和纵横墙交接处应同时砌起,不留槎。墙体临时间断处应砌成斜槎,斜槎的长度应等于或大于斜槎高度（见图3-18）。在非抗震设防地区,除外墙转角处,墙体临时间断处可从墙面伸出200 mm砌成直槎,并应沿墙高每隔600 mm设2φ6拉结筋或钢筋网片;拉结筋或钢筋网片须准确埋入灰缝或芯柱内;埋入长度从留槎处算起,每边均不应小于600 mm,钢筋外露部分不得任意弯曲（见图3-19）。如砌块墙作为后砌隔墙或填充墙时,沿墙高每隔600 mm应与承重墙或柱内预留的2φ6钢筋网片拉结,拉结钢筋伸入砌块墙内的长度不应小于600 mm。

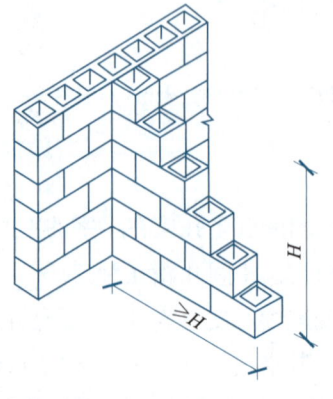

图3-18 空心砌块墙斜槎

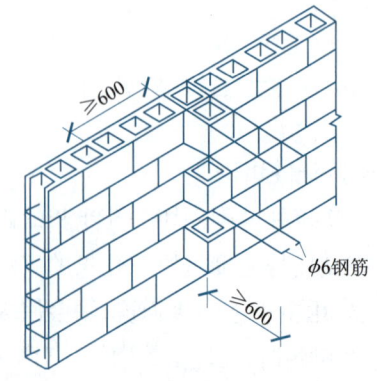

图3-19 空心砌块墙直槎（单位:mm）

⑨孔洞与填实。

a. 预留洞和预埋件的设置。对设计规定的洞口、管道、沟槽和预埋件,应在砌筑墙体时预留和预埋,不得随意打凿已砌好的墙体。

b. 脚手眼的设置。需要在墙上留脚手眼时,可用辅助规格的单孔砌块侧砌,利用其孔洞作为脚手眼;墙体完工后用强度等级不低于 Cl5 的混凝土填实。

c. 承载砌块的处理原则。在砌块墙的地下或某些直接承载部位,应采用强度等级不低于 C15 的混凝土灌实砌块的空洞后再砌筑。

d. 承载砌块的处理方法与要求:

● 底层室内地面以下或防潮层以下的全部外墙砌块砌体应用强度等级不低于 C15 灌实砌块空洞后再行砌筑;

● 无圈梁的楼板支承面下的一皮砌块应用强度等级不低于 C15 灌实砌块空洞后再行砌筑;

● 未设置混凝土垫块的次梁支承处,灌实宽度不应小于 600 mm,高度不应小于一皮砌块应用强度等级不低于 C15 灌实砌块空洞后再行砌筑;

● 悬挑长度不小于 1.2 m 的挑梁支承部位的内外墙交接处,纵横各灌实三个孔洞,高度不小于三皮砌块应用强度等级不低于 C15 灌实砌块空洞后再行砌筑。

知识模块 4　钢筋混凝土构造柱、芯柱的施工

一、钢筋混凝土构造柱的施工

1. 构造柱的主要构造措施

构造柱的截面尺寸一般为 240 mm × 180 mm 或 240 mm × 240 mm;竖向受力钢筋常采用 4 根直径为 12 mm 的 I 级钢筋;箍筋直径采用 6 mm,其间距不大于 250 mm,且在柱上下端适当加密。

砖墙与构造柱应沿墙高每隔 500 mm 设置 $2\phi 6$ 的水平拉结钢筋,两边伸入墙内不宜小于 1 m;若外墙为一砖半墙,则水平拉结钢筋应用 3 根(见图 3-20 和图 3-21)。

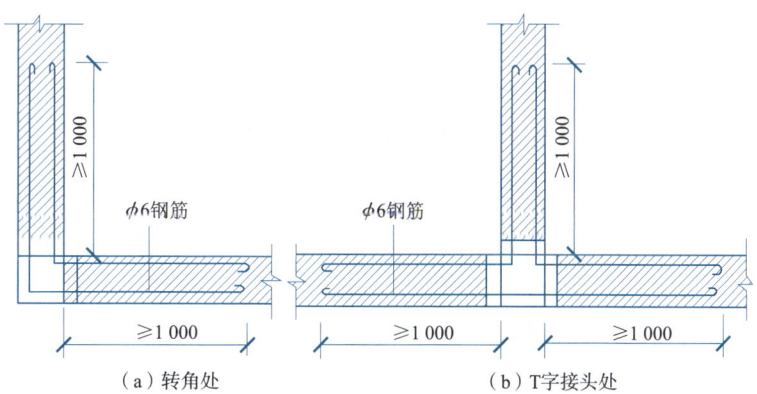

图 3-20　一砖墙转角处及交接处构造柱水平拉结钢筋布置(单位:mm)

砖墙与构造柱相接处,砖墙应砌成马牙槎,从每层柱脚开始,先退后进;每个马牙槎沿高度方向的尺寸不宜超过 300 mm(或 5 皮砖高);每个马牙槎退进应不小于 60 mm(见图 3-22)。

构造柱必须与圈梁连接。其根部可与基础圈梁连接,无基础圈梁时,可增设厚度不小 120 mm 的混凝土底脚,深度从室外地平以下不应小于 500 mm。

2. 钢筋混凝土构造柱施工要点

①构造柱的施工顺序为:绑扎钢筋、砌砖墙、支模板、浇筑混凝土。必须在该层构造柱混凝土浇筑完毕后,才能进行上一层的施工。

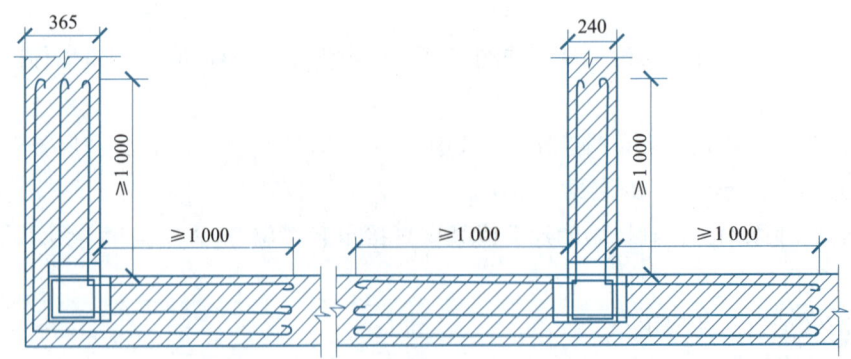

图 3-21 一砖半墙转角处及交接处构造柱水平拉结钢筋的布置(单位:mm)

②构造柱的竖向受力钢筋伸入基础圈梁或混凝土底脚内的锚固长度,以及绑扎搭接长度,均不应小于 35 倍钢筋直径。接头区段内的箍筋间距不应大于 200 mm。钢筋混凝土保护层厚度一般为 20 mm。

③砌砖墙时,每楼层马牙槎应先退后进,以保证构造柱脚为大断面。当马牙槎齿深为 120 mm 时,其上口可采用第一皮先进 60 mm,往上再进 120 mm 的方法,以保证浇筑混凝土时上角密实。

④构造柱的模板,必须与所在砖墙面严密贴紧,以防漏浆。在浇筑混凝土前,应将砖墙和模板浇水湿润,并将模板内的砂浆残块、砖渣等杂物清理干净。

⑤浇筑构造柱的混凝土坍落度一般以 50~70 mm 为宜。浇筑时宜采用插入式振动器,分层捣实,但振捣棒应避免直接触碰钢筋和砖墙,严禁通过砖墙传振,以免砖墙变形和灰缝开裂。

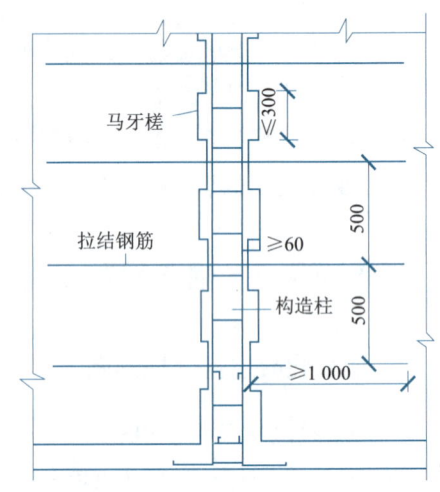

图 3-22 砖墙的马牙槎布置(单位:mm)

二、钢筋混凝土芯柱施工

1. 芯柱的主要构造措施

钢筋混凝土芯柱是按设计要求设置在小型混凝土空心砌块墙的转角处和交接处,在这些部位的砌块孔洞中插入钢筋,并浇筑混凝土而形成。

芯柱所用插筋不应少于 1 根直径为 12 mm 的 I 级钢筋,所用混凝土强度不应低于 C15。芯柱的插筋和混凝土应贯通整个墙身和各层楼板,并与圈梁连接,其底部应伸入室外地坪以下 500 mm 或锚入基础圈梁内。上下楼层的插筋可在楼板面上搭接,搭接长度不小于 40 倍插筋直径。

芯柱与墙体连接处,应设置拉结钢筋网片,网片可用直径 4 mm 的钢筋焊成,每边伸入墙内不宜小于 1 m,沿墙高每隔 600 mm 一道(见图 3-23)。

对于非抗震设防地区的混凝土空心砌块房屋,芯柱中的插筋直径不应小于 10 mm,与墙体连接的钢筋网片,每边伸入墙内不小于 600 mm。其余构造与前述相似。

2. 钢筋混凝土芯柱施工要点

①在芯柱部位,每层楼的第一皮砌块,应采用开口小

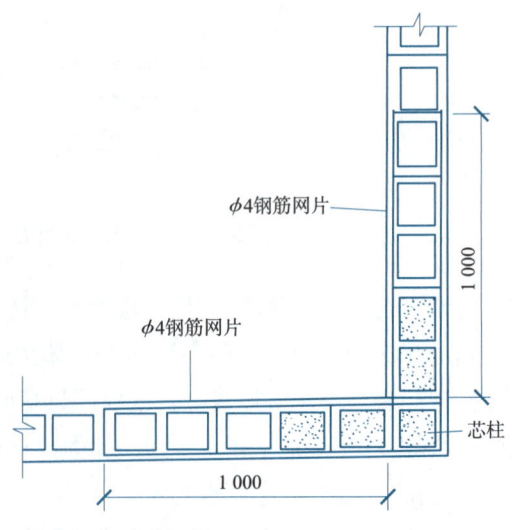

图 3-23 芯柱拉结钢筋网片设置(单位:mm)

砌块或 U 形小砌块,以形成清理口。

②浇筑混凝土前,从清理口掏出砌块孔洞内的杂物,并用水冲洗孔洞内壁,将积水排出,用混凝土预制块封闭清理口。

③芯柱混凝土应在砌完一个楼层高度后连续浇筑,并宜与圈梁同时浇筑,或在圈梁下留置施工缝。而且应在砌筑砂浆的强度达到大于 1 MPa 后,方可浇灌芯柱混凝土。

④为保证芯柱混凝土密实,混凝土内宜掺入增加流动性的外加剂,其坍落度不应小于 70 mm,振捣混凝土宜用软轴插入式振动器,分层捣实。

⑤应事先计算每个芯柱的混凝土用量,按计算混凝土用量浇灌混凝土。

自 测 训 练

1. 砌筑砂浆的主要材料有( )、( )、( )、( )、( )等。
2. 砂浆强度等级分为( )、( )、( )、( )、( )和( )六个等级。
3. 砖墙的组砌形式一般有( )、( )、( )等。
4. 基础下部扩大部分称为大放脚。大放脚的组砌有( )和( )两种。
5. 砖墙的水平灰缝厚度和竖缝宽度一般为( )mm,不应小于( )mm,也不应大于( )mm。水平灰缝的砂浆饱满度应不低于( ),用( )检查。
6. 宽度小于( )m 的窗间墙,应选用整砖砌筑,半砖和破损的砖应分散使用于墙心或受力较小部位。
7. 施工时需在砖墙中留置的临时洞口,其侧边离交接处的墙面不应小于( )mm;洞口顶部宜设置( )。
8. 每层承重墙的最上一皮砖、梁或梁垫下面的砖,应用( )砖砌筑。
9. 设有钢筋混凝土构造柱的抗震多层砖混房屋,应先( ),而后( ),最后支设模板浇筑混凝土。
10. 砖墙每天砌筑高度以不超过( )m 为宜,雨天施工时,每天砌筑高度不宜超过( )m。

笔记栏

任务3 计 划 单

学习情境二	主体工程施工	任务3	砌筑工程施工
工作方式	组内讨论、团结协作共同制订计划:小组成员进行工作讨论,确定工作步骤	计划学时	
完成人			
计划依据			
序号	计划步骤		具体工作内容描述
1	准备工作 (准备编制施工方案的工程资料,谁去做)		
2	组织分工 (成立组织,人员具体都完成什么)		
3	选择砌筑工程施工方法 (谁负责、谁审核)		
4	确定砌筑工程施工工艺流程 (谁负责、谁审核)		
5	明确砌筑工程施工要点 (谁负责、谁审核)		
6	明确砌筑工程施工质量控制要点 (谁负责、谁审核)		
制订计划说明	(写出制订计划中人员为完成任务的主要建议或可以借鉴的建议、需要解释的某一方面)		

任务3 决 策 单

学习情境二		主体工程施工		任务3	砌筑工程施工
决策学时					
决策目的					
决策方案过程	工作内容	内容类别		必要	非必要（可说明原因）
		内容记录	性质描述		
决策方案描述					

任务3 作业单

学习情境二	主体工程施工		任务3	砌筑工程施工
参加人员	第　组 签名：		开始时间： 结束时间：	
序号	工作内容记录			分工 （负责人）
1				
2				
⋮				
小结	主要描述完成的成果			存在的问题

任务3 检查单

学习情境二		主体工程施工		任务3		砌筑工程施工	
检查学时						第 组	
检查目的及方式							
序号	检查项目	检查标准	检查结果分级（在检查相应的分级框内画"√"）				
			优秀	良好	中等	合格	不合格
1	准备工作	资源是否已查到，材料是否准备完整					
2	分工情况	安排是否合理、全面，分工是否明确					
3	工作态度	小组工作是否积极主动、全员参与					
4	纪律出勤	是否按时完成负责的工作内容，是否遵守工作纪律					
5	团队合作	是否相互协作、互相帮助，成员是否听从指挥					
6	创新意识	任务完成不照搬照抄，看问题具有独到见解、创新思维					
7	完成效率	工作单是否记录完整，是否按照计划完成任务					
8	完成质量	工作单填写是否准确，记录单检查及修改是否达标					
检查评语						教师签字：	

任务3 评 价 单

1. 小组工作评价单

学习情境二	主体工程施工		任务3	砌筑工程施工	
评价学时					
班级：			第 组		
考核情境	考核内容及要求	分值（100）	小组自评（10%）	小组互评（20%）	教师评价（70%）	实得分（Σ）

考核情境	考核内容及要求	分值（100）	小组自评（10%）	小组互评（20%）	教师评价（70%）	实得分（Σ）
汇报展示（20）	演讲资源利用	5				
	演讲表达和非语言技巧应用	5				
	团队成员补充配合程度	5				
	时间与完整性	5				
质量评价（40）	工作完整性	10				
	工作质量	5				
	报告完整性	25				
团队情感（25）	核心价值观	5				
	创新性	5				
	参与度	5				
	合作性	5				
	劳动态度	5				
安全文明（10）	工作过程中的安全保障情况	5				
	工具正确使用和保养、放置规范	5				
工作效率（5）	能够在要求的时间内完成，每超时5 min扣1分	5				

2. 小组成员素质评价单

课程		建筑施工技术		
学习情境二		主体工程施工	学时	40
任务3		砌筑工程施工	学时	8
班级		第 组	成员姓名	
评分说明	每个小组成员评价分为自评和成员互评两部分,取平均值计算,作为该小组成员的任务评价个人分数。评价项目共设计五个,依据评分标准给予合理量化打分。小组成员自评分后,要找小组其他成员不记名方式打分,成员互评分为其他小组成员的平均分			
对象	评分项目	评分标准		评分
自评 (100分)	核心价值观 (20分)	是否践行社会主义核心价值观		
	工作态度 (20分)	是否按时完成负责的工作内容、遵守纪律,是否积极主动参与小组工作,是否全过程参与,是否吃苦耐劳,是否具有工匠精神		
	交流沟通 (20分)	是否能良好地表达自己的观点,是否能倾听他人的观点		
	团队合作 (20分)	是否与小组成员合作完成,是否做到相互协助、相互帮助、听从指挥		
	创新意识 (20分)	看问题是否能独立思考、提出独到见解,是否能够创新思维解决遇到的问题		
成员互评 (100分)	核心价值观 (20分)	是否践行社会主义核心价值观		
	工作态度 (20分)	是否按时完成负责的工作内容、遵守纪律,是否积极主动参与小组工作,是否全过程参与,是否吃苦耐劳,是否具有工匠精神		
	交流沟通 (20分)	是否能良好地表达自己的观点,是否能倾听他人的观点		
	团队合作 (20分)	是否与小组成员合作完成,是否做到相互协助、相互帮助、听从指挥		
	创新意识 (20分)	看问题是否能独立思考、提出独到见解,是否能够创新思维解决遇到的问题		
最终小组成员得分				
小组成员签字			评价时间	

任务3　教学反思单

学习情境二	主体工程施工	任务3	砌筑工程施工
班级		第　组　成员姓名	
情感反思	通过对本任务的学习和实训，你认为自己在社会主义核心价值观、职业素养、学习和工作态度等方面有哪些需要提高的部分？		
知识反思	通过对本任务的学习，你掌握了哪些知识点？请画出思维导图。		
技能反思	在完成本任务的学习和实训过程中，你主要掌握了哪些技能？		
方法反思	在完成本任务的学习和实训过程中，你主要掌握了哪些分析和解决问题的方法？		

任务4 模板工程施工

任 务 单

课程	建筑施工技术		
学习情境二	主体工程施工	学时	40
任务4	模板工程施工	学时	6
布置任务			
任务目标	1. 能够陈述模板工程施工工艺流程； 2. 能够说出模板工程施工要点； 3. 能够说出模板工程施工质量控制点； 4. 能够开展模板工程施工准备工作； 5. 能够处理砌筑工程施工常见问题； 6. 能够编制砌筑工程施工方案； 7. 具备吃苦耐劳、主动承担的职业素养,具备团队精神和责任意识,具备保证质量建设优质工程的爱国情怀		
任务描述	在进行模板工程施工时,项目技术负责人应根据项目施工图纸、施工现场周边环境、设备材料供应等情况编写模板工程施工方案,进行模板工程施工技术交底。 1. 进行编写模板工程施工方案的准备工作。 2. 编写砌筑工程施工方案： (1)进行模板工程施工准备； (2)选择模板工程施工方法； (3)确定模板工程施工工艺流程； (4)明确模板工程施工要点； (5)明确模板工程施工质量控制要点。 3. 进行模板工程施工技术交底		

学时安排	布置任务与资讯	计划	决策	实施	检查	评价
	（2学时）	（0.5学时）	（0.5学时）	（2学时）	（0.5学时）	（0.5学时）

| 对学生的要求 | 1. 具备建筑施工图识读能力；
2. 具备建筑施工测量知识；
3. 具备任务咨询能力；
4. 严格遵守课堂纪律,不迟到、不早退；学习态度认真端正；
5. 每位同学必须积极参与小组讨论；
6. 每组均提交"模板工程施工方案" |

信 息 单

课程	建筑施工技术	
学习情境二	主体工程施工	学时 40
任务4	模板工程施工	学时 6

资讯思维导图

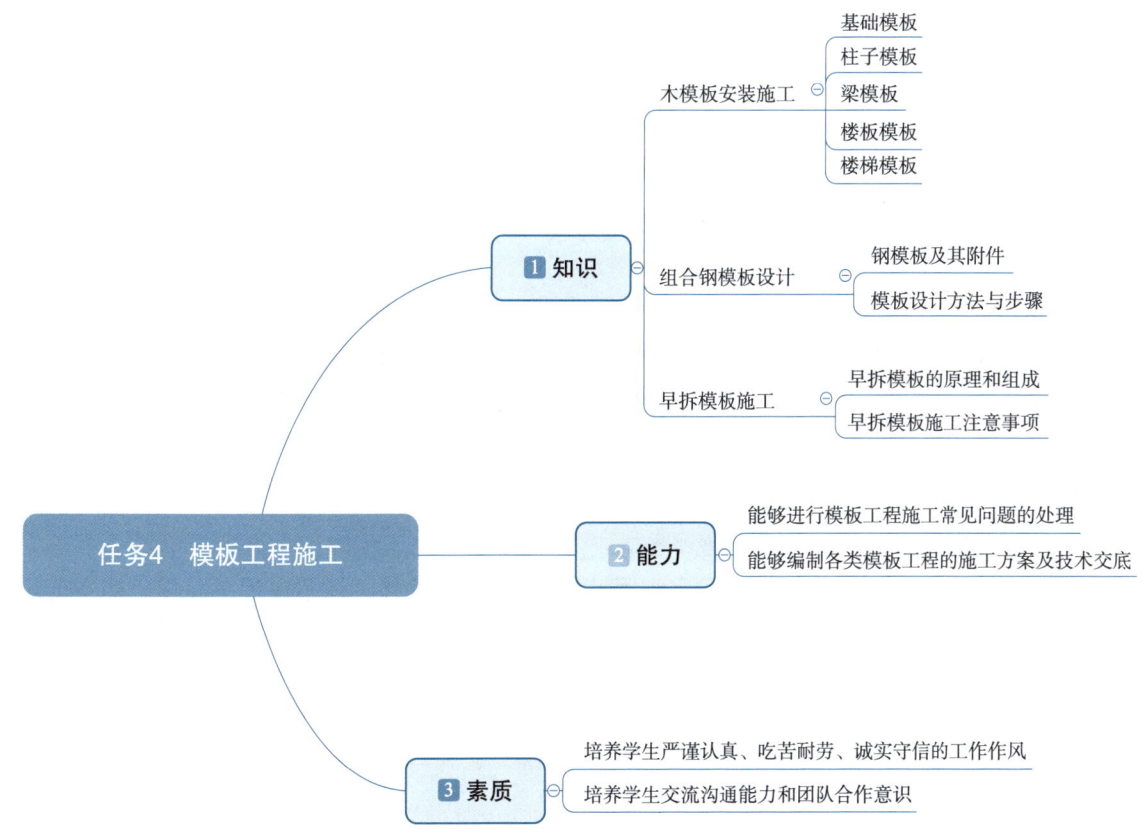

知识模块1　木模板安装施工

模板按其所用的材料不同分为木模板、钢模板、钢木模板、钢竹模板、胶合板模板、塑料模板、铝合金模板等;按其结构的类型不同分为基础模板、柱模板、楼板模板、墙模板、壳模板和烟囱模板等;按其形式不同分为整体式模板、定型模板、工具式模板、滑升模板等。

木模板及其支撑系统一般在加工厂或现场制成元件,然后再在现场拼装。图4-1是基本元件之一,通常称拼板。拼板的长短、宽窄可以根据钢筋混凝土构件的尺寸,设计出几种标准规格,以便组合使用。每块拼板的质量以两个人能搬动为宜。当拼板的板条长度不够,需要接长时,板条接缝应位于拼条处,并相互错开,以保证拼板的刚度。拼板的板条厚度一般为 25～50 mm,宽度不宜超过 200 mm,以保证干缩时缝隙均匀,浇水后易于密缝,受潮后不易翘曲。但梁底板的板条宽度则不受限制,以减少拼缝,防止漏浆。拼条截面尺寸为 25 mm×35 mm～50 mm×50 mm。梁侧板的拼条一般立放,如图 4-1(b)所示,其他则可平放,如图 4-1(a)所示。拼条间距决定于所浇筑混凝土侧压力的大小及板条的厚度,多为 400～500 mm。钉子的长度为模板厚度的1.5~2倍。

一、基础模板

1. 基础模板的特点

基础的特点是高度一般不大而体积较大。基础模板一般利用地基或基槽(或基坑)进行支撑,如土质良好,基础最下一级可以不用模板,直接原槽浇筑。图4-2是一种条形基础模板。

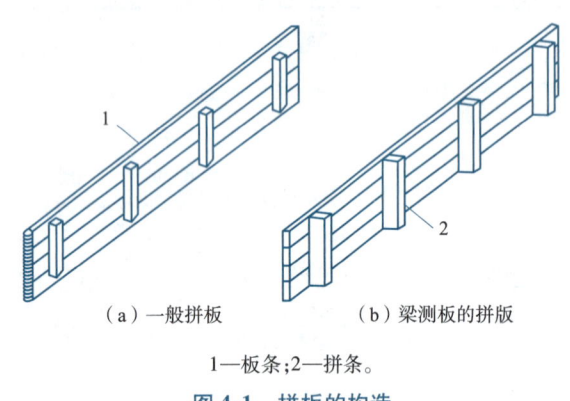

(a)一般拼板　　(b)梁测板的拼版

1—板条;2—拼条。

图4-1　拼板的构造

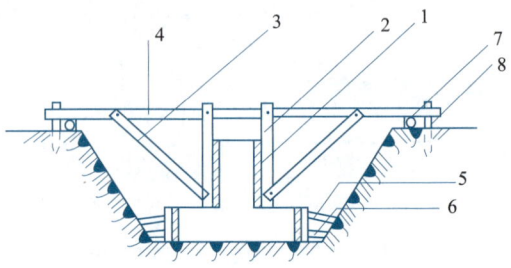

1—上阶侧板;2—上阶吊木;3—上阶斜撑;
4—轿杠;5—下阶斜撑;6—水平撑;7—垫板;8—木桩。

图4-2　条形基础模板

2. 基础模板支设安装与注意事项

基础模板支设安装的程序为:拉线、找中→弹出基础中心线和边线→找平、做出标高标志→沿基础边沿线竖直模板,并进行临时固定→校正模板的平面位置和垂直度,并用斜撑固定牢固。

①杯形柱基模板:杯口模板应直拼、外面刨光。如设底板,应使侧板包底板,底板要钻孔以便排气。在模板的外侧要弹中心线,并涂刷隔离剂。浇筑混凝土时上口要临时遮盖,如不设底板,要指派专人将涌入芯模底部的混凝土及时清除干净,达到杯底平整。

②杯芯模板:其位置、标高必须准确,固定牢固,以防止上浮或偏移。杯芯模板在混凝土初凝前后即可用锤轻打,撬杠松动,以便混凝土凝固后拔出。

③对于基础较深者,应用铅丝或螺栓对模板进行加固。

④应准确固定模板上的预埋件。

二、柱子模板

1. 柱模板的特点

根据柱子的断面尺寸不大但比较高的特点,柱子模板的构造和安装主要考虑保证其垂直度及抵抗新浇混凝土的侧压力。与此同时,也要便于浇筑混凝土、清理垃圾与钢筋绑扎等。

2. 柱模板的组成

柱模板由两块相对的内拼板夹在两块外拼板之内组成,如图4-3(a)所示。亦可用短横板(门子板)代替外拼板钉在内拼板上,如图4-3(b)所示。有些短横板可先不钉上,作为混凝土的浇筑孔,待浇至其下口时再钉上。

3. 柱模板的支设安装与注意事项

柱模板支设安装的程序为:在基础顶面弹出柱的中心线和边线→根据柱边线设置模板定位框→根据定位框位置竖立内外拼板,并用斜撑临时固定→由顶部用锤球校正模板中心线,使其垂直→模板垂直度检查无误后,即用斜撑钉牢固定。

①在安装柱模板前,应先绑扎好钢筋,测出标高并标在钢筋上,同时在已浇筑的基础顶面或楼面上固定好柱模板底部的木框,在内外拼板上弹出模板中心线,以便于校正模板垂直度。

②柱底部一般有一钉在底部混凝土上的木框,用来固定柱模板的位置。

③为承受混凝土侧压力,拼板外要设柱箍,柱箍可为木制、钢制或钢木制。柱箍间距与混凝土侧压力大小、拼板厚度有关,由于侧压力是下大上小,因而柱模板下部柱箍间距较密。柱箍可采用不小于 50 mm × 100 mm 的方木或工具式柱箍,每隔 0.5～1.0 m 加设一道,将柱模板箍紧。

④柱模板底部开有清理孔,沿高度每隔约 2 m 开有浇筑孔。在柱与梁的结合处(柱模板顶部),需要开有与梁模板连接的槽口(见图4-4),并在槽口上划好梁的中心线。

⑤对于同在一条轴线上的柱,在校正模板垂直度时,应先校正两端的柱模板,再从柱模上口中心线拉一铁丝来校正中间的柱模。柱模之间还要用水平撑及剪刀撑相互拉结。

⑥柱模根部要用水泥砂浆堵严,防止跑浆。

4. 柱模板的拆除

柱模板可较早拆除。只要保证柱侧面及棱角不因拆除而受到损坏,即可拆除。

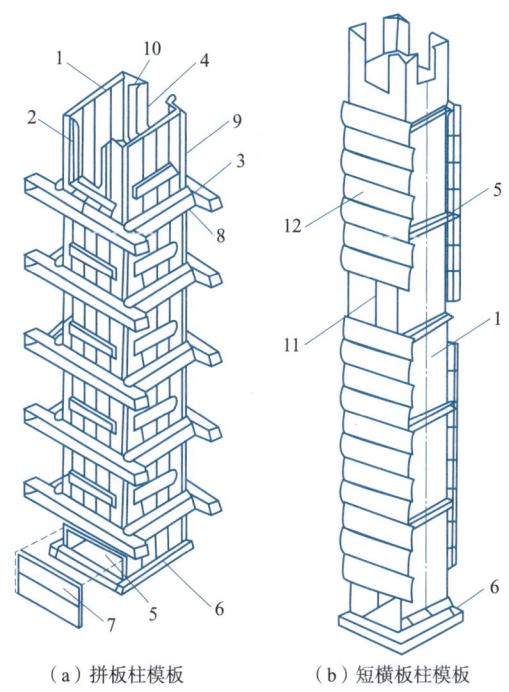

(a)拼板柱模板　　(b)短横板柱模板

1—内拼板;2—外拼板;3—柱箍;4—梁缺口;
5—清理孔;6—木框;7—盖板;8—拉紧螺栓;
9—拼条;10—三角木条;11—浇筑孔;12—短横板。

图 4-3　柱模板

三、梁模板

1. 梁模板的特点

根据梁的跨度较大而宽度不大,且梁底一般架空的特点,梁模板及其支架构造必须能承受混凝土对梁侧模板的水平侧压力与对梁底模板的垂直压力而不致发生超过规范允许的过大变形。

2. 梁模板的组成

梁模板主要由底模、侧模、夹木及其支架系统组成。单梁模板如图 4-5 所示。底模板用长条模板加拼

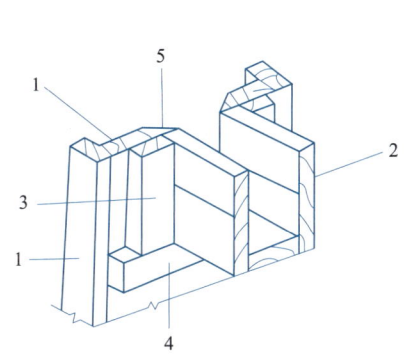

1—柱或大柱侧板;2—梁侧板;
3、4—衬口档;5—斜口小木条。

图 4-4　柱、梁结合处模板连接

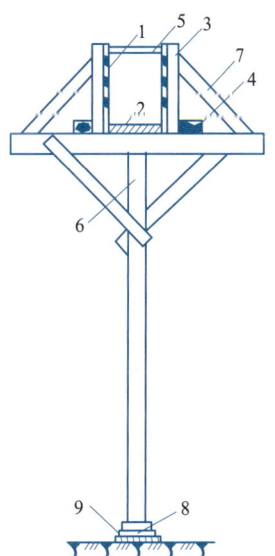

1—侧模板;2—底模板;3—侧模拼条;4—夹木;5—水平拉条;
6—顶撑(支架);7—斜撑;8—木楔;9—木垫板。

图 4-5　单梁模板

条拼成,或用整块板条。侧模板用长板条加拼条制成,为承受混凝土侧压力,底部用夹木固定,上部由斜撑和水平拉条固定。为承受垂直荷载,在梁底模板下每隔一定间距(800~1 200 mm)用顶撑(琵琶撑)顶住。顶撑可以用圆木、方木或钢管制成。顶撑底要加垫一对木楔块以调整标高。为使顶撑传下来的集中荷载均匀地传给地面,在顶撑底应加铺垫板。

3. 梁模板支设安装程序

在梁模板下方楼地面上铺垫板→在柱模缺口处钉衬口档,把底模板搁置在衬口档上→立起靠近柱或墙的顶撑,再将梁长度等分→立中间部分顶撑,在顶撑底下打入木楔并检查调整标高→把侧模板放上,两头钉于衬口档上→在侧板底外侧铺钉夹木,再钉上斜撑、水平拉条。

4. 梁模板支设安装注意事项

①梁模板必须侧板包底板,板边应弹线、刨直。
②梁模板安装时,下层楼板应达到足够的强度或具有足够的顶撑支撑。
③有主次梁模板时,要待主梁模板安装并校正后才能进行次梁模板安装。
④支模前,应先在柱或墙上找好梁的中心线和标高。
⑤在柱模板的槽口下面钉上托板木,对准中心线,铺设梁底模板。梁模板安装后再拉中线检查、复核各梁模板中心线位置是否正确。
⑥现浇混凝土梁、板模板支设时起拱的规定或要求如下:当现浇钢筋混凝土梁、板跨度≥4 m时,模板应起拱,当设计无具体要求时,起拱高度宜为全跨长的1/1 000~3/1 000(钢模1/1 000~2/1 000,木模1.5/1 000~3/1 000)。
⑦梁侧板吊直拉平后,在柱模预留梁槽口的两侧钉上夹口木条,在侧模上口钉上控制梁宽的小木条。当梁高超过800 mm时,在侧板中加钉通长横木带,两侧横木带应用铅丝或螺栓拉紧加固。
⑧梁较高时,可先安装一面侧板,等钢筋绑扎好后再装另一面侧板。
⑨主梁与次梁的接合处,应在主梁侧板上正确开好次梁的槽口,并划好中心线。梁的模板不应伸到柱模板的开口内(见图4-5),同样次梁模板也不应伸到主梁侧板的开口内。
⑩梁底支柱的间距,应符合设计要求。如设计无要求,一般当梁高在500 mm内时为1.2 m,梁高在500~1 000 mm时为1.0 m,梁高在1 000 mm以上时为0.7~0.8 m。一般采用双支柱时,间距以0.6~1.0 m为宜。支柱之间应设拉杆,离地0.5 m设一道,以上每隔2 m设一道。支柱下垫的木楔,应在校正标高后钉牢。支柱下应设通长垫板(500~750)mm×200 mm。若用工具式钢支柱时,也要设水平杆及斜拉杆。
⑪多层建筑施工中,应使上、下层的支柱在同一条竖向直线上。

5. 梁模板的拆除

单梁的侧模板一般拆除较早,拆除时的要求同柱模板。梁底模板拆除应符合表4-1的要求。

表4-1 梁底模拆除时要求混凝土应达到的强度

构件类型	构件跨度/m	达到设计要求的混凝土立方体抗压强度标准值的百分率/%
板	≤2	≥50
	>2,≤8	≥75
	>8	≥100
梁、拱、壳	≤8	≥75
	>8	≥100
悬臂构件	—	≥100

四、楼板模板

1. 楼板模板的特点

楼板的面积大而厚度比较薄,侧向压力小。楼板模板及其支架系统,主要承受钢筋、混凝土的自重荷载及其施工荷载。

2. 楼板模板的组成

有梁楼板模板组成如图4-6所示。楼板模板的底模用木板条或用定型模板拼成,铺设在楞木上。楞木搁置在梁模板外的托木上,若楞木面不平,可以加木楔调平。当楞木的跨度较大时,中间应加设立柱,立柱上钉通长的杠木。底模板应垂直于楞木方向铺钉,并应适当调整楞木间距来配合定型模板的规格。

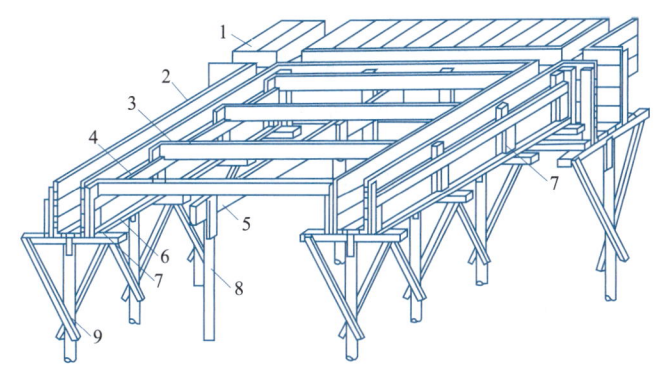

1—楼板模板;2—梁侧模板;3—楞木;4—托木;5—杠木;6—夹木;7—短撑木;8—立柱;9—顶撑。

图4-6 有梁楼板模板

3. 楼板模板支设安装程序

主、次梁模板安装→在梁侧模板上安装楞木→在楞木上安装托木→在托木上安装楼板底模→在大跨度楞木中间加设支柱→在支柱上钉通长的杠木。

4. 楼板模板支设安装注意事项

①根据设计标高,在梁侧板上固定水平大横楞,再在上面搁置托木,一般可以50 mm×100 mm方木立放,间距0.5 m,下面用支柱支撑,拉结条牵牢。板跨超过2 m者,下面加设大横楞和支柱。

②托木找平后,在上面铺钉木板,铺木板时只将两端及接头处钉牢,中间少钉或不钉以利于拆模。如采用定型模板,需按其规格距离铺设栏栅,不够一块定型模板的,可用木板镶满。

③采用桁架支模时,应根据载重量确定桁架间距,桁架上弦要放小方木,用铁丝绑紧,两端支撑处要设木楔,在调整标高后钉牢,桁架之间拉结条,保持桁架垂直。

④挑檐模板的支柱一般不落地,采用在下层窗台上用斜撑支撑挑檐部分,也可采用三角架由砖墙支撑挑檐。挑檐模板必须撑牢拉紧,防止向外倾覆。

5. 楼板模板拆除

楼板模板拆除应符合表4-1的要求。

五、楼梯模板

1. 楼梯模板的种类及特点

楼梯模板一般比较复杂,常见的板式楼梯和梁式楼梯的支模工艺基本相同。楼梯模板要倾斜支设,且要能形成踏步。

2. 楼梯模板的组成

楼梯模板的组成如图4-7所示。

3. 楼梯模板支设安装

楼梯模板安装的程序为:立平台梁、平台板的模板→在楼梯基础侧板上钉托木→在基础梁和平台梁侧板外的托木上钉楼梯模板的斜楞→在斜楞上面铺钉楼梯底模→在底模下面设杠木和斜向顶撑(斜向顶撑间距为1~1.2 m),并用拉杆拉结→沿楼梯边立外帮板,用外帮板上的横档木、斜撑和固定夹木将外帮板钉在杠木上→在靠墙的一面把反三角板立起,反三角板的两端可钉于平台梁和梯基的侧板上→在反三角板与外帮板之间逐块钉上踏步侧板(踏步侧板一头钉在外帮板的木档上,另一头钉在反三角板上的三角木块或小木条侧面上)。

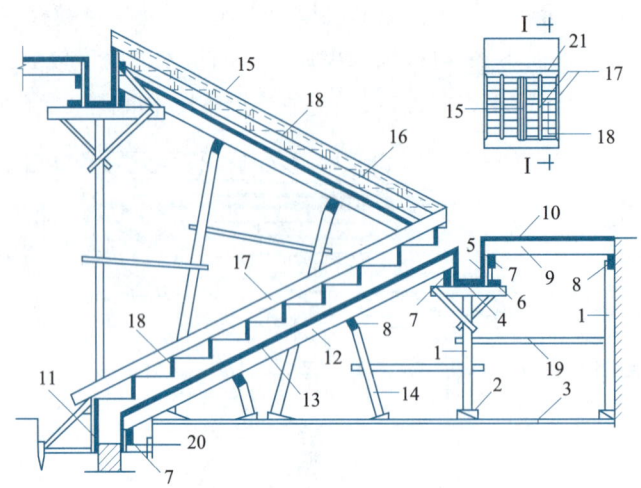

1—支柱(顶撑);2—木楔;3—垫板;4—平台梁底板;5—侧板;6—夹板;7—托木;8—杠木;9—木楞;
10—平台底板;11—梯基模板;12—斜木楞;13—楼梯底板;14—斜向顶撑;15—外帮板;
16—横档木;17—反三角板;18—踏步侧板;19—拉杆;20—木桩;21—平台梁模。

图 4-7 楼梯模板

4. 楼梯模板支设安装注意事项

①楼梯模板应根据施工图放出大样,绘制三角样板,锯出三角板,用 50 mm × 150 mm 方木做反三角板,在上面由上而下分步、划线,钉好三角板,根据踏步长、高制作踢脚板。

②安装前,需在楼梯间的墙上按设计标高画出楼梯段、楼梯踏步及平台板、平台梁的位置。

③为了确保楼梯梯板符合要求的厚度,在踏步侧板下面可以垫若干小木块,在浇筑混凝土时随时取出。在楼梯段模板放线时,要注意每层楼梯第一步与最后一个踏步的高度,以免由于疏忽了楼地面面层厚度的不同,而造成高低不同的现象,影响使用。

④现浇结构模板安装和预埋件、预留孔洞的允许偏差应符合规范中的有关规定。

⑤如果梯段较宽,应在梯段中间再加反三角板,或在踢脚板上口加上一道通长带,每个踢脚板下口钉一根小支撑,以免发生踏步侧板凸肚现象。

⑥如果先砌墙后安装楼梯模板时,则靠墙一边应设置一道反三角板以便吊装踢脚板。

⑦栏板模板应事先预制成片,将外模钉在外帮板上,钢筋绑好后,再将里模支钉在反三角板上。预制栏板或栏杆者,应正确留出预留孔和连接件。

5. 楼梯模板拆除

楼梯模板拆除应符合表 4-1 的要求。

楼梯侧模板及底模板的拆除要求同梁模板。

知识模块 2　组合钢模板设计

定型组合钢模板是一种工具式定型模板,由钢模板、连接件和支承件组成。钢模板通过各种连接件和支承件可组合成多种尺寸、结构和几何形状的模板,以适应各种类型建筑物的梁、柱、板、墙、基础和设备等施工的需要,也可用其拼装成大模板、滑模、隧道模和台模等。定型组合钢模板组装灵活,通用性强,拆装方便;每套钢模可重复使用 50～100 次,周转率较高;加工精度高,浇筑混凝土的质量好,成型后的混凝土尺寸准确,棱角整齐,表面光滑,可以节省装修用工,但一次投资金费用较大。

一、钢模板及其附件

1. 钢模板

钢模板包括平模板、阴角模板、阳角模板、连接角模。

平模板用于基础、墙体、梁、板、柱等各种结构的平面部位,它由面板和肋组成,肋上设有U形卡孔和插销孔,利用U形卡和L形插销等拼装成大块板,板块由厚度2.3 mm、2.5mm 薄钢板压轧成型,对于≥400 mm 宽面钢模板的钢板厚度应采用2.75 mm 或3.0 mm 钢板。板块的宽度以100 mm 为基础,按50 mm 进级;长度以450 mm 为基础,按150 mm 进级。

阴角模板用于混凝土构件阴角,如内墙角、水池内角及梁板交接处阴角等。阳角模板主要用于混凝土构件阳角。角模用于平模板作垂直连接构成阳角。常用组合钢模板规格见表4-2。

表4-2　常用组合钢模板规格

名称	图示	用途	宽度/mm	长度/mm	肋高/mm
平面模板	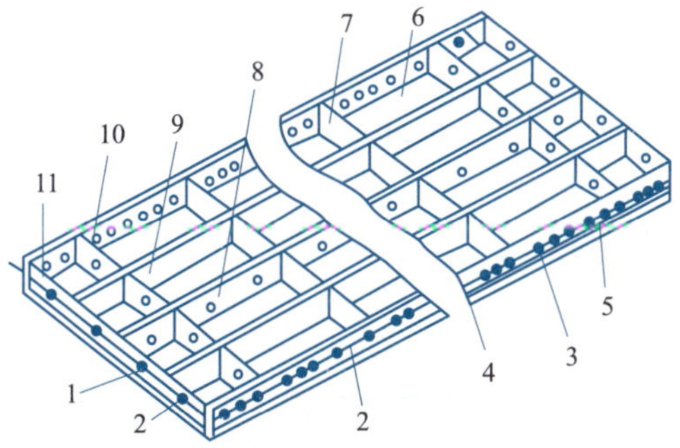 1—插销孔;2—U形卡孔;3—凸鼓;4—凸棱;5—边肋;6—主板;7—无孔横肋;8—有孔纵肋;9—无孔纵肋;10—有孔横肋;11—端肋	用于基础、墙体、梁、柱和板等多种结构的平面部位	600、550、500、450、400、350、300、250、200、150、100	1 800、1 500、1 200、900、750、600、450	55
阴角模板	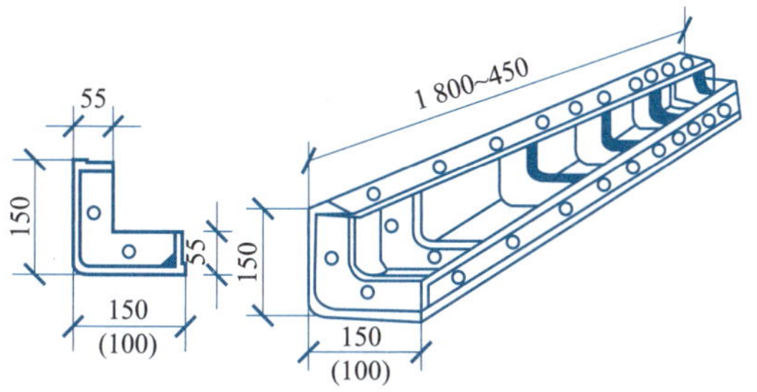	用于墙体和各种构件的内角及凹角的转角部位	150×150 100×150		
阳角模板	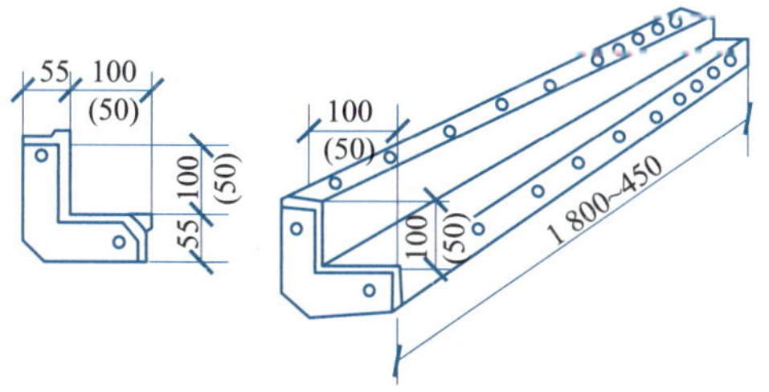	用于柱、梁及墙体等外角及凸角的转角部位	100×100 50×50	1 800、1 500、1 200、900、750、600、450	55
连接角模	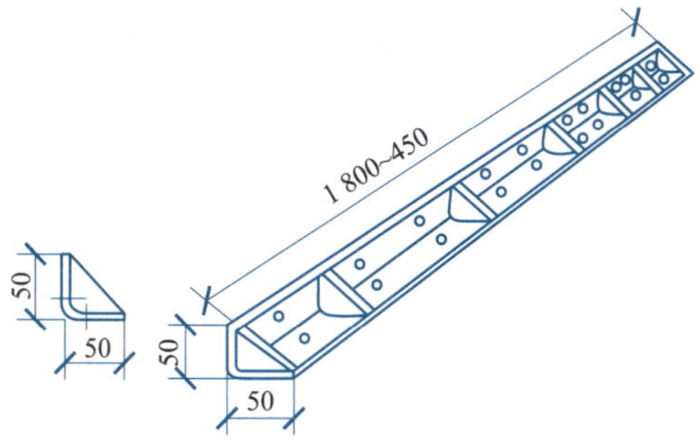	用于柱、梁及墙体等外角及凸角的转角部位	50×50		

续表

名称	图 示	用途	宽度/mm	长度/mm	肋高/mm
角棱模板	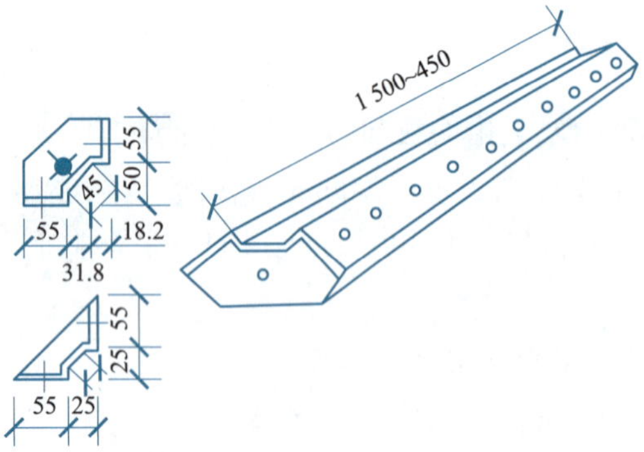	用于柱、梁及墙体等阳角的倒棱部位	17、45	1 500、1 200、900、750、600、450	55
圆棱模板	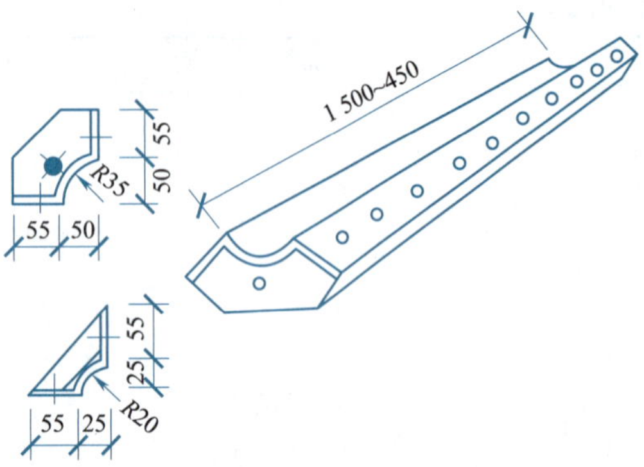		R20、R25		

用表 4-2 中的板块可以组合拼成长度和宽度方向上以 50 mm 进级的各种尺寸。组合钢模板配板设计中,遇有不合 50 mm 进级的模数尺寸,空隙部分可用木模填补。

2. 连接配件

组合钢模板连接配件包括 U 形卡、L 形插销、钩头螺栓、对拉螺栓、紧固螺栓、扣件等。

U 形卡用于钢模板与钢模板间的拼接[见图 4-8(a)],其安装间距一般不大于 300 mm,即每隔一孔卡插一个,安装方向一顺一倒相互错开。

L 形插销用于两个钢模板端肋与端肋连接。将 L 形插销插入钢模板端部横肋的插销孔内[见图 4-8(b)]。

当需将钢模板拼接成大块模板时,除了用 U 形卡及 L 形插销外,在钢模板外侧要用钢楞(圆形钢管、矩形钢管、内卷边槽钢等)加固,钢楞与钢模板间用钩头螺栓及 3 形扣件、蝶形扣件连接。浇筑钢筋混凝土墙体时,墙体两侧模板间用对拉螺栓连接,对拉螺栓截面应保证安全承受混凝土的侧压力[见图 4-8(c)、(d)、(e)]。

3. 支承件

组合钢模板的支承件包括柱箍、钢楞、支架、卡具、斜撑和钢桁架等。

①钢楞即模板的横档和竖档,分内钢楞与外钢楞。内钢楞配置方向一般应与钢模板垂直,其间距一般为 700～900 mm。钢楞一般用圆钢管、矩形钢管、槽钢或内卷边槽钢,而以钢管用得较多。

②柱模板四角设钢柱箍。柱箍可角钢制作,也可用圆钢管制作。圆钢柱箍的钢管用扣件相互连接,角钢柱箍由两根互相焊成直角的角钢组成,用弯角螺栓及螺母拉紧,也可用 60×5 扁钢制成扁钢柱箍,或做成槽钢柱箍(见图 4-9)。

③支架。当荷载较大、单根支架承载力不足时,可用组合钢支架或钢管井架,如图 4-10(c)所示,还可用扣件式钢管脚手架、门型脚手架作支架,如图 4-10(d)所示。

④斜撑。由组合钢模板拼成的整片墙模或柱模,在吊装就位后,应由斜撑调整和固定其垂直位置,如图 4-11 所示。

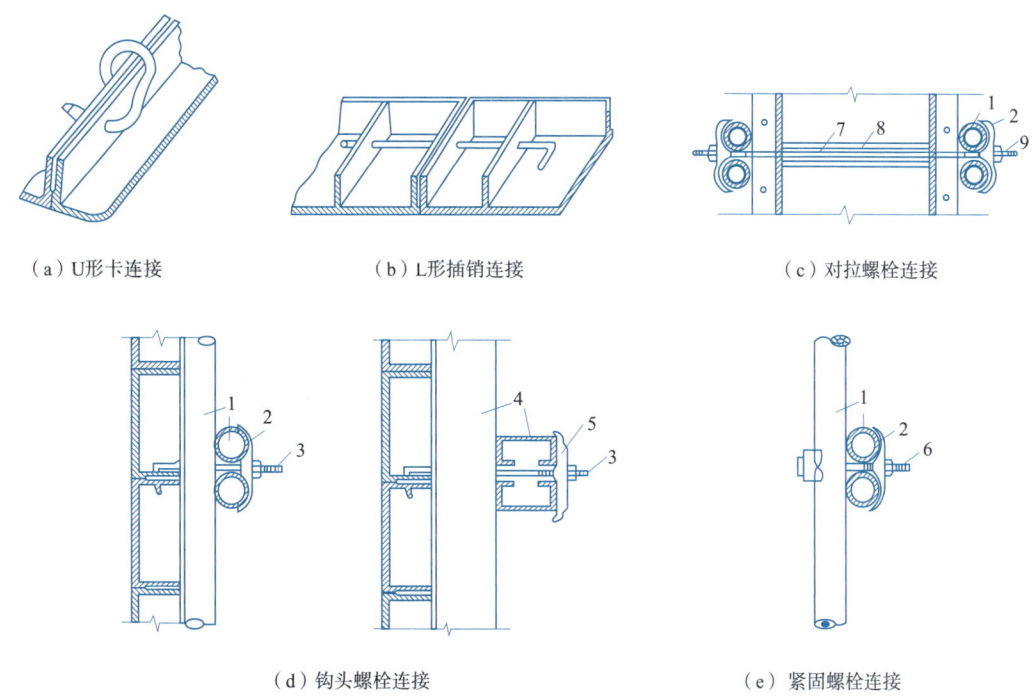

1—圆钢管钢楞;2—3 形扣件;3—钩头螺栓;4—内卷边槽钢钢楞;5—蝶形扣件;6—紧固螺栓;7—对拉螺栓;8—塑料套管;9—螺母。

图 4-8 连接件

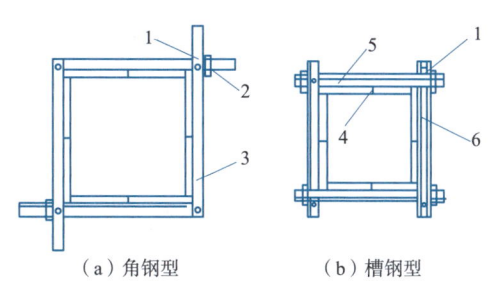

1—插销;2—限位器;3—夹板;4—模板;5—角钢;6—槽钢。

图 4-9 柱箍图

⑤钢桁架。钢桁架如图 4-12 所示,其两端可支承在钢筋托具、墙、梁侧模板的横档以及柱顶梁底横档上,以支承梁或板的模板。钢桁架作为梁模板的支撑工具可取代梁模板下的立柱。跨度小、荷载小时桁架可用钢筋焊成,跨度或荷重较大时可用角钢或钢管制成,也可制成两个半榀,再拼装成整体[见图 4-10(b)]。每根梁下边设一组(两榀)桁架。梁的跨度较大时,可以连续安装桁架,中间加支柱。桁架两端可以支承在墙上、工具式立柱上或钢管支架上。桁架支承在墙上时,可用钢筋托具,托具用 $\phi 8 \sim \phi 12$ 钢筋制成。托具可预先砌入或砌完墙后 2~3 天打入墙内。

⑥卡具。梁卡具又称梁托架,用于固定矩形梁、圈梁等模板的侧模板,可节约斜撑等材料,也可用于侧模板上口的卡固定位(见图 4-13)。卡具可用于把侧模固定在底模板上,此时卡具安装在梁下部;卡具也可用于梁侧模上口的卡固定位,此时卡具安装在梁上方。

4. 模板的构造与安装

柱模板由四块拼板围成,每块拼板由若干块钢模板组成,柱模四角由连接模板连接。柱顶梁缺用钢模板组合往往不能满足要求,可在梁底标高以下用钢模板,以上用木模板与梁模板进行接头。其构造如图 4-14 所示。墙模板与梁模板的构造分别如图 4-15 和图 4-16 所示。

钢模板的安装参照木模板。

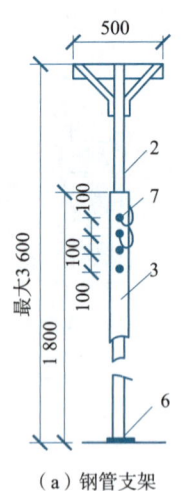
（a）钢管支架

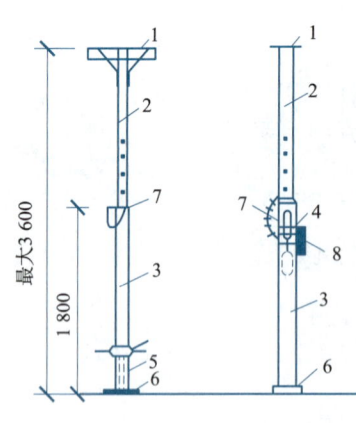
（b）调节螺杆钢支架

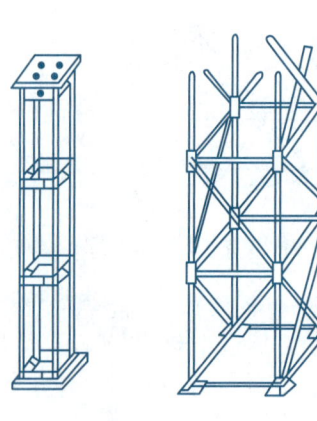
（c）组合钢支架和钢管井架

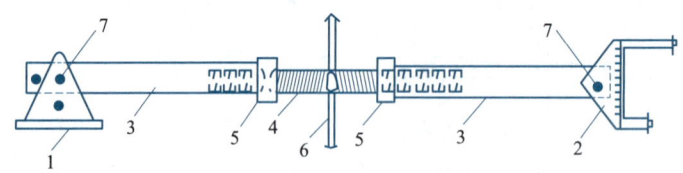
（d）扣件式钢管脚手架、门型脚手架作支架

1—顶板；2—插管；3—套管；4—转盘；5—螺杆；6—底板；7—插销；8—转动手柄。

图 4-10　钢支架（单位：mm）

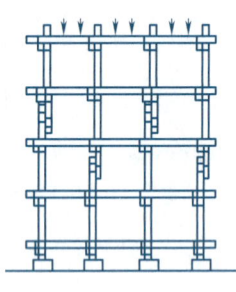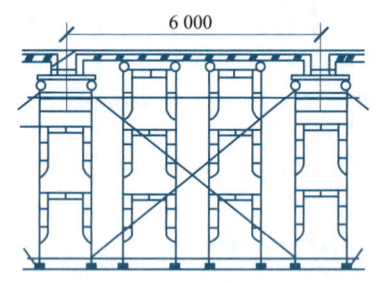

1—底座；2—顶撑；3—钢管斜撑；4—花篮螺钉；5—螺母；6—旋杆；7—销钉。

图 4-11　斜撑

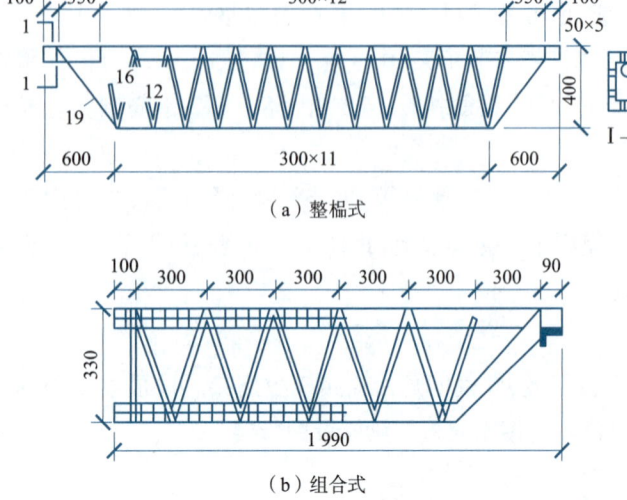

图 4-12　钢桁架（单位：mm）

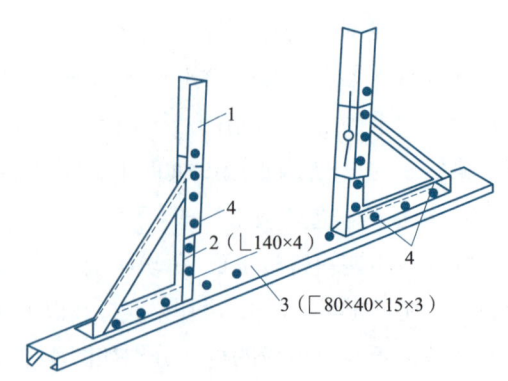

1—调节杆；2—三角架；3—底座；4—螺栓。

图 4-13　梁卡具

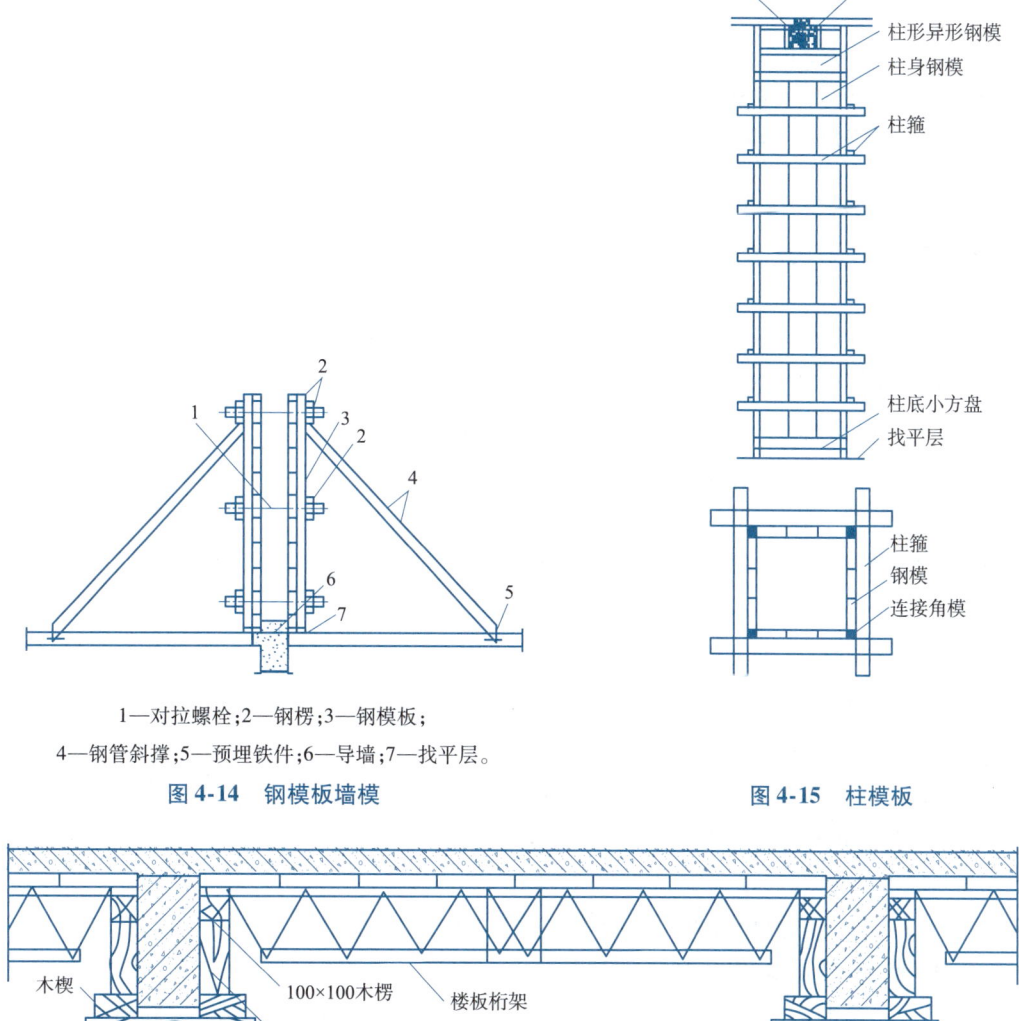

1—对拉螺栓;2—钢楞;3—钢模板;
4—钢管斜撑;5—预埋铁件;6—导墙;7—找平层。

图 4-14　钢模板墙模　　　　　图 4-15　柱模板

图 4-16　梁和楼板桁架支模

二、模板设计方法与步骤

模板及其支撑体系应具有足够的承载能力、刚度和稳定性,能可靠地承受浇筑混凝土的质量、侧压力以及施工荷载。模板设计主要任务是确定模板构造及各部分尺寸,进行模板与支撑的结构计算。一般的工程施工中,普通结构、构件的模板不要求进行计算,但特殊的结构和跨度很大时,则必须进行验算,以保证结构和施工安全。

1. 模板设计的主要内容

模板设计的内容主要包括选型、选材、配板、荷载计算、结构设计和绘制模板施工图等。各项设计内容和详尽程度,可根据工程的具体情况和施工条件确定。

2. 模板荷载及其组合

(1)荷载标准值。

①模板及支架自重标准值应根据设计图纸确定。对肋形楼板及无梁楼板模板的自重标准值,见表4-3。

表 4-3 模板及支架自重标准值 单位:kN/m³

模板构件的名称	木模板	组合钢模板	钢框胶合板模板
平板的模板及小楞	0.30	0.50	0.40
楼板模板(其中包括梁的模板)	0.50	0.75	0.60
楼板模板及其支架(楼层高度为4 m以下)	0.75	1.10	0.95

②新浇混凝土自重标准值:普通混凝土可采用 24 kN/m³;其他混凝土可根据实际重力密度确定。钢筋自重标准值按设计图纸计算确定。一般可按每立方米混凝土含量计算:框架梁 1.5 kN/m³,楼板 1.1 kN/m³。

③施工人员及设备荷载标准值:计算模板及直接支承模板的小楞时,对均布荷载取 2.5 kN/m²,另应以集中荷载 2.5 kN 再行验算,比较两者所得的弯矩值,按其中较大者采用;计算直接支承小楞结构构件时,均布活荷载取 1.5 kN/m²;计算支架立柱及其他支承结构构件时,均布活荷载取 1.0 kN/m²。

④振捣混凝土时产生的荷载标准值:水平面模板可采用 2.0 kN/m²;对垂直面模板可采用 4.0 kN/m² (作用范围在新浇筑混凝土侧压力的有效压头高度以内)。

⑤新浇筑混凝土对模板侧面的压力标准值:采用内部振捣器时可按以下两式计算,取其较小值:

$$F = 0.22\gamma_c t_0 \beta_1 \beta_2 V^{0.5} \quad (4-1)$$

$$F = \gamma_c H \quad (4-2)$$

式中 F——新浇筑混凝土对模板的最大侧压力,kN/m²;

γ_c——混凝土的重力密度,kN/m³;

t_0——新浇筑混凝土的初凝时间,h,可按实测确定。当缺乏实验资料时,可采用 $t_0 = 200/(T+15)$ 计算(T 为混凝土的温度,℃);

V——混凝土的浇筑速度,m/h;

H——混凝土侧压力计算位置处至新浇筑混凝土顶面的总高度,m;

β_1——外加剂影响修正系数,不掺外加剂时取 1.0,掺具有缓凝作用的外加剂时取 1.2;

β_2——混凝土坍落度影响修正系数,当坍落度小于 30 mm 时取 0.85,50~90 mm 时取 1.0,110~150 mm 时取 1.15。

⑥倾倒混凝土时产生的荷载标准值:倾倒混凝土时对垂直面模板产生的水平荷载标准值可按表 4-4 采用。

表 4-4 倾倒混凝土时产生的水平荷载标准值 单位:kN/m²

向模板内供料方法	水 平 荷 载
溜槽、串筒或导管	2
容积小于 0.2 m³ 的运输器具	2
容积为 0.2~0.8 m³ 的运输器具	4
容积大于 0.8 m³ 的运输器具	6

注:作用范围在有效压头高度以内。

(2)荷载的设计值

计算模板及其支架的荷载设计值,应为荷载标准值乘以相应的荷载分项系数,见表 4-5。

表 4-5 模板及支架荷载分项系数

序 号	荷 载 类 别	分项系数 γ_i
1	模板及支架自重	1.35
2	新浇筑混凝土自重	
3	钢筋自重	

续表

序 号	荷载类别	分项系数 γ_i
4	施工人员及施工设备荷载	1.4
5	振捣混凝土时产生的荷载	
6	新浇筑混凝土对模板侧面的压力	1.35
7	倾倒混凝土时产生的荷载	1.4

(3)荷载折减(调整)系数

①钢模板及其支架,荷载设计值可乘以0.85系数予以折减,但其截面塑性发展系数取1.0。

②采用冷弯薄壁型钢材,系数为1.0。

③木模板及其支架,当木材含水率小于25%时,其荷载设计值可乘以0.9系数予以折减。

④在风荷载作用下,验算模板及其支架的稳定性时,其基本风压值可乘以0.8系数予以折减。

(4)荷载组合

荷载类别及其编号见表4-6,荷载组合见表4-7。

表4-6 荷载类别及编号

名 称	类 别	编 号
模板结构自重	恒载	G_1
新浇筑混凝土自重	恒载	G_2
钢筋自重	恒载	G_3
施工人员及施工设备荷载	活载	Q_1
风荷载	活载	Q_3
新浇筑混凝土对模板侧面的压力	恒载	G_4
泵送混凝土、倾倒混凝土时产生的荷载	活载	Q_2

表4-7 荷载组合

项次	项 目	荷 载 组 合	
		计算承载能力	验算刚度
1	混凝土水平构件的模板及支架	$G_1+G_2+G_3+Q_1$	$G_1+G_2+G_3$
2	高大模板支架	$G_1+G_2+G_3+Q_1$	$G_1+G_2+G_3$
		$G_1+G_2+G_3+Q_2$	
3	混凝土竖向模板或水平构件的侧面模板	G_4+Q_3	G_4

3. 设计计算

模板结构构件中的面板(木、钢、胶合板)、大小楞(木、钢)等,均属于受弯构件可按简支梁或连续梁计算。当模板构件的跨度超过三跨时,可按三跨连续梁计算。

本工程墙体模板采用组合钢模板组拼,墙高3 m,厚18 cm,宽3.3 m。钢模板采用P3015(1 500 mm×300 mm)分二行竖排拼成。内钢楞采用2根51×3.5 mm钢管,间距为750 mm,外钢楞采用同一规格钢管,间距为900 mm。对拉螺栓采用M18,间距为750 mm(见图4-17)。混凝土自重(γ_c)为24 kN/m³,强度等级C20,坍落度为7 cm,采用0.6 m³混凝土吊斗卸料,浇筑速度为1.8 m/h,混凝土温度为20 ℃,用插入式振捣器振捣。钢材抗拉强度设计值:Q235钢为215 N/mm²,普通螺栓为170 N/mm²。钢模的允许挠度:面板为1.5 mm,钢楞为3 mm。

(1)荷载设计值

混凝土侧压力标准值:按式(4-1)和式(4-2)计算。

其中 $t_0 = 200/(20+15) = 5.71$。

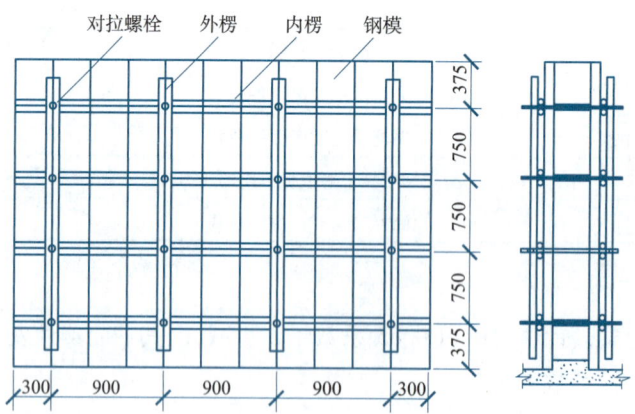

1—钢模;2—内楞;3—外楞;4—对拉螺栓。

图 4-17 组合钢模板拼装图(单位:mm)

$$F_1 = 0.22\gamma_c t_0 \beta_1 \beta_2 V^{1/2} = 0.22 \times 24\,000 \times 5.71 \times 1 \times 1 \times 1.8^{1/2} \text{ kN/m}^2 = 40.4 \text{ kN/m}^2$$

$$F_2 = \gamma_0 H = 24 \times 3 \text{ kN/m}^2 = 72 \text{ kN/m}^2$$

取两者中的小值,即取 $F_1 = 40.4$ kN/m²。

混凝土侧压力设计值

$$F = F_1 \times 分项系数 \times 折减系数 = 40.4 \times 1.2 \times 0.85 \text{ kN/m}^2 = 41.21 \text{ kN/m}^2$$

倾倒混凝土时产生的水平荷载,查表得 4 kN/m²。

水平荷载设计值为 $4 \times 1.4 \times 4.76$ kN/m² = 45.97 kN/m²

组合值:$F' = (41.21 + 4.76)$ kN/m² = 45.97 kN/m²

(2)验算

①钢模板验算。

P3015 钢模板($\delta = 2.5$)截面特征:

$$I_{xj} = 26.97 \times 10^4 \text{ mm}^4, \quad W_{xj} = 5.9 \times 10^3 \text{ mm}^3$$

计算简图如图 4-18 所示。

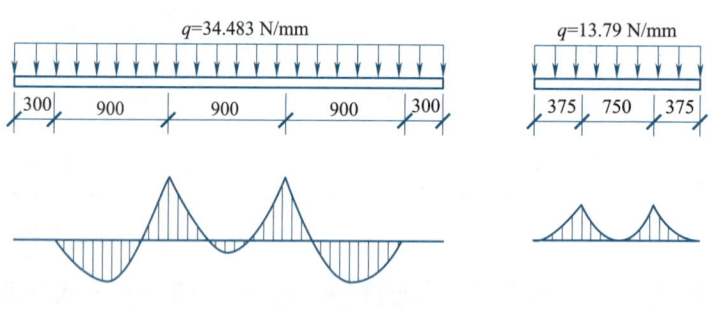

图 4-18 钢模板计算简图

化为线均布荷载:

$$q_1 = F' \times 0.3/1\,000 \text{ N/mm} = 45.97 \times 0.7/1\,000 \text{ N/mm} = 13.79 \text{ N/mm}$$

$$q_2 = F \times 0.3/1\,000 \text{ N/mm} = 41.21 \times 0.3/1\,000 \text{ N/mm} = 12.36 \text{ N/mm}$$

抗弯强度验算:

$$M = q_1 l^2/2 = 13.79 \times 375^2/2 \text{ N·mm} = 97 \times 10^4 \text{ N·mm}$$

$$\sigma = M/W = 97 \times 10^4/(5.94 \times 10^3) \text{ N/mm}^2 = 163 \text{ N/mm}^2$$

$$< f_m = 215 \text{ N/mm}^2$$

满足要求。

挠度验算:

$$\omega = \frac{q_2 l}{24EI_{xj}}(-l_m^3 + 6l^2 l_m + 3l^3)$$

$$= \frac{12.36 \times 375(-750^3 + 6 \times 375^2 \times 750 + 3 \times 375^3)}{24 \times 2.06 \times 10^5 \times 26.97 \times 10^4} \text{mm}$$

$$= 1.28 \text{ mm} < [\omega] = 1.5 \text{ mm}$$

挠度满足要求。

②内钢楞验算。

2根 $\phi 51 \times 3.5$ mm 的截面的特征为 $I = 2 \times 14.81 \times 10^4 \text{mm}^4, W = 2 \times 5.81 \times 10^3 \text{mm}^3$。

化为线均布荷载：$q_1 = F' \times 0.75/1\,000$ N/mm $= 45.97 \times 0.75/1\,000$ N/mm $= 34.48$ N/mm

$$q_2 = F \times 0.75/1\,000 \text{ N/mm} = 41.21 \times 0.75/1\,000 \text{ N/mm} = 30.9 \text{ N/mm}$$

抗弯强度验算：

当 $a = 0.4L$ 时，方能按图计算，由于内钢楞两端的伸臂长度（300 mm）与基本跨度（900 mm）之比为 $0.33 < 0.4$，则伸臂端头挠度比基本跨度挠度小，故可按近似三跨连续梁计算。

$$M = 0.1q_1 l^2 = 0.1 \times 34.48 \times 900^2 \text{ N} \cdot \text{mm} = 2\,792\,880 \text{ N} \cdot \text{mm}$$

$$\sigma = \frac{M}{W} = \frac{0.10 \times 34.48 \times 900^2}{2 \times 5.81 \times 10^3} \text{N/mm}^2 = 240.35 \text{ N/mm}^2 > 215 \text{ N/mm}^2$$

验算不合格，因此改用 2 根 $A60 \times 40 \times 2.5$ 作内钢楞，$I = 2 \times 21.88 \times 10^4 \text{mm}^4, W = 2 \times 7.29 \times 10^3 \text{mm}^3$，其抗弯承载能力为

$$\sigma = \frac{M}{W} = \frac{0.10 \times 34.48 \times 900^2}{2 \times 7.29 \times 10^3} \text{ N/mm}^2 = 191.56 \text{ N/mm}^2 < 215 \text{ N/mm}^2$$

满足要求。

挠度验算：

$$\omega = \frac{0.667 \times q_2 l^4}{100EI} = \frac{0.667 \times 30.9 \times 900^4}{100 \times 2.06 \times 10^5 \times 2 \times 21.88 \times 10^4} \text{ mm} = 1.52 \text{ mm} < 3.0 \text{ mm}，满足要求。$$

③螺栓验算。

T18 螺栓净载面面积 $A = 189 \text{ mm}^2$

对拉螺栓的拉力：$N = F' \times$ 内楞间距 $\times$ 外楞间距 $= 45.97 \times 0.75 \times 0.9$ kN $= 31.03$ kN

对拉螺栓的应力：$\sigma = N/A = 31.03 \times 10^3/189$ N/mm² $= 164.2$ N/mm² < 170 N/mm²

满足要求。

知识模块 3　早拆模板施工

一、早拆模板的原理和组成

1. 早拆模板的原理

早拆模板就是在楼板模板支撑系统中设置早拆装置，当楼板混凝土达到早拆强度时，早拆装置升降托架降下，拆除楼板模板；支撑系统实施两次拆除，第一次拆除部分支撑，形成间距不大于 2 m 的楼板支撑布局，所保留的支撑待混凝土构件达到拆模条件时再进行第二次拆除。

早拆模板应根据施工图纸及施工组织设计，结合现场施工条件进行设计。

模板及其支撑设计计算必须保证足够的强度、刚度和稳定性，满足施工过程中承受浇筑混凝土的自重荷载和施工荷载，确保安全。依据楼板厚度、最大施工荷载，采用的模板早拆体系类型，进行受力分析，设计竖向支撑间距控制值。依据开间尺寸进行早拆装置的布置。

早拆模板设计应明确标注第一次拆除模架时保留的支撑。早拆模板设计应保证上下层支撑位置对应准确。根据楼层的净空高度，按照支撑杆件的规格，确定竖向支撑组合，根据竖向支撑结构受力分析确定

横杆步距。确定需保留的横杆,保证支撑架体的空间稳定性。

2. 早拆模板的组成

早拆模板由模板、支撑系统两部分组成。早拆模板支撑可采用插卡式、碗扣式、独立钢支撑、门式脚手架等多种形式,但必须配置早拆装置(见图4-19)。

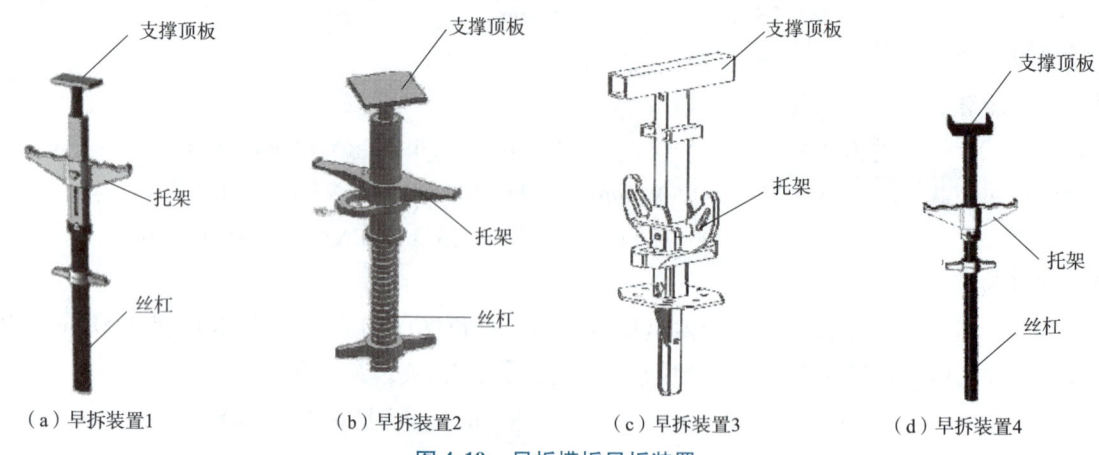

（a）早拆装置1　　（b）早拆装置2　　（c）早拆装置3　　（d）早拆装置4

图4-19　早拆模板早拆装置

早拆装置承受竖向荷载不应小于25 kN,支撑顶板平面不小于100 mm×100 mm,厚度不应小于8 mm,早拆模板支撑采用的调节丝杠直径应不小于36 mm;丝杠插入钢管的长度不应小于丝杠长度的1/3。丝杠与钢管插接配合偏差应保证支撑顶板的水平位移不大于5 mm。

二、早拆模板施工注意事项

早拆模板的施工工艺:备齐所需构配件→弹控制线→确定端角支撑位置并与相邻的支撑搭设,形成稳定结构→按照设计展开搭设→整体支撑搭设完毕→按照设计安装早拆装置,调到工作状态(支撑顶板调整到位)→敷设主龙骨、次龙骨→安装模板→模板及支撑体系预检。

施工注意事项:模板安装前,支撑位置要准确,支撑搭设要方正,构配件联结牢固。架体根部双向水平杆件距地不大于300 mm。上、下层支撑位置对应准确,支撑底部铺设垫板,保证荷载均匀传递。垫板应平整,无翘曲。主、次龙骨交错放置,一端与墙体顶实,另一端留出拆模空隙。早拆装置处于工作状态时,竖向支撑应处于垂直受力状态。铺设模板前,利用早拆装置的丝杠将主、次龙骨及支撑顶板调整到方案设计标高,早拆装置的支撑顶板与现浇结构混凝土模板支顶到位,目测不可有空隙,确保早拆装置受力的二次转换,保证拆模后楼板平整。模板铺设按施工方案执行,位置准确,确保模板能够实现早拆。

模板拆除:满足拆模条件→降下升降托架→拆除主、次龙骨→拆除模板→按照设计拆除部分支撑→按照设计要求保留必要支撑。

● 复 习 思 考 ●

1. 简述模板的分类。
2. 简述模板的作用与基本要求。
3. 简述木模板与组合钢模板的优缺点。
4. 大模板的形式与特点。
5. 简述模板的基本质量标准与安全技术要求。

● 自 测 训 练 ●

1. 柱模板的位置固定采用(　　　　　)的方法。柱箍的作用是(　　　　　　)。

2. 柱模板的标高一般标在（　　　　）上。模板垂直度的校正,采用（　　　　）的方法。对于同在一条轴线上的柱,在校正模板垂直度时,应先校正（　　　　）。

3. 柱模板拆除要保证（　　　　）。模板拆除的顺序为（　　　　）。侧模拆除时,混凝土强度应达到（　　）MPa。梁模板主要由（　　　　）及其支架系统组成。

4. 在楼板模板铺设完毕后,应校正楼板模板的（　　　　）和（　　　　）。

5. 有主次梁模板时的模板安装顺序为（　　　　）。支模前,梁的中心线和标高应先在（　　　　）找好。现浇钢筋混凝土梁、板模板起拱的跨度为（　　）m。

6. 梁底支柱的间距,如设计无要求,一般当梁高在 500～1 000 mm 时为（　　）m,采用双支柱时,间距以（　　）m 为宜。梁底支柱之间应设拉杆,离地（　　）m 设一道,以上每隔（　　）m 设一道。

7. 对于≤8 m 的梁,其底模板拆除时,混凝土强度为混凝土立方体抗压强度标准值的（　　）。2～8 m 之间的板,其底模板拆除时,混凝土强度为混凝土立方体抗压强度标准值的（　　）。

8. 组合钢模板由（　　　　）组成。钢模板主要包括（　　　　）。

9. 组合钢模板的连接件包括（　　　　）等。

10. 组合钢模板的支承件包括（　　　　）钢支架、早拆柱头和（　　　　）等。

笔记栏

任务4 计 划 单

学习情境二	主体工程施工	任务4	模板工程施工
工作方式	组内讨论、团结协作共同制订计划:小组成员进行工作讨论,确定工作步骤	计划学时	
完成人			
计划依据			
序号	计划步骤		具体工作内容描述
1	准备工作 (准备编制施工方案的工程资料,谁去做)		
2	组织分工 (成立组织,人员具体都完成什么)		
3	选择模板工程施工方法 (谁负责、谁审核)		
4	确定模板工程施工工艺流程 (谁负责、谁审核)		
5	明确模板工程施工要点 (谁负责、谁审核)		
6	明确模板工程施工质量控制要点 (谁负责、谁审核)		
制订计划说明	(写出制订计划中人员为完成任务的主要建议或可以借鉴的建议、需要解释的某一方面)		

任务4 决 策 单

学习情境二	主体工程施工		任务4	模板工程施工
决策学时				
决策目的				

决策方案过程	工作内容	内容类别		必要	非必要（可说明原因）
		内容记录	性质描述		

决策方案描述	

学习情境二　主体工程施工

任务4　作业单

学习情境二	主体工程施工		任务4	模板工程施工
参加人员	第　　组 签名：		开始时间： 结束时间：	
序号	工作内容记录		分工 （负责人）	
1				
2				
⋮				
小结	主要描述完成的成果		存在的问题	

任务4　作业单

任务4 检 查 单

学习情境二		主体工程施工		任务4		模板工程施工	
检查学时		·				第 组	
检查目的及方式							
序号	检查项目	检查标准	检查结果分级 （在检查相应的分级框内画"√"）				
			优秀	良好	中等	合格	不合格
1	准备工作	资源是否已查到，材料是否准备完整					
2	分工情况	安排是否合理、全面，分工是否明确					
3	工作态度	小组工作是否积极主动、全员参与					
4	纪律出勤	是否按时完成负责的工作内容，是否遵守工作纪律					
5	团队合作	是否相互协作、互相帮助，成员是否听从指挥					
6	创新意识	任务完成不照搬照抄，看问题具有独到见解、创新思维					
7	完成效率	工作单是否记录完整，是否按照计划完成任务					
8	完成质量	工作单填写是否准确，记录单检查及修改是否达标					
检查评语						教师签字：	

任务 4　评　价　单

1. 小组工作评价单

学习情境二	主体工程施工		任务 4	模板工程施工	
	评价学时				
班级：			第　　组		
考核情境	考核内容及要求	分值（100）	小组自评（10%）	小组互评（20%）	教师评价（70%）	实得分（Σ）
汇报展示（20）	演讲资源利用	5				
	演讲表达和非语言技巧应用	5				
	团队成员补充配合程度	5				
	时间与完整性	5				
质量评价（40）	工作完整性	10				
	工作质量	5				
	报告完整性	25				
团队情感（25）	核心价值观	5				
	创新性	5				
	参与度	5				
	合作性	5				
	劳动态度	5				
安全文明（10）	工作过程中的安全保障情况	5				
	工具正确使用和保养、放置规范	5				
工作效率（5）	能够在要求的时间内完成，每超时 5 min 扣 1 分	5				

2. 小组成员素质评价单

课程	建筑施工技术			
学习情境二	主体工程施工		学时	40
任务 4	模板工程施工		学时	6
班级		第　组	成员姓名	
评分说明	每个小组成员评价分为自评和成员互评两部分,取平均值计算,作为该小组成员的任务评价个人分数。评价项目共设计五个,依据评分标准给予合理量化打分。小组成员自评分后,要找小组其他成员不记名方式打分,成员互评分为其他小组成员的平均分			
对象	评分项目	评分标准		评分
自评 (100 分)	核心价值观 (20 分)	是否践行社会主义核心价值观		
	工作态度 (20 分)	是否按时完成负责的工作内容、遵守纪律,是否积极主动参与小组工作,是否全过程参与,是否吃苦耐劳,是否具有工匠精神		
	交流沟通 (20 分)	是否能良好地表达自己的观点,是否能倾听他人的观点		
	团队合作 (20 分)	是否与小组成员合作完成,是否做到相互协助、相互帮助、听从指挥		
	创新意识 (20 分)	看问题是否能独立思考、提出独到见解,是否能够创新思维解决遇到的问题		
成员互评 (100 分)	核心价值观 (20 分)	是否践行社会主义核心价值观		
	工作态度 (20 分)	是否按时完成负责的工作内容、遵守纪律,是否积极主动参与小组工作,是否全过程参与,是否吃苦耐劳,是否具有工匠精神		
	交流沟通 (20 分)	是否能良好地表达自己的观点,是否能倾听他人的观点		
	团队合作 (20 分)	是否与小组成员合作完成,是否做到相互协助、相互帮助、听从指挥		
	创新意识 (20 分)	看问题是否能独立思考、提出独到见解,是否能够创新思维解决遇到的问题		
最终小组成员得分				
小组成员签字			评价时间	

任务4　教学反思单

学习情境二	主体工程施工		任务4	模板工程施工
班级		第　组	成员姓名	
情感反思	通过对本任务的学习和实训,你认为自己在社会主义核心价值观、职业素养、学习和工作态度等方面有哪些需要提高的部分?			
知识反思	通过对本任务的学习,你掌握了哪些知识点?请画出思维导图。			
技能反思	在完成本任务的学习和实训过程中,你主要掌握了哪些技能?			
方法反思	在完成本任务的学习和实训过程中,你主要掌握了哪些分析和解决问题的方法?			

任务 5　钢筋工程施工

任 务 单

课程	建筑施工技术		
学习情境二	主体工程施工	学时	40
任务 5	钢筋工程施工	学时	10
布置任务			
任务目标	1. 能够陈述钢筋工程施工工艺流程； 2. 能够阐述钢筋工程施工要点； 3. 能够列举钢筋工程施工质量控制点； 4. 能够开展钢筋工程施工准备工作； 5. 能够处理钢筋工程施工常见问题； 6. 能够编制钢筋工程施工方案； 7. 具备吃苦耐劳、主动承担的职业素养，具备团队精神和责任意识，具备保证质量建设优质工程的爱国情怀		
任务描述	在进行钢筋工程施工时，项目技术负责人应根据项目施工图纸、施工现场周边环境、设备材料供应等情况编写钢筋工程施工方案，进行钢筋工程施工技术交底。其具体工作如下： 1. 进行编写钢筋工程施工方案的准备工作。 2. 编写钢筋工程施工方案： (1)进行钢筋工程施工准备； (2)选择钢筋工程施工方法； (3)确定钢筋工程施工工艺流程； (4)明确钢筋工程施工要点； (5)明确钢筋工程施工质量控制点。 3. 进行钢筋工程施工技术交底		

学时安排	布置任务与资讯	计划	决策	实施	检查	评价
	（3学时）	（1学时）	（1学时）	（3学时）	（1学时）	（1学时）

| 对学生的要求 | 1. 具备建筑施工图识读能力；
2. 具备建筑施工测量知识；
3. 具备任务咨询能力；
4. 严格遵守课堂纪律，不迟到、不早退；学习态度认真端正；
5. 每位同学必须积极参与小组讨论；
6. 每组均提交"钢筋工程施工方案" |

信 息 单

课程	建筑施工技术		
学习情境二	主体工程施工	学时	40
任务5	钢筋工程施工	学时	10

资讯思维导图

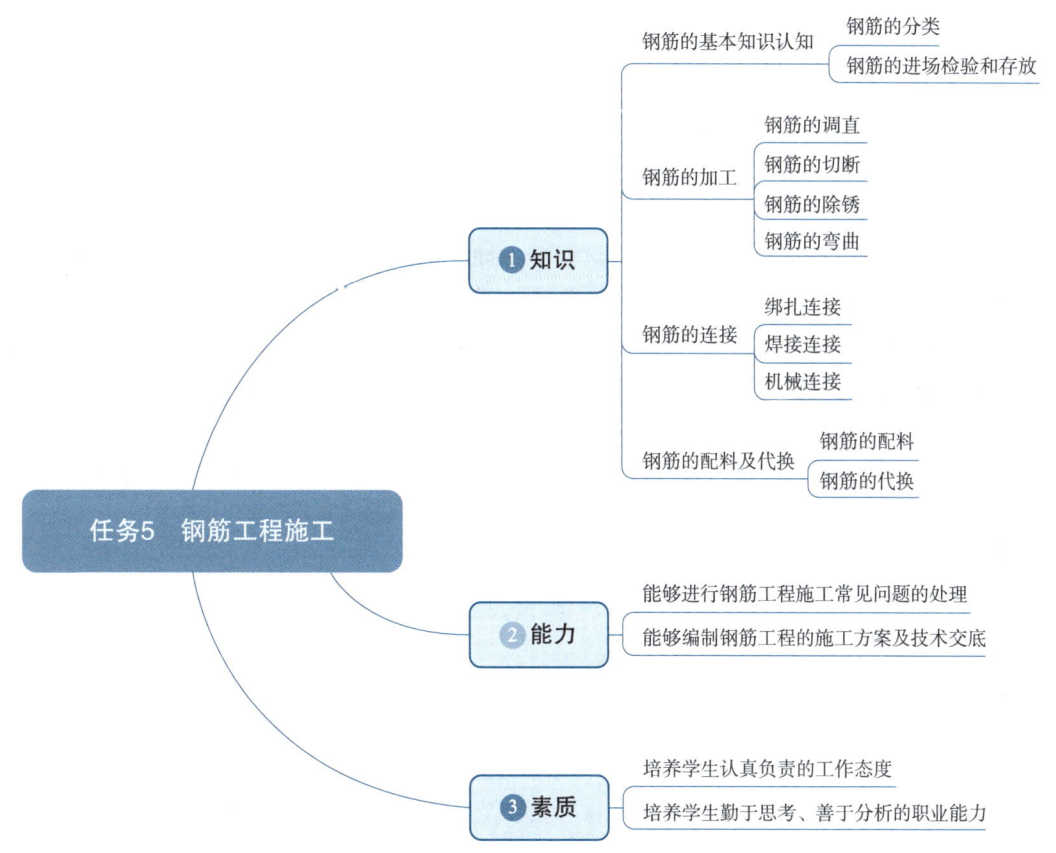

知识模块1　钢筋的基本知识认知

一、钢筋的分类

钢筋种类很多,通常按轧制外形、直径大小、生产工艺、力学性能,以及在结构中的用途进行分类。

1. 按轧制外形分类

按轧制外形,钢筋可分为光面钢筋和带肋钢筋。

①光面钢筋(俗称圆钢):Ⅰ级钢筋(Q235钢筋)均轧制为光面圆形截面。供应形式有盘圆,直径不大于10 mm,长度为6～12 m。

②带肋钢筋(俗称螺纹钢):有螺旋形、人字形和月牙形三种,一般Ⅱ、Ⅲ级钢筋轧制成人字形,Ⅳ级钢筋轧制成螺旋形及月牙形。

2. 按直径大小分

按直径大小,钢筋可分为钢丝(直径3～5 mm)、细钢筋(直径6～10 mm)、粗钢筋(直径大于22 mm)。

3. 按生产工艺分

按生产工艺,钢筋可分为热轧钢筋和冷加工钢筋。冷加工钢筋可分为冷轧带肋钢筋、冷轧扭钢筋和冷拔低碳钢丝等。热轧钢筋分为普通热轧带肋钢筋(hot-rolled ribbed bars,HRB)、普通热轧光圆钢筋(hot-rolled plain steel bar,HPB)、细晶粒热轧带肋钢筋(hot-rolled ribbed bars of fine grains,HRBF)和余热处理钢筋(remained-heat-treatmentribbed-steel bar,RRB)。现在钢筋常用有普通热轧钢筋、细晶粒热轧钢筋、冷轧扭钢筋、冷拔低碳钢丝。其中以前两者应用最广泛,后两者一般用在高强度预应力混凝土构件中。

4. 钢筋按力学性能分

按力学性能,钢筋可分为Ⅰ级钢筋(235/370级)、Ⅱ级钢筋(335/490级)、Ⅲ级钢筋(370/540)和Ⅳ级钢筋(500/630)

5. 按在结构中的作用分

按在结构中的作用,钢筋可分为受压钢筋、受拉钢筋、架立钢筋、分布钢筋、箍筋等。

二、钢筋的进场检验和存放

1. 钢筋的进场力学性能检验

钢筋是否符合质量标准,直接影响结构的安全使用。在施工中必须加强对钢筋进场验收和质量检查工作。检验内容包含钢筋出厂质量证明或试验报告单,每捆(盘)钢筋均应有标牌。钢筋进场时,应按现行国家标准《钢筋混凝土用钢 第1部分:热轧光圆钢筋》(GB 1499.1—2024)和《钢筋混凝土用钢 第2部分:热轧带肋钢筋》(GB 1499.2—2024)的规定取样进行力学性能抽样试验和外观检查。抽样检查时须按品种、批号及直径分批验收。每批热轧钢筋质量不超过60 t,钢绞线为20 t。热轧钢筋性能见表5-7。

表 5-1 热轧钢筋性能

钢筋牌号	符号	公称直径/mm	屈服点 R_{el}/MPa	抗拉强度 R_M/MPa	断后伸长率 A/%	冷弯 弯曲角度/%	冷弯 弯芯直径
HPB235	A	8~20	235	370	25	180	$D=3d$
HRB335 HRBF335	B	6~25	335	490	17	180	$D=3d$
		28~40				180	$D=4d$
		>40~50				180	$D=5d$
HRB400 HRBF500	C	6~25	400	540	16	180	$D=4d$
		28~40				180	$D=5d$
		>40~50				180	$D=6d$
HRB400 HRBF500	D	6~25	500	630	15	180	$D=6d$
		28~40				180	$D=7d$
		6~25				180	$D=8d$

钢筋的外观检查:钢筋的表面不得有裂痕、结疤和褶皱;钢筋表面的凸块不得超过螺纹的高度。

钢筋的外形尺寸应符合技术标准规定。

做力学性能试验时应从每批外观尺寸检查合格的钢筋中任选两根,每根取两个试件分别进行拉力试验(包括屈服强度、抗拉强度和伸长率的测定)和冷弯或反弯次数试验。如有一项试验结果不符合规定,则应从同一批钢筋中另取双倍数量的试件重新作上述四项试验。如果仍有一个试件不合格,则该批钢筋为不合格品,应不予验收或降级使用。

钢筋在加工使用中如发现机械性能或焊接性能不良,还应进行化学成分分析,检验其有害成分如硫(S)、磷(P)和砷(As)的含量是否超过规定范围。

2. 钢筋的存放

当钢筋运进施工现场后,必须严格按批分等级、牌号、直径、长度挂牌分别存放,并注明数量,不得混滑。钢筋应尽量堆入仓库或料棚内。条件不具备时,应选择地势较高、土质坚实、较为平坦的露天场地存放。在仓库或场地周围挖排水沟,以利泄水。堆放时钢筋下面要加垫木,离地不宜少于 200 mm,以防止钢筋锈蚀和污染。钢筋成品要分工程名称和构件名称,按号码顺序存放。同一项工程与同一构件的钢筋要存放在一起,按号挂牌挂列,牌上注明构件名称、部位、钢筋类型、尺寸、钢号、直径、根数,不能将几项工程的钢筋混放在一起。同时不要和产生有害气体的车间靠近,以免污染和腐蚀钢筋。

知识模块 2　钢筋的加工

钢筋的加工包括调直、切断、除锈和弯曲等工作。

一、钢筋的调直

一般采用钢筋调直机、数控钢筋调直切断机或卷扬机拉直设备进行。

1. 钢筋调直机

钢筋调直机用于将成盘状的钢筋调直和切断。原理是被调直的钢筋(4~12 mm)在送料辊和牵引辊的带动下在旋转的调直筒中调直。钢筋调直机械技术性能见表5-2。GT4-8 型钢筋调直机的外形如图5-1 所示。

表5-2　钢筋调直机械技术性能

性能参数	型号		
	GT4-8	GT4-14	数控钢筋调直切断机
调直钢筋直径/mm	4~8	4~14	4~8
自动切断长度/m	0.3~6	0.3~7.0	<10
调直速度/(m/min)	40	30~54	30
调直筒转数/(r/min)	2 800	1 800	—
调直用电动机型号	JO_2-42-4	JO_2-41-4	JO_2-31-4
功率/kW	5.5	4	2.2
转速/(r/min)	1 440	1 440	1 430

采用钢筋调直机调直冷拔钢丝和细钢丝时,要根据钢筋的直径选用调直模和传送压辊,并要正确掌握调直模的偏移量和压辊的压紧程度。

调直模的偏移量,根据其磨耗程度及钢筋品种通过试验确定;调直筒两端的调直模一定要在调直前后导孔的轴心线上,这是钢筋能否调直的一个关键。

冷拔钢丝和冷轧带肋钢筋经过调直后,其抗拉强度一般要降低 10%~15%。

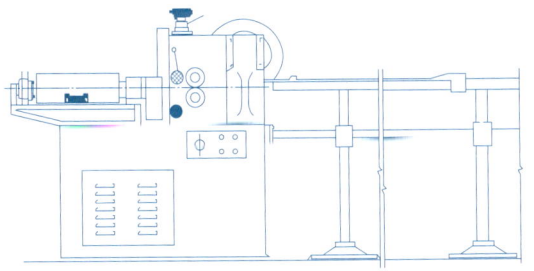

图 5-1　GT4-8 型钢筋调直机

2. 数控钢筋调直切断机

数控钢筋调直切断机是在原有调直机的基础上应用电子控制仪,准确控制钢丝断料长度,并自动计数。数控钢筋调直切断机切断料精度高(偏差仅为 1~2 mm),并实现钢丝调直切断自动化。采用此机时,要求钢丝表面光洁,截面均匀,以免钢丝移动时速度不匀,影响切断长度的精确性。

3. 卷扬机拉直设备

卷扬机拉直设备如图5-2 所示。该设备简单,宜用于施工现场或小型构件厂。采用该方法调直钢筋时,HPB235 级钢筋的冷拉率不宜大于 4%,HRB335 级、HRB400 级及 RRB400 级冷拉率不宜大于 1%。

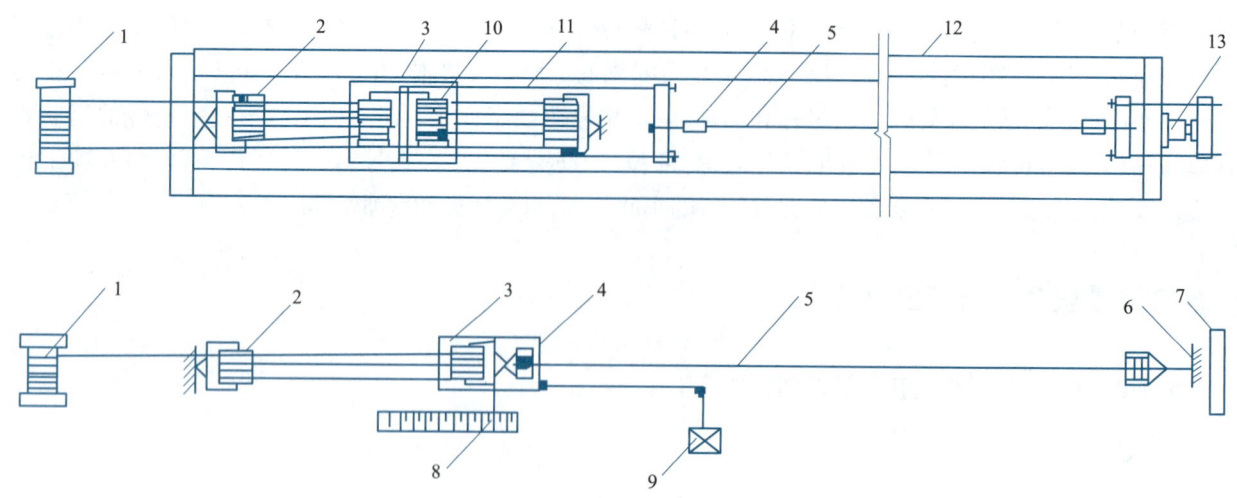

1—卷扬机；2—滑轮组；3—冷拉小车；4—夹具；5—被冷拉的钢筋；6—地锚；
7—防护壁；8—标尺；9—回程荷重架；10—回程滑轮组；11—传力架；12—槽式台座；13—液压千斤顶。

图 5-2 卷扬机拉直设备布置图

二、钢筋的切断

钢筋下料时必须按下料长度进行剪断。钢筋切断常用的工具有钢筋切断机或手动切断器。切断时根据下料长度，统一排料；先断长料，后断短料；减少短头，减少损耗。

1. 钢筋切断机

钢筋切断机可切断直径为 12～40 mm 的钢筋。GQ40 型钢筋切割机的外形如图 5-3 所示。

2. 手动切断器

手动切断机一般只用于切断直径小于 12 mm 的钢筋。

3. 其他切断器

直径大于 40 mm 的钢筋需用氧乙炔焰、电弧切割，也可用砂轮切割机切割。

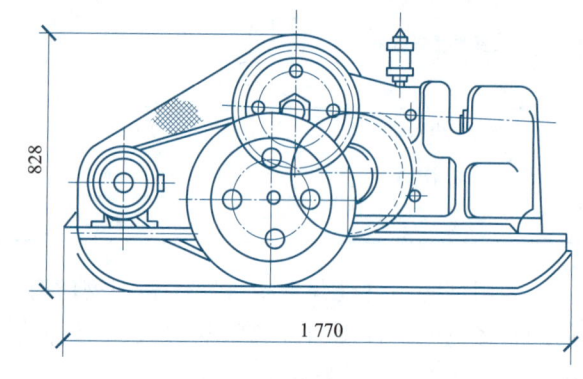

图 5-3 GQ40 型钢筋切割机外形（单位：mm）

三、钢筋的除锈

钢筋的除锈按使用的机具可分为机械除锈和手工除锈。

1. 机械除锈

机械除锈可以采用冷拉或调直机除锈以及电动除锈机。经冷拉或机械调直的钢筋，一般不必进行除锈，这对大量钢筋的除锈较为经济省工。电动除锈机除锈，对钢筋的局部除锈较为方便。

2. 手工除锈

手工除锈的方法有钢丝刷、砂轮除锈，以及喷砂及酸洗除锈。由于费工费料，现在已很少采用。

四、钢筋的弯曲

钢筋切断后，要根据图纸要求弯曲成一定的形状。根据弯曲设备的特点及工地习惯进行划线，以便弯曲成所规定的（外包）尺寸。当弯曲形状比较复杂的钢筋时，可先放出实样，再进行弯曲。

钢筋弯曲宜采用钢筋弯曲机（见图 5-4），弯曲机可弯直径 6～40 mm 的钢筋。直径小于 25 mm 的钢筋当无弯曲机时，也可采用板钩弯曲。目前钢筋弯曲机着重承担弯曲粗钢筋，弯曲钢筋有专用弯曲机。

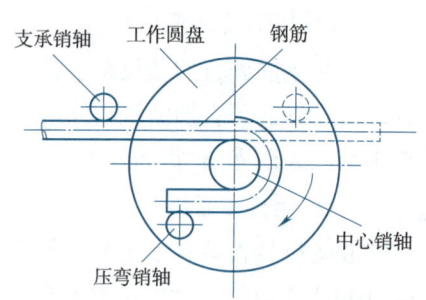

图 5-4 钢筋弯曲机原理图

知识模块 3　钢筋的连接

钢筋接头的连接方法有绑扎连接、焊接连接和机械连接。

一、绑扎连接

钢筋搭接处,应在中心及两端用 20～22 号镀锌铁丝(扎丝)扎牢。钢筋的绑扎连接其实只是起一个临时的连接作用,并没真正意义上将两根钢筋连接起来,须等构件中的混凝土浇筑固结后,两根钢筋在混凝土的胶结作用下才实现了真正意义上的连接。因此,钢筋的搭接连接须有一定的搭接长度,搭接长度及接头位置等要符合《混凝土结构工程施工质量验收规范》(GB 50204—2015)的规定。

由于搭接接头仅靠黏界结力传递钢筋内力,可靠性较差,以下情况不得采用绑扎接头:

(1)轴心受拉及小偏心受拉杆件(如桁架和拱的拉杆)。

(2)受拉钢筋直径大于 28 mm 及受压钢筋直径大于 32 mm。

(3)需要进行疲劳验算构件中的受拉钢筋。

二、焊接连接

钢筋焊接连接常用的方法有闪光对焊、电阻点焊、电弧焊、电渣压力焊、气压焊等。

1. 闪光对焊(flash welding)

钢筋对焊具有成本低、质量好、功效高并对各种钢筋都适用的特点,因而得到普遍应用。钢筋对焊原理及工艺流程如图 5-5 和图 5-6 所示。它是利用对焊机使两段钢筋接触,通过低电压强电流,把电能转化为热能,使钢筋加热到一定温度后,即施以轴向压力顶锻,使两根钢筋焊合在一起。钢筋对焊常用闪光焊。根据钢筋品种、直径和所用焊机功率不同,闪光焊的工艺又分为连续闪光焊、预热闪光焊、闪光—预热—闪光焊。

(1)连续闪光焊

连续闪光焊的工艺过程包括连续闪光和顶锻过程,即先将钢筋夹在焊机电极钳口上,然后闭合电源,使两端钢筋轻微接触,由于钢筋端部凸凹不平,开始仅有一点或数点接触,接触面很小。放电流密度和接触电阻很大,接触点很快熔化,形成"金属过梁"。过梁进一步加热,产生金属蒸气飞溅形成闪光现象,然后再徐徐移动钢筋,保持接头轻微接触,形成连续闪光过程,接头也同时被加热,直至接头端面烧平、杂质闪掉、接头熔化后,随即施加适当的轴向压力迅速顶锻,先带电顶锻,随之断电顶锻到一定长度,由于闪光的作用使空气不能进入接头处;同时又闪去接口中原有杂质的氧化膜,通过挤压,把熔化的氧化物全部挤出,因而接头得到保证。

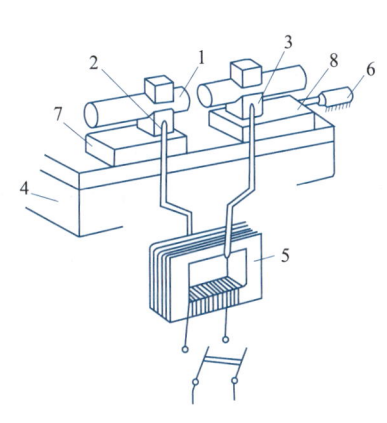

1—钢筋;2—固定电极;3—可动电极;4—机座;
5—变压器;6—平动顶压机构;7—固定支座;8—滑动支撑。

图 5-5　钢筋对焊原理

图 5-6　闪光对焊工艺流程图

(2)预热闪光焊(断续闪光—闪光—顶锻)

由于连续闪光焊焊接大直径钢筋受到限制,为了发挥焊机效用,对于直径在 25 mm 以上端面较平整的钢筋,则可采用预热闪光焊。这种方法是在预热闪光焊之前,增加一次预热过程,以扩大焊接热影响区,即在闭合电源后使两钢筋端面交替地接触和分开,这时在钢筋端面的间隙中即发生断续的闪光,从而形成预热过程。当钢筋达到预热温度后,随即进行连续闪光和顶锻。

(3)闪光—预热—闪光焊

在预热闪光焊前增加一次闪光过程,使预热均匀。采用这种工艺焊接钢筋时,其操作要点为多次闪光,闪平为准;预热充分,频率较高($3 \sim 5$ 次/s);二次闪光,短、稳、强烈;顶锻过程快速有力。闪光—预热—闪光焊比较适合焊接直径大于 25 mm 且端面不够平整的钢筋,这是对焊中最常用的一种方法。

2. 电阻点焊(resistance sopt welding of reinforcing bar)

在各种预制构件中,利用点焊机进行交叉钢筋焊接,使单根钢筋成型为各种网片、骨架,以代替人工绑扎,是实现生产机械化、提高功效、节约劳动力和材料(钢筋端部不需弯钩)、保证质量、降低成本的一种有效措施。使用焊接骨架和焊接网,可使钢筋在混凝土中更好地锚固,可提高构件的刚度和抗裂性,因此钢筋骨架成型应优先采用点焊。

点焊的工作原理如图 5-7 所示,是将已除锈的钢筋交叉点放在点焊机的两电极间,使钢筋通电发热至一定温度后,加压使焊点金属焊合。其操作流程如图 5-8 所示。

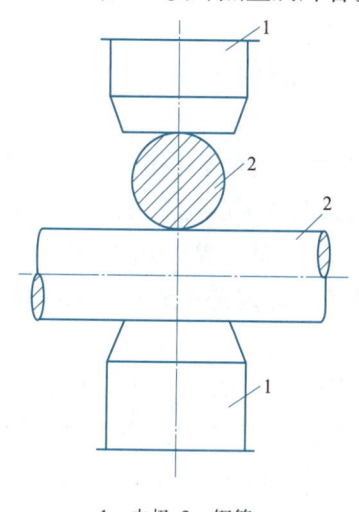

1—电极;2—钢筋。

图 5-7 钢筋点焊原理

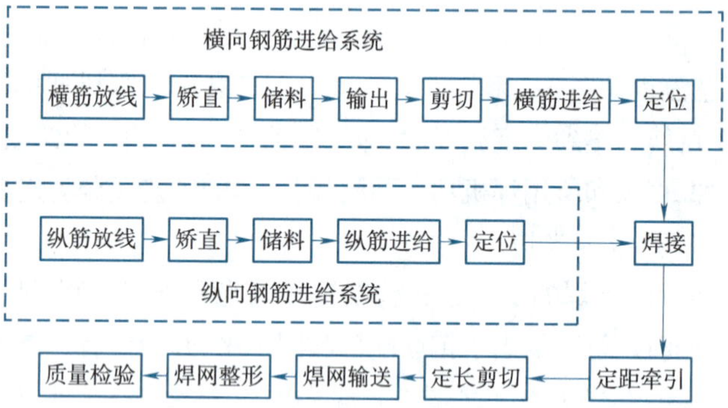

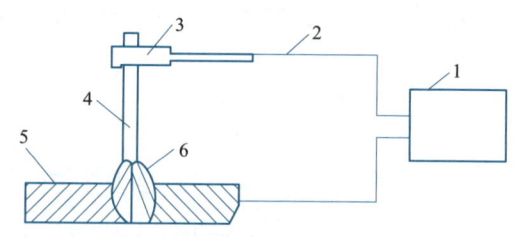

图 5-8 钢筋点焊机操作流程

3. 电弧焊(arc welding of reinforcing steel bar)

电弧焊的工作原理如图 5-9 所示。电焊时,电焊机送出低压的强电流,使焊条与焊件之间产生高温电流,将焊条与焊件金属熔化,凝固时形成一条焊缝。电弧焊的操作流程如图 5-10 所示。

电弧焊应用较广,如整体式钢筋混凝土结构中钢筋接长、装配式钢筋接头、钢筋骨架焊接及钢筋与钢板的焊接等。钢筋电弧焊的接头形式主要有搭接接头、帮条接头、坡口(剖口)接头、钢筋与预埋件接头四种。

1—电源;2—导线;3—焊钳;4—焊条;5—焊件;6—电弧。

图 5-9 钢筋的电弧焊原理

(1)搭接接头

焊接时,先将钢筋的端部按搭接长度预弯,使被焊接钢筋与其在同一轴线上,并采用两端点焊定位,焊接宜采用双面焊,当双面施焊有困难时,也可采用单面焊。

(2)帮条接头

帮条钢筋宜与主筋同级别、同直径,帮条与被焊接钢筋的级别不相同时,还应按钢筋的计算强度进行换算。所采用帮条的总截面面积应满足:当被焊接钢筋为 HPB235 级时,应不小于被焊接钢筋截面的 1.2

倍;为 HRB335 级、HRB400 级时,则应不小于 1.5 倍。主筋端面间的间隙应为 2~5 mm,帮条和主筋间用四点对称定位焊加以固定。钢筋搭接接头与帮条接头焊接时,焊接厚度应不小于 0.3d,且大于 4 mm;焊缝宽度不小于 0.7d,且不小于 10 mm。

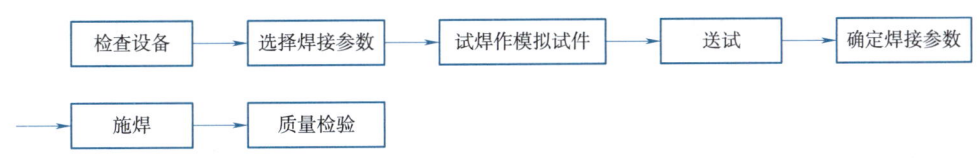

图 5-10　钢筋电弧焊操作流程

(3)坡口(剖口)接头

坡口(剖口)接头分平焊接头和立焊接头,如图 5-11 所示。当焊接 HRB400 级、RRB400 级钢筋时应先将焊件加温处理。坡口接头较上两种接头节约钢材。

(4)钢筋与预埋件接头

钢筋与预埋件接头可分为对接接头和搭接接头两种。对接接头又可分为角焊和穿孔塞焊。如图 5-12 所示,当钢筋直径为 6~25 mm 时,可采用角焊;当钢筋直径为 20~30 mm 时,宜采用穿孔塞焊。

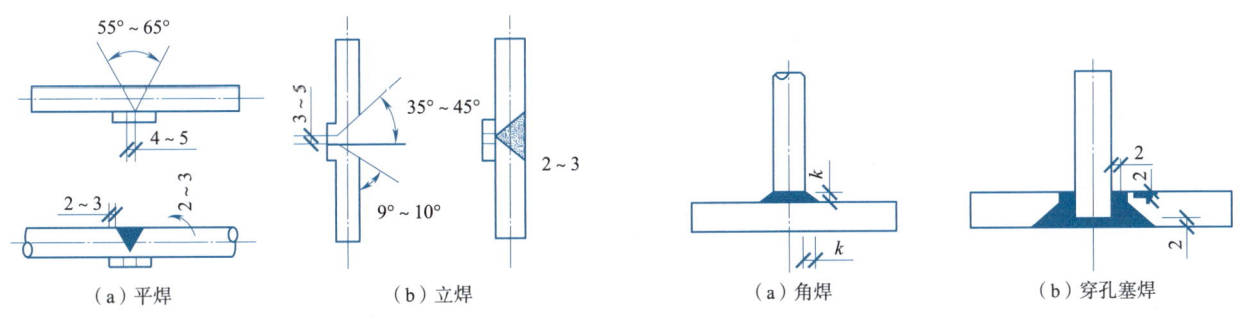

图 5-11　钢筋坡口接头(单位:mm)　　　　图 5-12　钢筋与预埋件焊接

4. 电渣压力焊(electro-slag welding,ESW)

电渣压力焊是利用电流通过电渣池产生的电阻热将钢筋端部熔化,然后施加压力使钢筋焊合。主要用于现浇结构中异径差在 9 mm 内直径 14~40 mm 的竖向或斜向(倾斜度在 4∶1 内)钢筋的接长。这种焊接方法操作简单、工作条件好、工效高、成本低,比电弧焊接头节电 80% 以上,比绑扎连接和帮条搭接节约钢筋 30%,提高工效 6~10 倍。

电渣压力焊设备包括焊接电源、焊接夹具和焊剂盒等,如图 5-13 所示。操作流程如图 5-14 所示。

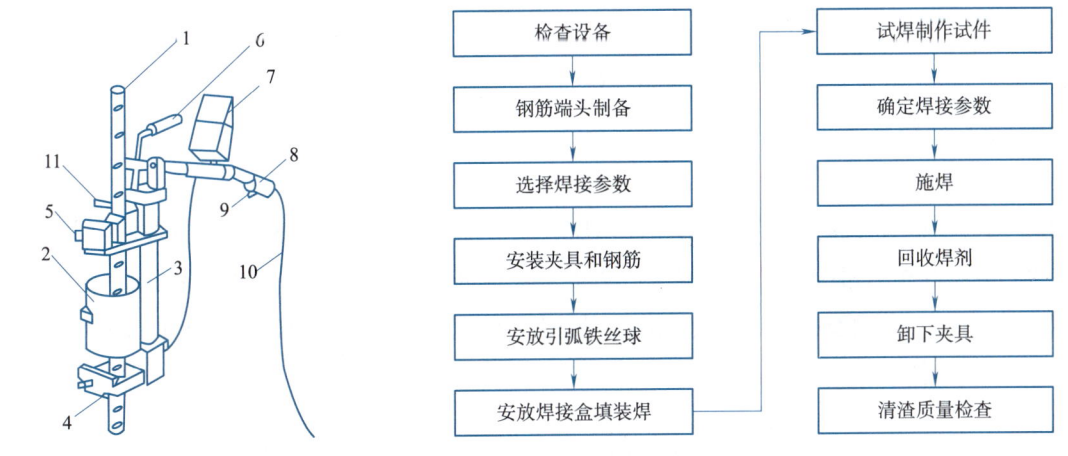

1—钢筋;2—焊剂盒;3—单导柱;4—下夹头;
5—上夹头;6—手柄;7—监控仪表;8—操作手把;
9—开关;10—控制电缆;11—插座。

图 5-13　电渣压力焊示意图　　　　图 5-14　钢筋电渣压力焊施工流程图

在钢筋电渣压力焊焊接过程中,如发现裂纹、未熔合、烧伤等焊接缺陷应查找原因,采取措施,及时消除。

5. 气压焊

气压焊接钢筋是利用乙炔-氧混合气体燃烧的高温火焰对已有初始压力的两根钢筋端部接合处加热,使钢筋端部产生塑性变形,并促使钢筋端部的金属原子互相扩散,当钢筋加热到 1 250~1 350 ℃(相当于钢材熔点的 0.8~0.9 左右,此时钢筋加热部位呈病黄色,有白亮闪光出现)时进行加压顶锻,钢筋内的原子再结晶而焊接。

钢筋气压焊接属于热压焊。在焊接加热过程中,加热温度为钢材熔点的 0.8~0.9,钢材未呈熔化液态,且加热时间较短,钢筋的热输入量较少,所以不会出现钢筋材质劣化倾向。另外,其设备轻巧、使用灵活、效率高、节省电能、焊接成本低、可进行全方位(竖向、水平和斜向)焊接,目前已在我国得到推广应用。

气压焊接设备(见图 5-15)主要包括加热、加压系统两部分。

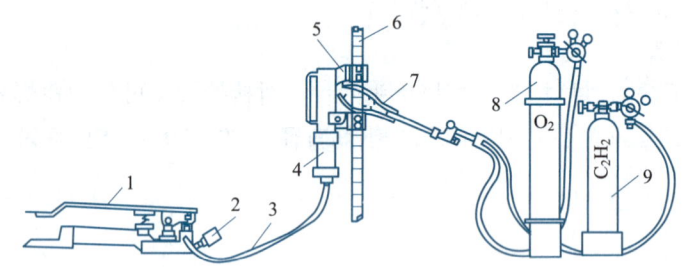

1—脚踏液压泵;2—压力表;3—液压胶管;4—油罐;
5—钢筋卡具;6—被焊钢筋;7—多火口烤枪;8—氧气瓶;9—乙炔瓶。

图 5-15 气压焊示意图

气压焊接的钢筋要用砂轮切割机断料,要求端面与钢筋轴线垂直。焊接前列磨端面清除氧化物和污物,并喷涂一层焊接活化剂以保护端面不再氧化。操作过程如图 5-16 所示。

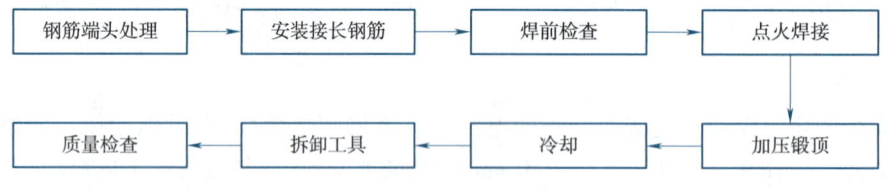

图 5-16 钢筋气压焊施工流程图

三、机械连接

钢筋机械连接具有很多优点:接头强度高,质量稳定可靠,对钢筋无可焊性要求;无明火作业,不受气候影响;工艺简单,连接速度快。下面介绍几种常用的钢筋机械连接的方法。

1. 钢筋锥螺纹套筒连接接头

(1)原理

用专用套丝机,把两根待接钢筋的连接端加工成符合要求的锥形螺纹,通过预先加工好的相应的连接套筒,然后用特制扭力钳按规定的力矩值把两根待接钢筋拧紧咬合连成一体的钢筋机械连接接头。这是目前应用较广的一种钢筋机械连接接头形式(见图 5-17),可用于连接 Φ10~Φ40 的 HPB235 级~RRB400 级钢筋。施工操作流程如图 5-18 所示。

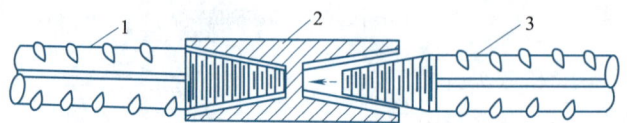

1—已连接的钢筋;2—锥形螺纹套筒;3—未连接的钢筋。

图 5-17 锥螺纹套筒连接图

图 5-18 锥螺纹套筒连接操作流程图

(2)机具设备

钢筋锥螺纹套丝机,量规(牙形规、卡规、锻螺纹塞规等),力矩扳手[石 PW360(管钳)型,力矩值为 100~360 N·m],辅助机具:有砂轮锯、角向磨光机、台式砂轮机各一台。

(3)施工中应该注意的要点

①严格控制螺纹现场加工质量。螺纹现场加工质量直接影响接头质量的强度与变形性能。

②严格控制锥螺纹连接套筒质量。锥螺纹连接套筒质量也是影响接头质量的重要因素,因此要严格控制材质,进行集中生产,保证产品质量。

③控制好扭紧力矩值。根据《钢筋机械连接技术规程》(JGJ 107—2016)连接钢筋时,应该对准轴线将钢筋拧入连接套,然后用力矩扳手拧紧。接头拧紧值应该满足表 5-3 的要求。

表 5-3 接头拧紧力矩值

钢筋直径/mm	拧紧力矩/Nm
16	118
18	145
20	177
22	216
25~28	275
32	314
36~40	343

2. 镦粗直螺纹钢筋连接

镦粗直螺纹钢筋连接是我国近年开发的新一代钢筋连接技术。它通过对钢筋端部冷镦扩粗、切削螺纹,再用连接套筒对接钢筋。这种接头综合了套筒挤压接头和锥螺纹接头的优点,具有接头强度高、质量稳定、施工方便、连接速度快、应用范围广、综合效益好的特点,因此被广泛运用在高层建筑、桥梁工程、核电站、电视塔等结构工程中。

镦粗直螺纹钢筋连接施工流程如图 5-19 所示。

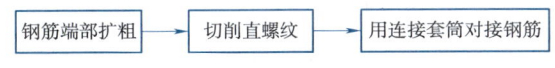

图 5-19 镦粗直螺纹套筒连接施工流程

使用中应该严格进行质量控制:钢筋的下料端面平直,允许少量偏差,应以能镦出合格头型为准;镦粗直螺纹接头的质量要稳定、螺纹规整;套筒要符合《钢筋机械连接技术规程》(JGJ 107—2016)规定,进场要严格核对产品的名称、型号、规格、数量、制造日期、生产批号和生产厂名等。

3. 钢筋套筒挤压连接

(1)原理

将两根持接变形粗钢筋的端头先后插入一个优质钢套筒,采用专用液压钳挤压钢套筒,使钢套筒产生塑性变形,从而使钢套筒的内壁变形而紧密嵌入钢筋螺纹,将两根待接钢筋连于一体。

(2)机具设备

挤压连接设备由油压钳、超高压油管和超高压油压泵组成。

辅助设备和专用量具:

①采用挤压连接方法施工时,一般应配备吊具、角向砂轮等辅助设备。

②检测卡尺的测量精度应达到 ±0.1 mm。

(3)施工套筒挤压连接施工流程如图 5-20 所示。

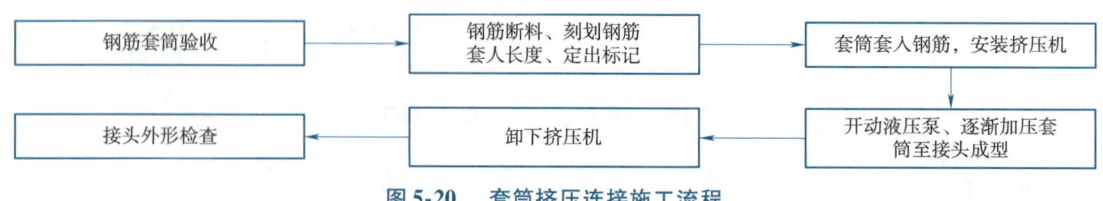

图 5-20 套筒挤压连接施工流程

(4) 施工中应注意的事项

① 严格把好套筒质量关。钢筋连接套筒必须有适中的强度和良好的延性，其强度应高出被连接钢筋强度的 1.1 倍，其挤压接头应符合《钢筋机械连接技术规程》(JGJ 107—2016) 规定。

② 选好设备及模具。挤压时应选用移动方便、经久耐用的设备，设备的模具接头质量要好，尽量使钢筋获得较为均匀的挤压力，达到接触均匀的效果。

③ 严格按施工操作规程操作，遵守各项有关技术和安全规定。挤压前应该清除钢筋端头浮锈和杂质，并在钢筋两端做出标记，以便检查钢筋；对少数超公差或马蹄形端头的钢筋应做打磨或切除处理；针对进场的钢筋情况、设备及套筒进行各项性能试验和各种钢筋规格的连接试验。

挤压应从套筒中间开始，顺次向两端挤压，应认真检查定位标记，确保被接钢筋插到套筒中线；挤压时应将钢筋调直，保证压接器与钢筋轴线垂直。

4. 钢筋连接质量检验

根据《钢筋机械连接技术规程》(JGJ 107—2016) 规定，现场检验应分批进行，同一施工条件下采用同一批材料的同等级、同形式、同规格接头，以 500 个为一批进行验收，不足 500 个也作为一批，在每一批中应随机抽 3 个试件做单向拉伸试验，都满足规程中的强度等级要求时为合格品，如有一个试件的抗拉强度不符合要求，应再取双倍的试件进行复检，如仍有一个不符合要求，则该批为不合格。在现场连续检验 10 批，其全部单向拉伸试件一次抽检均为合格时，验收批接头数量可扩大 1 倍。

知识模块 4　钢筋的配料及代换

一、钢筋的配料

钢筋的配料就是根据设计图纸和会审记录，按不同构件分别计算出钢筋下料长度和根数，填写配料单、然后进行备料加工。

1. 钢筋下料长度的计算原则及计算方法

(1) 钢筋长度。

结构施工图中所指钢筋长度是钢筋外缘至外缘之间的长度，即外包尺寸，这也是施工中量度钢筋长度的基本依据。

(2) 混凝土保护层厚度。

混凝土保护层厚度是指受力钢筋外边缘至混凝土构件表面的距离，设计无要求时按规范规定。

(3) 钢筋末端弯钩增长值。

钢筋末端弯钩有 180°、135° 及 90° 三种（见图 5-21）。

① HPB235 级钢筋末端应作 180° 弯钩，在普通混凝土中取其弯弧内直径 $D = 2.5d$，平直段长度为 $3d$，故每一弯钩增加长度为 $6.25d$（包括减量度差值）。

② 当设计要求钢筋末端作 135° 弯钩时，HRB335 级、HRB400 级钢筋弯弧内直径不应小于钢筋直径的 4 倍，弯钩的平直段长度符合设计要求。故当弯 135° 弯钩时，弯钩增长值为 $3d +$ 平直段长。

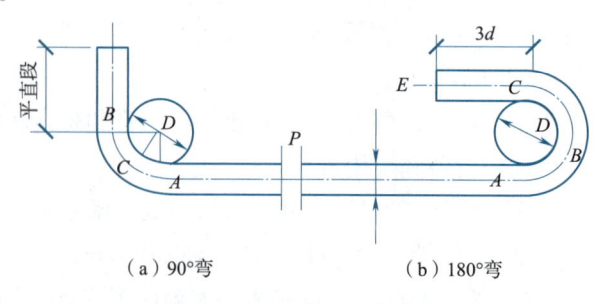

(a) 90°弯　　(b) 180°弯

图 5-21　钢筋的弯钩图

③钢筋作不大于90°的弯折时,弯折处的弯弧内直径不应小于钢筋直径的5倍,故当弯90°时,弯钩增长值为2d+平直段长。

④除焊接封闭环式箍筋外,箍筋的末端应作弯钩。弯钩形式应符合设计要求。当设计无具体要求时,箍筋弯钩的弯弧内直径除应满足前三条的规定外,还应不小于受力钢筋直径;箍筋弯钩的弯折角度,对一般结构,不应小于90°,对有抗震等要求的结构,应为135°;箍筋弯后平直部分长度,对一般结构,不宜小于箍筋直径的5倍,对有抗震等要求的结构,不应小于箍筋直径的10倍。箍筋弯钩下料增长值见表5-4。

(4)钢筋中间部位弯曲量度差值

钢筋弯曲后的特点是:在弯曲处内皮收缩、外皮延伸、轴线长度不变。直线钢筋的外包尺寸等于轴线长度;而钢筋弯曲段的外包尺寸大于轴线长度,二者之间存在一个差值,称为量度差值。如果下料长度按外包尺寸的总和来计算,则弯曲后钢筋尺寸大于设计要求的尺寸,影响施工质量,也造成材料的浪费;只有按轴线长度下料加工,才能使钢筋形状尺寸符合设计要求。因此,钢筋下料时,其下料长度应为各段外包尺寸之和减去量度差值,再加上两端弯钩增加长度。

量度差值与钢筋弯弧内直径与弯曲角度有关。为简便计算,取量度差值近似值如下:当弯30°时,取0.3d;当弯45°时,取0.5d;当弯60°时,取d;当弯90°时,取2d;当弯135°时,取3d。

表5-4 箍筋弯钩下料增长值 单位:mm

受力钢筋直径	90°/90°弯钩					135°/135°弯钩				
	箍筋直径					箍筋直径				
	5	6	8	10	12	5	6	8	10	12
≤25	70	80	100	120	140	140	160	200	240	280
>25	80	100	120	140	150	160	180	210	260	300

(5)箍筋调整值

箍筋调整值即弯钩增加长度和量度差值两项之差,由箍筋量外包尺寸和内皮尺寸而定(见表5-5)。

表5-5 箍筋调整值 单位:mm

箍筋的量度方法	箍筋直径			
	4~5	6	8	10~12
量外包尺寸	40	50	60	70
量内包尺寸	80	100	120	150~170

2. 钢筋下料长度计算示例

某工程第一层共有5根L_1梁,梁的配筋如图5-22所示,试作钢筋配料单(保护层厚度取25 mm,弯起筋弯起角度为45°)。

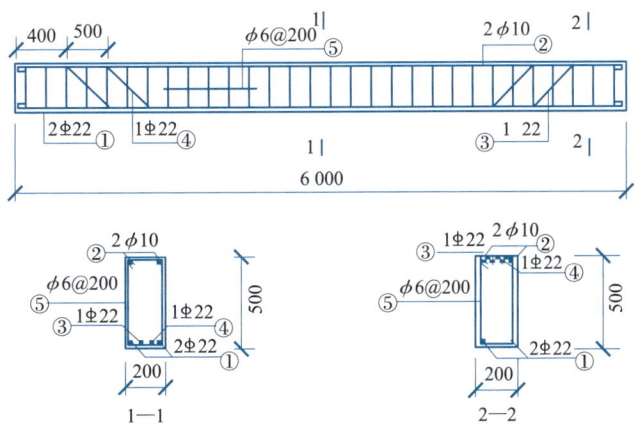

图5-22 L_1梁的配筋详图(单位:mm)

L_1梁各钢筋下料长度计算如下：

①号钢筋为HPB335级钢筋，两端作180°弯钩，计算：

$$(6\ 000 - 2 \times 25 + 2 \times 6.25 \times 22)\ \text{mm} = 6\ 225\ \text{mm}$$

②号钢筋下料长度为

$$(6\ 000 - 2 \times 25 + 2 \times 6.25 \times 10)\ \text{mm} = 6\ 075\ \text{mm}$$

③号钢筋为弯起钢筋，分段计算其长度：

端部平直段长为　　　$(400 - 25)\ \text{mm} = 375\ \text{mm}$

斜段长为　　　　　（梁高 -2 倍保护层厚度）$\times 1.414 = (400 - 2 \times 25)\ \text{mm} \times 1.414 = 564\ \text{mm}$

中间平直段长为　　　$[6\ 000 - 2 \times 400 - 2 \times (450 - 2 \times 25)]\ \text{mm} = 4\ 400\ \text{mm}$

则③号钢筋的下料长度为$(375 \times 2 + 564 \times 2 + 4\ 400 - 4 \times 0.5 \times 22 + 2 \times 6.25 \times 22)\ \text{mm} = 6\ 509\ \text{mm}$

④号钢筋为弯起钢筋，分段计算其长度。

端部平直段长为　　　$(400 + 500 - 25)\ \text{mm} = 875\ \text{mm}$

中间平直段长为　　　$[6\ 000 - 2 \times (400 + 500) - 2 \times (450 - 2 \times 25)]\ \text{mm} = 3\ 400\ \text{mm}$

则④号钢筋下料长度为：$(875 \times 2 + 564 \times 2 + 3400 - 4 \times 0.5 \times 22 + 2 \times 6.25 \times 22)\ \text{mm} = 6\ 509\ \text{mm}$

⑤号钢筋为箍筋，箍筋调整值查表5-5为50 mm，箍筋外包尺寸为

$$\text{宽度} = (200 - 2 \times 25 + 2 \times 6)\ \text{mm} = 162\ \text{mm}$$

$$\text{高度} = (450 - 2 \times 25 + 2 \times 6)\ \text{mm} = 412\ \text{mm}$$

则⑤号箍筋的下料长度为　　$[(162 + 412) \times 2 + 50]\ \text{mm} = 1\ 198\ \text{mm}$

箍筋根数为（构件长 -2 倍保护层厚度）/箍筋间距 $+1 = [(6\ 000 - 2 \times 25)/(2\ 000 + 1)]$ 根 $= 30.75$（根）取31根。

作钢筋配料单见表5-6。

表5-6　钢筋的配料单

构件名称	钢筋编号	简图	直径/mm	钢号	下料长度/mm	单位根数	合计根数	质量/kg
L_1梁共5根	①	5 950	22	Φ	6 225	2	10	185.5
	②	5 950	10	Φ	6 075	2	10	37.4
	③	375　564　4 400　564　375	22	Φ	6 509	1	5	97.0
	④	875　564　4 400　564　875	22	Φ	6 509	1	5	97.0
	⑤	412　162	6	φ	1 198	31	155	41.3

备注：合计 $\phi 6$：41.3 kg；$\phi 10$：37.4 kg；$\phi 22$：379.5 kg。

为了加工方便，根据钢筋配料单，每一编号钢筋都做一个钢筋加工牌，待钢筋加工完毕将加工牌绑在钢筋上以便识别。钢筋加工牌应注明工程名称、构件编号、钢筋规格、总加工根数、下料长度及钢筋简图、外包尺寸等。

本工程：某教学楼附楼第一层楼的KL1，共计5根，如图5-23所示，混凝土保护层厚度25 mm，抗震等级为3级，C35混凝土，柱截面尺寸为500 mm×500 mm，请对其进行钢筋下料长度的计算，并填写钢筋的下料单。

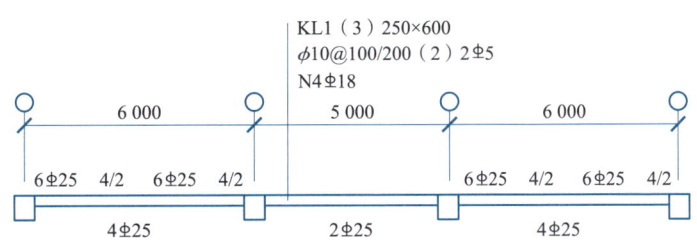

图 5-23　KL1 梁(共 5 根)(单位:mm)

解　依据 **22**G101-1 图集,梁的上部钢筋有通长钢筋和非通长钢筋,通长筋在角部,非通长筋在中间,通长钢筋采用集中标注,非通长钢筋在原位标注,原位标注的根数包含了集中标注的根数。当梁的纵向钢筋多于一排时,用"/"将各排纵向钢筋自上而下分开。

当梁配置有受扭钢筋或构造钢筋时,以大写字母 N 或 G 开头,表示对称布置。

结合以上施工图的识读,绘制本例中的纵向钢筋根数的大样图,如图 5-24 所示。

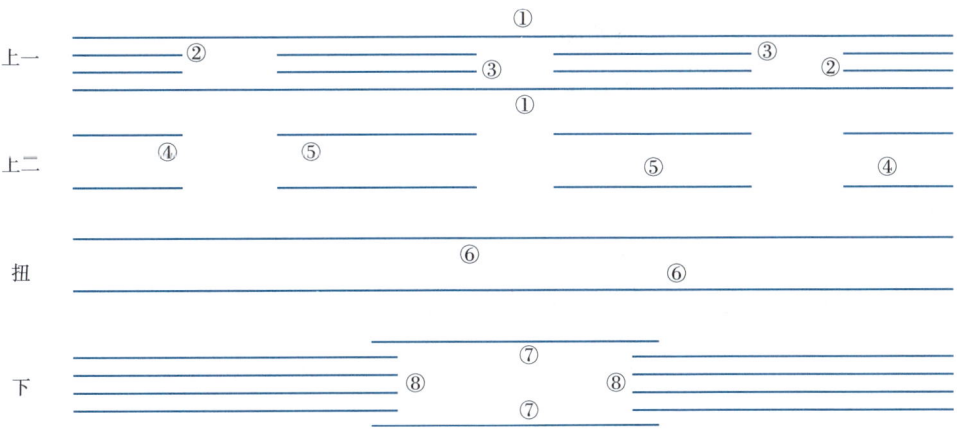

图 5-24　KL1 梁内纵向钢筋大样图

各纵向钢筋的含义如下:

① 通长钢筋,位于上部第一排的两个角部,2 根直径 25。
② 边跨上部第一排直角筋,位于上部第一排的中间,4 根直径 25。
③ 中间支座上部直角筋,位于上部第一排的中间,4 根直径 25。
④ 边跨上部第二排直角筋,位于上部第二排的两侧,4 根直径 25。
⑤ 中间支座上部直角筋,位于上部第二排的中间,4 根直径 25。
⑥ 抗扭钢筋,梁的每侧面各配置 2 根直径 18 钢筋,对称布置,共 4 根。
⑦ 中间跨下部钢筋,2 根直径 25。
⑧ 边跨下部中直角筋,8 根直径 25。
⑨ 箍筋。

计算过程如下:

(1)查阅有关数据

依 22G101-1 图集,查得以下有关数据。

$$25:0.4l_{aE} = 0.4 \times 31 \times 25 \text{ mm} = 210 \text{ mm}; 15d = 15 \times 25 \text{ mm} = 375 \text{ mm}$$
$$18:0.4l_{aE} = 0.4 \times 31 \times 18 \text{ mm} = 223 \text{ mm}; 15d = 15 \times 18 \text{ mm} = 270 \text{ mm}$$

式中,$0.4l_{aE}$ 表示三级抗震等级钢筋进入柱中水平方向的锚固长度值。$15d$ 表示柱中竖向钢筋的锚固长度值。

① $l_{aE} = 31 \times 25 \text{ mm} = 775 \text{ mm}$

② $0.5h_c + 5d = (0.5 \times 500 + 5 \times 25)$ mm = 325 mm

式中,h_c 为柱宽。

中间跨下部筋在支座处的锚固长度取①、②的较大值,即 775 mm。

(2)量度差

纵向钢筋的弯折角度为 90°,依据平法框架主筋的弯曲半径 $R = 4d$。

$$25:2.931d = 2.931 \times 25 \text{ mm} = 73 \text{ mm}$$
$$18:2.931d = 2.931 \times 18 \text{ mm} = 53 \text{ mm}$$

(3)各个纵向钢筋计算

① = 梁全长 − 左端柱宽 − 右端柱宽 + $2 \times 0.4l_{aE} + 2 \times 15d − 2 \times$ 量度差值
  = [(6 000 + 5 000 + 6 000) − 500 − 500 + 2 × 310 + 2 × 375 − 2 × 73] mm = 17 224 mm

② = 边净跨长度/3 + $0.4l_{aE} + 15d −$ 量度差值
  = [(6 000 − 500)/3 + 310 + 375 − 73] mm
  = 2 445 mm

③ = $2 \times L_{大}/3 +$ 中间柱宽($L_{大}$ = 左、右两净跨长度大者)
  = [2 × (6 000 − 500)/3 + 500] mm
  = 4 167 mm

④ = 边净跨长度/4 + $0.4l_{aE} + 15d −$ 量度差值
  = [(6 000 − 500)/4 + 310 + 375 − 73] mm
  = 2 060 mm

⑤ = $2 \times L_{大}/4 +$ 中间柱宽($L_{大}$ = 左、右两净跨长度大者)
  = [2 × (6 000 − 500)/4 + 500] mm
  = 3 520 mm

⑥ = 梁全长 − 左端柱宽 − 左端柱宽 + $2 \times 0.4l_{aE} + 2 \times 15d − 2 \times$ 量度差值
  = [(6 000 + 5 000 + 6 000) − 500 − 500 + 2 × 223 + 2 × 270 − 2 × 53] mm
  = 16 880 mm

⑦ = 左锚固值 + 中间净跨长度 + 右锚固值
  = [775 + (5 000 − 500) + 775] mm
  = 6 050 mm

⑧ = $0.4l_{aE} +$ 边跨跨度 + 锚固值 + $15d −$ 量度差值
  = [310 + (6 000 − 500) + 775 + 375 − 73] mm
  = 6 887 mm

⑨ = $2h$(KL1 截面高度) + $2b$(KL$_1$ 截面宽度) − $8a$(保护层厚度) + $28.27d$(箍筋直径)
  = (2 × 600 + 2 × 250 − 8 × 25 + 28.272 × 10) mm
  = 2 083 mm

(4)箍筋数量计算

加密区长度 = 900 mm(取 1.5h 与 500 mm 的较大值:1.5 × 600 mm = 900 mm > 500 mm)
每个加密区箍筋数量 = [(900 − 50)/100 + 1] 个 = 10 个
边跨非加密区箍筋数量 = [(6 000 − 500 − 900 − 900)/200 + 1] 个 = 20 个
中跨非加密区箍筋数量 = [(5 000 − 500 − 900 − 900)/200 + 1] 个 = 15 个
每跨要减去加密与非加密区重叠的 2 个箍筋。
每跟梁箍筋总数量 = (10 × 6 + 20 × 2 + 15 − 6) 个 = 109 个

(5)编制钢筋配料单

KL1 钢筋配料单见表 5-7。

表 5-7 KL1 钢筋配料单

构件名称	钢筋编号	简 图	直径/mm	钢筋级别	下料长度/mm	根数	合计根数	质量/kg
KL1梁共5根	①		25		17 224	2	10	663.4
	②		25		2 445	4	20	188.3
	③		25		4 167	4	20	321.0
	④		25		2 060	4	20	158.7
	⑤		25		3 250	4	20	250.3
KL1梁共5根	⑥		18		16 880	4	20	684.2
	⑦		25		6 050	2	10	233.0
	⑧		25		6 887	8	40	1 061.0
	⑨		10		2 083	109	545	700.0

二、钢筋的代换

在钢筋工程施工中,由于材料供应的具体情况,有时不可能满足设计图纸的要求。经常遇到缺少某种规格钢筋必须用另一种规格钢筋代换的情况。施工中应由设计单位出具代换文件或经设计单位同意后才能进行代换。钢筋代换主要是考虑强度计算和满足配筋构造要求,仅对某些特定的构件,如吊车梁等,代换后需进行裂缝宽度的验算。

1. 钢筋代换方法

①等强度代换,即代换后的钢筋"强度数值"要达到设计图纸上原来配筋的"强度数值"。代换时要满足

$$N_2 \geqslant N_1 \tag{5-1}$$

式中 N_1,N_2——代换前、后钢筋受力设计值。

$$N_1 = f_{y1}A_{S1},\ N_2 = f_{y2}A_{S2}$$

其中,f_{y1}、f_{y2}为代换前、后钢筋的设计强度值;A_{S1}、A_{S2}为代换前、后钢筋的总面积。

②等面积代换:构件按最小配筋率配筋时,或同强度等级的钢筋的代换,可按钢筋面积相等的原则进行代换,称为"等面积代换"。代换时应满足

$$A_{S2} = A_{S1} \tag{5-2}$$

2. 钢筋代换注意事项

①钢筋代换后,必须满足有关构造规定。

②由于螺纹的钢筋可使裂缝均布,故为了避免裂缝过度集中,对于某些重要构件,如吊车梁、薄腹梁、桁架的受拉杆件等,不宜以光面钢筋代换。

③偏心受压构件或偏心受拉构件作钢筋代换时,不取整个截面配筋量计算,而应按受力面(受压或受

拉)分别代换。

④代换直径与原设计直径的差值一般可不受限制,只要符合各种构件的有关配筋规定即可;但同一截面内如果配有几种直径的钢筋,相互间差值不宜过大(通常对同级钢筋,直径差值不大于5 mm),以免受力不均。

⑤代换时必须充分了解设计意图和代换材料的性能,严格遵守现行钢筋混凝土设计规范的各项规定,凡重要构件的钢筋代换,需征得设计单位的同意。

⑥梁的纵向受力钢筋和弯起钢筋,代换时应分别考虑,以保证梁的正截面和斜截面强度。

⑦在构件中同时用几种直径的钢筋时,在柱中,较粗的钢筋要放置在四角;在梁中,较粗的钢筋放置在两外侧;在预制板中(如空心楼板),较细的钢筋放置在两外侧。

⑧钢筋代换后,有时由于钢筋直径加大或根数增多而需要增加排数,则构件截面有效高度 h_0 减小,截面强度降低,所以常需对截面强度进行复核。

⑨当构件受裂缝宽度或抗裂性要求控制时,代换后应进行裂缝或抗裂性验算。

自 测 训 练

1. 钢筋配料时,钢筋弯曲30°、45°、60°、90°的量度差值分别为( )、( )、( )、( )。
2. 钢筋180°弯钩增加值为( )。箍筋90°/90°、180°/90°和135°/135°的弯钩增加值分别为( )、( )、( )。
3. 预制构件的吊环,必须采用( )钢筋制作。
4. 钢筋加工主要包括( )、( )、( )和( )。
5. 钢筋的连接方式主要有( )连接、( )连接和( )。
6. HRB300钢筋帮条焊接头长度,对于单面焊为( ),双面焊为( )。
7. 电渣压力焊接头检验批为( )个。钢筋锥螺纹接头检验批为( )个。
8. 板、次梁与主梁交接处,板的钢筋在( ),次梁钢筋在( ),主梁钢筋在( )。

📝 笔记栏

任务5 计 划 单

学习情境二	主体工程施工	任务5	钢筋工程施工
工作方式	组内讨论、团结协作共同制订计划:小组成员进行工作讨论,确定工作步骤	计划学时	
完成人			
计划依据			
序号	计划步骤	具体工作内容描述	
1	准备工作 (准备编制施工方案的工程资料,谁去做)		
2	组织分工 (成立组织,人员具体都完成什么)		
3	选择钢筋工程施工方法 (谁负责、谁审核)		
4	确定钢筋工程施工工艺流程 (谁负责、谁审核)		
5	明确钢筋工程施工要点 (谁负责、谁审核)		
6	明确钢筋工程施工质量控制要点 (谁负责、谁审核)		
制订计划说明	(写出制订计划中人员为完成任务的主要建议或可以借鉴的建议、需要解释的某一方面)		

任务5 决 策 单

学习情境二	主体工程施工		任务5	钢筋工程施工
决策学时				
决策目的				
决策方案过程	工作内容	内容类别		必要	非必要（可说明原因）
		内容记录	性质描述		
决策方案描述					

任务5 作业单

学习情境二	主体工程施工		任务5	钢筋工程施工
参加人员	第 组 签名：		开始时间： 结束时间：	
序号	工作内容记录		分工 （负责人）	
1				
2				
⋮				
	主要描述完成的成果		存在的问题	
小结				

任务5 检查单

学习情境二		主体工程施工		任务5	钢筋工程施工	
检查学时					第 组	
检查目的及方式						

序号	检查项目	检查标准	检查结果分级（在检查相应的分级框内画"√"）				
			优秀	良好	中等	合格	不合格
1	准备工作	资源是否已查到，材料是否准备完整					
2	分工情况	安排是否合理、全面，分工是否明确					
3	工作态度	小组工作是否积极主动、全员参与					
4	纪律出勤	是否按时完成负责的工作内容，是否遵守工作纪律					
5	团队合作	是否相互协作、互相帮助，成员是否听从指挥					
6	创新意识	任务完成不照搬照抄，看问题具有独到见解、创新思维					
7	完成效率	工作单是否记录完整，是否按照计划完成任务					
8	完成质量	工作单填写是否准确，记录单检查及修改是否达标					
检查评语						教师签字：	

任务 5 评 价 单

1. 小组工作评价单

学习情境二	主体工程施工		任务5	钢筋工程施工	
评价学时					
班级：			第 组		
考核情境	考核内容及要求	分值（100）	小组自评（10%）	小组互评（20%）	教师评价（70%）	实得分（∑）
汇报展示（20）	演讲资源利用	5				
	演讲表达和非语言技巧应用	5				
	团队成员补充配合程度	5				
	时间与完整性	5				
质量评价（40）	工作完整性	10				
	工作质量	5				
	报告完整性	25				
团队情感（25）	核心价值观	5				
	创新性	5				
	参与度	5				
	合作性	5				
	劳动态度	5				
安全文明（10）	工作过程中的安全保障情况	5				
	工具正确使用和保养、放置规范	5				
工作效率（5）	能够在要求的时间内完成，每超时5 min扣1分	5				

2. 小组成员素质评价单

课程	建筑施工技术			
学习情境二	主体工程施工		学时	40
任务5	钢筋工程施工		学时	10
班级		第　组	成员姓名	
评分说明	每个小组成员评价分为自评和成员互评两部分,取平均值计算,作为该小组成员的任务评价个人分数。评价项目共设计五个,依据评分标准给予合理量化打分。小组成员自评分后,要找小组其他成员不记名方式打分,成员互评分为其他小组成员的平均分			
对象	评分项目	评分标准		评分
自评(100分)	核心价值观(20分)	是否践行社会主义核心价值观		
	工作态度(20分)	是否按时完成负责的工作内容、遵守纪律,是否积极主动参与小组工作,是否全过程参与,是否吃苦耐劳,是否具有工匠精神		
	交流沟通(20分)	是否能良好地表达自己的观点,是否能倾听他人的观点		
	团队合作(20分)	是否与小组成员合作完成,是否做到相互协助、相互帮助、听从指挥		
	创新意识(20分)	看问题是否能独立思考、提出独到见解,是否能够创新思维解决遇到的问题		
成员互评(100分)	核心价值观(20分)	是否践行社会主义核心价值观		
	工作态度(20分)	是否按时完成负责的工作内容、遵守纪律,是否积极主动参与小组工作,是否全过程参与,是否吃苦耐劳,是否具有工匠精神		
	交流沟通(20分)	是否能良好地表达自己的观点,是否能倾听他人的观点		
	团队合作(20分)	是否与小组成员合作完成,是否做到相互协助、相互帮助、听从指挥		
	创新意识(20分)	看问题是否能独立思考、提出独到见解,是否能够创新思维解决遇到的问题		
最终小组成员得分				
小组成员签字			评价时间	

任务5　教学反思单

学习情境二	主体工程施工	任务5	钢筋工程施工
班级		第　组　成员姓名	
情感反思	通过对本任务的学习和实训，你认为自己在社会主义核心价值观、职业素养、学习和工作态度等方面有哪些需要提高的部分？		
知识反思	通过对本任务的学习，你掌握了哪些知识点？请画出思维导图。		
技能反思	在完成本任务的学习和实训过程中，你主要掌握了哪些技能？		
方法反思	在完成本任务的学习和实训过程中，你主要掌握了哪些分析和解决问题的方法？		

任务6 混凝土工程施工

任务单

课程	建筑施工技术		
学习情境二	主体工程施工	学时	40
任务6	混凝土工程施工	学时	6
布置任务			
任务目标	1. 能够陈述混凝土工程施工工艺流程； 2. 能够阐述混凝土工程施工要点； 3. 能够列举混凝土工程施工质量控制点； 4. 能够开展混凝土工程施工准备工作； 5. 能够处理混凝土工程施工常见问题； 6. 能够编制混凝土工程施工方案； 7. 具备吃苦耐劳、主动承担的职业素养,具备团队精神和责任意识,具备保证质量建设优质工程的爱国情怀		
任务描述	在进行混凝土工程施工时,项目技术负责人应根据项目施工图纸、施工现场周边环境、设备材料供应等情况编写混凝土工程施工方案,进行混凝土工程施工技术交底。其具体工作如下： 1. 进行编写混凝土工程施工方案的准备工作。 2. 编写混凝土工程施工方案： (1)进行混凝土工程施工准备； (2)选择混凝土工程施工方法； (3)确定混凝土工程施工工艺流程； (4)明确混凝土工程施工要点； (5)明确混凝土工程施工质量控制点。 3. 进行混凝土工程施工技术交底		
学时安排	布置任务与资讯	计划	决策	实施	检查	评价
	（2学时）	(0.5学时)	(0.5学时)	(2学时)	(0.5学时)	(0.5学时)
对学生的要求	1. 具备建筑施工图识读能力； 2. 具备建筑施工测量知识； 3. 具备任务咨询能力； 4. 严格遵守课堂纪律,不迟到、不早退；学习态度认真端正； 5. 每位同学必须积极参与小组讨论； 6. 每组均提交"钢筋工程施工方案"		

信 息 单

课程	建筑施工技术	
学习情境二	主体工程施工	学时 40
任务6	混凝土工程施工	学时 6

资讯思维导图

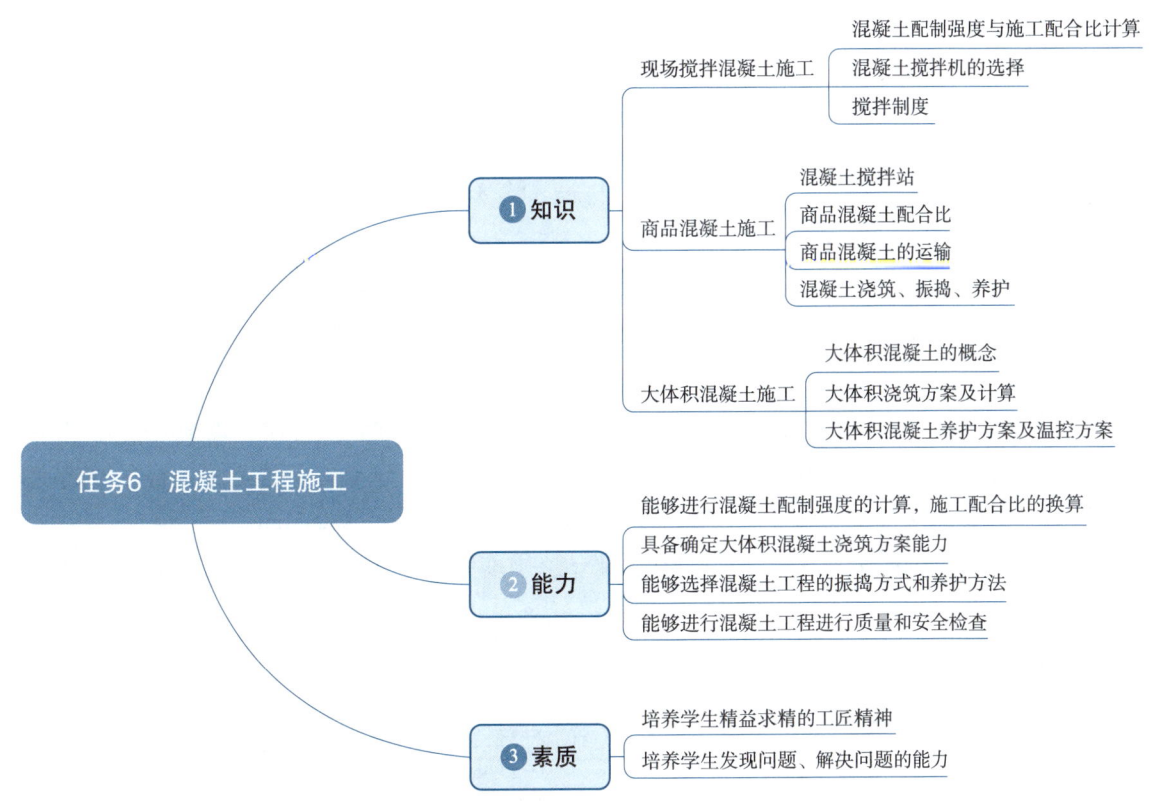

知识模块1 现场搅拌混凝土施工

零星浇筑的混凝土一般使用简易搅拌站进行现场搅拌。现场搅拌混凝土工程施工过程如图6-1所示。

现场混凝土搅拌站须考虑工程任务的大小、施工现场条件、机具设备等情况,因地制宜设置。一般宜采用流动性组合方式,使所有机械设备采取装配连接结构,基本能做到拆装、搬运方便,有利于建筑工地转移。搅拌站的设计尽量做到自动上料、自动称量、机动出料和集中操纵控制,使搅拌站后台上料作业走向机械化、自动化生产。

此搅拌站主要特点是:搬运方便,占用场地较小,制作简便,不需专用设备,基本上适合于一般中小型施工现场。对搅拌站后台的场地要求不高,适应性强,砂石分散或集中堆放均不影响后台装置的使用,全部后台上料使用一般通用机械即可,如装载机、轻便翻斗车等,还有一机多用的优点。提升架、砂石贮料斗、水泥罐等设备按一般卡车尺寸设计,转移搬运时可整体装车和折叠拆装或分段拆装运输。

一、混凝土配制强度与施工配合比计算

1. 混凝土配制强度确定

在混凝土施工配料时,除应保证结构设计对混凝土强度等级的要求外,还要保证施工对混凝土和易性

的要求,并应符合合理使用材料、节约水泥的原则。必要时,还应符合抗冻性(freeze-thaw resistance)、抗渗性(permeability resistance)等要求。

混凝土制备之前按下式确定混凝土的施工配置强度,以达到 95% 的保证率:

$$f_{cu,0} = f_{cu,k} + 1.645\sigma \tag{6-1}$$

式中 $f_{cu,0}$——混凝土的施工配制强度,N/mm^2;

$f_{cu,k}$——设计的混凝土立方体抗压强度(compressive strength)标准值,N/mm^2;

σ——施工单位的混凝土强度标准差,N/mm^2。

当施工单位具有近期同一品种混凝强度的统计资料时,σ 可按下式计算:

$$\sigma = \sqrt{\frac{\sum_{i=1}^{n} f_{cu,i}^2 - n\mu_{f_{cu}}^2}{n-1}} \tag{6-2}$$

式中 $f_{cu,i}$——第 i 组混凝土试件强度,N/mm^2;

$\mu_{f_{cu}}$——n 组混凝土试件强度的平均值,N/mm^2;

n——统计周期内相同混凝土强度等级的试件组数,$n \geq 30$。

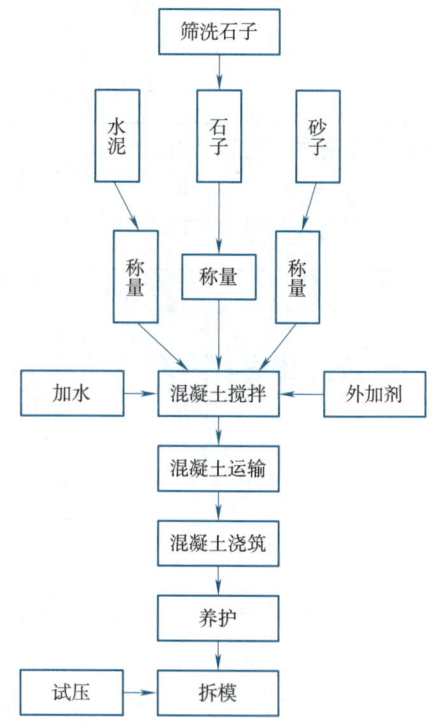

图 6-1 现场搅拌混凝土工程施工过程示意图

对于强度等级不大于 C30 的混凝土:当 σ 计算值不小于 3.0 MPa 时,应按照计算结果取值;当 σ 计算值小于 3.0 MPa 时,σ 应取 3.0 MPa。对于强度等级大于 C30 且不大于 C60 的混凝土:当 σ 计算值不小于 4.0 MPa 时,应按照计算结果取值;当 σ 计算值小于 4.0 MPa 时,σ 应取 4.0 MPa。

施工单位如无近期混凝土强度统计资料,σ 可按表 6-1 取值。

表 6-1 σ 值

混凝土强度等级	≤C20	C25 ~ C45	C50 ~ C55
$\sigma/(N/mm^2)$	4.0	5.0	6.0

注:表中 σ 值,反映了我国施工单位对混凝土施工技术和管理的平均水平,采用时可根据本单位情况,作适当调整。

本工程附属设施混凝土采用现场搅拌供应,施工单位无近期混凝土强度统计资料,因此,σ 选择 5.0,确定混凝土的施工配制强度:

$$f_{cu,0} = f_{cu,k} + 1.645\sigma = (30 + 1.645 \times 5)\text{MPa} = 38.225 \text{ MPa}$$

2. 施工配合比计算

混凝土实验室配合比是根据完全干燥的砂、石骨料制定的,但实际使用的砂、石骨料一般都含有一些水分,而且含水率又会随气候条件发生变化,所以施工时应及时测定现场砂、石骨料的含水率,并将混凝土实验室配合比换算成在实际含水率情况下的施工配合比。

设实验室配合比为:水泥:砂子:石子 $= 1:x:y$,水灰比为 $\dfrac{w}{c}$,并测得砂子的含水率为 w_x,石子的含水率为 w_y,则施工配合比应为:$1:x(1+w_x):y(1+w_y)$。

按实验室配合比,一立方米混凝土水泥用量为 $c(\text{kg})$,计算时确保混凝土水灰比 $\left(\dfrac{w}{c}\right)$ 不变(w 为用水量),则换算后材料用量为

水泥:$C' = c$

砂子:$G' = cx(1+w_x)$

石子:$G_1' = cy(1+w_y)$

水：$W' = w - cxw_x - cyw_y$

本工程现场搅拌混凝土经过配合比设计后得出实验室配合比为 1∶1.75∶3.25,水灰比为 0.53,每立方米混凝土的水泥用量为 370 kg,测得砂子的含水率为 4%,石子含水率为 2%,则施工配合比为

$$1∶1.75(1+4\%)∶3.25(1+2\%) = 1∶1.84∶3.35$$

每 1 m³ 混凝土材料用量为

水泥：370 kg

砂子：370 × 1.75(1 + 4%) kg = 370 × 1.84 kg = 680.8 kg

石子：370 × 3.25(1 + 2%) kg = 370 × 3.35 kg = 1 239.5 kg

水：(370 × 0.53 − 370 × 1.75 × 4% − 370 × 3.25 × 2%) kg = 146.15 kg

3. 施工配料

求出每立方米混凝土材料用量后,还必须根据工地现有搅拌机的出料容量确定每次需用的水泥袋数,然后按水泥用量来计算砂石的每次拌用量。本工程采用 JZ250 型搅拌机,出料容量为 0.25 m³,则每搅拌一次装料量为

水泥：(370 × 0.25) kg = 92.5 kg

砂子：(680.8 × 92.5/370) kg = 170.2 kg

石子：(1 239.5 × 92.5/370) kg = 309.88 kg

水：(146.15 × 92.5/370) kg = 36.54 kg

为严格控制混凝土的配合比,原材料的数量应采用质量计算,必须准确。其质量偏差不得超过以下规定：水泥、混合材料为 ±2%;细骨料(fine aggregate)为 ±3%;水、外加剂(admixture)溶液 ±2%。各种衡量器应定期校验,经常保持准确。骨料(aggregate)含水率应经常测定,雨天施工时,应增加测定次数。

二、混凝土搅拌机的选择

混凝土搅拌机按其搅拌原理分为自落式搅拌机和强制式搅拌机两类。根据其构造的不同,又可分为若干种,见表 6-2。自落式搅拌机采用重力拌和原理,搅拌筒内壁装有叶片,搅拌筒旋转,叶片将物料提升一定高度后自由下落,各物料颗粒分散拌和均匀,宜用于搅拌塑性混凝土。锥形反转出料和双锥形倾翻出料搅拌机可用于搅拌低流动性混凝土。

表 6-2 混凝土搅拌机类型

自落式			强制式			
鼓筒式	双锥式		立轴式			卧轴式（单轴、双轴）
	反转出料	倾翻出料	涡桨式	行星式		
				定盘式	盘转式	

强制式搅拌机分立轴式和卧轴式两类。强制式搅拌机是用剪切拌和原理,在轴上安装叶片,通过叶片强制搅拌装在搅拌筒中的物料,使物料沿环向、径向和竖向运动,拌和成均匀的混合物。强制式搅拌机拌和强烈,多用于搅拌干硬性混凝土、低流动性混凝土和轻骨料混凝土。立轴式强制搅拌机是通过底部的卸料口卸料,卸料迅速,但如卸料口密封不好,水泥浆易漏掉,所以不宜用于搅拌流动性大的混凝土。

混凝土搅拌机以其出料容量(m³)×100 标定规格。常用为 150 L、250 L、350 L 等数种。

选择搅拌机型号,要根据工程量大小、混凝土的坍落度(slump)和骨料尺寸等确定。既要满足技术上的要求,亦要考虑经济效果和节约能源。

三、搅拌制度

为了获得均匀优质的混凝土拌和物,除合理选择搅拌机的型号外,还必须正确地确定搅拌时间、进料容量以及投料顺序等。

1. 搅拌时间

搅拌时间应从全部材料投入搅拌筒起,到开始卸料为止所经历的时间,它与搅拌质量密切相关。搅拌时间过短,混凝土不均匀,强度及和易性下降;搅拌时间过长,不但降低搅拌的生产效率,同时会使不坚硬的粗骨料,在大容量搅拌机中因脱角、破碎等而影响混凝土的质量。对于加气混凝土(cellular concrete)也会因搅拌时间过长而使所含气泡减少。混凝土搅拌的最短时间可按表6-3采用。

表6-3 混凝土搅拌的最短时间   单位:s

混凝土坍落度/mm	搅拌机类型	搅拌机出料量		
		<250 L	250~500 L	>500 L
≤30	自落式	90	120	150
≤30	强制式	60	90	120
>30	自落式	90	90	120
>30	强制式	60	60	90

注:1. 掺有外加剂时,搅拌时间应适当延长。
2. 全轻混凝土(full lightweight aggregate concrete)宜采用强制式搅拌机搅拌,砂轻混凝土(sand lightweight aggregate concrete)可用自落式搅拌机搅拌,但搅拌时间应延长60~90 s。
3. 轻骨料宜在搅拌前预湿,采用强制式搅拌机搅拌的加料顺序是先加粗细骨料和水泥搅拌60 s,再加水继续搅拌;采用自落式搅拌机的加料顺序是:先加1/2的用水量,然后加粗细集料和水泥,均匀搅拌60 s,再加剩余用水量继续搅拌。
4. 当采用其他形式的搅拌设备时,搅拌的最短时间应按设备说明的规定或经试验确定。

2. 投料顺序

投料顺序应从提高搅拌质量,减少叶片、衬板的磨损,减少拌和物与搅拌筒的黏结,减少水泥飞扬,改善工作环境,提高混凝土强度,节约水泥等方面综合考虑确定。常用一次投料法、二次投料法和水泥裹砂法等。

(1)一次投料法

一次投料法是目前最普遍采用的方法。它是将砂、石、水泥和水一起同时加入搅拌筒中进行搅拌。为了减少水泥的飞扬和水泥的黏罐现象,对自落式搅拌机常用的投料顺序是将水泥装在料斗中,并夹在砂、石之间,一次上料,最后加水搅拌。

(2)二次投料法

二次投料法又分为预拌水泥砂浆法和预拌水泥净浆法。

预拌水泥砂浆法是先将水泥、砂和水加入搅拌筒内进行充分搅拌,成为均匀的水泥砂浆后,再加入石子搅拌成均匀的混凝土。

预拌水泥净浆法是先将水泥和水充分搅拌成均匀的水泥净浆后,再加入砂和石搅拌成混凝土。

试验表明,二次投料法搅拌的混凝土与一次投料法相比较,混凝土强度可提高约15%。在强度等级相同的情况下,可节约水泥约15%~20%。

(3)水泥裹砂法

水泥裹砂法是在砂子表面造成一层水泥浆壳。主要采取两项工艺措施:一是对砂子的表面湿度进行处理,控制在一定范围内;二是进行两次加水搅拌,第一次加水搅拌称为造壳搅拌,就是先将处理过的砂子、水泥和部分水搅拌,使砂子周围形成黏着性很高的水泥糊包裹层;加入第二次水及石子,经搅拌,部分水泥浆便均匀地分散在被造壳的砂子及石子周围。这种方法的关键在于控制砂子表面水率及第一次搅拌时的造壳用水量。

试验表明:砂子的表面水率控制在4%~6%,第一次搅拌加水为总加水量的20%~26%时,造壳混凝土的增强效果最佳。此外,与造壳搅拌时间也有密切关系。时间过短,不能形成均匀的低水灰比的水泥浆使之牢固地黏结在砂子表面,即形成水泥浆壳;时间过长,造壳效果并不十分明显,强度提高不大;以45~75 s为宜。

3. 进料容量

进料容量是将搅拌前各种材料的体积累积起来的容量,又称干料容量。进料容量约为出料容量的1.4~1.8倍(通常取1.5倍)。进料容量超过规定容量10%以上,就会使材料在搅拌筒内无充分的空间进行拌和,影响混凝土拌和物的均匀性;反之,如装料过少,则又不能充分发挥搅拌机的效能。

4. 搅拌要求

应严格控制混凝土施工配合比。砂、石必须严格过磅,不得随意加减用水量。

在搅拌混凝土前,搅拌机应加适量的水运转,使拌筒表面润湿,然后将多余水排干。搅拌第一盘混凝土时,考虑到筒壁上黏附砂浆的损失,石子用量应按配合比规定减半。

搅拌好的混凝土要卸尽,在混凝土全部卸出之前,不得再投入拌和料,更不得采取边出料边进料的方法。

现场搅拌混凝土常用的养护方法是自然养护法,将在知识模块2商品混凝土施工当中讲述。

知识模块2 商品混凝土施工

预拌混凝土系指由水泥、集料、水以及根据需要掺入的外加剂和掺合料等组成按照一定比例,在集中搅拌站(厂)经计量、拌制后出售的,并采用运输车、在规定时间运至使用地点的混凝土拌和物。因预拌混凝土具有商品的属性,也称商品混凝土。商品混凝土在生产过程中实现了机械化配料、上料。计量系统实现称量自动化,使计量准确,容易达到规范要求的材料计量精度,可以掺加外加剂和矿物掺合料,对改善施工环境有显著作用。这些条件比现场搅拌站要优越得多。

一、混凝土搅拌站

大型混凝土搅拌站是将施工现场需用的混凝土,在一个集中站点统一拌制后,用混凝土运输车分别输送到若干施工现场进行浇筑使用。大型混凝土搅拌站对提高混凝土质量、节约原材料、实现现场文明施工和改善环境都具有突出的优点,已取得较好的社会经济效益。

大型混凝土搅拌站根据其竖向布置上的不同,可分为单阶式和双阶式两种。

单阶式混凝土搅拌站是将原材料由皮带机、螺旋输送机等运输设备一次提升到需要高度后,靠自重作用,依次经过储料、称量、集料、搅拌等程序,完成整个搅拌生产流程。单阶式搅拌站的优点在于,从上一道工序到下一道工序的经历时间短,生产效率高,机械化、自动化程度高,搅拌楼占地面积小,对产量大的大型永久性混凝土搅拌站比较适用(见图6-2和图6-3)。

双阶式混凝土搅拌站是将原材料在第一次提升后,依靠材料的自重经过储料、称量、集料等程序后,再经过第二次提升进入搅拌机。这种形式的搅拌站其建筑物的总高度较小,运输设备较简单,投资相对较少,建设速度快。目前,一般永久性的大型混凝土搅拌站多采用这一类型(见图6-4和图6-5)。

大型混凝土搅拌站生产工艺流程如图6-6所示。

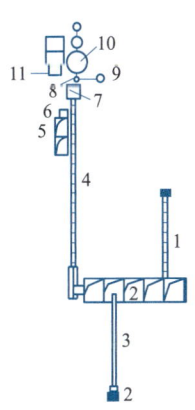

1—砂子上料系统;2—地上式砂石储料仓;
3—石子上料系统;4—主皮带;5—洗车池;
6—泵房;7—搅拌楼;8—斗式提升机;
9—粉煤灰筒仓;10—水泥筒仓;11—空压机房。

图6-2 大型搅拌站平面布置示意图

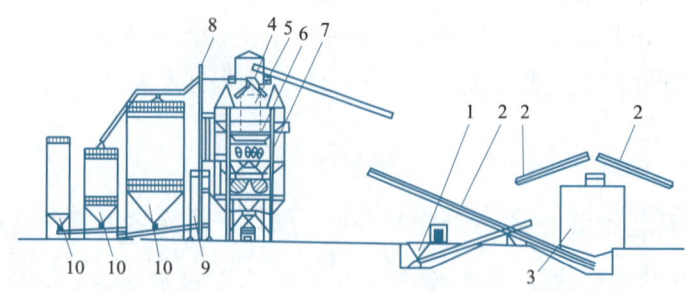

1—砂石卸料坑；2—皮带机；3—地上式砂石储料仓；
4—砂石分料器；5—水泥储存仓；6—称量斗；7—搅拌机；
8—斗式提升机；9—粉煤灰筒仓；10—水泥筒仓。

图 6-3 大型混凝土搅拌站竖向布置示意图

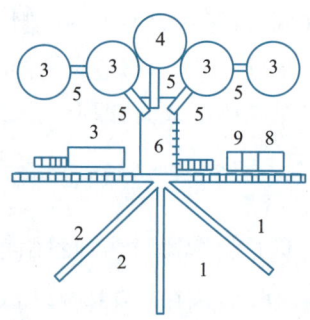

1—石子料仓；2—砂子料仓；3—水泥筒仓；
4—粉煤灰筒仓；5—螺旋输送机；6—搅拌楼；
7—操作室；8—清水箱；9—外加剂调制箱。

图 6-4 大型半移动式搅拌站平面示意图

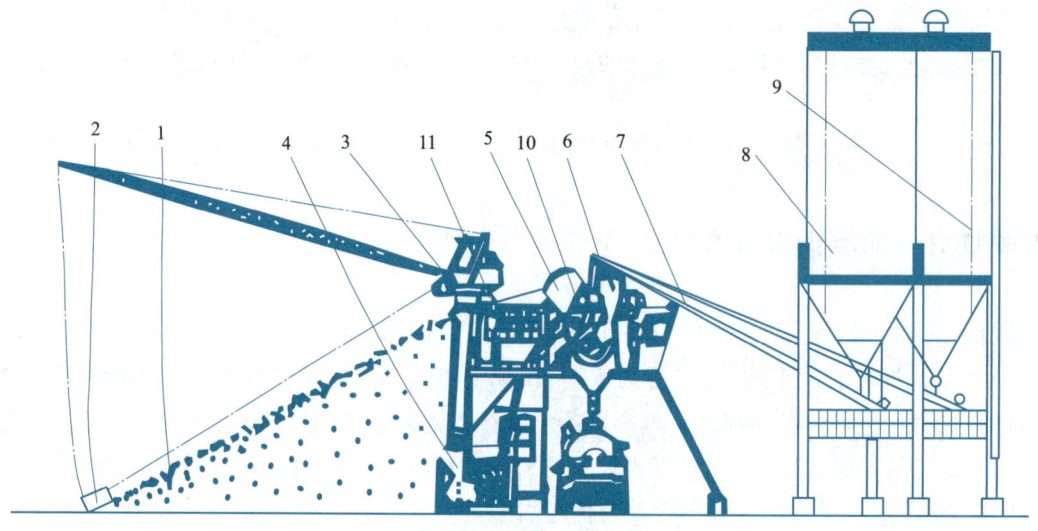

1—砂石料仓；2—砂石上料斗；3—拉铲控制室；4—砂石进料口；
5—砂石称量及上料斗；6—水泥及粉煤灰称量斗；7—螺旋输送机；
8—水泥筒仓；9—粉煤灰筒仓；10—搅拌机；11—操作室。

图 6-5 大型半移动式搅拌站竖向布置示意图

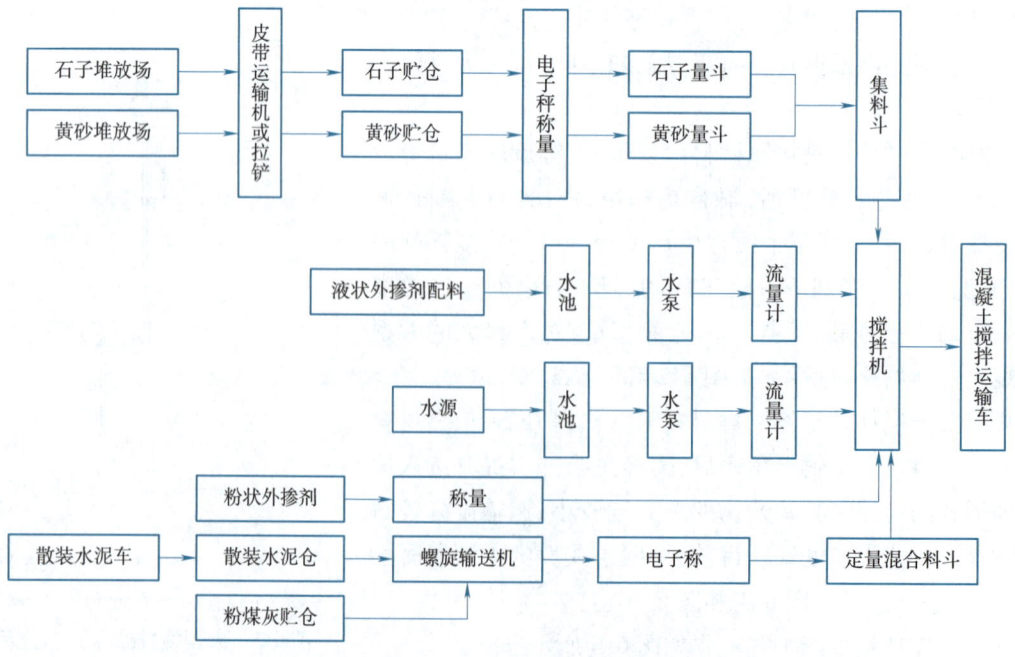

图 6-6 大型混凝土搅拌站生产工艺流程如图

二、商品混凝土配合比

本工程的承台基础混凝土采用商品混凝土。由于商品混凝土须经过长距离输送到工地，还要用泵将混凝土打入模板中，因此混凝土必须具有较高的流动性和较长的塑性保持时间，为此需要适当增加胶结材料用量和砂率（sand ratio），同时还要掺入外加剂。配合比设计试验除各龄期强度检测外，还需做混凝土流动性（坍落度）、保塑性试验。

按国家现行标准《普通混凝土配合比设计规程》（JGJ 55—2011）的有关规定，根据工程项目中混凝土强度等级、耐久性（durability）和工作性等技术要求，设计、计算、试配及调整后，确定既满足设计和施工要求，又确保混凝土工程质量的优化配合比。生产坍落度的确定已考虑运输距离、现场停置时间、施工条件准备、卸料时间长短等因素。

搅拌站根据本工程要求，经过配合比设计，配合比如下（单位：kg/m³）：

水泥（Po42.5）:190；　　　砂（中砂）:762；　　　石（5~40 mm）:1092；
外加剂:3.6；　　　　　　粉煤灰（Ⅱ级）:124；　　矿渣粉（S95）:68；　　水:160

1. 商品混凝土配合比设计

商品混凝土配合比设计，包括初步配合比计算、试配和调整等步骤。

（1）初步配合比的计算

按选用原材料的性能及对高性能混凝土的技术要求，进行初步配合比的计算，得出供试配用的配合比。步骤如下：配制强度的确定→根据配制强度和耐久性要求初步确定水胶比值→选取每立方米混凝土的用水量→计算混凝土的单位胶凝材料用量→选取合理的砂率值→粗细骨料用量的确定→外加剂的确定。

（2）基准配合比和实验室配合比的试配、调整与确定

初步计算配合比是根据经验公式和经验图表估算得到的，因此不一定符合实际情况，必须通过试拌验证，当不符合设计要求时，需通过调整使和易性满足施工要求，满足混凝土结构的强度和耐久性要求。

（3）施工配合比

根据实验室配合比进行施工配合比的换算与前述现场搅拌混凝土方法一致。

2. 混凝土配合比技术措施

（1）降低水泥用量

在满足混凝土和易性、力学性能和耐久性的条件下，应尽量使水泥用量降低至最小限度。有资料表明，1 m³混凝土中的水泥用量每减少10 kg，混凝土内部温度可降低1 ℃。减少水泥用量可以减少总的水化放热量，从而可以降低混凝土内部的最高温度。

（2）掺入缓凝高效减水剂

采用掺缓凝高效减水剂的办法来降低水胶比、降低水泥用量，同时延缓混凝土初凝时间，使混凝土的热峰值向后推移并降低水化热。

（3）掺入适量的优质矿物掺和料

在满足设计和施工要求的前提下，掺入适量的粉煤灰和矿粉（根据国家标准用于大体积的钢筋混凝土粉煤灰和矿粉取代水泥率可达20%~50%、30%~70%）取代水泥，降低水泥用量，使水泥的水化热释放速度减慢，有利于热量消散，使混凝土内部温升有所降低。大大改善了混凝土的工作性能，有利于施工操作，而且还能提高混凝土的后期强度、抗渗性能、抗裂性和耐久性能。

（4）增加骨料用量

选择级配良好的中砂、采用最佳砂率和最大粒径小于40 mm的连续粒级的石子，以达到降低水泥用量的目的。

（5）采用60天龄期的配制强度

以达到减少水泥用量，降低水化热的目的。按60天龄期设计的混凝土，在28天基本可达到设计强度的90%~100%，既有利于裂缝的控制又不会影响到上部结构的施工。在混凝土浇筑过程中，可取多组同条

件混凝土试块,来跟踪混凝土的强度发展及确定适宜的拆模时间。

(6)纤维增强混凝土防裂

由于混凝土的塑性开裂主要发生在混凝土硬化以前,特别是在混凝土浇筑后 4～5 h 之内,此阶段由于水分的蒸发和转移,混凝土内部的抗应变能力低于塑性收缩产生的应变,因而引起内部塑性裂缝的产生,当掺入纤维材料之后,减缓了由于粗粒料的快速失水所产生的裂缝,当裂缝出现以后,纤维材料的存在又使得裂缝尖端的发展受到限制,裂缝只能绕过纤维或把纤维拉断来继续发展。

三、商品混凝土的运输

1. 对混凝土运输的要求

混凝土自搅拌机中卸出后,应及时运至浇筑地点,为保证混凝土质量,对混凝土运输的基本要求为:运输过程中要使混凝土保持良好的均匀性,不离析、不漏浆;保证混凝土具有设计配合比所规定的坍落度;使混凝土在初凝前浇入模板并捣实完毕;保证混凝土浇筑能连续进行。

2. 混凝土运输的时间

混凝土运输时间有一定限制。混凝土应以最少的转运次数和最短的时间,从搅拌地点运至浇筑地点,并在初凝之前浇筑完毕。普通混凝土从搅拌机中卸出后到浇筑完毕的延续时间不宜超过表 6-4 的规定。如需进行长距离运输可选混凝土搅拌运输车。

表 6-4　混凝土从搅拌机中卸出到浇筑完毕的延续时间　　　　　　　　　　单位:min

混凝土强度等级	气温 < 25 ℃	气温 > 25 ℃	附　注
≤ C30	120	90	1. 使用外掺剂或采用快硬水泥拌制混凝土时,应按试验确定。
> C30	90	60	2. 本表数值包括混凝土运输和浇筑完毕的时间。

3. 混凝土运输工具

运输混凝土的工具要不吸水、不漏浆,方便快捷。混凝土运输分为地面运输、垂直运输和楼面运输三种情况。预拌(商品)混凝土地面运输工具多用混凝土搅拌运输车和自卸汽车。

当混凝土需要量较大,运距较远或使用商品混凝土时,则多采用自卸汽车和混凝土搅拌运输车。混凝土搅拌运输车(见图 6-7)是将锥形倾翻出料式搅拌机装在载重汽车的底盘上,可以在运送混凝土的途中继续缓慢地搅拌,以防止在运距较远的情况下混凝土产生分层离析现象;在运输距离很长时,还可将配好的混凝土干料装入筒内,在运输中加水搅拌,这样能减少由于长途运输而引起的混凝土坍落度损失。

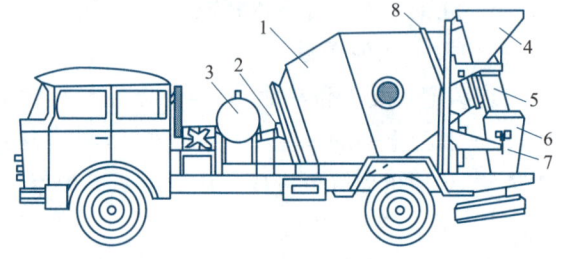

1—搅拌筒;2—轴承座;3—水箱;4—进料斗;
5—卸料槽;6—引料槽;7—托轮;8—轮圈。

图 6-7　混凝土搅拌运输车

楼面运输可用双轮手推车、皮带运输机,也可以用塔式起重机、混凝土泵等。楼面运输应采取措施保证模板和钢筋位置,防止混凝土离析等。

混凝土垂直运输,多采用塔式起重机加料斗、井架或混凝土泵等。下面重点介绍混凝土泵运输。

(1)混凝土泵

液压式活塞泵是一种较为先进的混凝土泵。其工作原理如图 6-8 所示。它主要由料斗、液压缸和活塞、混凝土缸、阀门、Y 形管、冲洗设备、液压系统、动力系统等组成。工作时,由搅拌机卸出的或由混凝土搅拌运输车卸出的混凝土倒入料斗 6,在阀门操纵系统作用下,闸板 7 开启、闸板 8 关闭,液压活塞 4 在液压作用下通过活塞杆 5 带动活塞 2 后移,料斗内的混凝土在自重和吸力作用下进入混凝土缸 1。然后,液压系统中压力油的进出反向,活塞 2 向前推压,同时闸板 7 关闭、闸板 8 开启,混凝土缸中的混凝土在压力作用下就通过 Y 形管进入输送管送至浇筑地点。由于两个缸交替进料和出料,因而能连续稳定地排料。

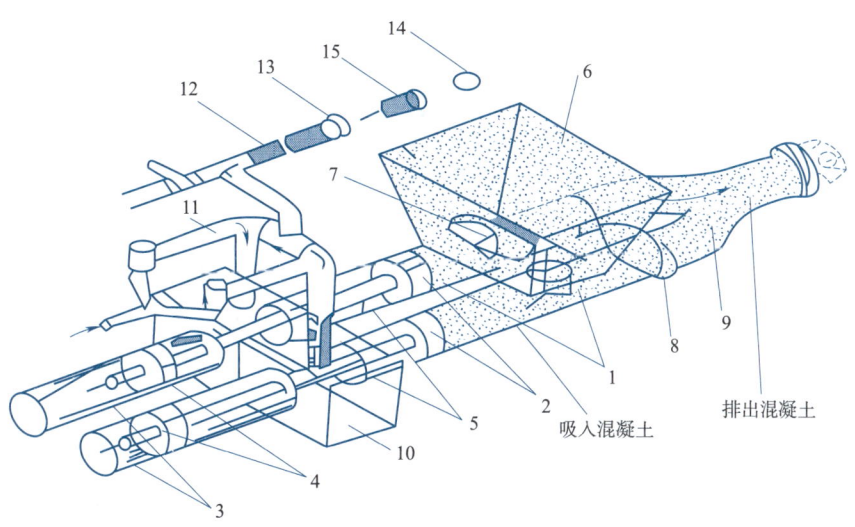

1—混凝土缸；2—混凝土活塞；3—液压缸；4—液压活塞；5—活塞杆；6—受料斗；
7—吸入端水平片阀；8—排出端竖直片阀；9—V形输送管；10—水箱；11—水洗装置换向阀；
12—水洗用高压软管；13—水洗用法兰；14—海绵球；15—清洗活塞。

图6-8　液压活塞式混凝土泵工作原理图

拖式混凝土泵是一种常见的形式，使用时，需用汽车将它拖带至施工地点，然后进行混凝土输送。这种形式的混凝土泵主要由混凝土推送机构、分配闸机构、料斗搅拌装置、操作系统、清洗系统等组成。

(2) 混凝土泵车

将液压活塞式混凝土泵固定安装在汽车底盘上，使用时开至需要施工的地点，进行混凝土泵送作业，称为混凝土泵车，如图6-9所示。一般情况下，此种泵车都带装有全回转三段折叠臂架式的布料杆。整个泵车主要由混凝土推送机构、分配闸阀机构、料斗搅拌装置、悬臂布料装置、操作系统、清洗系统、传动系统、汽车底盘系统等部分组成。这种泵使用方便、适用范围广，它既可以利用在工地配置装接的管道输送到较远、较高的浇筑部位，也可以发挥随车附带的布料杆的作用，把混凝土直接输送到需要浇筑的地点。如图6-10为带布料杆的IPF85B型臂架式混凝土泵车及浇筑范围示意图。

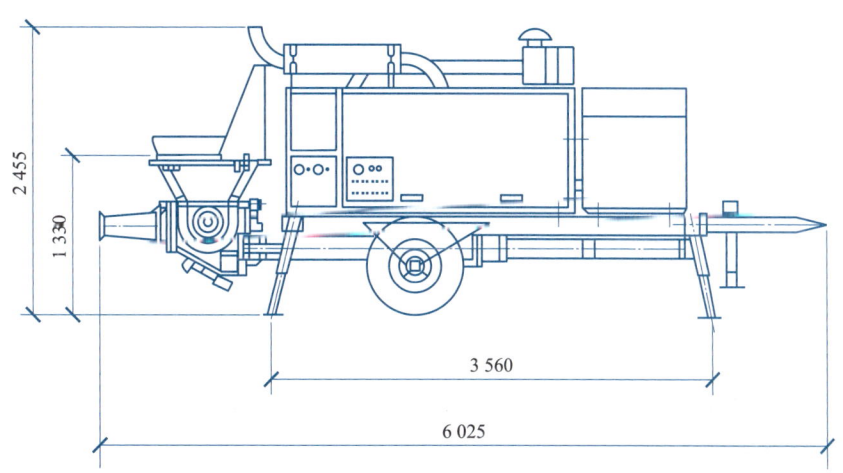

图6-9　固定式混凝土输送泵（单位：mm）

四、混凝土浇筑、振捣、养护

混凝土的浇筑成型工作包括布料、摊平、捣实和抹面修整等工序。它对混凝土的密实性和耐久性、结构的整体性和外形的正确性等都有重要的影响。

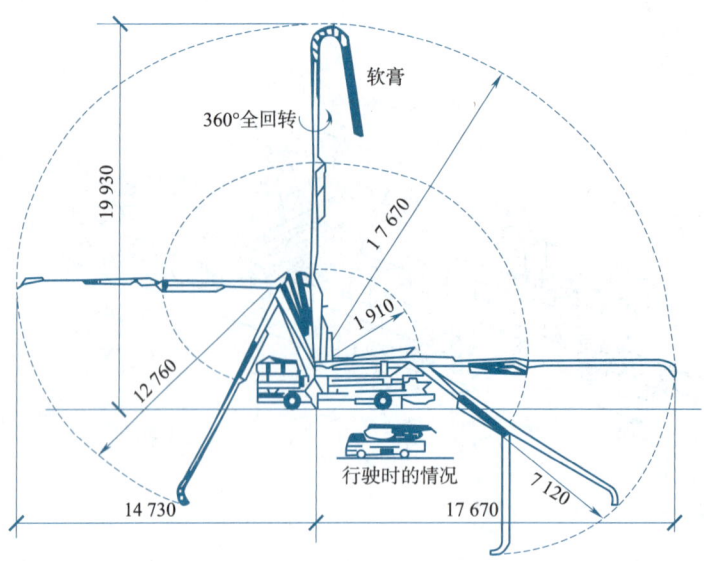

图 6-10　带布料杆的混凝土泵车（单位：mm）

1. 混凝土浇筑的一般要求

(1) 施工准备

施工准备工作根据工程对象、结构特点，结合具体条件研究制定混凝土浇筑施工方案；对搅拌机、运输车、料斗、串筒、振动器等机具设备按需要准备充足，并考虑发生故障时的修理时间，所用机具均应在浇筑前进行检查和试运转；保证水电及原材料的供应；掌握天气、季节变化情况，准备好在浇筑过程中所必需的抽水设备和防雨、防暑、防寒等物资；检查模板、支撑、钢筋和预埋件等是否符合设计要求；检查安全设施，劳动配备是否妥当，能否满足浇筑速度的要求等。

(2) 浇筑层厚度

为了使混凝土振捣密实，必须分层浇筑，每层浇筑厚度与捣实方法、结构的配筋情况有关。浇筑厚度与振捣方法符合表 6-5 的规定。

表 6-5　混凝土浇筑层的厚度

序　号	捣实混凝土的方法		浇筑层的厚度/mm
1	插入式振捣		振动棒作用部分长度的 1.25 倍
2	表面振动		200
3	人工捣固	在基础、无筋混凝土或配筋稀疏的结构中	250
		在梁、板墙、柱结构中	200
		在配筋密列的结构中	150

(3) 浇筑间歇时间

浇筑混凝土应连续进行。如必须间歇，其间歇时间应尽可能缩短，并应在前一层混凝土凝结之前，将次层混凝土浇筑完毕。间歇的最长时间应按所用水泥品种及混凝土凝结条件确定，并不得超过表 6-6 的规定，超过规定时间必须设置施工缝。

表 6-6　浇筑混凝土的间歇时间　　　　　　　　　　　　　　　　　　　　　单位：mm

混凝土强度等级	气　温	
	< 25 ℃	> 25 ℃
< C30	210	180
> C30	180	150

注：1. 本表数值包括混凝土的运输和浇筑时间。

　　2. 当混凝土掺有促凝或缓凝型外加剂时，浇筑中的最大间歇时间应根据试验结果确定。

(4) 浇筑混凝土的坍落度

混凝土浇筑前不应发生初凝和离析现象,如已发生,可进行重新搅拌,使混凝土恢复流动性和黏聚性后再进行浇筑。混凝土运至施工现场后,其坍落度应满足表 6-7 的要求。

表 6-7　混凝土浇筑时的坍落度

结 构 种 类	坍落度/mm
基础或地面等的垫层、无配筋的大体积结构(挡土墙、基础等)或配筋稀疏的结构	10 ~ 30
板、梁和人型及中型截面的柱子等	30 ~ 50
配筋密列的结构(薄壁、斗仓、筒仓、细柱等)	50 ~ 70
配筋特密的结构	70 ~ 90

注:1. 本表系采用机械振捣的坍落度;采用人工捣实时可适当增大。
　　2. 需要配置大坍落度混凝土时,应掺用外加剂。
　　3. 曲面或斜面结构混凝土;其坍落度值,应根据实际需要另行选定。
　　4. 轻骨料混凝土的坍落度宜比表中数值减少 10 ~ 20 mm。

(5) 浇筑时应注意的要点

①浇筑混凝土时,应注意防止混凝土的分层离析。混凝土由料斗、漏斗内卸出进行浇筑时,其自由倾落高度一般不宜超过 2 m,在竖向结构中浇筑混凝土的高度不得超过 3 m,否则应采用串筒、溜槽、振动溜管等下料(图 6-11)。

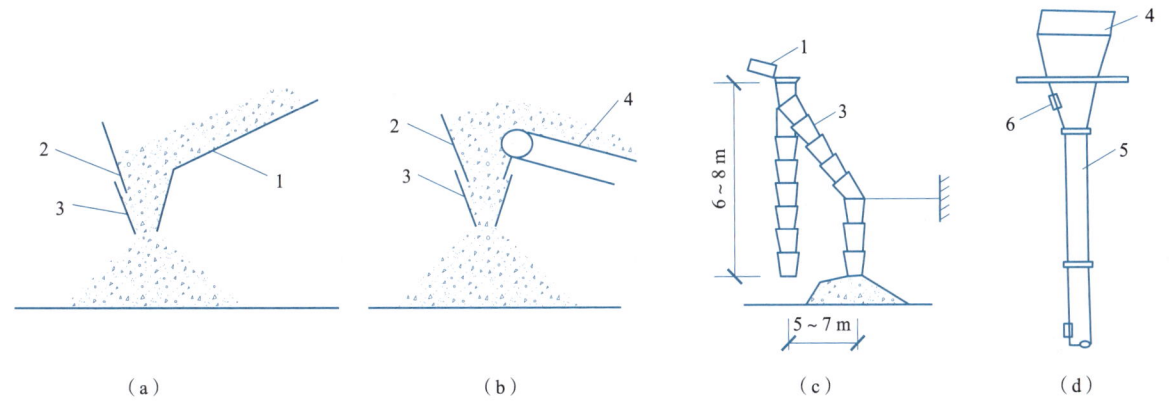

1—溜槽;2—挡板;3—串筒;4—漏斗;5—节管;6—振动器。

图 6-11　溜槽与串筒

②浇筑竖向结构混凝土前,底部应先填以 50 ~ 100 mm 厚与混凝土成分相同的水泥砂浆。混凝土的水灰比和坍落度,应随浇筑高度的上升,酌予递减。

③浇筑混凝土时,应经常观察模板、支架、钢筋、预埋件和预留孔洞的情况,当发现有变形、移位时,应立即停止浇筑,并应在已浇筑的混凝土凝结前修整完好。

④在浇筑与柱和墙连成整体的梁和板时,应在柱和墙浇筑完毕后停歇 1 ~ 1.5 h,使混凝土获得初步沉实后,再继续浇筑,以防止接缝处出现裂缝。

⑤梁和板应同时浇筑混凝土。较大尺寸的梁(梁的高度大于 1 m)、拱和类似的结构,可单独浇筑。但施工缝的设置应符合有关规定。

2. 施工缝的留设与处理

如果由于技术或施工组织上的原因,不能对混凝土结构一次连续浇筑完毕,而必须停歇较长的时间,其停歇时间已超过混凝土的初凝时间,致使混凝土已初凝;当继续浇混凝土时,形成了接缝,即为施工缝(construction joint)。

(1) 施工缝的留设位置

施工缝设置的原则,一般宜留在结构受力(剪力)较小且便于施工的部位。柱子的施工缝宜留在基础与柱子交接处的水平面上,或梁的下面,或吊车梁牛腿的下面、吊车梁的上面、无梁楼盖柱帽的下面;高度大于 1 m 的钢筋混凝土梁的水平施工缝,应留在楼板底面下 20～30 mm 处,当板下有梁托时,留在梁托下部;单向平板的施工缝,可留在平行于短边的任何位置处;对于有主次梁的楼板结构,宜顺着次梁方向浇筑,施工缝应留在次梁跨度的中间 1/3 范围内。

(2)施工缝的处理

施工缝处继续浇筑混凝土时,应待混凝土的抗压强度不小于 1.2 MPa 方可进行。施工缝浇筑混凝土之前,应除去施工缝表面的水泥薄膜、松动石子和软弱的混凝土层,并加以充分湿润和冲洗干净,不得有积水;浇筑时,施工缝处宜先铺水泥浆(水泥:水 = 1:0.4),或与混凝土成分相同的水泥砂浆一层,厚度为 30～50 mm,以保证接缝的质量;浇筑过程中,施工缝应细致捣实,使其紧密结合。

3. 整体结构浇筑

(1)基础浇筑

详见知识模块 3 大体积混凝土施工。

(2)框架结构浇筑

①多层框架按分层分段施工,水平方向以结构平面的伸缩缝(contraction joint)分段,垂直方向按结构层次分层。在每层中先浇筑柱,再浇筑梁、板。

浇筑一排柱的顺序应从两端同时开始,向中间推进,以免因浇筑混凝土后由于模板吸水膨胀,断面增大而产生横向推力,最后使柱发生弯曲变形。

柱子浇筑宜在梁模板安装后,钢筋未绑扎前进行,以便利用梁板模板稳定柱和作为浇筑柱混凝土操作平台用。

②混凝土浇筑工程中,要保证混凝土保护层厚度及钢筋位置的正确性。不得踩踏钢筋、移动预埋件和预留孔洞的原来位置,如发现偏差和位移,应及时校正。特别要重视竖向结构的保护层和板、雨篷结构负弯矩部分钢筋的位置。

③在竖向结构中浇筑混凝土时,应遵守下列规定:柱子应分段浇筑,边长大于 40 cm 且无交叉箍筋时,每段的高度不应大于 3.5 m;墙与隔墙应分段浇筑,每段的高度不应大于 3 m;采用竖向串筒导送混凝土时,竖向结构的浇筑高度可不加限制。凡柱断面在 40×40 cm 以内,并有交叉箍筋时,应在柱模侧面开不小于 30 cm 高的浇筑孔,装上斜溜槽分段浇筑,每段高度不得超过 2 m;分层施工开始浇筑上一层柱时,底部应先填以 5～10 cm 厚水泥砂浆一层,其成分与浇筑混凝土内砂浆成分相同,以免底部产生蜂窝现象。在浇筑剪刀墙、薄墙、独立柱等狭深结构时,为避免混凝土浇筑至一定高度后,由于积聚大量浆水而可能造成混凝土强度不匀的现象,宜在浇筑到适当的高度时,适量减少混凝土的配合比用水量。

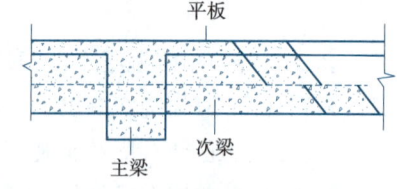

图 6-12 梁板同时浇筑方法示意图

④肋形楼板的梁板应同时浇筑,浇筑方法应先将梁根据高度分层浇捣成阶梯形,当达到板底位置时即与板的混凝土一起浇捣,随着阶梯形的不断延长,则可连续向前推进(见图 6-12)。倾倒混凝土的方向与浇筑方向相反(见图 6-13)。

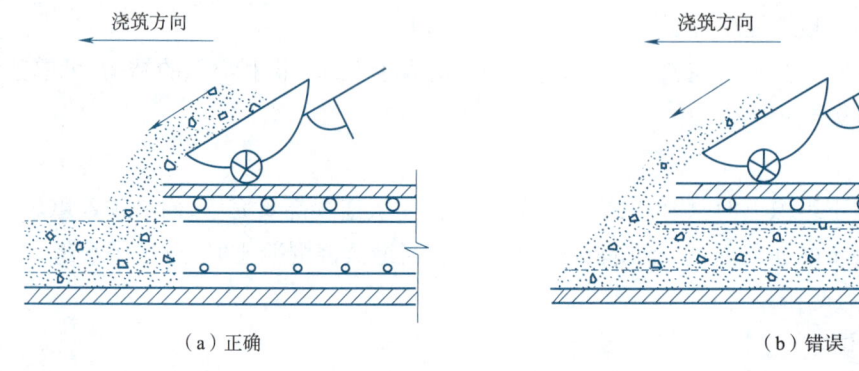

图 6-13 混凝土倾倒方向

当梁的高度大于 1 m 时，允许单独浇筑，施工缝可留在距板底面以下 2~3 cm 处。

⑤浇筑无梁楼盖时，在离柱帽下 5 cm 处暂停，然后分层浇筑柱帽，下料必须倒在柱帽中心，待混凝土接近楼板底面时即可连同楼板一起浇筑。

⑥当浇筑柱梁及主次梁交叉处的混凝土时，一般钢筋较密集，特别是在上部负钢筋又粗又多，因此，既要防止混凝土下料困难，又要注意砂浆挡住石子下不去。必要时这一部分可改用细石混凝土进行浇筑，与此同时，振捣棒头可改用片式并辅以人工捣固配合。

⑦梁板施工缝可采用企口缝或垂直缝的做法，不宜留坡楂。在预定留施工缝的地方，在板上按板厚度放一木条，在梁上闸以木板，其中间要留切口以通过钢筋。

(3)剪力墙浇筑

剪力墙浇筑除按一般原则进行外，还应注意：门窗洞口部分应两侧同时下料，高度不能太大，以防止门窗洞模板移动。先浇捣窗台下部，后浇捣窗间墙，以防止窗台下部出现蜂窝孔洞；开始浇筑时，应先浇筑 10 cm 厚与混凝土砂浆成分相同的水泥砂浆。每次铺设厚度以 50 cm 为宜；混凝土浇捣工程中，不可随意挪动钢筋，要经常检查钢筋保护层厚度及所有预埋件的牢固程度和位置的准确性。

混凝土硬化过程中，水泥浆的化学减缩、混凝土的失水收缩、碳化收缩及热胀冷缩等因素影响，都会导致混凝土的体积收缩。通常剪力墙结构的面积大、长度长、体积收缩更为显著。而剪力墙结构又受转角、上、下楼板结构或基础底板的约束，阻碍其自由收缩。因而，就会形成剪力墙结构中的收缩应力。一旦收缩应力大于混凝土的实际抗拉强度，必然造成混凝土结构的开裂缝。剪力墙结构收缩裂缝均为竖向垂直裂缝。施工过程养护不足，泵送混凝土和高强度等级混凝土所增加的水泥用量，都会加剧混凝土的收缩和收缩裂缝的产生。

减少或防止剪力墙结构的收缩裂缝，可采取以下技术措施：优化混凝土配合比设计，减少水泥用量，适当掺入磨细粉煤灰或降低混凝土强度等级；降低混凝土浆量体积，增加粗集料用量；采用减水剂，降低混凝土的单位用水量；强化浇水养护或喷养护剂，保证混凝土早期不失水；适当增加剪力墙结构的横向配筋；在剪力墙结构水平方向设暗梁等。

(4)水下浇筑混凝土

深基础、沉井与沉箱的封底等，常需要进行水下混凝土浇筑，地下连续墙及钻孔灌注桩则是在泥浆中浇筑混凝土。水下或泥浆中浇筑混凝土，目前多用导管法（见图 6-14）。

导管直径约 250~300 mm（不小于最大骨料粒径的 8 倍），每节长 3 m，用快速接头连接，顶部装有漏斗。导管用起重设备吊住，可以升降。浇筑前，导管下口先用隔水塞（混凝土、木等制成）堵塞，隔水塞用铁丝吊住。然后在导管内浇筑一定量的混凝土，保证开管前漏斗及管内的混凝土量要使混凝土冲出后足以封住并高出管口。将导管插入水下，使其下口距底面的距离 h_1 约 300 mm 时进行浇筑，距离太小易堵管，太大则要求漏斗及管内混凝土量较多。当导管内混凝土的体积及高度满足上述要求后，剪断吊住隔水塞的铁丝进行开管，使混凝土在自重作用下迅速推出隔水塞进入水中。以后一面均衡地浇筑混凝土，一面慢慢提起导管，导管下口必须始终保持在混凝土表面之下不小于 1 m。下口埋得越深，则混凝土顶面越平、质量越好，但混凝土浇筑也越难。

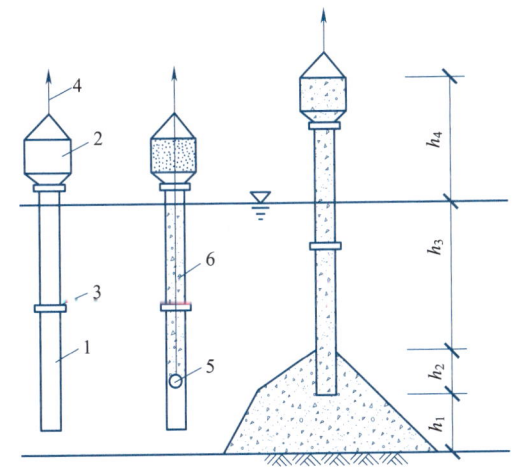

1—钢导管；2—漏斗；3—接头；4—吊索；5—隔水塞；6—铁丝。
h_1—混凝土底面至导管底距离；h_2—导管底至混凝土顶面距离；
h_3—混凝土顶面至水面距离；h_4—导管内混凝土与水面高差。

图 6-14 导管法水下浇筑混凝土

在整个浇筑过程中，一般应避免在水平方向移动导管，直到混凝土顶面接近设计标高时，才可将导管提起，换插到另一浇筑点。一旦发生堵管，如半小时内不能排除，应立即换插备用导管。待混凝土浇筑完毕,应清除顶面与水或泥浆接触的一层松软部分。

4. 混凝土的密实成型

混凝土拌和物浇筑后,需经密实成型才能赋予混凝土制品或结构一定的外形和内部结构。混凝土的强度、抗冻性、抗渗性、耐久性等皆与密实成型的好坏有关。

混凝土密实成型的途径有以下三种:一是利用机械外力(如机械振动)来克服拌和物的黏聚力和内摩擦力而使之液化、沉实;二是在拌和物中适当增加用水量以提高其流动性,使之便于成型,然后用离心泵法、真空作业法等将多余水分和空气排出;三是在拌和物中掺入高效能减水剂,使其坍落度大大增加,可自流成型。下面介绍前两种方法。

(1)机械振捣密实成型

混凝土振动密实的原理,是利用产生振动的机械将一定的频率、振幅和激振力的振动能量通过某种方式传递给混凝土拌和物时,受振混凝土中所有的骨料颗粒都受到强迫振动,它们之间原来赖以保持平衡,并使混凝土拌和物保持一定塑性状态的黏聚力和内摩擦力随之大大降低,受振动混凝土拌和物呈现所谓的"重质液体状态",因而混凝土拌和物的骨料犹如悬浮在液体中,在其自重作用下向新的稳定位置沉落,排除存在于混凝土拌和物中的气体,消除空隙,使骨料和水泥浆在模板中得到致密地排列和迅速有效地填充。

混凝土振动机械按其工作方式分为:内部振动器、外部振动器、表面振动器和振动台,如图6-15所示。

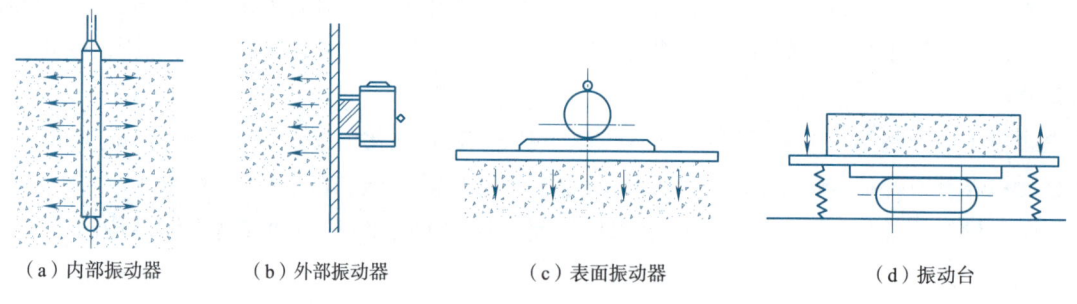

(a)内部振动器　　(b)外部振动器　　(c)表面振动器　　(d)振动台

图6-15　振动机械示意图

①内部振动器。

内部振动器又称插入式振动器,其构造如图6-16所示。内部振动器常用于振实梁、柱、墙等构件和大体积混凝土。当振动大体积混凝土时,还可将几个振动器组成振动束进行强力振捣。

使用内部振动器操作要点是:直上和直下,快插与慢拔;插点要均布,切勿漏点插;上下要抽动,层层要扣搭;时间掌握好,密实质量佳;操作要细心,软管莫弯卷;不得碰模板,不得碰钢筋;用200 h后,要加润滑油;振动0.5 h,停歇5 min。

根据经验,比较适合的振幅范围为1~3 mm,在此范围内适当采用较大的振幅对提高生产效率有利。由于振幅是沿着棒长按三角形或梯形分布,尖端最大,故在操作时,为了防止表面混凝土振实后与下面混凝土发生分层离析,振动棒插入时要"快插";为了使混凝土能填满洞孔,抽出时要"慢拔";为了保证每一层混凝土上下振捣均匀,应将振动棒上下来回抽动50~100 mm。此外,还应将振动棒深入下层混凝土中50 mm左右。以保证上下层混凝土结合密实,如图6-17所示。

振动棒插点间距要均匀排列,以免漏振。一般间距不要超过振动棒有效作用半径的1.5倍;插点可按行列式或交错式布置(见图6-18),其中交错式的重叠搭接比较合理。

振动棒的有效作用半径应通过实验确定。一般为300~400 mm。根据实践经验,其有效半径约为振动棒半径的8~10倍。影响有效作用半径的因素较多,它与混凝土性能、结构特征和振捣时间等有关。混凝土坍落度越大,对振动力容易传播,有效作用半径宜越大;振捣时间越长,也能相应地增加有效作用半径。但时间过长,不仅会降低生产率,而且会使混凝土发生离析现象。一般每点振捣时间为20~30 s,以振至混凝土不再沉落、气泡不再排出、表面开始泛浆并基本平坦为止。

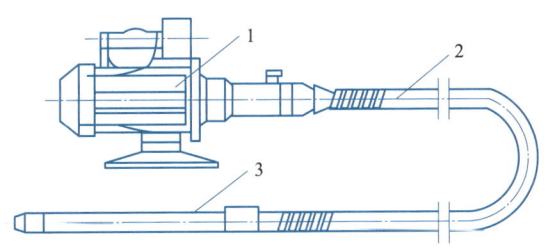
1—电动机;2—软轴;3—振动棒。
图 6-16 内部振动器

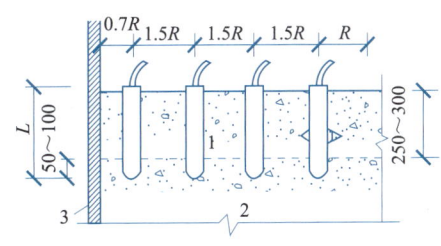
1—新浇筑的混凝土;2—下层已振捣但尚未初凝的混凝土;
3—模板;R—有效作用半径;L—振动棒长度。
图 6-17 内部振动器的插入深度

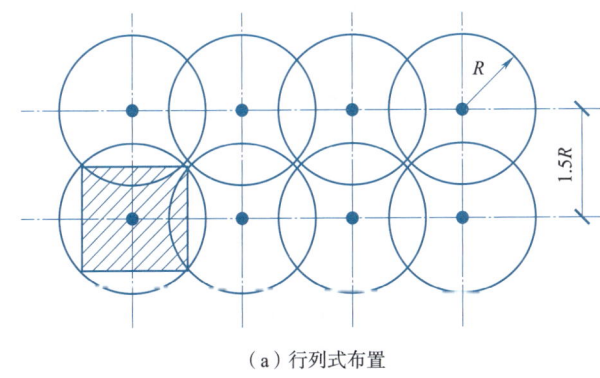

（a）行列式布置

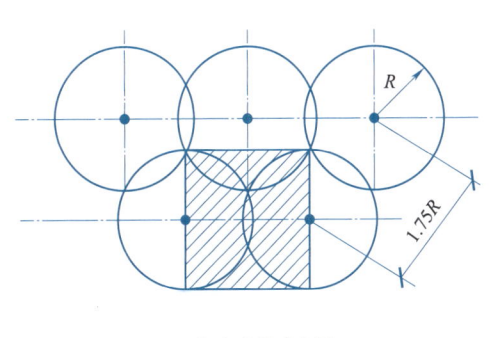

（b）交错式布置

R—振动棒有效作用半径。
图 6-18 振捣点的布置

振捣方法有垂直振捣和斜向振捣。垂直振捣容易掌握插点距离,不容易漏振;容易控制插入点深度(不得超过振动棒长度的1.25倍);不易触及钢筋和模板;混凝土受振后能自然沉实,均匀密实。斜向振捣是将振动棒与混凝土表面成40°～45°角度插入,其特点是操作省力,效率高,出浆快,易于排出空气,不会发生严重的离析现象,振动棒拔出时不会形成孔洞。

②外部振动器。外部振动器(见图6-19)又称附着式振动器,这种振动器是固定在模板外侧的横档或竖档上,偏心块旋转式所产生的振动力通过模板传给混凝土,使之振实。其振动深度最大约为300 mm,仅用于钢筋密集、断面尺寸小于250 mm的构件。当断面尺寸较大时,则须在两侧同时安设振动器振实。外部振捣器的振动时间和有效作用半径随结构形状、模板坚固程度、混凝土的坍落度及振动器功率的大小等而定。一般要求混凝土的水灰比应比内部振捣时大一些。模板结构应坚固严密,但模板越坚固,越不容易传播振动作用,越需要大功率的振动器。因此,最好采用轻巧模板,应用频率相同、小功率的成组振捣器同时进行捣实,则效果较好。在一般情况下,可以每隔1～1.5 m距离设置一个振动器。振动时,当混凝土成一水平表面,且不出现气泡时,即可停止振捣。

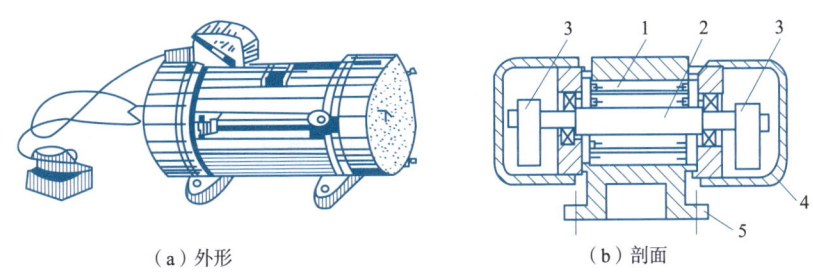

（a）外形　　　　　　　（b）剖面

1—电动机;2—轴;3—偏心块;4—护照;5—机座。
图 6-19 外部振动器

③表面振动器。表面振动器又称平板振动器,是将外部振动器固定在一块底板上。它适用于振实楼板、地面、板形构件和薄壳等构件。在无筋或单层钢筋的结构中,每次振实厚度不大于250 mm;在双层钢筋

的结构中,每次振实的厚度不大于120 mm。在每一位置上应连续振动一定时间,正常情况下为25~40 s,以混凝土面均匀出现浆液为准。移动时应成排一次振捣前进,前后位置和排与排之间相互搭接100 mm,避免漏振。最好进行两遍,第一遍和第二遍的方向要相互垂直,第一遍主要使混凝土密实,第二遍则使其表面平整。

④振动台。一般在预制厂用于振实干硬性混凝土和轻骨料混凝土。宜采用加压振动的方法,加压力为 1~3 kN/m²。

(2)真空作业法成型

真空作业法,是借助于真空负压,将水从刚成型的混凝土拌和物中排出,同时使混凝土密实的一种成型方法。真空作业法避免了振动成型噪声大、能耗多、机械磨损严重的特点,是一种有发展前途的施工工艺。此法适用于预制平板、楼板、道路、机场跑道、薄壳、隧道顶板、墙壁、水池、桥墩等混凝土成型。

真空作业法的方式分为表面真空作业与内部真空作业两种。

真空作业设备主要由真空泵机组、真空吸水装置、软管三部分组成(见图6-20)。

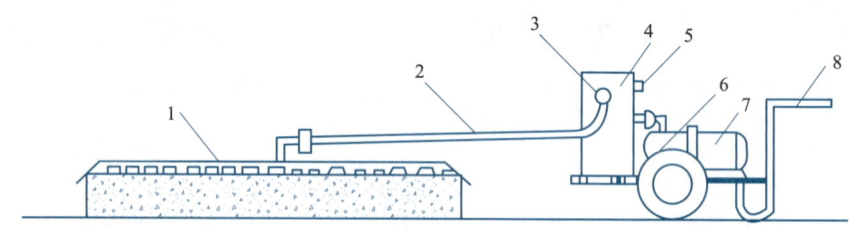

1—真空吸水装置;2—软管;3—吸水进口;4—集水箱;5—真空表;6—真空泵;7—电动机;8—手推小车。

图6-20 真空作业设备布置

①真空泵机组。它由真空泵、集水箱、电动机等组成。真空泵是造成真空的主要设备,与集水箱连接。集水箱上装有真空表,可读出集水箱真空室中的真空度。从混凝土中抽吸出来的水盛于集水箱内,再由排水口排出。

②真空吸水装置。它是直接与混凝土表面相接触的装置。其作用是在混凝土表面造成一个真空的空间(称为真空腔),使混凝土中的水分和空气在负压作用下进入这个空间,然后再被真空泵吸走。真空吸水装置有柔性和刚性两种。

③软管。它的作用是将真空泵机组与真空吸水装置相互连接起来,形成成套真空脱水机组设备。

真空作业时,由于混凝土中的部分多余水分和空气被抽吸排出,混凝土体积会相应缩小,因此振捣后提浆刮平的混凝土面要比所要求的混凝土表面略高2~4 mm;在作业时要注意检查真空吸水装置周边的密封情况;真空吸水后要进一步对混凝土表面研压抹光,保证表面的平整;为提高真空脱水效果,必须合理地选择混凝土的配合比。

5. 混凝土养护

混凝土振捣及养护

常用的混凝土的养护方法是自然养护法。

对混凝土进行自然养护,是指在平均气温高于+5 ℃的条件下使混凝土保持湿润状态。自然养护又可分为洒水养护和喷洒塑料薄膜养生液养护等。

①洒水养护是用吸水保温能力较强的材料(如草帘、芦席、麻袋、锯末等)将混凝土覆盖,经常洒水使其保持湿润。

a. 开始养护时间。当最高气温低于25 ℃时,混凝土浇筑完成后应在12 h内加以覆盖和浇水;最高气温高于25 ℃时,应在6 h内开始养护。

b. 养护天数。浇水养护时间的长短视水泥品种定,硅酸盐水泥、普通硅酸盐水泥和矿渣硅酸盐水泥拌制的混凝土,不得少于7昼夜;火山灰硅酸盐水泥和粉煤灰硅酸盐水泥拌制的混凝土或有抗渗要求的混凝土,不得少于14昼夜。

c. 浇水次数。应使混凝土保持具有足够的湿润状态。养护初期,水泥的水化反应较快,需水也较多,所以要特别注意在浇筑以后头几天的养护工作,在气温高、湿度低时,也应增加洒水的次数。

②喷洒塑料薄膜养生液养护适用于不易洒水养护的高耸构筑物和大面积混凝土结构及缺水地区。它是将养生液用喷枪喷洒在混凝土表面,溶液挥发后在混凝土表面形成一层塑料薄膜,使混凝土与空气隔绝,阻止其中水分的蒸发以保证水化作用的正常进行。在夏季,薄膜成型后要有防晒措施,否则易产生裂纹。

对于表面积大的构件(如地坪、楼板、屋面、路面等),也可用湿土、湿砂覆盖,或沿构件周边用黏土等围住,在构件中间蓄水进行养护。

混凝土必须养护至其强度达到 1.2 N/mm² 以上,才准在上面行人和架设支架、安装模板,且不得冲击混凝土。

知识模块3 大体积混凝土施工

一、大体积混凝土的概念

关于大体积混凝土的定义,目前国内外还没有一个统一的规定。在我国,大体积混凝土指混凝土实体物最小断面尺寸大于 1 m 以上的混凝土结构,或者体积较大的、可能由胶凝材料水化热引起的温度应力导致有害裂缝的混凝土结构。其尺寸已经大到必须采用相应的技术措施妥善处理温度差值,合理解决温度应力并控制裂缝开展的混凝土结构。

二、大体积浇筑方案及计算

本工程属于大体积混凝土,其最主要特点是:以大区段为单位进行施工,施工体积厚大。由此带来的问题是:水泥的水化热引起温度升高,冷却时,产生裂缝。为了防止裂缝的发生,本工程施工时选择分段分层浇筑方案。为保证混凝土在浇筑时不发生离析,便于浇筑振捣密实和保证施工的连续性,施工时,满足以下要求:

①混凝土自由下落高度超过 2 m 时,采用串筒、溜槽或振动管下落工艺,以保证混凝土拌和物不发生离析。

②采用分层浇筑方案,每层的厚度 H 按照表 6-5 规定选取 30 cm 厚,以保证能够振捣密实。

③分段分层浇筑时,在下层混凝土凝结前,保证将上层混凝土浇筑并振捣完毕。

④分段分层浇筑时,为了尽量使混凝土浇筑强度(m³/h)保持一致,供料均衡,以保证施工的连续性,需要确定浇筑分段,首先计算分段分层浇筑方案中浇筑位置:

混凝土最大浇筑区面积为

$$F_{\max} = \frac{QT}{H} = \frac{100 \times (3-0.5)}{0.3} \text{ m}^2 = 833.33 \text{ m}^2 \tag{6-3}$$

本工程承台基础面积为 100 × 10 m³ = 1 000 m³

因此确定浇筑承台分两段分层进行浇筑,分段位置为承台基础正中间,使浇筑面积均匀,施工方便。

说明:

如要保证混凝土的整体性,则要保证使每一浇筑层在初凝前就被上一层混凝土覆盖并捣实成为整体。为此要求混凝土小于下述的浇灌量进行浇筑:

$$Q = \frac{FH}{T} \tag{6-4}$$

式中 Q——混凝土最小浇筑量,m³/h;

F——混凝土浇筑区的面积,m²;

H——浇筑层厚度,m,取决于混凝土捣实方法,参考表 6-5;

T——下层混凝土从开始浇筑到初凝所容许的时间间隔,h,一般等于混凝土初凝时间减去运输时间。

大体积混凝土结构的浇筑方案应根据整体性要求、结构大小、钢筋疏密、混凝土供应等具体情况,选用如下三种方式:

①全面分层[见图6-21(a)]:在第一层浇筑完毕回来浇筑第二层时,第一层浇筑的混凝土还未初凝,如此逐层进行,直至浇筑好。这种方案适用于结构的平面尺寸不太大、施工时从短边开始、沿长边进行较适宜。必要时亦可分为两段,从中间向两端或从两端向中间同时进行。

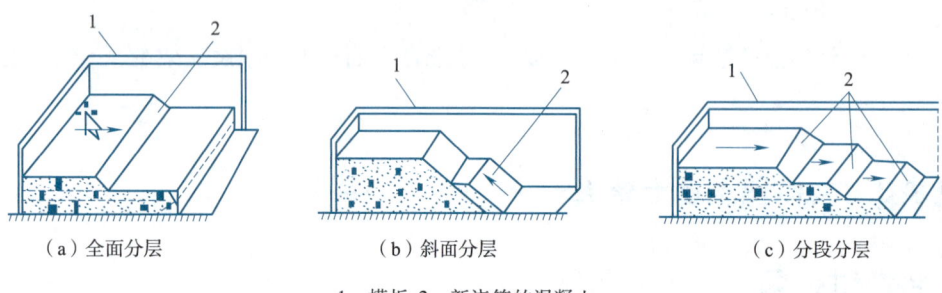

(a)全面分层　　　　　(b)斜面分层　　　　　(c)分段分层

1—模板;2—新浇筑的混凝土。

图6-21　大体积混凝土浇筑方案

②斜面分层[见图6-21(b)]:适用于结构的长度超过厚度的3倍。振捣工作应从浇筑层的下端开始,逐渐上移,以保证混凝土施工质量。

③分段分层[见图6-21(c)]:适用于厚度不太大而面积或长度较大的结构。混凝土从底层开始浇筑,进行一定距离后回来浇筑第二层,如此依次向前浇筑以上各分层。

分层的厚度决定于振动器的棒长和振动力的大小,也要考虑混凝土的供应量大小和可能浇筑量的多少,一般为20～30 cm。

三、大体积混凝土养护方案及温控方案

1. 大体积混凝土养护方案

①大体积混凝土应进行保温保湿养护,在每次混凝土浇筑完毕后,除应按普通混凝土进行常规养护外,还应及时按温控技术措施的要求进行保温养护,并应符合下列规定:

a. 应专人负责保温养护工作,并应按规范的有关规定操作,同时应做好测试记录。

b. 保湿养护的持续时间不得少于14 d,应经常检查塑料薄膜或养护剂涂层的完整情况,保持混凝土表面湿润。

c. 保温覆盖层的拆除应分层逐步进行,当混凝土的表面温度与环境最大温差小于20 ℃时,可全部拆除。

②在混凝土浇筑完毕初凝前,宜立即进行喷雾养护工作。

③塑料薄膜、麻袋、阻燃保温被等,可作为保温材料覆盖混凝土和模板,必要时,可搭设挡风保温棚或遮阳降温棚。在保温养护过程中,应对混凝土浇筑体的里表温差和降温速率进行现场监测,当实测结果不满足温控指标的要求时,应及时调整保温养护措施。

④高层建筑转换层的大体积混凝土施工,应加强进行养护,其侧模、底模的保温构造应在支模设计时确定。

⑤大体积混凝土拆模后,地下结构应及时回填土;地上结构应尽早进行装饰,不宜长期暴露在自然环境中。

⑥特殊气候条件下的施工:

a. 大体积混凝土施工遇炎热、冬期、大风或者雨雪天气时,必须采用保证混凝土浇筑质量的技术措施。

b. 炎热天气浇筑混凝土时,宜采用遮盖、洒水、拌冰屑等降低混凝土原材料温度的措施,混凝土入模温

度宜控制在30℃以下。混凝土浇筑后,应及时进行保湿保温养护;条件许可时,应避开高温时段浇筑混凝土。

c. 冬期浇筑混凝土,宜采用热水拌和、加热骨料等提高混凝土原材料温度的措施,混凝土入模温度不宜低于5℃。混凝土浇筑后,应及时进行保湿保温养护。

d. 大风天气浇筑混凝土,在作业面应采取挡风措施,并增加混凝土表面的抹压次数,应及时覆盖塑料薄膜和保温材料。

2. 大体积混凝土温控方案

大体积混凝土的养护,不仅要满足强度增长的需要,还应通过人工的温度控制,防止因温度变形引起结构物的开裂。

①控制浇筑层厚度和进度,以利散热。

②控制浇筑温度。如部分拌和用水以碎冰形式加进混凝土拌和物中,使现场新拌混凝土的温度被限制在6℃左右。但是,为了混凝土的均匀性,在搅拌终了以前,应使混凝土拌和物中所有的冰全部融化。因此,小冰片或挤压成饼状的冰片比碎冰块更加适合。

③预埋冷却水管。用循环水降低混凝土温度,进行人工导热。循环水是通过薄壁钢管系统泵入的,以井水为最好。

④表面绝热。表面绝热的目的,不是限制温度上升,而是调节温度下降的速率,使混凝土由于表面与内部之间的温度梯度引起的应力差得以减小。因为,在混凝土已经硬化且获得相当的弹性后,环境温度降低与内部温度提高,两者共同作用,会增加温度梯度与应力差。尤其在冷天,必须减慢表面的热量损失,因此,常用绝热材料覆盖。

在混凝土养护阶段的温度控制应遵循以下几点:

①混凝土的中心温度与表面温度之间的差值,以及混凝土表面温度与室外最低气温之间的差值,均应小于20℃,经过计算确认结构物混凝土具有足够的抗裂能力时,一般不大于25℃,最高不大于30℃。

②混凝土的拆模时间应考虑气温环境等情况,必须有利于强度的正常增长,即拆模时混凝土的温差不超过20℃。

除了上述采用降温法和保温法控制混凝土温度外,还可以采用蓄水法和水浴法。

自 测 训 练

1. 混凝土运输设备主要有(　　　)、(　　　)、(　　　)、(　　　)等。
2. 对于自落式搅拌机,坍落度>3 cm的混凝土搅拌的最短时间是(　　　)min。C30混凝土运输、浇筑和间隙的全部时间为(　　　)。
3. 混凝土的倾倒方向与浇筑方向(　　　)。
4. 混凝土振捣工具主要有(　　　)振捣器、(　　　)振捣器、(　　　)振捣器和(　　　)。
5. 插入式振捣,浇筑层的厚度为(　　　)。
6. 混凝土养护的方式常见的有(　　　)养护、(　　　)养护和(　　　)养护。自然养护的温度要求是(　　　),其种类有(　　　)、(　　　)和(　　　)等。

📑 笔记栏

任务6 计 划 单

学习情境二	主体工程施工	任务6	混凝土工程施工
工作方式	组内讨论、团结协作共同制订计划：小组成员进行工作讨论，确定工作步骤	计划学时	
完成人			
计划依据			
序号	计划步骤		具体工作内容描述
1	准备工作 （准备编制施工方案的工程资料，谁去做）		
2	组织分工 （成立组织，人员具体都完成什么）		
3	选择混凝土工程施工方法 （谁负责、谁审核）		
4	确定混凝土工程施工工艺流程 （谁负责、谁审核）		
5	明确混凝土工程施工要点 （谁负责、谁审核）		
6	明确混凝土工程施工质量控制要点 （谁负责、谁审核）		
制订计划说明	（写出制订计划中人员为完成任务的主要建议或可以借鉴的建议、需要解释的某一方面）		

任务6 决 策 单

学习情境二	主体工程施工		任务6	混凝土工程施工
决策学时				
决策目的				
决策方案过程	工作内容	内容类别		必要	非必要（可说明原因）
		内容记录	性质描述		
决策方案描述					

任务6 作业单

学习情境二	主体工程施工		任务6	混凝土工程施工
参加人员	第　组		开始时间：	
	签名：		结束时间：	
序号	工作内容记录		分工（负责人）	
1				
2				
⋮				
小结	主要描述完成的成果		存在的问题	

任务6 作业单

任务6 检 查 单

学习情境二		主体工程施工		任务6		混凝土工程施工	
检查学时						第 组	
检查目的及方式							
序号	检查项目	检查标准	检查结果分级 (在检查相应的分级框内画"√")				
			优秀	良好	中等	合格	不合格
1	准备工作	资源是否已查到,材料是否准备完整					
2	分工情况	安排是否合理、全面,分工是否明确					
3	工作态度	小组工作是否积极主动、全员参与					
4	纪律出勤	是否按时完成负责的工作内容,是否遵守工作纪律					
5	团队合作	是否相互协作、互相帮助,成员是否听从指挥					
6	创新意识	任务完成不照搬照抄,看问题具有独到见解、创新思维					
7	完成效率	工作单是否记录完整,是否按照计划完成任务					
8	完成质量	工作单填写是否准确,记录单检查及修改是否达标					
检查评语						教师签字:	

任务6 评价单

1. 小组工作评价单

学习情境二	主体工程施工		任务6	混凝土工程施工		
评价学时						
班级：				第　　组		
考核情境	考核内容及要求	分值（100）	小组自评（10%）	小组互评（20%）	教师评价（70%）	实得分（Σ）
汇报展示（20）	演讲资源利用	5				
	演讲表达和非语言技巧应用	5				
	团队成员补充配合程度	5				
	时间与完整性	5				
质量评价（40）	工作完整性	10				
	工作质量	5				
	报告完整性	25				
团队情感（25）	核心价值观	5				
	创新性	5				
	参与度	5				
	合作性	5				
	劳动态度	5				
安全文明（10）	工作过程中的安全保障情况	5				
	工具正确使用和保养、放置规范	5				
工作效率（5）	能够在要求的时间内完成，每超时5 min扣1分	5				

2. 小组成员素质评价单

课程	建筑施工技术			
学习情境二	主体工程施工		学时	40
任务6	混凝土工程施工		学时	6
班级		第　组	成员姓名	
评分说明	每个小组成员评价分为自评和成员互评两部分,取平均值计算,作为该小组成员的任务评价个人分数。评价项目共设计五个,依据评分标准给予合理量化打分。小组成员自评分后,要找小组其他成员不记名方式打分,成员互评分为其他小组成员的平均分			
对象	评分项目	评分标准		评分
自评 （100分）	核心价值观 （20分）	是否有践行社会主义核心价值观		
	工作态度 （20分）	是否按时完成负责的工作内容、遵守纪律,是否积极主动参与小组工作,是否全过程参与,是否吃苦耐劳,是否具有工匠精神		
	交流沟通 （20分）	是否能良好地表达自己的观点,是否能倾听他人的观点		
	团队合作 （20分）	是否与小组成员合作完成,是否做到相互协助、相互帮助、听从指挥		
	创新意识 （20分）	看问题是否能独立思考、提出独到见解,是否能够创新思维解决遇到的问题		
成员互评 （100分）	核心价值观 （20分）	是否践行社会主义核心价值观		
	工作态度 （20分）	是否按时完成负责的工作内容、遵守纪律,是否积极主动参与小组工作,是否全过程参与,是否吃苦耐劳,是否具有工匠精神		
	交流沟通 （20分）	是否能良好地表达自己的观点,是否能倾听他人的观点		
	团队合作 （20分）	是否与小组成员合作完成,是否做到相互协助、相互帮助、听从指挥		
	创新意识 （20分）	看问题是否能独立思考、提出独到见解,是否能够创新思维解决遇到的问题		
最终小组成员得分				
小组成员签字			评价时间	

任务6 教学反思单

学习情境二	主体工程施工		任务6	混凝土工程施工
班级		第　组		成员姓名	
情感反思	通过对本任务的学习和实训,你认为自己在社会主义核心价值观、职业素养、学习和工作态度等方面有哪些需要提高的部分?			
知识反思	通过对本任务的学习,你掌握了哪些知识点?请画出思维导图。			
技能反思	在完成本任务的学习和实训过程中,你主要掌握了哪些技能?			
方法反思	在完成本任务的学习和实训过程中,你主要掌握了哪些分析和解决问题的方法?			

任务 7　预应力混凝土工程施工

任 务 单

课程	建筑施工技术		
学习情境二	主体工程施工	学时	40
任务 7	预应力混凝土工程施工	学时	4
布置任务			
任务目标	1. 能够陈述预应力混凝土工程施工工艺流程； 2. 能够阐述预应力混凝土工程施工要点； 3. 能够列举预应力混凝土工程施工质量控制点； 4. 能够开展预应力混凝土工程施工准备工作； 5. 能够处理预应力混凝土工程施工常见问题； 6. 能够编制预应力混凝土工程施工方案； 7. 具备吃苦耐劳、主动承担的职业素养，具备团队精神和责任意识，具备保证质量建设优质工程的爱国情怀		
任务描述	在进行预应力混凝土工程施工时，项目技术负责人应根据项目施工图纸、施工现场周边环境、设备材料供应等情况编写预应力混凝土工程施工方案，进行预应力混凝土工程施工技术交底。其具体工作如下： 1. 进行编写预应力混凝土工程施工方案的准备工作。 2. 编写预应力混凝土工程施工方案： (1) 进行预应力混凝土工程施工准备； (2) 选择预应力混凝土工程施工方法； (3) 确定预应力混凝土工程施工工艺流程； (4) 明确预应力混凝土工程施工要点； (5) 明确预应力混凝土工程施工质量控制点。 3. 进行预应力混凝土工程施工技术交底		

学时安排	布置任务与资讯	计划	决策	实施	检查	评价
	（1学时）	（0.5学时）	（0.5学时）	（1学时）	（0.5学时）	（0.5学时）

| 对学生的要求 | 1. 具备建筑施工图识读能力；
2. 具备建筑施工测量知识；
3. 具备任务咨询能力；
4. 严格遵守课堂纪律，不迟到、不早退；学习态度认真端正；
5. 每位同学必须积极参与小组讨论；
6. 每组均提交"钢筋工程施工方案" |

●●●● 信 息 单 ●●●●

课程	建筑施工技术	
学习情境二	主体工程施工	学时 40
任务 7	预应力混凝土工程施工	学时 4

资讯思维导图

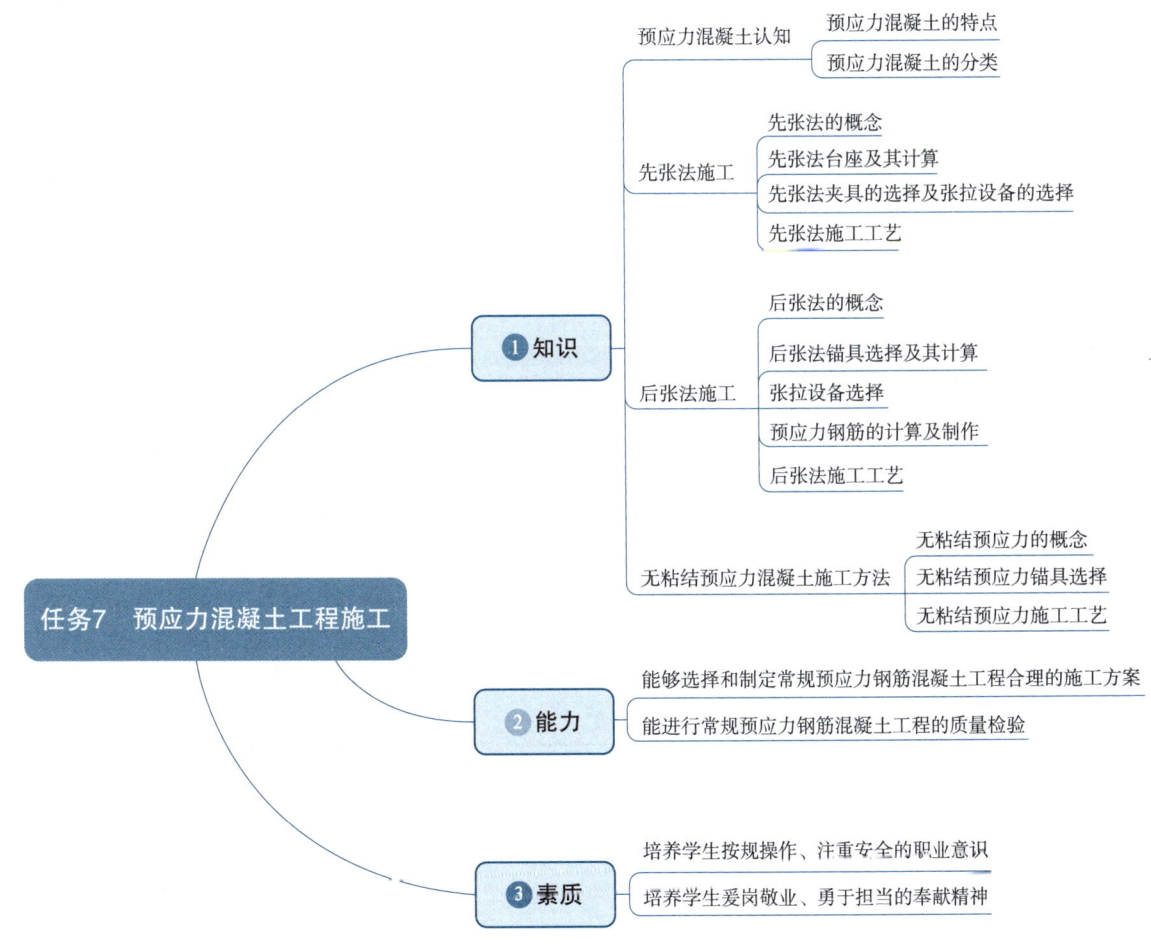

知识模块 1　预应力混凝土认知

预应力混凝土在外荷载作用前,在结构受拉区预先施加预压应力,以抵消一部分或全部由于结构在使用阶段由外荷载产生的拉应力,从而推迟和限制构件的裂缝发展,充分利用钢筋的抗拉应力,提高结构的抗裂度、刚度和耐久性。混凝土的预压应力是通过张拉预应力筋来实现的。

一、预应力混凝土的特点

预应力混凝土与钢筋混凝土相比,具有以下特点：

①同等条件下与钢筋混凝土相比,预应力混凝土具有构件截面小、自重轻、刚度大、抗裂度高、耐久性好、节省材料等优点。工程实践证明,采用预应力混凝土,可节约钢材 40%～50%,节省混凝土 20%～40%,

减轻构件自重20%~40%。

②可有效地利用高强钢筋和高强混凝土,充分发挥钢筋和混凝土各自的特性,并扩大预制装配化程度。

③预应力混凝土的施工,需要专门的材料与设备、特殊的施工工艺,工艺比较复杂,操作要求较高,但用于大开间、大跨度与重荷载的结构中,其综合效益较好。

④随着施工工艺的不断发展和完善,预应力混凝土的应用范围越来越广,不但用于一般的工业与民用建筑结构,而且用于大型整体或特种结构上。

二、预应力混凝土的分类

预应力混凝土结构根据预应力度大小不同可分为全预应力混凝土和部分预应力混凝土。全预应力混凝土是在全部使用荷载下,结构受拉边缘不允许出现拉应力的预应力混凝土,适用于要求混凝土不开裂的结构;部分预应力混凝土是在全部使用荷载下,结构受拉边缘允许出现一定的拉应力或裂缝的混凝土,其综合性能较好,费用较低,适用面较广。

预应力混凝土按施工方式不同可分为预制预应力混凝土、现浇预应力混凝土和叠合预应力混凝土等。

预应力混凝土按施加应力的方法不同可分为先张法预应力混凝土、后张法预应力混凝土和电热张拉法预应力混凝土。后张法预应力混凝土又分为有粘结预应力混凝土与无粘结预应力混凝土。

知识模块2 先张法施工

一、先张法的概念

先张法是在浇筑混凝土前铺设、张拉预应力筋,并将张拉后的预应力筋临时锚固在台座或钢模上,然后浇筑混凝土,待混凝土养护达到不低于75%设计强度后,保证预应力筋与混凝土有足够的粘结时,放松预应力筋,借助混凝土与预应力筋的粘结,对混凝土施加预应力的施工工艺(见图7-1)。先张法一般仅适用于生产中小型预制构件,如房屋建筑中的空心板、多孔板、槽形板、双T板、V形折板、托梁、檩条、槽瓦、屋面梁等;道路桥梁工程中的轨枕、桥面空心板、简支梁等。在基础工程中

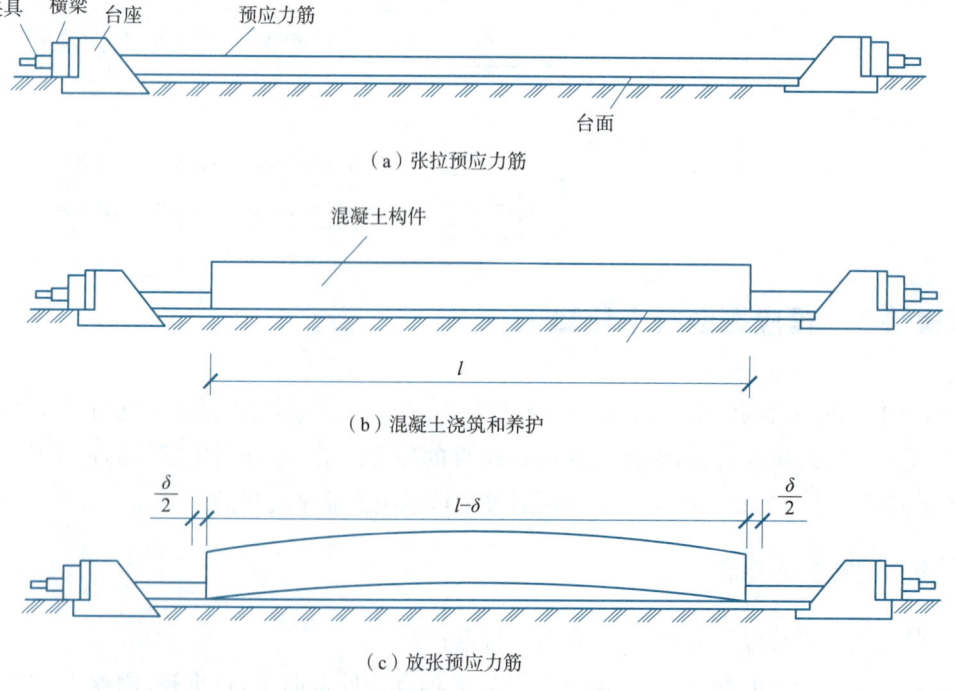

图7-1 先张法构件生产示意图

应用的预应力方桩及管桩等。先张法多在固定的预制厂生产,也可在施工现场生产。

二、先张法台座及其计算

先张法生产构件有长线台座法和短线台模法两种。用台座法生产时,各道施工工序都在台座上进行,台座长度在 100～150 m 之间,预应力筋的张拉力由台座承受。台模法主要在工厂流水线上使用,它是将制作构件的模板作为预应力钢筋锚固支座的一种台座,模板具有相当的刚度,作为固定预应力筋的承力架,可将预应力钢筋放在模板上进行张拉。台座法不需要复杂的机械设备,能适宜多种产品生产,故应用较广。

台座是先张法施工中主要的设备之一,由台面、横梁和承力结构组成,是张拉预应力筋和临时固定预应力筋的支撑结构,承受全部预应力筋的拉力,它必须有足够的强度、刚度和稳定性,以免因台座的变形、倾覆和滑移而引起预应力值的损失。台座构造形式不同可分为墩式台座和槽式台座等。

1. 墩式台座

墩式台座由承力台墩、台面与横梁三部分组成,其长度宜为 50～100 m(见图 7-2)。张拉一次可生产多根构件,可减少张拉及临时固定工作,又可以减少因钢丝滑动或台座横梁变形引起的预应力损失。目前常用的是台墩与台面共同受力的墩式台座。台座的宽度主要取决于构件的布筋宽度、张拉与浇筑混凝土是否方便,一般为 2～4 m。在台座的端部应留出张拉操作用地和通道,两侧要有构件运输和堆放的场地。

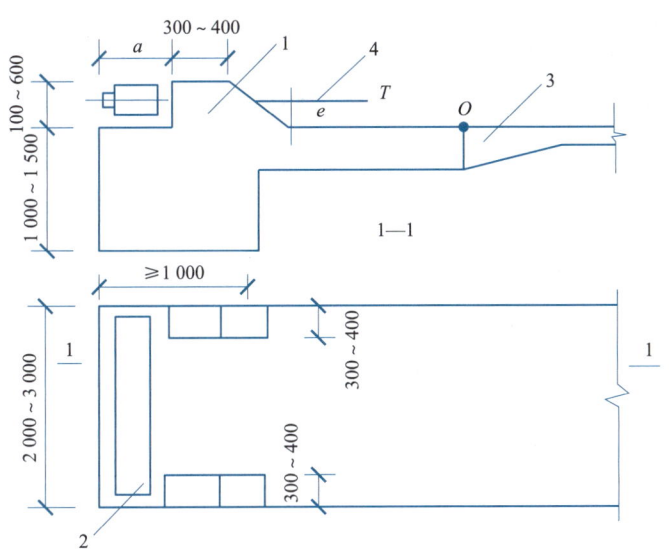

1—混凝土台墩;2—横梁;3—混凝土墩式台面;4—预应力筋。

图 7-2 墩式台座(单位:mm)

承力台墩一般埋置在地下,由现浇钢筋混凝土做成。台面一般是在夯实的碎石垫层上浇筑一层厚度为 60～100 mm 的混凝土而成。台面伸缩缝可根据当地温差和经验设置,约为 10 m 一道,也可采用预应力混凝土滑动台面,不留伸缩缝。预应力滑动台面是在原有的混凝土台面或新浇筑的混凝土基层上刷隔离剂,张拉预应力筋、浇筑混凝土面层,待混凝土达到放张强度后切断预应力筋,台面就发生滑动。这种台面使用效果良好。台座的两端设置有固定预应力筋的横梁,一般用型钢制作,设计时,除应要求横梁在张拉力的作用下有一定的强度外,尚应特别注意变形,以减少预应力损失。台座设计时,应进行稳定性和强度验算。稳定性验算包括台座的抗倾覆验算和抗滑移验算。

(1)抗倾覆验算

墩式台座的抗倾覆能力以台座的抗倾覆安全系数 K_1 表示,如图 7-3 所示。

$$K_1 = \frac{M'}{M} = \frac{G_1 l_1 + G_2 l_2}{Te} \geqslant 1.50 \tag{7-1}$$

式中 K_1——抗倾覆安全系数,一般不小于 1.50;

M——倾覆力矩,由预应力筋的张拉力产生,kN·m;

T——预应力筋的张拉力,kN;

e——张拉力合力 T 作用点至倾覆点的力臂,m;

M'——抗倾覆力矩.由台座自重力和土压力等产生,kN·m;

G_1——台墩的自重力,kN;

L_1——台墩重心到倾覆转动点的力臂,m;

G_2——承台墩外伸台面局部加厚部分的自重,kN;

L_2——承台墩外伸台面局部加厚部分的重心至倾覆转动 O 的力臂,m。

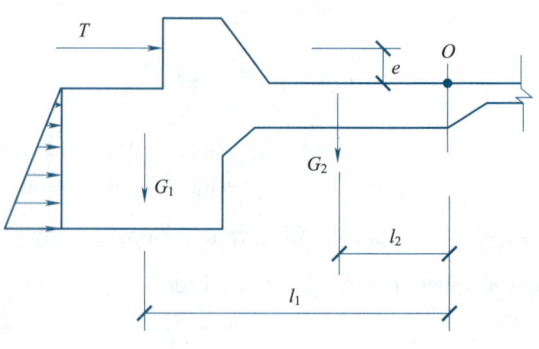

图 7-3 墩式台座抗倾覆验算简图

(2)抗滑移验算

墩式台座的抗滑移能力以台座的抗滑移安全系数 K_2 表示。

$$K_2 = \frac{T_1}{T} \geqslant 1.3 \quad (7-2)$$

式中 K_2——抗滑移安全系数,一般不小于 1.30;

T——张拉力合力,kN;

T_1——抗滑移的力,kN。

对独立的台墩,由侧壁上压力和底部摩阻力等产生。对与台面共同工作的台墩,其水平推力几乎全部传给台面,不存在滑移问题,可不作抗滑移验算,此时应验算台面的强度。

(3)台座强度验算时

台座的强度应根据构件张拉力的大小,可按台座每米宽的承载力为 200~500 kN 设计台座。支撑横梁的牛腿,按柱子牛腿的计算方法计算其配筋;墩式台座与台面接触的外伸部分,按偏心受压构件计算;台面按轴心受压杆件计算;横梁按承受均布荷载的简支梁计算,挠度不应大于 2 mm,并不得产生翘曲。预应力筋的定位板必须安装准确,其挠度不大于 1 mm。其承载力公式为

$$P = \frac{\psi A f_c}{\gamma_0 \gamma_Q K'} \quad (7-3)$$

式中 ψ——轴心受压纵向弯曲系数,取 $\psi=1$;

A——台面截面面积;

f_c——混凝土轴心抗压强度设计值;

γ_0——构件重要性系数,按二级考虑取 $\gamma_0=1.0$;

γ_Q——荷载分项系数,取 $\gamma_Q=1.4$;

K'——考虑台面面积不均匀和其他影响因素的附加安全系数取 $K'=1.5$

本工程采用墩式钢筋混凝土台座,截面如图 7-4 所示,台面宽度为 4 m,预应力张拉力为 1 000 kN,台面混凝土为 C20,厚度 80 mm,试作抗倾覆验算及台面承载力验算(取混凝土重力密度为 25 kN/m³,倾覆力矩距心在台面厚度的中点)。

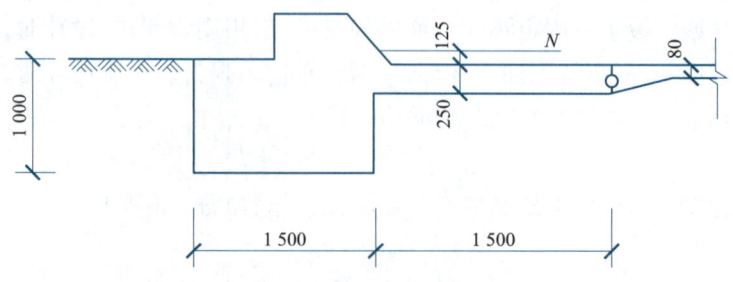

图 7-4 墩式钢筋混凝土台座截面(单位:mm)

解 抗倾覆验算:由于埋深仅为 1 m,故忽略土压力作用部分自重,只考虑混凝土墩自重及悬臂部分自重(牛腿部分较小可忽略)。

抗倾覆力矩为 $M' = G_1l_1 + G_2l_2 = [1.5 \times 1 \times 4 \times 25\ 000 \times (1.5 + 1.5 \div 2) + 0.25 \times 4 \times 1.5 \times 25\ 000 \times (1.5 \div 2)]$ kN·m $= 365.63$ kN·m

倾覆力矩为 $M = 1\ 000 \times (0.125 + 0.04)$ kN·m $= 165$ kN·m

$K = 365.63 \div 165 = 2.2 > 1.5$ 满足要求。

台面承载力验算:$P = (1.0 \times 80 \times 4\ 000 \times 10) \div (1 \times 1.4 \times 1.5)$ kN $= 1\ 523$ kN $> 1\ 000$ kN 满足要求。

2. 槽式台座

槽式台座由钢筋混凝土压杆、上下横梁及台面组成(见图 7-5)。台座的长度一般不大于 76 m,宽度随构件外形及制作方式而定,一般不小于 1 m,承载力可达 1 000 kN 以上。为便于混凝土浇筑和蒸汽养护,槽式台座多低于地面。在施工现场还可利用已预制好的柱、桩等构件装配成简易槽式台座。槽式台座适用于张拉吨位较大的大型构件,如吊车梁、屋架等。

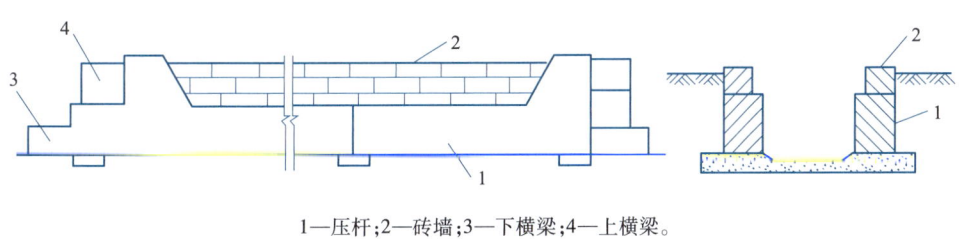

1—压杆;2—砖墙;3—下横梁;4—上横梁。

图 7-5 槽式台座

三、先张法夹具的选择及张拉设备的选择

夹具是先张法构件施工时保持预应力筋拉力,并将其固定在张拉台座(或设备)上的临时性锚固装置。夹具除工作可靠、构造简单、使用方便、成本低,并能多次重复使用以外,还要求夹具的静载锚固性能满足 $\eta_g \geqslant 0.95$。按其工作用途不同分为锚固夹具和张拉夹具。

1. 锚固夹具

锚固夹具是把预应力筋临时固定在台座横梁上的夹具,常用的锚固夹具有圆锥齿板式夹具及圆锥形槽式夹具、圆套筒二片式夹具、圆套筒三片式夹具、镦头夹具等。

(1)圆锥齿板式夹具及圆锥形槽式夹具

圆锥齿板式夹具及圆锥形格式夹具是常用的两种单根钢丝夹具,适用于锚固直径 3~5 mm 的冷拔低碳钢丝,也适用于锚固直径 5 mm 的碳素(刻痕)钢丝,如图 7-6(a)、(b)所示。

(2)圆套筒二片式夹具

圆套筒二片式夹具适用夹持直径为 12~16 mm 的单根冷拉 HRB335~HRB400 级钢筋,圆形套筒和圆锥形夹片组成,如图 7-6(c)所示。

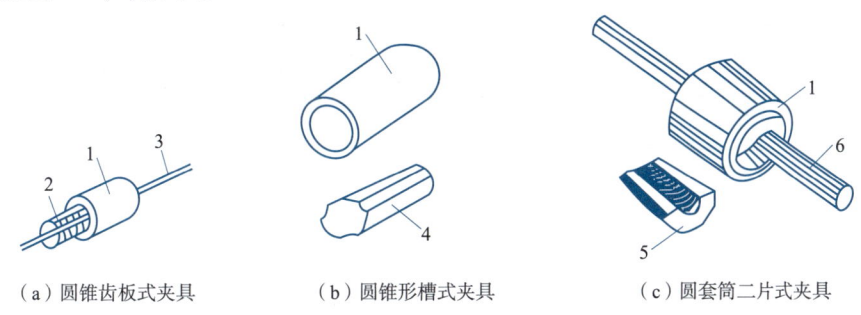

(a)圆锥齿板式夹具　　(b)圆锥形槽式夹具　　(c)圆套筒二片式夹具

1—套筒;2—齿板;3—钢丝;4—锥塞;5—夹片;6—钢筋。

图 7-6 锚固夹具

(3)圆套筒三片式夹具

圆套筒三片式夹具适用夹持直径为 12～14 mm 的单根冷拉 HRB335、REB400 级钢筋,其构造基本与圆套筒二片式夹具构造相同,只不过夹片由三个组成,如图 7-6 所示。

(4)镦头夹具

镦头夹具适用于预应力钢丝固定端的锚固,如图 7-7 所示镦头夹具属于自制的钳具,镦头强度不低于材料强度的 98%。钢丝的镦头是采用液压冷镦机进行的,钢筋直径小于 22 mm 采用热镦方法,钢筋直径等于或大于 22 mm 采用热锻成型方法。

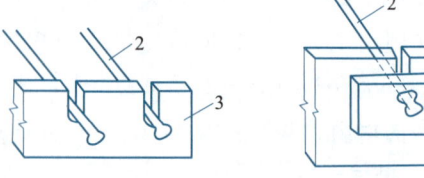

1—垫片;2—墩头钢丝;3—承力板。

图 7-7 固定端镦头夹具

2. 张拉夹具

张拉夹具是将预应力筋与张拉机械连接起来,进行预应力张拉的工具。常用的张拉夹具有偏心式夹具和压销式夹具两种。

(1)偏心式夹具

偏心式夹具用作钢丝的张拉。这种夹具构造简单、使用方便,如图 7-8(a)所示。

(2)压销式夹具

压销式夹具用作直径为 12～16 mm 的 HRB235～HRB400 级钢筋的张拉。它由销片和楔形压销组成,如图 7-8(b)所示。

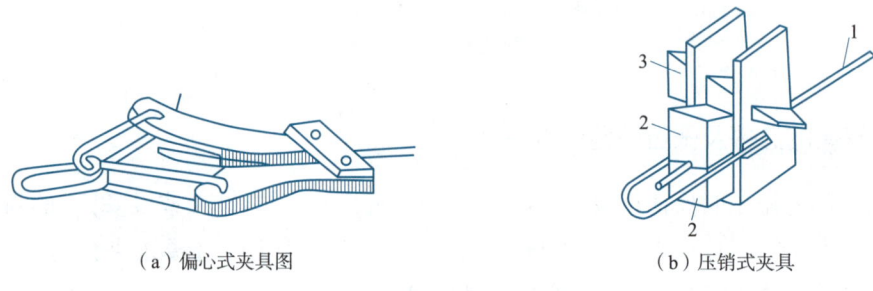

(a)偏心式夹具图　　　　　　(b)压销式夹具

1—钢筋;2—销片;3—楔形压销。

图 7-8 张拉夹具

3. 张拉设备

先张法生产的构件中,常采用的预应力筋有钢丝和钢筋两种。张拉预应力钢丝时,一般直接采用卷扬机或电动螺杆张拉机。张拉预应力钢筋时,槽式台座中常采用四横梁式成组张拉装置,用千斤顶张拉。

(1)卷扬机

在长线台座上张拉钢筋时,由于千斤顶行程不能满足要求,小直径钢筋可采用卷扬机张拉,用杠杆或弹簧测力。弹簧测力时,宜设行程开关,在张拉到规定的应力时,能自行停机,如图 7-9 所示。

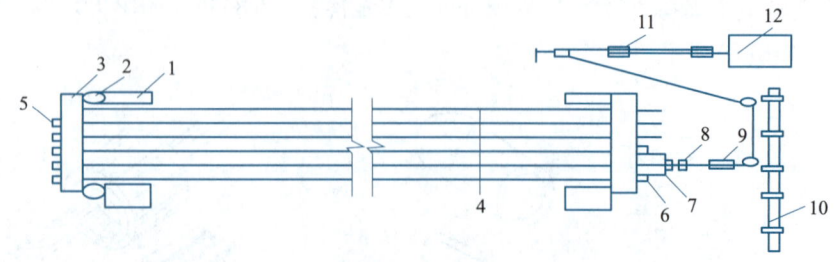

1—台座;2—放松装置;3—横梁;4—钢筋;5—镦头;6—垫块;
7—销片夹具;8—张拉夹具;9—弹簧测力计;10—固定梁;11—滑动组;12—卷扬机。

图 7-9 用卷扬机张拉预应力筋

(2)电动螺杆张拉机

电动螺杆张拉机由螺杆、电动机、变速箱、测力计及顶杆等组成,可单根张拉预应力钢丝或钢筋。张拉时,顶杆支于台座横梁上,用张拉夹具夹紧钢筋后,升动电动机,由皮带、齿轮传动系统使螺杆做直线运动,从而张拉钢筋。这种张拉的特点是运行稳定,螺杆有自锁性能,故张拉机恒载性能好,速度快,张拉行程大,如图7-10所示。

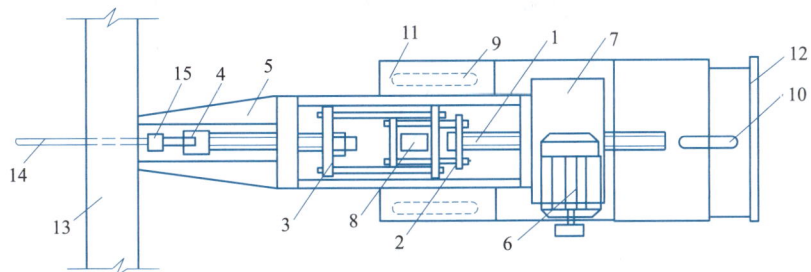

1—螺杆;2、3—拉力驾;4—张拉夹具;5—顶杆;6—电动机;7—齿轮减速箱;
8—测力计;9—车轮;11—底盘;12—手把;13—横梁;14—钢筋;15—锚固夹具。

图7-10 电动螺杆张拉机

(3)油压千斤顶

油压千斤顶可张拉单根或多根成组的预应力筋,张拉过程可以直接从油压表读取张拉力值。图7-11所示为YC-60型穿心式千斤顶张拉工作过程及构造示意图,图7-12所示为油压千斤顶成组张拉装置。

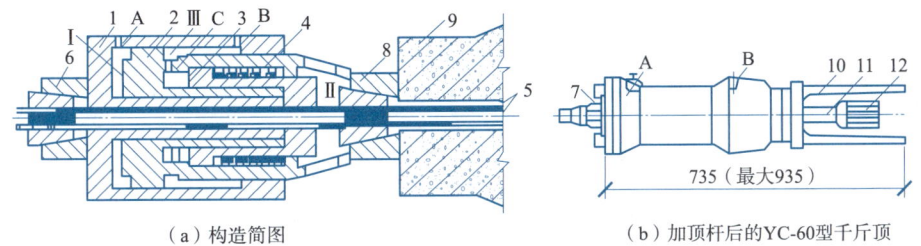

(a)构造简图　　　　　　　　(b)加顶杆后的YC-60型千斤顶

1—张拉油缸;2—张拉活塞;3—顶压活塞;4—弹簧;5—预应力筋;6—工具式锚具;
7—螺帽;8—工作锚具;9—混凝土构件;10—顶杆;11—拉杆;12—连接器;Ⅰ—张拉工作油室;
Ⅱ—顶压工作油室;Ⅲ—张拉回程油室;A—张拉缸油嘴;B—顶压缸油嘴;C—油孔。

图7-11 YC-60型穿心式千斤顶张拉工作过程及构造示意图

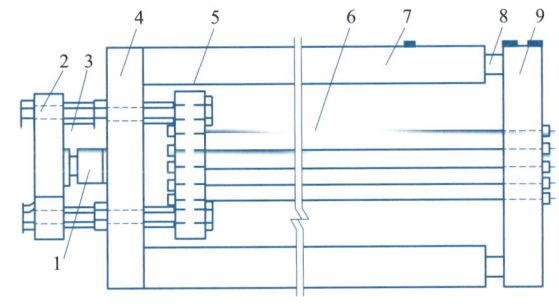

1—油压千斤顶;2—拉力架横梁;3—大螺纹杆;4—前横梁;5—台座;
6—预应力筋;7—台座;8—放张装置;9—后横梁。

图7-12 油压千斤顶成组张拉装量

四、先张法施工工艺

1. 先张法施工工艺流程

用先张法在台座上生产预应力混凝土构件时,其工艺流程一般如图7-13所示。

2. 混凝土浇筑与养护

为了减少预应力损失,在设计配合比时应考虑减少混凝土的收缩和徐变。应采用低水灰比,控制水泥用量,采用良好的集料级配并振捣密度。振捣混凝土时,振动器不得碰撞预应力钢筋。混凝土未达到一定强度前也不允许碰撞和踩动预应力筋,以保证预应力筋与混凝土有良好的粘结力。采用平卧叠浇法制作预应力混凝土构件时,其下层构件混凝土的强度需达到 5 MPa 后可浇筑上层构件混凝土,并应有隔离措施。预应力混凝土可采用自然养护和湿热养护。当采用湿热养护时应采取正确的养护制度,减少由于温差引起的预应力损失。在台座生产的构件采用湿热法养护时,为了减少温差应力损失,应使混凝土达到一定强度(100 N/mm^2)前,将温度升高限制在一定范围内(一般不超过20 ℃)。用机组流水法钢模制作预应力构件,因湿热养护时钢模与预应力筋同样伸缩,所以不存在出温差引起的预应力损失。

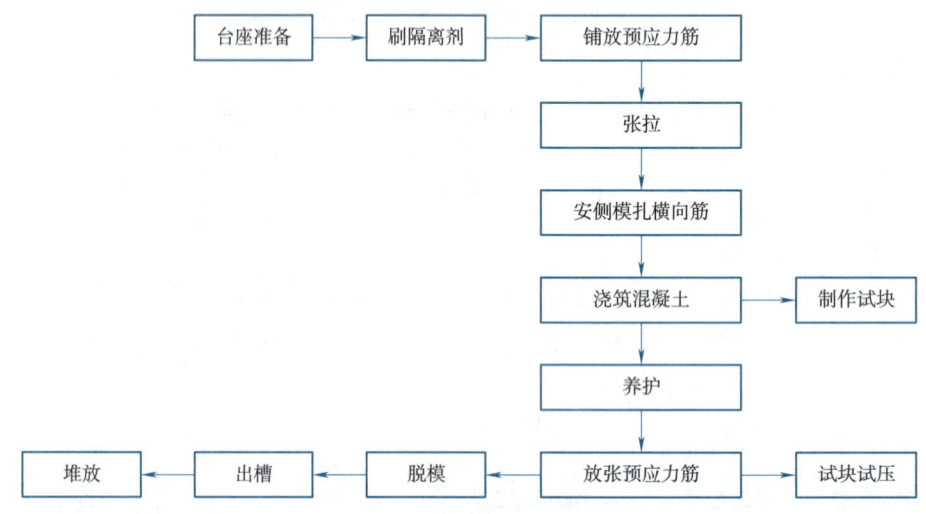

图 7-13 先张法施工工艺流程图

3. 预应力筋的张拉

预应力筋的张拉力大小直接影响预应力效果。张拉力越高,建立的预应力值越大,构件的抗裂性也越好;但预应力筋在使用过程中经常处于过高应力状态下,构件出现裂缝的荷载与破坏荷载接近,往往在破坏前没有明显的征兆,这是很危险的。另外,如张拉过大,造成构件反拱过大或预拉区出现裂缝,也是不利的。反之,张拉阶段预应力损失越大,建立的预应力值越低,也是不利的。

预应力筋的张拉应根据设计要求,采用合适的张拉方法、张拉顺序和张拉程序进行,并应有可靠的质量保证措施和安全技术措施。

(1)预应力筋的铺设、张拉

①预应力筋应采用砂轮锯或切断机切断,不得采用电弧切割。长线台座(或台模)在预应力筋铺设前先做好台面的隔离层,应选用非油类模板隔离剂且不得使预应力筋受污。如果预应力筋受污染,应使用适宜的溶剂清洗干净。预应力钢丝宜用牵引车铺设。如遇钢丝需要接长时,可借助于钢丝拼接器用 20～22 号铁丝密排绑扎。

②预应力筋张拉应力的确定。

预应力筋的张拉控制应力应符合设计要求。施工如采用超张拉,可比设计要求提高5%,但其最大张拉控制应力不得超过表 7-1 的规定。

表 7-1 预应力筋最大张拉控制应力

钢 种	张拉方法	
	先 张 法	后 张 法
消除应力钢丝、钢绞线	$0.8f_{ptk}$	$0.8f_{ptk}$
热处理钢筋	$0.75f_{ptk}$	$0.70f_{ptk}$

注:f_{ptk}为预应力筋极限抗拉强度标准值。

③预应力筋张拉力的计算。预应力筋张拉力为

$$P = (1+m)\sigma_{con}A_p \tag{7-4}$$

式中　P——预应力筋张拉力，kN；

　　　m——超张拉百分率，%；

　　　σ_{con}——张拉控制应力；

　　　A_p——预应力筋截面面积。

④张拉程序。预应力筋的张拉程序可按下列程序之一进行：0→1.03σ_{con}或0→1.05σ_{con}（持荷2 min）→σ_{con}。

超张拉3%是为了弥补预应力筋的松弛损失；超张拉5%并持荷2 min，是为了减少预应力筋的松弛损失。钢筋松弛的数值与控制应力、延续时间有关，控制应力越高，松弛也就越大。同时还随着时间的延续不断增加，但在第一分钟内完成损失总值的50%左右，24 h内则完成80%。上述程序中，超张拉5%持荷2 min可以减少50%以上的松弛损失。

⑤预应力筋伸长值与应力的测定。预应力筋张拉后，一般应校核预应力筋的伸长值。如实际伸长值与计算伸长值的偏差超过10%或小于计算伸长值时，应暂停张拉，查明原因并采取措施予以调整后，方可继续张拉。预应力筋的伸长值 Δl 按式(7-5)计算：

$$\Delta l = \frac{F_P l}{A_P E_s} \tag{7-5}$$

式中　F_P——预应力筋张拉力；

　　　l——预应力筋长度；

　　　A_P——预应力筋截面面积；

　　　E_s——预应力筋的弹性模量。

预应力筋的实际伸长值，宜在初应力约为10%σ_{con}时开始测量，但必须加上初应力以下的推算伸长值。预应力筋对设计位置的偏差不得大于5 mm，也不得大于构件截面最短边长的4%。

采用钢丝作为预应力筋时，不做伸长值校核，但应在钢丝锚固后，用钢丝测力计或半导体频率计数测力计测定其钢丝应力。其偏差不得大于或小于按一个构件全部钢丝预应力总值的5%。多根钢丝同时张拉时，必须事先调整初应力使其相互间的应力一致。断丝和滑脱钢丝的数量不得大于钢丝总数的3%，一束钢丝中只允许断丝一根。构件在浇筑混凝土前发生断丝或滑脱的预应力钢丝必须予以更换。

⑥张拉注意事项。

a. 张拉时，张拉机具与预应力筋应在一条直线上，同时在台面上每隔一定距离放一根圆钢筋头或相当于保护层厚度的其他垫块，以防止预应力筋因自重而下垂，破坏隔离剂、粘污预应力筋。

b. 顶紧锚塞时，用力不要过猛，以防钢丝折断；在拧紧螺母时，应注意压力表读数始终保持所需的张拉力。

c. 台座两端应有防护设施。张拉时沿台座长度方向每隔4~5 m放一个防护架，两端严禁站人，也不允许进入台座。冬期张拉预应力筋时，其温度不宜低于-15 ℃，且应考虑预应力筋容易脆断的危险。

4. 预应力筋的放张

预应力筋的放张过程是预应力值的建立过程，是先张法构件能否获得良好质量的重要环节，应根据放张要求，确定合宜的放张顺序、放张方法及相应的技术措施。

（1）放张要求

放张预应力筋时，混凝土应达到设计要求的强度。如设计无要求时，应不得低下设计混凝土强度等级的75%。放张预应力筋前应拆除构件的侧模使放张时构件能自由压缩，以免模板损坏或造成构件开裂。对有横肋的构件（如大型屋面板），其横肋断面应有适宜的斜度，也可以采用活动模板，以免放张时构件端肋开裂。

(2) 放张方法

配筋不多的中小型构件,钢丝可用砂轮锯或切断机等方法放张。配筋多的钢筋混凝土构件,钢处应同时放张,如逐根放张,最后几根钢丝将出于承受过大的拉力而突然断裂,使得构件端部容易开裂。对钢丝、热处理钢筋不得用电弧切割,宜用砂轮或切断机切断。预应力钢筋数量较多时,可用千斤顶、砂箱、楔块等装置同时放张。

(3) 放张顺序

预应力筋的放张顺序,应满足设计要求,如设计无要求时应满足下列规定:

①对轴心受预压构件(如压杆、桩等)所有预应力筋应同时放张。

②对偏心受预压构件(如梁等)先同时放张预压力较小区域的预应力筋,再同时放张预压力较大区域的预应力筋。

③如不能按上述规定放张时,应分阶段、对称、相互交错地放张,以防止在放张过程中构件发生翘曲、裂纹及预应力筋断裂等现象。放张后预应力筋的切断顺序宜由放张端开始,逐次切向另一端。

知识模块3　后张法施工

一、后张法的概念

后张法是先制作构件,预留孔道,待构件混凝土强度达到设计规定的数值后,再孔道内容入预应力筋进行张拉,并用锚具在构件端部将预应力筋锚固,最后进行孔道灌浆。预应力筋的张拉力主要是靠构件端部的锚具传递给混凝土,使混凝土产生预压应力。后张法预应力的传递主要依靠预应力筋两端的锚具,锚具作为预应力筋的组成部分,永远留在构件上,不能重复使用。图7-14为预应力后张法构件生产示意图。

后张法的特点是直接在构件上张拉预应力筋,构件在张拉预应力筋的过程中,完成混凝土的弹性压缩。因此,混凝土的弹性压缩不直接影响预应力筋有效应力值的建立。预应力后张法构件的生产分为两个阶段:第一阶段为构件的生产;第二阶段为预加应力阶段,包括锚具与预应力筋的制作,预应力筋的张拉与孔道灌浆等工艺。锚具是后张法施工在结构或构件中建立预应力值和确保结构安全的关键装置,要求锚具的尺寸形状准确、工作可靠、构造简单、施工方便,有足够的强度和刚度,受力后变形小,锚固可靠,不致产生预应力筋的滑移和断裂现象。后张法预应力施工,不需要台座设备,灵活性大,广泛用于施工现场生产大型预制预应力混凝土构件和现场浇筑预应力混凝土结构。由于锚具不能重复使用,因此,后张法预应力施工需要耗用的钢材较多,锚具加工要求高,费用昂贵。另外,后张法工艺本身要预留孔道、穿筋、张拉、灌浆等,故施工工艺比较复杂,整体成本也比较高。后张法预应力施工又可以分为有粘结预应力施工和无粘结预应力施工两类。

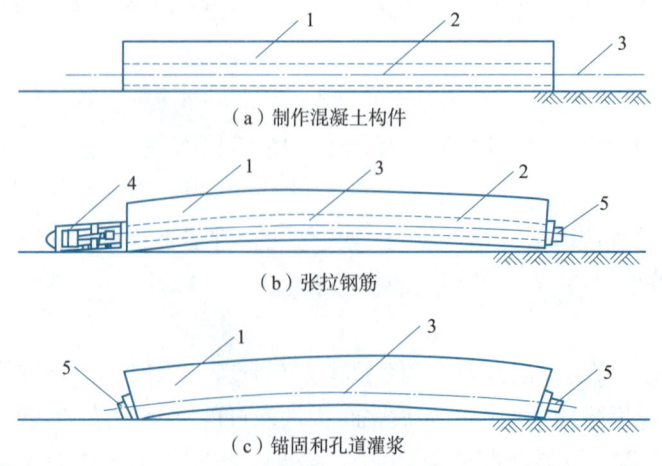

1—混凝土构件;2—预留孔退;3—预应力筋;4—千斤顶;5—锚具。

图7-14　预应力后张法构件生产示意图

二、后张法锚具选择及其计算

锚具的种类很多,不同类型的预应力筋所配用的锚具不同。后张法施工常用的预应力筋有单根钢筋、钢筋束、钢绞线束等。常用的锚具有以下几种。

(1)单根粗钢筋锚具

①螺丝端杆锚具。螺丝端杆锚具由螺丝端杆、垫板和螺母组成,如图7-15所示,适用于锚固直径不大于36 mm的热处理钢筋。螺丝端杆可用同类热处理钢筋或热处理45号钢制作。制作时,先粗加工至接近设计尺寸,再进行热处理,然后精加工至设计尺寸。热处理后不能有裂纹和伤痕。螺母可用3号钢制作。螺丝端杆锚具与预应力筋对焊锚固,应在预应力钢筋冷拉前进行。焊接后与张拉机械相连进行应力筋的张拉,然后用螺母拧紧锚固。

②帮条锚具。帮条锚具由衬板与帮条组成。衬板采用普通低碳钢板,帮条采用与预应力筋同类型的钢筋。帮条安装时,三根帮条与衬板相接触的截面应在一个垂直平面上,以免受力时产生扭曲。帮条锚具一般用在单根粗钢筋作预应力筋的固定端,如图7-16所示。

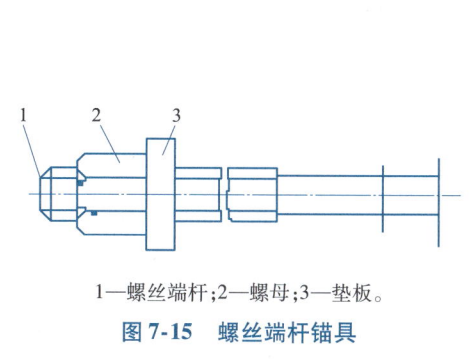

1—螺丝端杆;2—螺母;3—垫板。

图7-15 螺丝端杆锚具

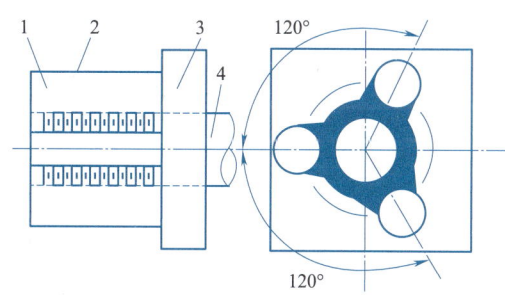

1—帮条;2—施焊方向;3—衬板;4—主筋。

图7-16 帮条锚具

(2)钢筋束、钢绞线束锚具

钢筋束和钢绞线束目前使用的锚具有JM型、KT-Z型、XM型、QM型和镦头锚具等。

①JM型锚具。JM型锚具由锚环与夹片组成,如图7-17所示。夹片呈扇形,靠两侧的半圆槽锚固预应力钢筋。为增加夹片与预应力筋之间的摩擦力,在半圆槽内刻有截面为梯形的齿痕,夹片背面的坡度与锚环一致。锚环分甲型和乙型两种,甲型锚环为一个具有锥形内扎的圆柱体,外形比较简单,使用时直接放置在构件端部的垫板上。乙型锚环在圆柱体外部增添正方形肋板,使用时锚环预埋在构件端部不另设垫板。锚环和夹片均用45号钢制造,甲型锚环和夹片必须经过热处理,乙型锚环可不必进行热处理。

JM型锚具可用于锚固3~6根直径为12 mm的光圆或螺纹钢筋束,也可以用于锚固5~6根直径为12 mm的钢绞线束。它可以作为张拉端或固定端锚具,也可作重复使用的工作锚。

②KT-Z型锚具。KT-Z型锚具为可锻铸铁锥形锚具,由锚环和锚塞组成,如图7-18所示。分为A型和B型两种,当预应力筋的最大张拉力超过450 kN时采用A型,不超过450 kN时,采用B型。KT-Z型锚具适用锚固3~6根直径为12 mm的钢筋束或钢绞线束。该锚具为半埋式,使用时先将锚环小头嵌入承压钢板中,并用断续焊缝焊牢,然后共同预埋在构件端部。预应力筋的锚固需借千斤顶将锚塞顶入锚环,其预压力为预应力筋张拉力的50%~60%。使用KT-Z型锚其时,预应力筋在锚环小口处形成弯折,因而产生摩擦损失。

③XM型锚具。XM型锚具属新型大吨位群锚体系锚具。它由钳环和夹片组成。三个夹片为一组夹持一根预应力筋形成一个锚固单元。由一个锚固单元组成的锚具称为单孔锚具,由两个或两个以上的锚固单元组成的锚具称为多孔锚具,如图7-19所示。

XM型锚具的夹片为斜开缝,以确保夹片能夹紧钢绞线或钢丝束中每根外围钢丝,形成可靠的锚固。夹片开缝宽度一般平均为1.5 mm。XM型锚具既可作为工作锚,又可兼作工具锚。

④QM型锚具。QM型锚具与XM型锚具相似,也是由锚板和夹片组成。但其钻孔是直的,锚板顶面是

平的,夹片垂直开缝。此外,备有配套喇叭形铸铁垫板与弹簧圈等。

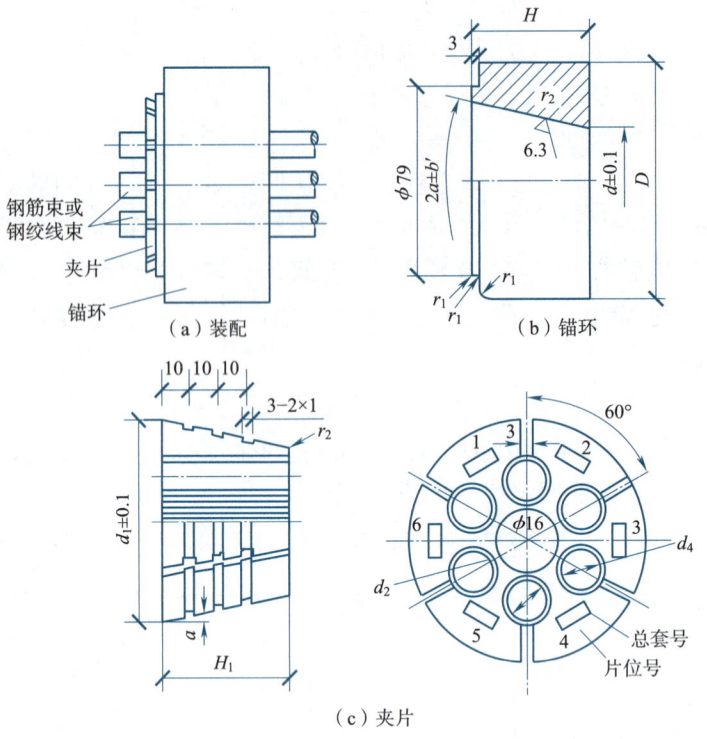

图 7-17　JM 型锚具(单位:mm)

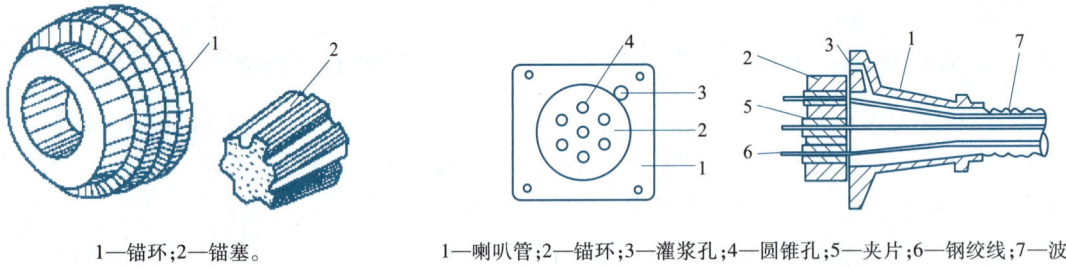

1—锚环;2—锚塞。

图 7-18　KT-Z 型锚具

1—喇叭管;2—锚环;3—灌浆孔;4—圆锥孔;5—夹片;6—钢绞线;7—波纹管。

图 7-19　XM 型锚具

这种锚具适用于锚固 4~31 根 ϕ12 和 3~9 根 ϕ15 钢绞线束,如图 7-20 所示。

⑤镦头锚具。镦头锚用于固定端,如图 7-21 所示,它由锚固板和带镦头的预应力筋组成。

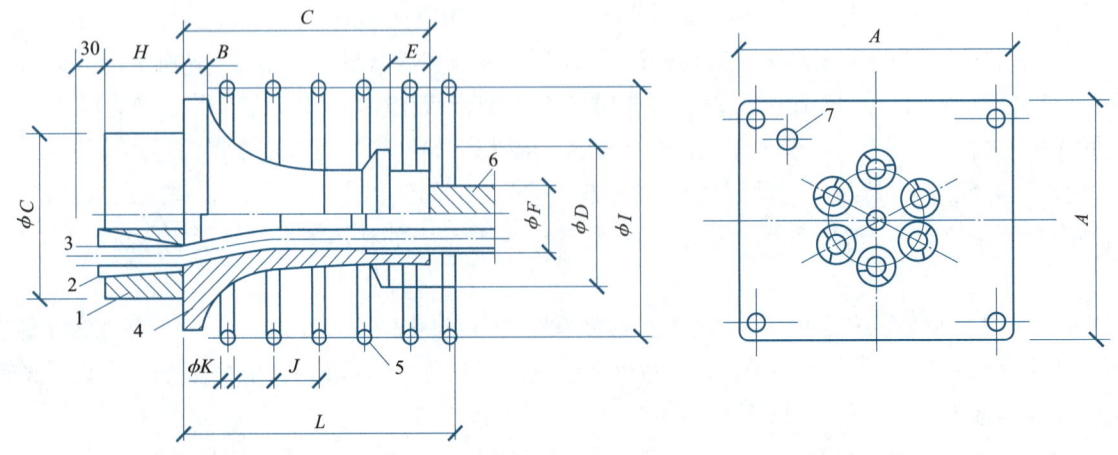

1—锚板;2—夹片;3—钢绞线;4—喇叭形铸铁垫板;5—弹簧圈;6—预留孔道的螺旋管;7—灌浆孔。

图 7-20　QM 型锚具(单位:mm)

(3)钢丝束锚具

目前国内常用的钢丝束锚具有钢质锥形锚具、锥形螺杆锚具、钢丝束镦头锚具。

①钢质锥形锚具。钢质锥形锚具由锚环和锚塞组成,如图7-22所示。

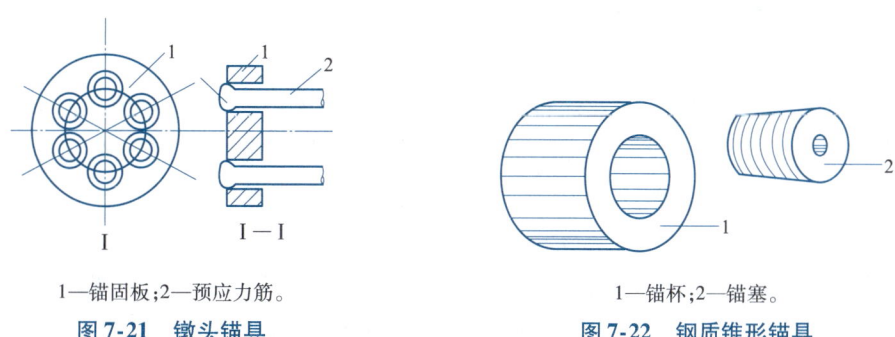

1—锚固板;2—预应力筋。

图 7-21　镦头锚具

1—锚杯;2—锚塞。

图 7-22　钢质锥形锚具

钢质锥形锚具用于锚固以锥锚式双作用千斤顶张拉的钢丝束。钢丝分布决锚环锥孔内侧,由锚塞塞紧锚固。锚环内孔的锥度应与锚塞的锥度一致,锚塞上刻有细齿槽,夹紧钢丝防止滑移。

钢质锥形锚具的缺点是当钢丝直径误差较大时,易产生单根滑丝现象,且很难补救。如用加大顶锚力的办法来防止滑丝,又易使钢丝被咬伤。此外,钢丝锚固时呈辐射状态、弯折处受力较大。

②锥形螺杆锚具。锥形螺杆锚具适用于锚固 14～28 根 $\phi 5$ 组成的钢丝束。其由锥形螺杆、套筒、螺母、垫板组成,如图7-23所示。

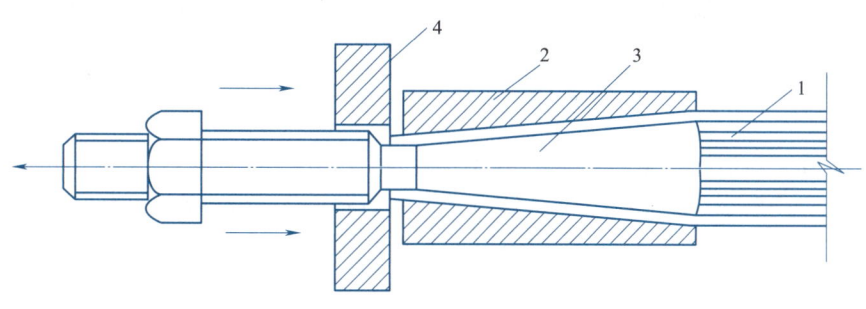

1—钢丝;2—套筒;3—锥形螺杆;4—垫板。

图 7-23　锥形螺杆锚具

③钢丝束镦头锚具。钢丝束镦头锚具用于锚固 12～54 根 $\phi 5$ 碳素钢丝束,分 DM5A 型和 DM5B 型两种。A 型用于张拉端,由锚环和螺母组成;B 型用于固定端,仅有一块锚板,如图7-24所示。

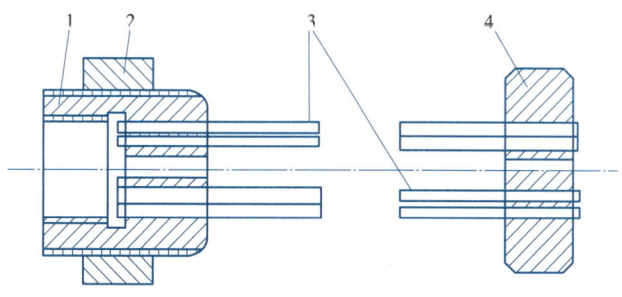

1—锚杯;2—螺母;3—钢丝束;4—锚板。

图 7-24　DM5A 型和 DM5B 钢丝束镦头锚具

锚环的内外壁均有丝扣,内丝扣用于连接张拉螺杆,外丝扣用拧紧螺母锚固钢丝束。锚环和锚板四周钻孔,以固定额头的钢丝。孔数和间距由钢丝根数确定。钢丝可用液压冷镦器进行镦头。钢丝束一端可在制束时将头镦好,另一端则待穿束后镦头,但构件孔道端部要设置扩孔。

张拉时,张拉螺丝端杆一端与锚环内丝扣连接,另一端与拉杆式千斤顶的拉头连接,当张拉到控制应力时,锚环被拉出,则拧紧锚环外丝扣上的螺母加以锚固。

三、张拉设备选择

后张法主要张拉设备有千斤顶和高压油泵。

(1)拉杆式千斤顶(YL型)

拉杆式千斤顶主要用于张拉带有螺丝端杆锚具的粗钢筋,锥形螺杆锚具钢丝束及镦头钻具钢丝束。拉杆式千斤顶构造如图 7-25 所示,由主缸 1、主缸活塞 2、副缸 4、副缸活塞 5、连接器 7、顶杆 8 和拉杆 9 等组成。张拉预应力筋时,首先使连接器 7 与预应力筋 11 的螺丝端杆 14 连接,并使顶杆 8 支承在构件端部的预制钢板 13 上。当高压油泵将油液从主缸油嘴 3 进入主缸时,推动主缸活塞向左移动,带动拉杆 9 和连接在拉杆末端的螺丝端杆,预应力筋即被拉伸,当达到张拉力后,拧紧预应力筋端部的螺母 10,使预应力筋锚固在构件端部。锚固完毕后,改用副油嘴 6 进油,推动副缸活塞和拉杆向右移动,回到开始张拉时的位置,与此同时,主缸 1 的高压油也回到油泵中。目前工地上常用的为 600 kN 拉杆式千斤顶。

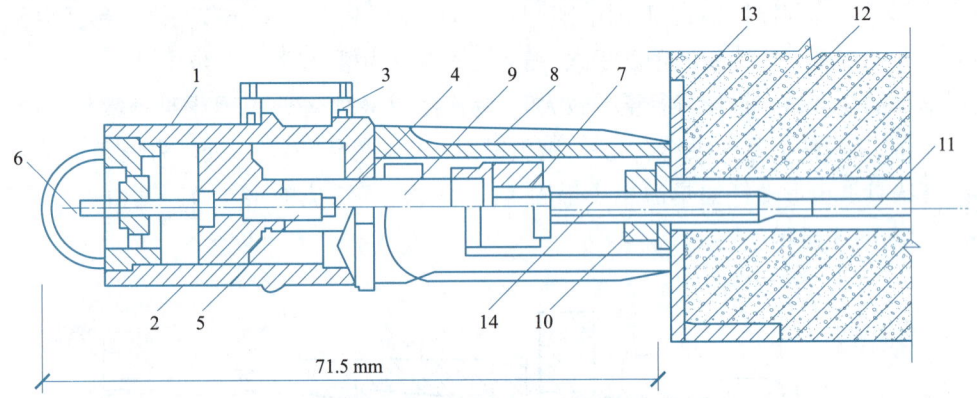

1—主缸;2—主缸活塞;3—主缸油嘴;4—副缸;5—副缸活塞;6—副油嘴;7—连接器;
8—顶杆;9—拉杆;10—螺母;11—预应力筋;12—混凝土构件;13—预制钢板;14—螺丝端杆。

图 7-25 拉杆式千斤顶

(2)锥锚式千斤顶(YZ型)

锥锚式千斤顶主要用于张拉 KT-Z 型锚具锚固的钢筋束或钢绞线束和使用锥形锚具的预应力钢丝束。其张拉油缸用以张拉预应力筋,顶压油缸用以顶压锥塞,因此又称双作用千斤顶,如图 7-26 所示。

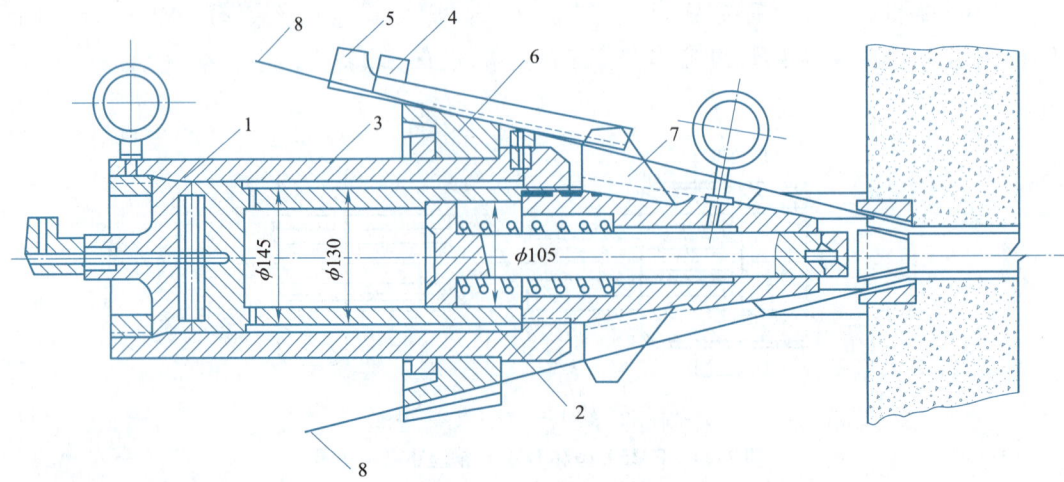

1—主缸;2—副缸;3—退楔缸;4—楔块(张拉时位置);5—楔块(退出时位置);6—锥形卡环;7—退楔翼片;8—预应力筋。

图 7-26 锥锚式千斤顶

张拉预应力筋时,主缸进油,主缸被压移,使固定在其上的钢筋被张拉。钢筋张拉后,改由副缸进油,随即由副缸活塞将锚塞顶入锚圈中。主、副缸的回油则是借助设置在主缸和副缸中的弹簧作用来进行的。

(3）穿心式千斤顶（YC 型）

穿心式千斤顶适用性很强，它适用于张拉采用 JM12 型、QM 型、XM 型的顶应力钢丝束、钢筋束和钢绞线束。配置撑脚和拉杆等附件后，又可作为拉杆式千斤顶使用。在千斤顶前端装上分束顶压器，并在千斤顶与撑套之间用钢管接长后可作为 YZ 型千斤顶使用，张拉钢质锥形锚具。穿心式千斤顶的特点是千斤顶中心有穿通的孔道，以便预应力筋或拉杆穿过后用工具锚临时固定在千斤顶的顶部进行张拉。根据张拉力和构造不同，有 YC60、YC20D、YCD120、YCD200 和无顶压机构的 YCQ 型千斤顶。

现以 YC60 型千斤顶为例说明其工作原理，如图 7-27 所示。张拉时，先把装好钳具的预应力筋穿入千斤顶的中心孔道，并在张拉油缸 1 的端部用工具锚 6 加以锚固。张拉时，用高压油泵将高压油液出张拉缸油嘴 16 进入张拉工作油室 13，由于顶压油缸 2 顶在构件 9 上，因而张拉油缸 1 逐渐向左移动而张拉预应力筋。在张拉过程中，由于张拉油缸 1 向左移动而使张拉回程油室 15 的容积逐渐减小，所以须将顶压缸油嘴 17 开启以便回油。张拉完毕立即进行顶压锚固。顶压锚固时，高压油液内顶压缸油嘴 17 经油孔 18 进入顶压工作油室 14，由于顶压油缸 2 顶在构件 9 上，且张拉工作油室 13 中的高压油液尚未回油，因此顶压活塞 3 向左移动顶压 JM12 型锚具的夹片，按规定的顶压力将夹片压入锚环 8 内，将预应力筋锚固。张拉和顶压完成后，开启张拉缸油嘴 16，同时顶压缸油嘴 17 继续进油，由于顶压活塞 3 仍顶住夹片，顶压工作油室 14 的容积不变，进入的高压油液全部进入张拉回程油室 15。因而张拉油缸 1 逐渐向左移动进行复位，然后油泵停止工作。开启油嘴门，利用弹簧 4 使顶压活塞 3 复位，并使顶压工作油室 14、张拉回程油室 15 回油卸载。

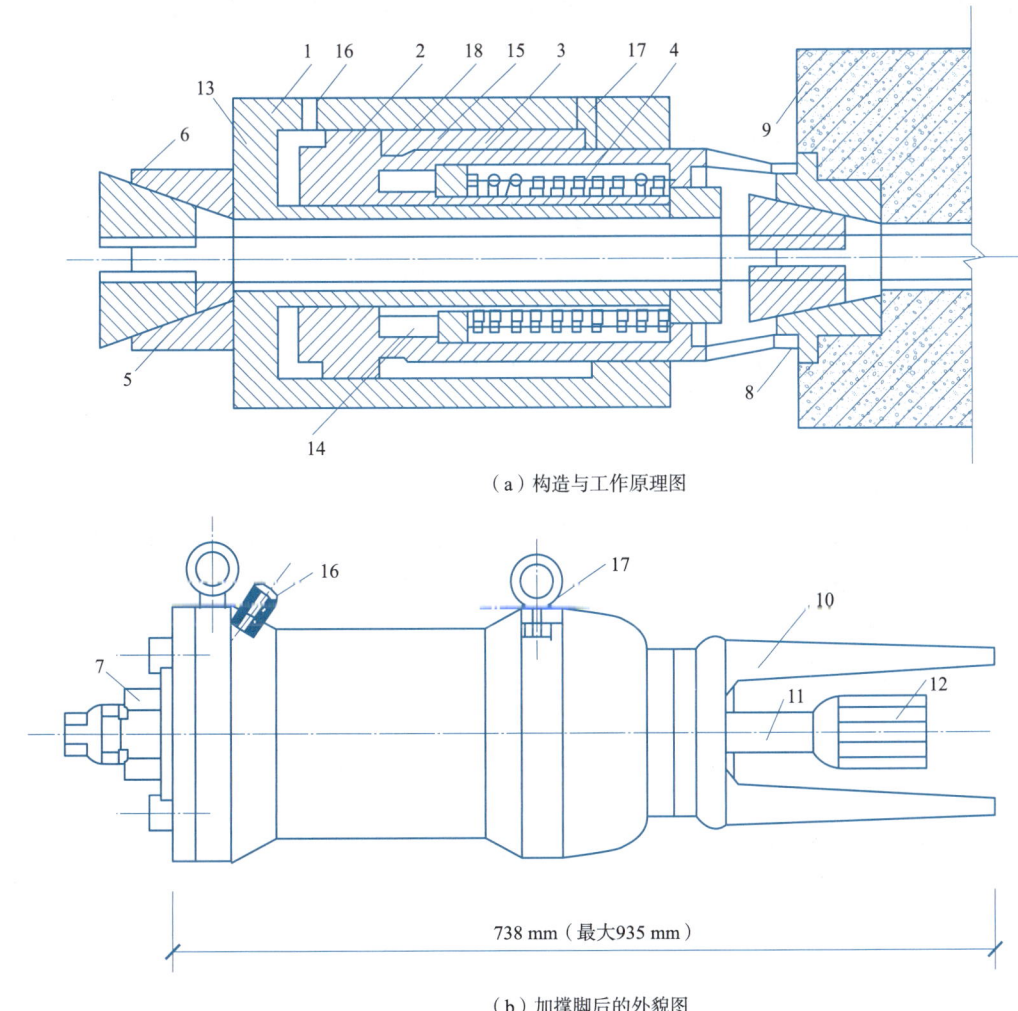

（a）构造与工作原理图

（b）加撑脚后的外貌图

1—张拉油缸；2—顶压油缸；3—顶压活塞；4—弹簧；5—预应力筋；6—工具锚；7—螺母；
8—锚环；9—构件；10—撑脚；11—张拉杆；12—连接器；13—张拉工作油室；
14—顶压工作油室；15—张拉回程油室；16—张拉缸油嘴；17—顶压缸油嘴；18—油孔。

图 7-27 YC60 型千斤顶

高压油泵主要与各类千斤顶配套使用,提供高压的油液。高压油泵的类型比较多,性能不一。如 ZB4-500 型电动油泵,该油泵是通用的预应力油泵,主要与额定压力不大于 50 N/mm² 的中等吨位的顶应力千斤顶配套使用,也可供对流量无特殊要求的大吨位千斤顶和对油泵自重无特殊要求的小吨位千斤顶使用,还可供液压镦头用。

张拉设备标定:用千斤顶张拉预应力筋时,预应力的张拉力是通过油泵上的油压表的读数来控制的。压力表的读数表示千斤顶张拉油缸活塞单位面积的油压力。理论上如已知张拉力 N、活塞面积 A,则可求出张拉时油表的相应读数 P。但是,由于活塞与油缸间存在摩擦力,因此实际张拉力往往比理论计算值小(压力表上读数为张拉力除以活塞面积)。为保证预应力筋张拉应力的准确性,必须采用标定方法直接测定千斤顶的实际张拉力与压力表读数之间的关系,绘制 N-P 关系曲线,供施工时使用。预应力筋张拉机具设备及仪表应定期维护和校验,张拉设备应配套标定,并配套使用。标定张拉设备用的试验机或测力计算精度不得低于 ±2%,压力表的精度不宜低于 1.5 级,最大量程不宜小于设备额定张拉力的 1.3 倍。标定时,千斤顶活塞的运行方向应与实际张拉工作状态一致。张拉设备的标定期限不应超过半年。

四、预应力钢筋的计算及制作

(1)单根粗钢筋

单根粗钢筋预应力筋的制作包括配料、对焊、冷拉等工序。预应力筋的下料长度应计算确定。应考虑预应力筋钢材品种、锚具形式、焊接接头、钢筋冷拉伸长率、弹性回缩率、张拉伸长值、构件孔道长度、张拉设备与施工方法等因素。

单根粗钢筋预应力筋下料长度 L 为

$$L = \frac{L_0}{1 + r - \delta} + n l_0 \tag{7-6}$$

式中 L_0——预应力筋钢筋部分的成品长度;

l_0——每个对焊接头的压缩长度,一般 $l_0 = d$(d 为预应力钢筋直径);

n——对焊接头数量(钢筋与钢筋、钢筋与锚具的对焊接头总数);

r——钢筋冷拉伸长率(由试验确定);

δ——钢筋冷拉弹性回缩率(由试验确定)。

(2)钢筋束(钢绞线束)

钢筋束由直径为 12 mm 的细钢筋编束而成。钢绞线束由直径 12 mm 或 15 mm 的钢绞线编束而成,每束 3~6 根,一般不需对焊接长。预应力筋的制作工序一般包括开盘、冷拉、下料、编束。下料在钢筋冷拉后进行,下料时宜采用切断机或砂轮锯切机,不得采用电弧切割。钢绞线下料前需在切割口两侧各 50 mm 处用铁丝绑扎,切割后对切割口应立即焊牢,以免松散。

为保证穿筋和张拉时不发生扭线结,应对预应力筋进行编束,编束时一般将钢筋理顺后,用 18~22 号铁丝,每隔 1 m 左右绑扎一道,使形成束状。钢筋束或钢绞线束的下料长度与构件的长度、所选用的锚具和张拉机械有关。

钢绞线下料长度如图 7-28 所示,计算式为

两端张拉: $L = l + 2(l_1 + l_2 + l_3 + 100)$ (7-7)

一端张拉: $L = l + 2(l_1 + 100) + l_2 + l_3$ (7-8)

式中 l——构件的孔道长度;

l_1——夹片式工作锚厚度;

l_2——穿心式千斤顶长度;

l_3——夹片式工作锚厚度。

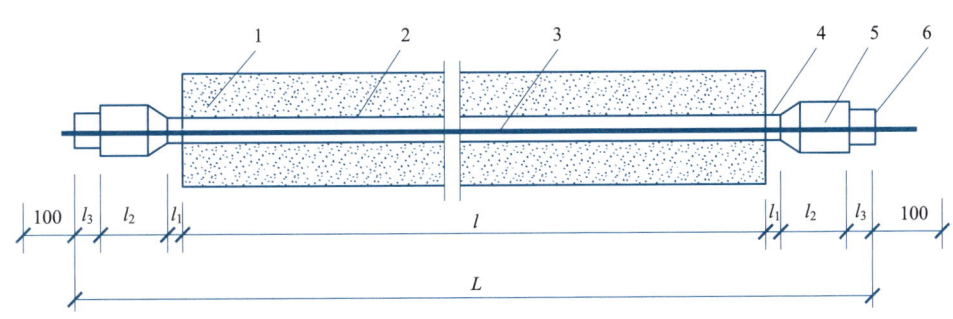

1—混凝土构件;2—孔道;3—钢丝束;4—夹片式工作锚;5—穿心式千斤顶;6—夹片式工具锚。

图 7-28　采用钢质锥形锚具时钢丝束钢丝下料长度计算简图(单位:mm)

(3)钢丝束

钢丝束的制作随锚具形式的不同而异,一般包括调直、下料、编束和安装锚具等工序。当采用钢丝束做预应力筋时,为保证张拉时钢丝束中每根钢丝应力值的均匀性,钢丝束制作时必须等长下料,同束钢丝中下料长度的相对误差应控制在 $L/5\,000$ 以内,且不得大于 5 mm(L 为钢丝长度)。为此,要求钢丝在应力状态下切断下料,切断的控制应力为 300 N/mm²。

五、后张法施工工艺

后张法施工工艺流程如图 7-29 所示。

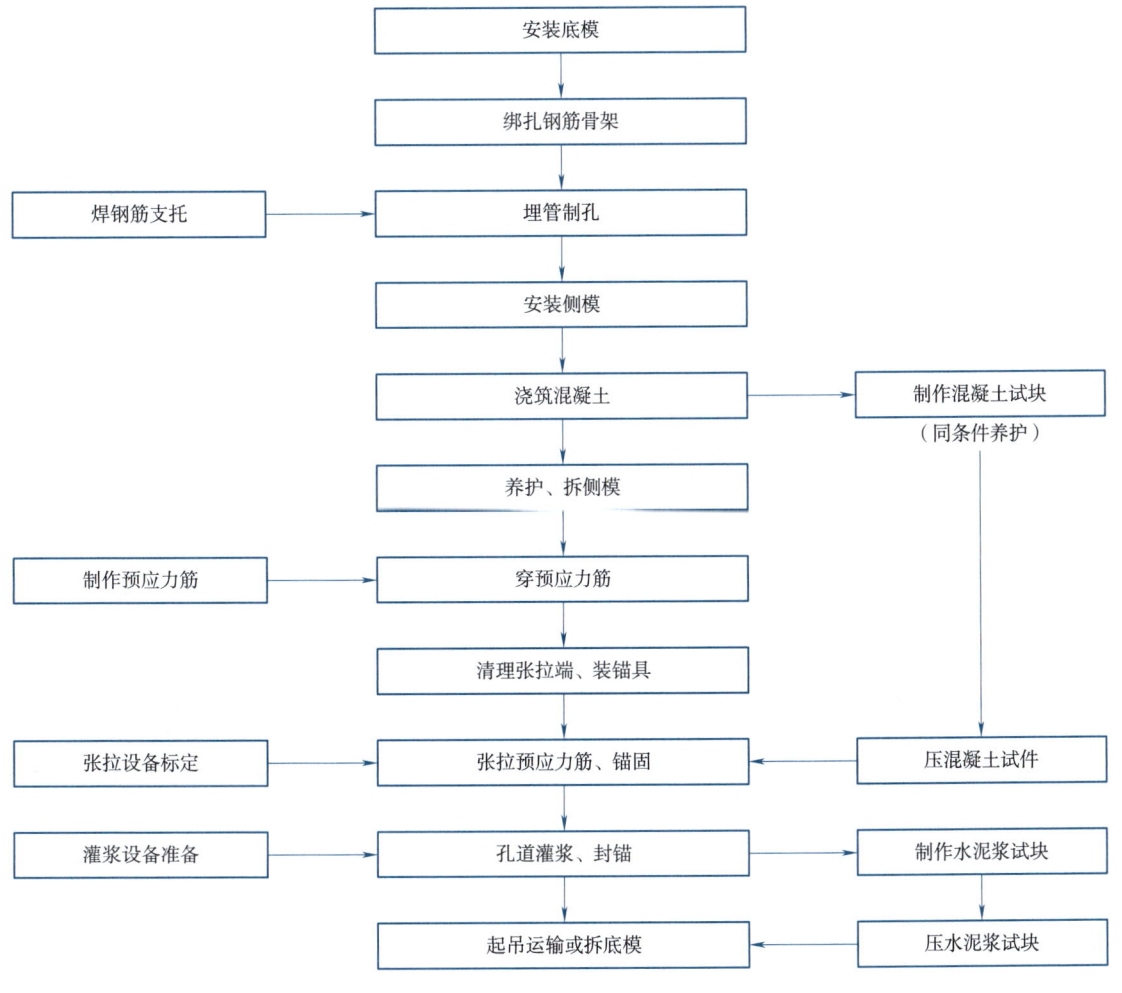

图 7-29　后张法施工工艺流程

1. 孔道留设

孔道留设是后张法有粘结预应力施工中的关键工作之一。预留孔道的规格、数量、位置和形状应符合设计要求;预留孔道的定位应牢固,浇筑混凝土时不应出现位移和变形;孔道应平顺,端部的预埋锚垫板应垂直于孔道中心线。

(1)预埋波纹管留孔

预埋波纹管留孔时,波纹管直接埋在构件或结构中不再取出,这种方法特别适用于留设曲线孔道。按材料不同,波纹管分为金属波纹管和塑料波纹管。金属波纹管又称螺旋管,是用冷轧钢带或镀锌钢带在卷管机上压波后螺旋咬合而成。其按照截面形状可分为圆形和扁形两种;按照钢带表面状况可分为镀锌和不镀锌两种。预应力混凝土用金属波纹管应满足径向刚度、抗渗漏、外观等要求。

金属波纹管的连接采用大一号的同型波纹管。接头管的长度为 200~300 mm,其两端用密封胶带或塑料热缩管封裹。

金属波纹管的安装,应事先按设计图中预应力筋的曲线坐标在箍筋上定出曲线位置。波纹管的固定应采用钢筋支托,支托钢筋间距为 0.8~1.2 m。支托钢筋应焊在箍筋上,箍筋底部应垫实。波纹管固定后,必须用铁丝扎牢,以防止浇筑混凝土时波纹管上浮而引起严重的质量事故。

塑料波纹管用于预应力筋孔道,具有以下优点:①提高预应力筋的防腐保护,可防止氯离子侵入而产生的电腐蚀;②不导电,可防止杂散电流腐蚀;③密封性好,可保护预应力筋不生锈;④强度高,刚度大,不怕踩压,不易被振动棒凿破;⑤可减小张拉过程中的孔道摩擦损失;⑥提高了预应力筋的耐疲劳能力。

安装时,塑料波纹管的钢筋支托间距为 0.88~1.0 m。塑料波纹管接长采用熔焊法或高密度聚乙烯塑料套管。塑料波纹管与锚垫板连接,采用高密度聚乙烯套管。

(2)钢管抽芯法

制作后张法预应力混凝土构件时,在预应力筋位置预先埋设钢管,待混凝土初凝后再将钢管旋转抽出的留孔方法,即为钢管抽芯法。为防止在浇筑混凝土时钢管产生位移,每隔 1.0 m 用钢筋井字架固定牢靠。钢管接头处可用长度为 300~400 mm 的铁皮套管连接。在混凝土浇筑后,每隔一定时间慢慢同向转动钢管,使之不与混凝土粘结;待混凝土初凝后、终凝前抽出钢管,即形成孔道。钢管抽芯法仅适用于留设直线孔道。

(3)胶管抽芯法

制作后张法预应力混凝土构件时,在预应力筋的位置处预先埋设胶管,待混凝土结硬后再将胶管抽出的留孔方法,即为胶管抽芯法。采用 5~7 层帆布胶管。为防止在浇筑混凝土时胶管产生位移,直线段每隔 600 mm 用钢筋井字架固定牢靠,曲线段应适当加密。胶管两端应有密封装置。在浇筑混凝土前,胶管内充入压力为 0.6~0.8 MPa 的压缩空气或压力水,管径增大约 3 mm,待浇筑的混凝土初凝后,放出压缩空气或压力水,管径缩小,混凝土脱开,随即拔出胶管。胶管抽芯法适用于留设直线与曲线孔道。

在预应力筋孔道两端,应设置灌浆孔和排气孔。灌浆孔可设置在锚垫板上或利用灌浆管引至构件外,其间距对抽芯成型孔道不宜大于 12 m,孔径应能保证浆液畅通,一般不宜小于 20 mm,曲线孔道的曲线波峰部位应设置排气兼泌水管,必要时可在最低点设置排水孔。

灌浆孔的做法,对一般预制构件,可采用木塞留孔。木塞应抵紧钢管、胶管或螺旋管,并应固定,严防混凝土振捣时脱开。现浇预应力结构金属螺旋管留孔的做法是:在螺旋管上开口,用带嘴的塑料弧形压板与海绵垫片覆盖并用铁丝扎牢,再接增强塑料管(外径 20 mm,内径 16 mm)。为保证留孔质量,金属螺旋管上可先不开孔,在外接塑料管内插一根钢筋,待孔道灌浆前,再用钢筋打穿螺旋管。预应力筋穿入孔道,简称穿筋。根据穿筋与浇筑混凝土之间的先后关系,可分为先穿筋和后穿筋两种。

先穿筋法即在浇筑混凝土之前穿筋。此法穿筋省力,但穿筋占用工期,预应力筋的自重引起的波纹管摆动会增大摩擦损失,若预应力筋端部保护不当易生锈。

后穿筋法即在浇筑混凝土之后穿筋。此法可在混凝土养护期内进行,不影响工期,便于用通孔器或高压水通孔,穿筋后即行张拉,易于防锈,但穿筋较为费力。

根据一次穿入数量,可分为整束穿和单根穿。钢丝束应整束穿;钢绞线宜采用整束穿,也可用单根穿。穿筋工作可由人工、卷扬机和穿筋机进行。

人工穿筋可利用人工或起重设备将预应力筋吊起,工人站在脚手架上逐步穿入孔内。预应力筋的前端应扎紧并裹胶布,以便顺利通过孔道。对多波曲线预应力筋,宜采用特制的牵引头,工人在前头牵引,后头报送,用对讲机保持前后两端同时出现。对长度不大于60 m 的曲线预应力筋,人工穿筋较为方便。

预应力筋长60~80 m 时,也可采用人工先穿筋,但在梁的中部留设约3 m 长的穿筋助力段。助力段的波纹管应加大一号,在穿筋前套接在原波纹管上留出穿筋空间,待钢绞线穿入后再将助力段波纹管旋出接通,该范围内的箍筋暂缓绑扎。

对长度大于80 m 的预应力筋,宜采用卷扬机穿筋。钢绞线与钢丝绳间用特制的牵引头连接。每次牵引2~3 根钢绞线,穿筋速度快。

用穿筋机穿筋适用于大型桥梁与构筑物单根穿钢绞线的情况。穿筋机有两种类型:一是由油泵驱动链板夹持钢绞线传送,速度可任意调节,穿筋可进可退,使用方便;二是由电动机经减速箱减速后由两对滚轮夹持钢绞线传送,进退由电动机正反转控制。穿筋时,钢绞线前头应套上一个子弹头形壳帽。

2. 预应力筋张拉

(1)准备工作

①混凝土强度检验。预应力筋张拉时,混凝土强度应符合设计要求;当设计无具体要求时,应不低于设计混凝土强度等级的75%。

②构件端头清理。构件端部预埋钢板与锚具接触处的焊渣、毛刺、混凝土残渣等应清除干净。

③张拉操作台搭设。高空张拉预应力筋时,应搭设可靠的操作平台并装有防护栏杆。

④锚具与张拉设备安装。锚具进场后应经过检验合格,方可使用;张拉设备应事先配套校验。对钢绞线束夹片锚固体系,安装锚具时应注意工作锚板或钳环对中,夹片均匀打紧并外露一致;千斤顶上的工具锚孔与构件端部工作锚的孔位排列要一致,以防钢绞线在千斤顶穿心孔内打叉。对钢丝束锥形锚固体系,安装钢质锥形锚具时必须严格对中,钢丝在锚环周边应分布均匀。对钢丝束镦头锚固体系,对于穿筋关系,其中一端锚具要后装并进行镦头。安装张拉设备时,对直线预应力筋,应使张拉力作用线与孔道中心线重合;对曲线预应力筋,应使张拉力作用线与孔道中心线末端的切线重合。

(2)预应力筋张拉方式

根据预应力混凝土结构特点、预应力筋形状与长度以及方法的不同,预应力筋张拉方式有以下几种:

①一端张拉方式。张拉设备放置在预应力筋的一端进行张拉。适用于长度≤30 m 的直线预应力筋与锚固损失影响长度 $L_f \geqslant \frac{1}{2}L$($L$ 为预应力筋长度)的曲线预应力筋。如设计人员认可,同意放宽上述限制条件,也可采用一端张拉,但张拉端宜分别设置在构件的两端。

②两端张拉方式。张拉设备放置在预应力筋两端进行张拉。适用于长度大于30 m 的直线预应力筋与 $L_f < \frac{1}{2}L$ 的曲线预应筋。

③分批张拉方式。对配有多束预应力筋的构件或结构分批进行张拉。后批预应力筋张拉所产生的混凝土弹性压缩对先批张拉的预应力筋造成预应力损失,所以先批张拉的预应力筋张拉力应加上该弹性压缩损失值,使分批张拉后,每根预应力筋的张拉力基本相等。

另外,对较长的多跨连续梁可采用分段张拉方式;在后张传力梁等结构中,为了平衡各阶段的荷载,可采用分阶段张拉方式;为达到较好的预应力效果,也可采用在早期预应力损失基本完成后再进行张拉的补偿张拉方式等。

(3)预应力筋张拉顺序

预应力筋的张拉顺序,应使混凝土不产生超应力、构件不扭转与侧弯、结构不变位等,因此张拉宜对称进行。同时还应考虑尽量减少张拉设备的移动次数。

预应力混凝土屋架下弦杆钢丝束的张拉顺序示意如图 7-30 所示。钢丝束的长度不大于 30 mm,采用一端张拉方式。图 7-30(a)是预应力筋为 2 束,用两台千斤顶分别设置在构件两端,对称张拉,一次完成。图 7-30(b)是预应力筋为 4 束,需要分两批张拉,用两台千斤顶分别张拉对角线上的 2 束,然后张拉另 2 束。图中 1、2 为预应力筋分批张拉顺序。图中 4 束钢绞线分为两批张拉,两台千斤顶分别设置在梁的两端,按左右对称各张拉 1 束,待两批 4 束均进行一端张拉后,再分批在另端补张拉。这种张拉顺序,还可减少先批张拉预应力筋的弹性压缩损失。

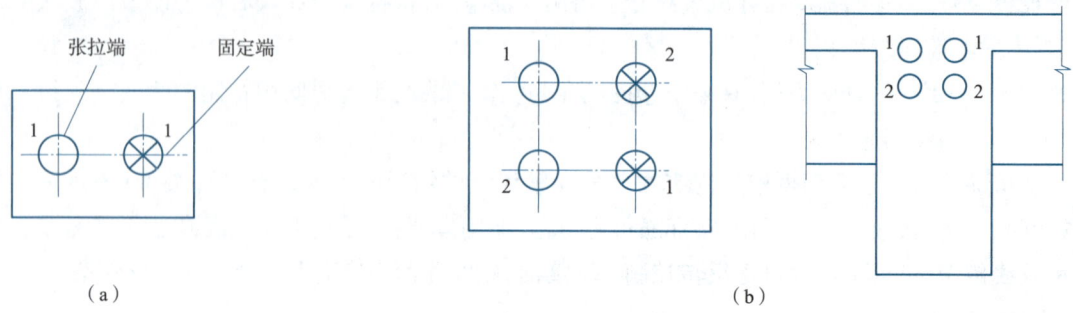

图 7-30 后张法预应力筋的放张顺序

后张法预应力混凝土屋架等构件一般在施工现场平卧重叠制作,重叠层数为 3~4 层,其张拉顺序宜先上后下逐层进行。为了减少上下层之间因摩擦引起的预应力损失,可逐层加大张拉力。根据试验研究和大量工程实践,得出不同隔离层的平卧重叠构件逐层增加的张拉力值。

(4)张拉程序

预应力筋的张拉操作程序,主要根据构件类型、张拉锚固体系、松弛损失等因素确定。

①采用低松弛钢丝和钢绞线时,张拉操作程序为: $0 \rightarrow P_j$ 锚固

其中, P_j 为预应力筋的张拉力: $P_j = \sigma_{con} A_p$

式中 A_p ——预应力筋的截面面积。

②采用普通松弛预应力筋时,按超张拉程序进行:

对镦头锚具等可卸载锚具 $0 \rightarrow 1.05 P_j$(持荷 2 min)$\rightarrow P_j$ 锚固

对夹片锚具等不可卸载锚具 $0 \rightarrow 1.03 P_j$ 锚固

超张拉并持荷 2 min 的目的是加快预应力筋松弛损失的早期发展。以上各种张拉操作程序,均可分级加载。对曲线预应力束,一般以 $(0.2 \sim 0.25) P_j$ 为测量伸长值的起点,分 3 级加载($0.2 P_j$、$0.6 P_j$ 及 $1.0 P_j$)或 4 级加载($0.25 P_j$、$0.50 P_j$、$0.75 P_j$、$1.0 P_j$)。

(5)张拉伸长值校核

预应力筋张拉时,通过伸长值的校核,可以综合反映张拉力是否足够,孔道摩阻损失是否偏大,以及预应力筋是否有异常现象等。因此,对张拉伸长值的校核,要引起重视。当采用应力控制方法张拉时,应校核预应力筋的伸长值。实际伸长值与设计计算理论伸长值的相对允许偏差为 ±6%。

①伸长值 ΔL 的计算。

直线预应力筋,不考虑孔道摩擦影响时,有

$$\Delta L = \frac{\delta_{con}}{E_s} L \tag{7-9}$$

式中 δ_{con} ——施工中实际张拉控制应力;

E_s ——预应力筋的弹性模量;

L ——预应力筋长度。

直线预应力筋,考虑孔道摩擦影响,一端张拉时,有

$$\Delta L = \frac{\delta_{con}}{E_s} L \tag{7-10}$$

式中 δ_{con}——预应力筋的平均张拉应力,取张拉端与固定端应力的平均值,即为跨中应力值;
　　E_s——预应力筋的弹性模量;
　　L——预应力筋长度。

式(7-9)和式(7-10)的差别在于是否考虑孔道摩擦对预应力筋伸长值的影响,当长度在 24 m 以内、一端张拉时,两公式计算结果相差不大,可采用式(7-9)计算。

②伸长值的测定。

预应力筋张拉伸长值的量测,应在建立预应力之后进行。其实际伸长值应为

$$\Delta L = \Delta L_1 + \Delta L_2 - A - B - C \tag{7-11}$$

式中 ΔL_1——从初应力至最大张拉力之间的实测伸长值;
　　ΔL_2——初应力以下的推算伸长值;
　　A——张拉过程中锚具楔紧引起的预应力筋内缩值;
　　B——千斤顶体内预应力筋的张拉伸长值;
　　C——施加预应力时,后张法混凝土构件的弹性压缩值(其值微小时可略去不计)。

初应力以下的推算伸长值 ΔL_2,可根据弹性范围内张拉力与伸长值成正比的关系,用计算法或图解法确定。

(6)张拉安全注意事项

在预应力作业中,必须特别注意安全,因为预应力持有很大的能量,一旦预应力被拉断或锚具与张拉千斤顶失效,巨大能量急剧释放,有可能造成巨大危害,因此,在任何情况下作业人员不得站在预应力筋的两端,同时在张拉千斤顶的后面应设立防护装置。

3. 孔道灌浆

预应力筋张拉后,利用灌浆泵将水泥浆压灌到预应力筋孔道中去,保护预应力筋,防止锈蚀并使预应力筋与构件混凝土能有效地粘结,以控制超载时裂缝的间距与宽度,并减轻梁端锚具的负荷状况。

预应力筋张拉后,应尽早进行孔道灌浆。对孔道灌浆的质量,必须重视。孔道内水泥浆应饱满、密实,应采用强度等级不低于 32.5 级的普通硅酸盐水泥配制水泥浆,其水灰比不应大于 0.45;搅拌后 3 h 泌水率不宜大于 2%,且不应大于 3%。泌水应能在 24 h 内全部重新被水泥浆吸收。为改善水泥浆性能,可掺缓凝减水剂。水泥浆应采用机械搅拌,以确保拌和均匀。搅拌好的水泥浆必须过滤(网眼不大于 5 mm)置于贮浆桶内,并不断搅拌以防水沉淀。

灌浆设备包括砂浆搅拌机、消浆泵、贮浆桶、过滤网、橡胶管和喷浆嘴等。灌浆泵应根据灌浆高度、长度、形态等选用,并配备计量校验合格的压力表。灌浆前应全面检查构件孔道及灌浆孔、泌水孔、排气孔是否畅通。对抽拔管成孔,可采用压力水冲洗孔道;对预埋波纹管成孔,必要时可采用压缩空气清孔。宜先灌下层孔道,后灌上层孔道。灌浆工作应缓慢均匀地进行,不得中断,并应排气通顺,在出浆口出浓浆并封闭排气孔后,宜再继续加压至 0.5~0.7 N/mm²,稳压 2 min,再封闭灌浆孔。当孔道直径较大且水泥浆不掺微膨胀剂或减水剂进行灌浆时,可采取二次压浆法或重力补浆法。超长孔道、大曲率孔道、扁管孔道、腐蚀环境的孔道等可采用真空辅助灌浆。灌浆用水泥浆的配合比应通过试验确定,施工中不得任意更改。灌浆试块标准养护 28 d 的抗压强度不应低于 30 N/mm²。移动构件或拆除底模时,水泥浆试块强度不应低于 15 N/mm²。孔道灌浆后,应检查孔道上凸部位灌浆密实性,如有空隙,应采取人工补浆措施。对孔道阻塞或孔道灌浆密实情况有疑问时,可局部凿开或钻孔检查,但以不损坏结构为前提,否则应采取加固措施。

知识模块 4　无粘结预应力混凝土施工方法

一、无粘结预应力的概念

后张无粘结预应力混凝土施工方法是将无粘结预应力筋像普通布筋一样先铺设在支好的模板内,然

后浇筑混凝土,待混凝土达到设计规定强度后进行张拉锚固的施工方法。无粘结预应力筋施工无须预留孔道与灌浆,施工简便,预应力筋易弯成所需的曲线形状,主要用于现浇混凝土结构,如双向连续平板、密肋板和多跨连续梁等,也可用于暴露或腐蚀环境中的体外索、拉索等。

无粘结预应力筋由顶应力钢丝束或钢绞线束、涂料层和护套层组成,如图 7-31 所示。无粘结筋的涂料层的作用是使无粘结筋与混凝土隔离、减少张拉时的摩擦损失、防止无粘结筋腐蚀等。因此,要求涂料层应具有良好的化学稳定性,对周围材料无侵蚀作用;不透水、不吸湿,抗腐蚀性能强,润滑性能好,摩擦阻力小,低温不变脆,并有一定韧性。目前常用的涂料层有防腐蚀沥青和防腐油脂等。护套层的材料要求具有足够的韧性、抗磨及抗冲击性,对周围材料无侵蚀作用;在规定温度范围内,低温不脆化,高温化学稳定性好。常用高密度聚乙烯或聚丙烯材料制作。

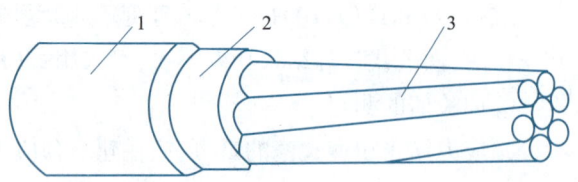

1—塑料护套;2—油脂;3—钢绞线或钢丝束。

图 7-31 无粘结预应力筋

无粘结预应力筋的制作采用挤压涂层工艺。挤压涂层工艺制作无粘结预应力筋的生产线如图 7-32 所示,钢绞线(或钢丝束)通过涂油装置涂油后,通过塑料挤出机的机头出口处,塑料熔融物被挤成管状包覆在钢绞线上,经冷却水槽塑料套管硬化,即形成无粘结预应力筋;牵引机继续将钢绞线牵引至收线装置,自排列成盘卷。这种工艺涂包质量好、生产效率高、设备性能稳定。

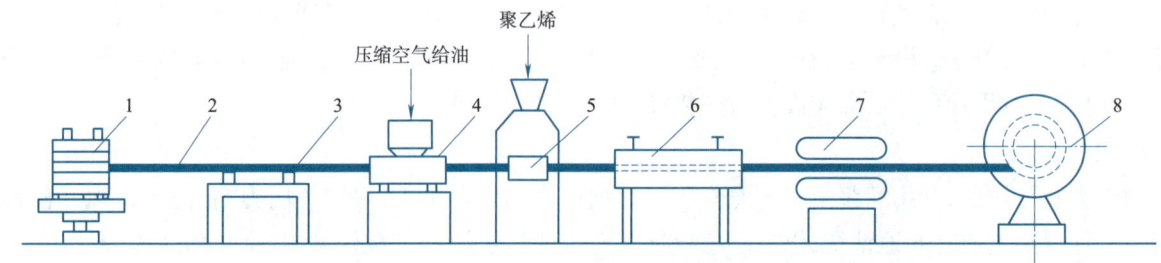

1—放线机;2—钢绞线;3—滚动支架;4—给油装置;5—塑料挤出机;6—水冷装置;7—牵引机;8—收线装置。

图 7-32 挤塑涂层生产线

无粘结预应力筋制作的质量,除预应力筋的力学性能应满足要求外,涂料层油脂应饱满均匀,护套府圆整光滑,松紧恰当;护套厚度在正常环境下不小于 0.8 mm,腐蚀环境下不小于 1.2 mm。无粘结预应力筋制作后,对不同规格的无粘结预应力应做出标记。当无粘结预应力筋带有镦头锚固时,应用塑料袋包裹,堆放在通风干燥处。露天堆放应搁置在架上,并加以覆盖。

二、无粘结预应力锚具选择

1. 单孔夹片式锚具

单孔夹片式锚具由锚环和夹片组成,如图 7-33 所示。夹片有三片与二片式,三片式夹片按 120°铣分,二片式夹片的背面上有一道弹性格,可以提高锚固能力。

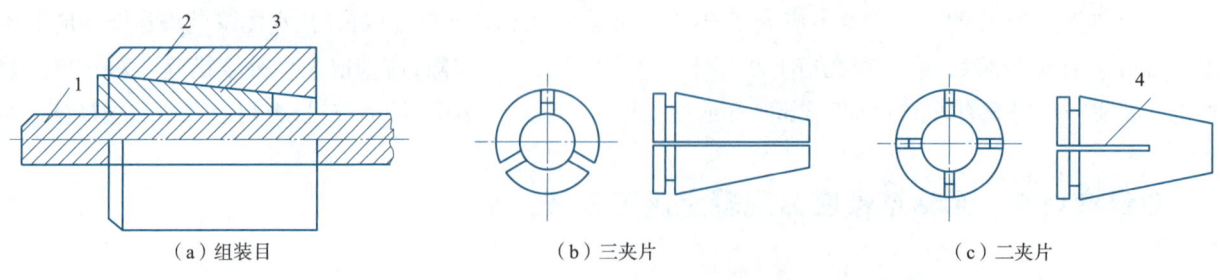

(a)组装目　　　　　(b)三夹片　　　　　(c)二夹片

1—钢绞线;2—领环;3—夹片;4—弹性槽。

图 7-33 单孔夹片式锚具

2. XM 型夹片式锚具

XM 型夹片式锚具又称多孔夹片锚具。由锚板和夹片织成。锚板的钻孔沿圆周排列,其间距分别为: Φ^s 15 钢绞线不小于 33 mm,Φ^s 12 钢绞线不小于 29 mm。XM 型夹片式锚具的特点是每束钢绞线的根数不受限制,每根钢绞线是单独锚固的,任何一根钢绞线锚固失效都不会引起整束钢绞线的锚固失效。

3. 挤压锚具

挤压锚具是利用液压挤压机将套筒挤紧在钢绞线端头上的锚具,用于内埋式固定端挤压锚具组装时,液压挤压机的活塞杆推动套筒通过挤压模,使套筒变细,硬钢丝衬圈碎断,咬入钢绞线表面、夹紧钢绞线,形成挤压头,如图 7-34 所示。

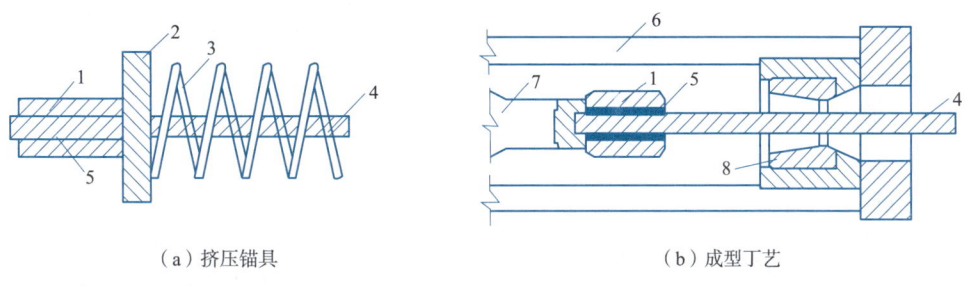

（a）挤压锚具　　　　　　　　　　（b）成型工艺

1—挤压套筒;2—边板;3—螺旋筋;4—钢绞线;5—硬钢丝衬圈;6—挤压机机架;7—活塞杆;8—挤压模。

图 7-34　挤压锚具及其成型

三、无粘结预应力施工工艺

无粘结预应力混凝土的施工顺序如下:安装结构模板→绑扎非预应力筋、铺设无粘结预应力筋及定位固定→浇筑混凝土→养护、拆模一张拉无粘结预应力筋及锚固→锚头端部处理。下面主要介绍无粘结预应力筋的制作及主要施工工艺。

1. 无粘结预应力筋的制作

无粘结预应力筋用防腐润滑油脂涂敷在预应力钢材(高强钢丝或钢绞线)表面上,并外包塑料护套制成,如图 7-35 所示。涂料层的作用是使预应力筋与混凝土隔离,减少张拉时的摩擦损失,防止预应力筋腐蚀等。防腐润滑油脂应具有良好的化学稳定性,对周围材料无侵蚀作用;不透水、不吸湿;抗腐蚀性能强;润滑性能好;在规定温度范围内高温不流淌、低温不变脆,并有一定韧性。成型后的整盘无粘结预应力筋可按工程所需长度、锚固形式下料,进行组装。

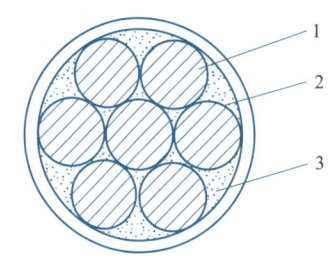

1—钢绞线或钢丝;2—油脂;3—塑料护套。

图 7-35　无粘结预应力筋

无粘结预应力筋的包装、运输、保管应符合下列要求:

①对不同规格的无粘结预应力筋应有明确标记。

②当无粘结预应力筋带有镦头锚具时,应用塑料袋包裹。

③无粘结预应力筋应堆放在通风干燥处,露天堆放应搁置在板架上,并加以覆盖,以免烈日暴晒造成涂料流淌。

2. 无粘结预应力筋的铺设

在单向板中,无粘结预应力筋的铺设比较简单,与非预应力筋铺设基本相同。在双向板中,无粘结预应力筋需要配置成两个方向的悬垂曲线,要相互穿插,施工操作较为困难,必须事先编出无粘结筋的铺设顺序。其方法是将各向无粘结筋各搭接点的标高标出,对各搭接点相应的两个标高分别进行比较,若一个方向某一无粘结筋的各点标高均分别低于与其相交的各筋相应点标高时,则此筋可先放置。按此规律编出全部无粘结筋的铺设顺序。

无粘结预应力筋的铺设,通常是在底部钢筋铺设后进行。水电管线一般宜在无粘结筋铺设后进行,且不得将无粘结筋的竖向位置抬高或压低。支座处负弯矩钢筋通常是在最后铺设。

无粘结预应力筋应严格按设计要求的曲线形状就位并固定牢靠。无粘结筋竖向位置,宜用支撑钢筋或钢筋马凳控制,其间距为1～2 m。应保证无粘结筋的曲线顺直。在双向连续平板中,各无粘结筋曲线高度的控制点用铁马凳垫好并扎牢。在支座部位,无粘结筋可直接绑扎在梁或墙的顶部钢筋上;在跨中部位,可直接绑扎在板的底部钢筋上。

3. 无粘结预应力筋张拉

无粘结预应力混凝土楼盖结构宜先张拉楼板,后张拉楼面梁。板中的无粘结筋依次张拉,梁中的无粘结筋宜对称张拉。

板中的无粘结筋一般采用前卡式千斤顶单根张拉,并用单孔夹片锚具锚固。

无粘结曲线预应力筋的长度超过35 m时,宜采取两端张拉。当筋长超过70 m时,宜采取分段张拉。如遇到摩擦损失较大时,宜先松动一次再张拉。

在梁板顶面或墙壁侧面的斜槽内张拉无粘结预应力筋时,宜采用变角张拉装置。

无粘结预应力筋张拉伸长值校核与有粘结预应力筋相同;对超长无粘结筋由于张拉初期的阻力大,初拉力以下的伸长值比常规推算伸长值小,应通过试验修正。

无粘结预应力筋的锚固区,必须有严格的密封防护措施,严防水汽进入,锈蚀预应力筋。无粘结预应力筋锚固后的外露长度不小于30 mm,多余部分宜用手提砂轮锯切割,但不得采用电弧切割。在锚具与锚垫板表面涂以防水涂料。为了使无粘结筋端头全封闭,在锚具端头涂防腐润滑油脂后,罩上封端塑料盖帽(见图7-36)。对凹入式锚固区,锚具表面经上述处理后,再用微膨胀混凝土或低收缩防水砂浆密封。对凸出式锚固区,可采用外包钢筋混凝土圈梁封闭。对留有后浇带的锚固区,可采取二次浇筑混凝土的方法封锚。

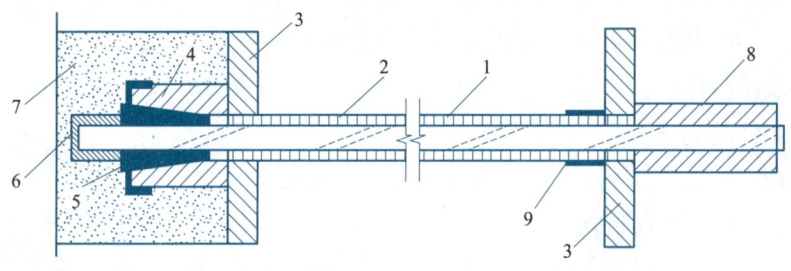

1—护套;2—钢绞线;3—承压钢板;4—锚环;5—夹片;6—塑料帽;7—封头混凝土;8—挤压锚具;9—塑料套管或橡胶带。

图7-36 无粘结预应力筋全密封构造

●●● 自 测 训 练 ●●●●

1. 预应力混凝土按预加应力的方法不同可分为(　　　　)预应力混凝土、(　　　　)预应力混凝土和(　　　　)预应力混凝土。
2. 后张法预应力混凝土又分为(　　　　)预应力混凝土与(　　　　)预应力混凝土。
3. 先张法的施工设备主要有(　　　)、(　　　)和(　　　)等。
4. 先张法施工中使用的夹具按其用途不同可分为两类,分别为(　　　　)和(　　　　)。
5. 先张法施工中使用的钢丝锚固夹具主要有(　　　　)夹具和(　　　　)夹具。
6. 先张法施工中预应力筋为热处理钢筋时的张拉控制应力为(　　　　　　)。
7. 先张法施工中,预应力筋放张时要求的混凝土强度为(　　　　　　　)。
8. 后张法的施工设备主要包括(　　　　)和(　　　　)。
9. 后张法施工预应力筋的孔道形状有三种,分别为(　　　)、(　　　)、(　　　)。
10. 后张法施工中,长度≤30 m的直线预应力筋采用(　　　　)张拉,长度>30 m的直线预应力筋采用(　　　　)张拉。

任务 7 计 划 单

学习情境二	主体工程施工		任务 7	预应力混凝土工程施工
工作方式	组内讨论、团结协作共同制订计划:小组成员进行工作讨论,确定工作步骤		计划学时	
完成人				
计划依据				
序号	计划步骤		具体工作内容描述	
1	准备工作 (准备编制施工方案的工程资料,谁去做)			
2	组织分工 (成立组织,人员具体都完成什么)			
3	选择预应力混凝土工程施工方法 (谁负责、谁审核)			
4	确定预应力混凝土工程施工工艺流程 (谁负责、谁审核)			
5	明确预应力混凝土工程施工要点 (谁负责、谁审核)			
6	明确预应力混凝土工程施工质量控制要点 (谁负责、谁审核)			
制订计划说明	(写出制订计划中人员为完成任务的主要建议或可以借鉴的建议、需要解释的某一方面)			

任务7 决 策 单

学习情境二	主体工程施工		任务7	预应力混凝土工程施工
决策学时				
决策目的				
决策方案过程	工作内容	内容类别	必要	非必要（可说明原因）
		内容记录	性质描述		
决策方案描述					

任务 7 作 业 单

学习情境二	主体工程施工		任务 7	预应力混凝土工程施工
参加人员	第　组 签名：		开始时间： 结束时间：	
序号	工作内容记录		分工 （负责人）	
1				
2				
⋮				
小结	主要描述完成的成果		存在的问题	

任务7 检查单

学习情境二		主体工程施工		任务7		预应力混凝土工程施工	
检查学时						第 组	
检查目的及方式							
序号	检查项目	检查标准	检查结果分级 （在检查相应的分级框内画"√"）				
			优秀	良好	中等	合格	不合格
1	准备工作	资源是否已查到，材料是否准备完整					
2	分工情况	安排是否合理、全面，分工是否明确					
3	工作态度	小组工作是否积极主动、全员参与					
4	纪律出勤	是否按时完成负责的工作内容，是否遵守工作纪律					
5	团队合作	是否相互协作、互相帮助，成员是否听从指挥					
6	创新意识	任务完成不照搬照抄，看问题具有独到见解、创新思维					
7	完成效率	工作单是否记录完整，是否按照计划完成任务					
8	完成质量	工作单填写是否准确，记录单检查及修改是否达标					
检查评语						教师签字：	

任务7 评 价 单

1. 小组工作评价单

学习情境二	主体工程施工		任务7	预应力混凝土工程施工	
	评价学时				
班级：				第　组	
考核情境	考核内容及要求	分值(100)	小组自评(10%)	小组互评(20%)	教师评价(70%)	实得分(Σ)
汇报展示(20)	演讲资源利用	5				
	演讲表达和非语言技巧应用	5				
	团队成员补充配合程度	5				
	时间与完整性	5				
质量评价(40)	工作完整性	10				
	工作质量	5				
	报告完整性	25				
团队情感(25)	核心价值观	5				
	创新性	5				
	参与度	5				
	合作性	5				
	劳动态度	5				
安全文明(10)	工作过程中的安全保障情况	5				
	工具正确使用和保养、放置规范	5				
工作效率(5)	能够在要求的时间内完成，每超时5 min扣1分	5				

2. 小组成员素质评价单

课程		建筑施工技术		
学习情境二		主体工程施工	学时	40
任务7		预应力混凝土工程施工	学时	4
班级		第 组	成员姓名	
评分说明		每个小组成员评价分为自评和成员互评两部分,取平均值计算,作为该小组成员的任务评价个人分数。评价项目共设计五个,依据评分标准给予合理量化打分。小组成员自评分后,要找小组其他成员不记名方式打分,成员互评分为其他小组成员的平均分		
对象	评分项目	评分标准		评分
自评(100分)	核心价值观(20分)	是否践行社会主义核心价值观		
	工作态度(20分)	是否按时完成负责的工作内容、遵守纪律,是否积极主动参与小组工作,是否全过程参与,是否吃苦耐劳,是否具有工匠精神		
	交流沟通(20分)	是否能良好地表达自己的观点,是否能倾听他人的观点		
	团队合作(20分)	是否与小组成员合作完成,是否做到相互协助、相互帮助、听从指挥		
	创新意识(20分)	看问题是否能独立思考、提出独到见解,是否能够创新思维解决遇到的问题		
成员互评(100分)	核心价值观(20分)	是否践行社会主义核心价值观		
	工作态度(20分)	是否按时完成负责的工作内容、遵守纪律,是否积极主动参与小组工作,是否全过程参与,是否吃苦耐劳,是否具有工匠精神		
	交流沟通(20分)	是否能良好地表达自己的观点,是否能倾听他人的观点		
	团队合作(20分)	是否与小组成员合作完成,是否做到相互协助、相互帮助、听从指挥		
	创新意识(20分)	看问题是否能独立思考、提出独到见解,是否能够创新思维解决遇到的问题		
最终小组成员得分				
小组成员签字			评价时间	

任务7　教学反思单

学习情境二	主体工程施工	任务7	预应力混凝土工程施工
班级		第　组	成员姓名
情感反思	通过对本任务的学习和实训,你认为自己在社会主义核心价值观、职业素养、学习和工作态度等方面有哪些需要提高的部分？		
知识反思	通过对本任务的学习,你掌握了哪些知识点？请画出思维导图。		
技能反思	在完成本任务的学习和实训过程中,你主要掌握了哪些技能？		
方法反思	在完成本任务的学习和实训过程中,你主要掌握了哪些分析和解决问题的方法？		

任务 8 结构安装工程施工

任 务 单

课程	建筑施工技术		
学习情境二	主体工程施工	学时	40
任务 8	结构安装工程施工	学时	6
布置任务			
任务目标	1. 能够陈述结构安装工程施工工艺流程； 2. 能够阐述结构安装工程施工要点； 3. 能够列举结构安装工程施工质量控制点； 4. 能够开展结构安装工程施工准备工作； 5. 能够处理结构安装工程施工常见问题； 6. 能够编制结构安装工程施工方案； 7. 具备吃苦耐劳、主动承担的职业素养，具备团队精神和责任意识，具备保证质量建设优质工程的爱国情怀		
任务描述	在进行结构安装工程施工时，项目技术负责人应根据项目施工图纸、施工现场周边环境、设备材料供应等情况编写结构安装工程施工方案，进行结构安装工程施工技术交底。其具体工作如下： 1. 进行编写结构安装施工方案的准备工作。 2. 编写结构安装工程施工方案： （1）进行结构安装工程施工准备； （2）选择结构安装工程施工方法； （3）确定结构安装工程施工工艺流程； （4）明确结构安装工程施工要点； （5）明确结构安装工程施工质量控制点。 3. 进行结构安装工程施工技术交底		
学时安排	布置任务与资讯	计划	决策	实施	检查	评价
	（2学时）	（0.5学时）	（0.5学时）	（2学时）	（0.5学时）	（0.5学时）
对学生的要求	1. 具备建筑施工图识读能力； 2. 具备建筑施工测量知识； 3. 具备任务咨询能力； 4. 严格遵守课堂纪律，不迟到、不早退；学习态度认真端正； 5. 每位同学必须积极参与小组讨论； 6. 每组均提交"结构安装工程施工方案"		

信 息 单

课程	建筑施工技术	
学习情境二	主体工程施工	学时 40
任务8	结构安装工程施工	学时 6

资讯思维导图

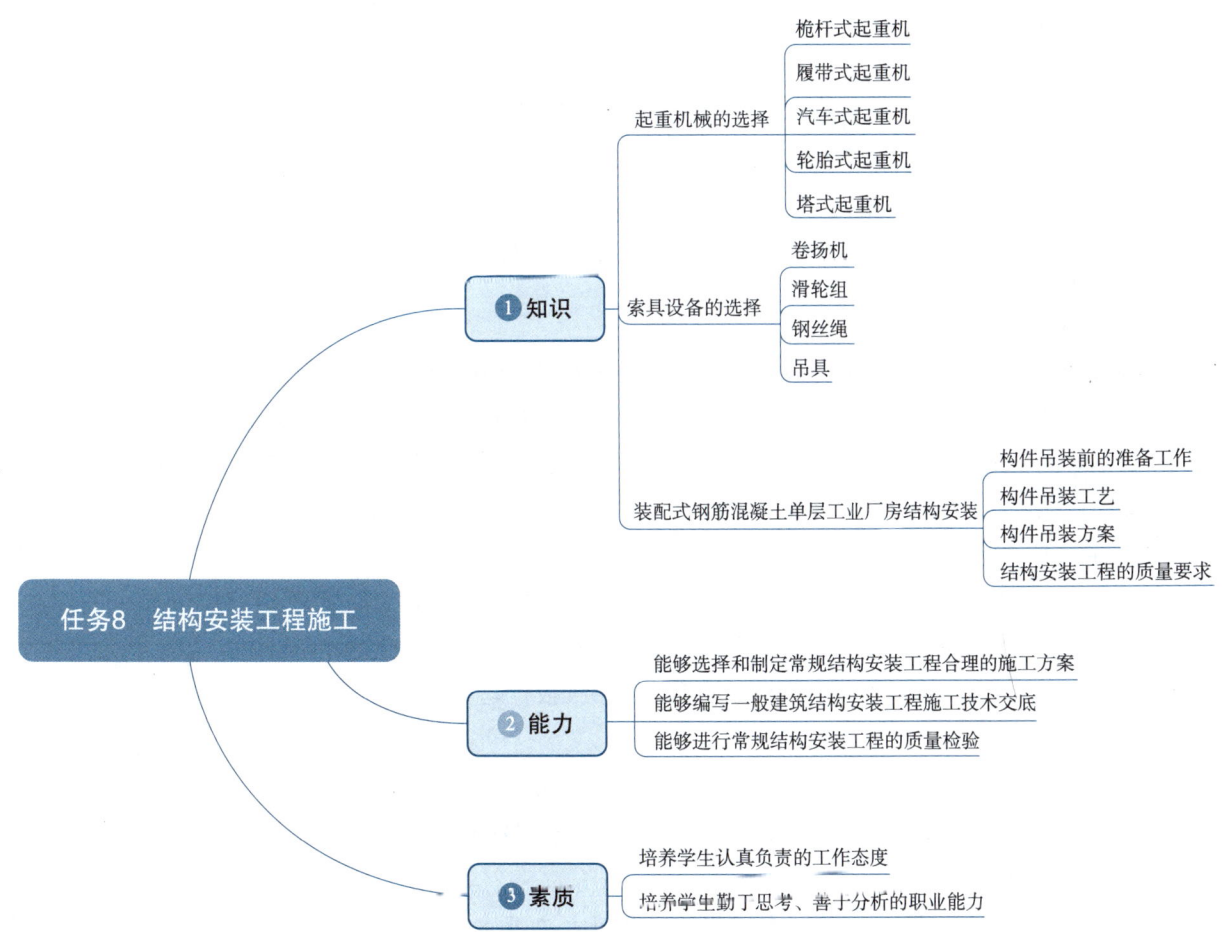

结构安装工程是利用各种起重机械将预制的结构构件安装到设计要求位置的施工过程,它是装配式结构房屋施工的主导工程,直接影响工程的施工进度、工程质量和工程成本。因此,应根据房屋结构的特点、现场施工条件及施工工期要求,合理选择起重机械,确定合理的施工方案,以达到缩短工期、保证工程质量、降低工程质量的目的。

知识模块1　起重机械的选择

结构安装工程常用的起重机械有桅杆式起重机、履带式起重机、汽车式起重机、轮胎式起重机和塔式起重机。

一、桅杆式起重机

在建筑工程中常用的桅杆式起重机有独脚拔杆、悬臂拔杆、人字拔杆和牵缆式桅杆起重机,如图8-1所示。桅杆式起重机是用木材或金属材料制作的起重设备,多遵循因地制宜、就地取材的原则在现场制作。适于在比较狭窄的工地上使用,受地形限制小。其特点是制作简单、装拆方便,起重量较大,但服务半径小、移动较困难,需要拉设较多的缆风绳,灵活性较差。一般仅用于结构吊装工程量集中的工程。

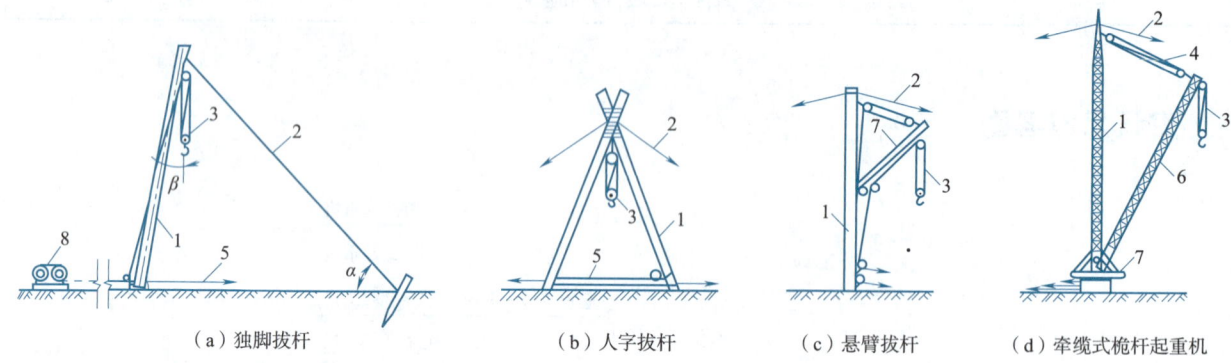

(a)独脚拔杆　　　　(b)人字拔杆　　　　(c)悬臂拔杆　　　　(d)牵缆式桅杆起重机

1—拔杆;2—缆风绳;3—起重滑轮组;4—导向装置;5—拉索;6—起重臂;7—回转盘;8—卷扬机。

图8-1　桅杆式起重机

1. 独脚拔杆

独脚拔杆按制作的材料分类有木独脚拔杆、钢管独脚拔杆和格构式独脚拔杆等三种。

木独脚拔杆起重高度一般为8~15 m,起重量在100 kN以内;钢管独脚拔杆起重高度在20 m以内,起重量可达300 kN;格构式独脚拔杆起重高度可达70 m,起重量可达1 000 kN。独脚拔杆是由拔杆、起重滑轮组、卷扬机、缆风绳及锚碇等组成,起重时拔杆保持不大于10°的倾角,如图8-1(a)所示。

2. 人字拔杆

人字拔杆一般是由两根圆木或两根钢管用钢丝绳绑扎或铁件铰接而成,如图8-1(b)所示。其优点是侧向稳定性比独脚拔杆好,但构件起吊后活动范围小。人字拔杆底部设有拉杆(或拉索)以平衡水平推力,两杆夹角一般为30°左右。钢管人字拔杆所用钢管规格视拔杆起重量而定。

3. 悬臂拔杆

悬臂拔杆是在独脚拔杆的中部或2/3高度处装一根起重臂而成,如图8-1(c)所示。它的特点是起重高度和起重半径都较大,起重臂左右摆动角度也较大,但起重量较小,多用于轻型构件的吊装。

4. 牵缆式桅杆起重机

牵缆式桅杆起重机是独脚拔杆下端装一根起重臂而成,如图8-1(d)所示。这种起重机的起重臂可以起伏,机身可回转360°,可以在起重半径范围内,把构件吊到任何位置。由圆木制成的牵缆式桅杆起重机,桅杆高可达25 m,起重量50 kN左右;用角钢组成的格构式截面杆件的牵缆式起重机,桅杆高度可达80 m,起重量100 kN左右。牵缆式桅杆起重机需设较多的缆风绳,适用于构件多且集中的建筑物的结构安装工程。

二、履带式起重机

履带式起重机是一种自行式360°全回转的起重机,由行走装置、回转装置、机身、起重臂等部分组成,如图8-2所示。行走装置采用链式履带,以减少对地面的压力;回转装置为装在底盘上的转盘,使机身可作360°回转;机身内部有动力装置、卷扬机和操作系统;起重臂为角钢组成的格构式结构,下端铰接于机身上,随机身回转,顶端设有两套滑轮组(起重滑轮组及变幅滑轮组),钢丝绳通过起重臂顶端连到机身内的卷扬机上。

履带式起重机操作灵活,行驶方便,臂杆可以接长或更换,本身可回转360°,可以在一般平整坚实的场地上负荷行驶和进行吊装作业。目前,履带式起重机是建筑结构安装工程中的主要起重机械,特别在一般单层工业厂房结构安装中使用最为广泛。履带式起重机的缺点是稳定性较差,不宜超负荷吊装。如超负荷吊装或需加长起重臂时,需进行稳定性验算,并采取相应的技术措施。常用的国产履带式起重机型号主要有 W_1-50、W_1-100、W_1-200。其外形尺寸见表 8-1。

1. 履带式起重机技术性能

履带式起重机的主要技术性能包括三个主要参数:起重量 Q、起重半径 R 和起重高度 H。起重半径 R 是指起重机回转中心至吊钩中心的水平距离。起重高度 H 是指起重机吊钩中心至停机面的垂直距离。履带式起重机的主要技术性能可以查有关手册中的起重机性能表或起重机性能曲线。表 8-2 为 W_1-50、W_1-100、W_1-200 履带式起重机的技术性能参数。

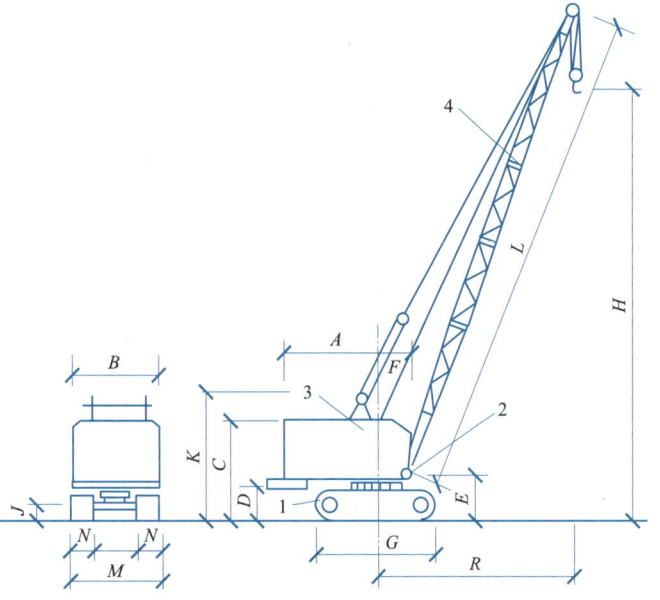

1—行走装置;2—回转装置;3—机身;4—起重臂;
$A,B,\cdots$—外形尺寸符号;L—起重臂长;
H—起重高度;R—起重半径,M 履带架宽度。

图 8-2 履带式起重机

表 8-1 履带式起重机外形尺寸 单位:mm

符号	名 称	型 号		
		W_1-50	W_1-100	W_1-200
A	机身尾部到回转中心距离	2 900	3 300	4 500
B	机身宽度	2 700	3 120	3 200
C	机身顶部到地面高度	3 220	3 675	4 125
D	机身底部距地面高度	1 000	1 045	1 190
E	起重臂下铰点中心距地面高度	1 555	1 700	2 100
F	起重臂下铰点中心至回转中心距离	1 000	1 300	1 600
G	履带长度	3 420	4 005	4 950
M	履带架宽度	2 850	3 200	4 050
N	履带板宽度	550	675	800
J	行走底架距地面高度	300	275	390
K	机身上部支架距地面高度	3 480	4170	6 300

表 8-2 履带式起重机技术性能参数

参 数		型 号							
		W_1-50			W_1-100		W_1-200		
起重臂长度/m		10	18	18 带鸟嘴	13	23	15	30	40
最大工作幅度/m		10	17	10	12.5	17.0	15.5	22.5	30
最小工作幅度/m		3.7	4.5	6.0	4.23	6.5	4.5	8.0	10.0
起重量/kN	最大工作幅度时	100	75	20	150	80	500	200	80
	最小工作幅度时	26	10	10	35	17	82	43	15
起重高度/m	最大工作幅度时	9.2	17.2	17.2	11.0	19.0	12.0	26.8	36.0
	最小工作幅度时	3.7	7.6	14.0	5.8	16.0	3.0	19.0	25.0

注:表中数据所对应的起重臂倾角为 $\alpha_{min}=30°$,$\alpha_{max}=77°$。

从表 8-2 中可看出,起重量、起重半径、起重高度这三个参数互相制约,其数值的变化取决于起重臂的长度及其仰角的大小。每一种型号的起重机都有几种臂长,如果起重机仰角不变时,随着起重臂长度的增长,起重半径 R 和起重高度 H 增加,而起重量 Q 减小;如果臂长一定时,随起重仰角的增大,起重量 Q 和起重高度 H 增大,而起重半径 R 减小。

2. 履带式起重机稳定性验算

起重机稳定性是指整个机身在起重作业时的稳定程度,起重机在正常条件下工作,一般可以保持机身稳定,但在超负荷吊装或由于施工需要接长起重臂时,需进行稳定性验算,以保证在吊装作业中不会发生倾覆事故。

履带式起重机的稳定性应以起重机处于最不利工作状态即稳定性最差时(机身与行驶方向垂直)进行验算,此时,应以履带中心 A 为倾覆中心,验算起重机稳定性,如图 8-3 所示。

当考虑吊装荷载及所有附加荷载(风荷载、刹车惯性力和回转离心力等)时应满足

$$K_1 = \frac{稳定力矩}{倾覆力矩} \geq 1.15 \quad (8\text{-}1)$$

当仅考虑吊装荷载,不考虑附加荷载时应满足

$$K_2 = \frac{稳定力矩}{倾覆力矩} \geq 1.40 \quad (8\text{-}2)$$

以上两式中,K_1、K_2 称为稳定性安全系数。倾覆力矩取由吊重一项所产生的力矩,稳定力矩取全部稳定力矩与其他倾覆力矩之差。

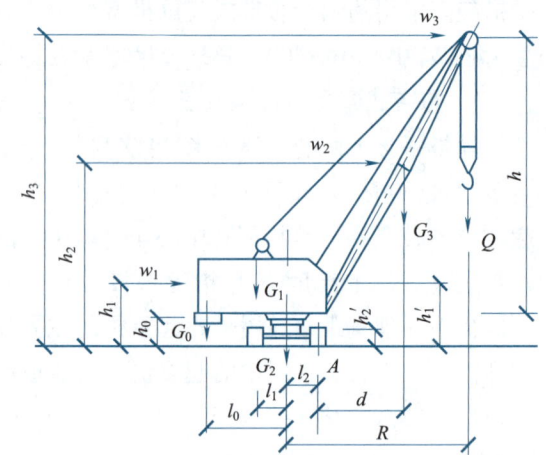

图 8-3 履带起重机稳定性验算

按 K_1 验算较复杂,施工现场一般用 K_2 简化验算,如图 8-3 所示可得

$$K_2 = \frac{G_1(l_1 + l_2) + G_2 l_2 + G_0(l_0 + l_2) - G_3 d}{Q(R - l_2)} \quad (8\text{-}3)$$

式中　　G_0——起重机平衡重;
　　　　G_1——起重机可转动部分的重量;
　　　　G_2——起重机机身不转动部分的重量;
　　　　G_3——起重臂重量(起重臂接长时,为接长后的重量),为起重机重量的 4%～7%;
　l_1,l_2,l_3,d——以上各部分的重心至倾覆中心 A 点的相应距离;
　　　　R——起重机的回转半径;
　　　　Q——起重机的起重量。

验算后如不满足式(8-3)时,可采用临时增加平衡重;改变地面坡角的大小或方向;在起重臂顶端拉设临时缆风绳等措施。上述措施均应经计算确定,并在正式使用前进行试用。

三、汽车式起重机

汽车式起重机是把起重机构安装在普通载重汽车或专用汽车底盘上的一种自行式全回转起重机,如图 8-4 所示。汽车式起重机的行驶驾驶室与起重操作室是分开的,它具有行驶速度高、机动性能好、对路面破坏小的特点。但吊装作业时稳定性差,需要设支腿以增强机身的稳定。因此,汽车式起重机不能负载行驶,也不适合在泥泞或松软的地面上工作。

四、轮胎式起重机

轮胎式起重机是把起重机构安装在加重型轮胎和轮轴组成的特制底盘上的一种自行式全回转起重机,如图 8-5 所示。随着起重量的大小不同,底盘下装有若干根轮轴,配备有 4～10 个或更多个轮胎。吊装时一般用四个支腿支撑以保证机身的稳定性,构件重力在不用支腿允许荷载范围内也可不放支腿起吊。轮胎式起重机与汽车式起重机的优缺点基本相同。

五、塔式起重机

塔式起重机是一种塔身直立,起重臂安装在塔身顶部且可作360°回转的起重机。它具有较大的工作空间,起重高度大,广泛应用于多层及高层装配式结构安装工程。一般可按行走机构、变幅方式、旋转方式的不同分成若干类型。常用的类型有轨道式塔式起重机、爬升式塔式起重机、附着式塔式起重机等。

1. 轨道式塔式起重机

轨道式塔式起重机是一种能在轨道上行驶的起重机,又称自行式塔式起重机。该机种类繁多,能同时完成垂直和水平运输,使用安全,生产效率高,可负荷行走。常用的轨道式塔式起重机型号有 QT_1-6 型、QT60/80 型、QT20 型、QT15 型、TD-25 型等,如图 8-6 所示。

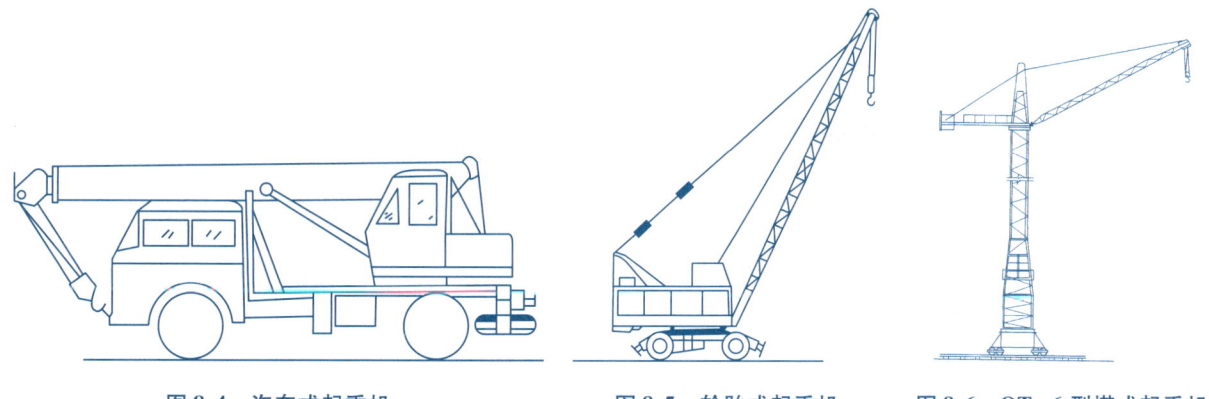

图 8-4　汽车式起重机　　　图 8-5　轮胎式起重机　　　图 8-6　QT_1-6 型塔式起重机

2. 爬升式塔式起重机

爬升式塔式起重机是自升式塔式起重机的一种,它安装在高层装配式结构的框架梁上,每吊装1～2层楼的构件后,向上爬升一次。其特点是机身体积小,安装简单,适用于现场狭窄的高层建筑结构安装。

爬升式塔式起重机由底座、塔身、塔顶、起重臂、平衡臂等部分组成。目前常用的型号主要有 QT_5-4/40 型、QT_3-4 型等,如图 8-7 所示。

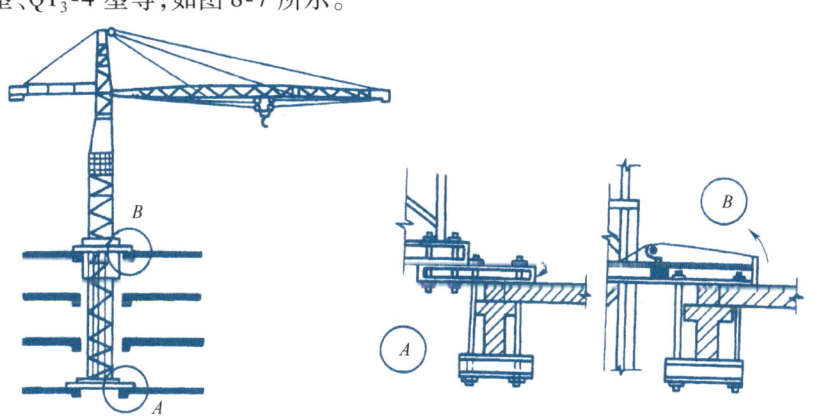

图 8-7　爬升式塔式起重机

3. 附着式塔式起重机

附着式塔式起重机是固定在建筑物附近钢筋混凝土基础上的起重机,它随建筑物的升高,利用液压自升系统逐步将塔顶顶升,塔身接高。为了减少塔身的计算长度应每隔 20 m 左右将塔身与建筑物用锚固装置联结起来。常用型号主要有 QT_4-10 型、ZT-100 型、ZT-120 型、QT_1-4 型等,如图 8-8 所示。附着式塔式起重机顶升过程如图 8-9 所示。

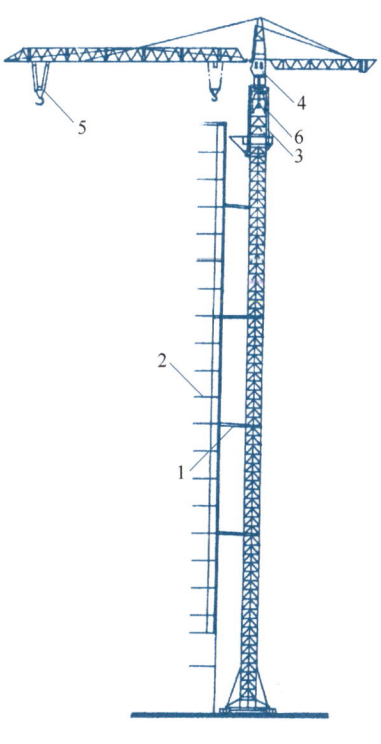

1—撑杆;2—建筑物;3—标准节;
4—操纵室;5—起重小车;6—顶升套架。

图 8-8　QT_4-10 型塔式起重机

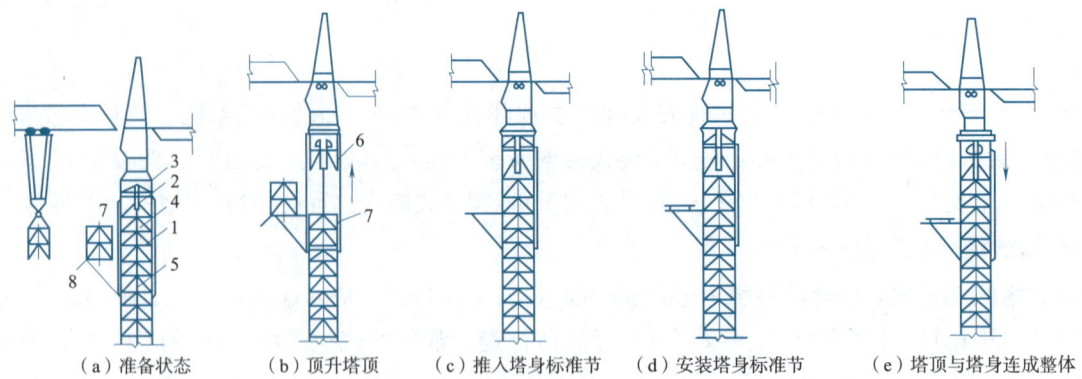

(a)准备状态　(b)顶升塔顶　(c)推入塔身标准节　(d)安装塔身标准节　(e)塔顶与塔身连成整体

1—顶升套架；2—液压千斤顶；3—承座；4—顶升横梁；5—定位销；6—过渡节；7—标准节；8—摆渡小车。

图 8-9　附着式塔式起重机顶升过程

知识模块2　索具设备的选择

结构安装工程施工中除了起重机外，还需要使用许多辅助工具及设备，如卷扬机、滑轮组、钢丝绳、吊钩、卡环、横吊梁、柱销等，一般有定型产品可供选用。

一、卷扬机

在建筑施工中常用的电动卷扬机有快速和慢速两种。快速电动卷扬机（JJK型）主要用于垂直、水平运输和打桩作业；慢速电动卷扬机（JJM型）主要用于结构吊装、钢筋冷拉和预应力钢筋张拉作业。常用的电动卷扬机的牵引能力一般为 10～100 kN。卷扬机在使用时必须锚固，以防止在作业时产生滑移或倾覆。根据牵引力的大小，卷扬机的锚固方法有四种，如图 8-10 所示。

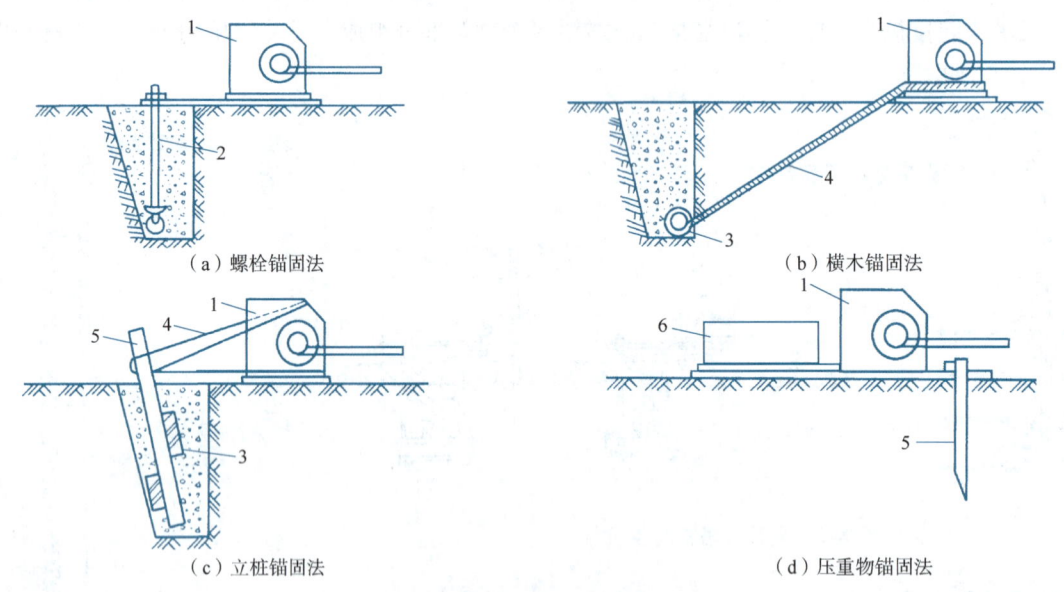

(a)螺栓锚固法　(b)横木锚固法　(c)立桩锚固法　(d)压重物锚固法

1—卷扬机；2—地脚螺栓；3—横木；4—拉索；5—木桩；6—压重。

图 8-10　卷扬机的锚固方法

二、滑轮组

滑轮组由一定数量的定滑轮和动滑轮及绕过它们的绳索组成。滑轮组既能省力又可改变力的方向，它是起重机械的重要组成部分。通过滑轮组能用较小拉力的卷扬机起吊较重的构件。

滑轮组中共同负担构件重量的绳索根数称为工作线数。滑轮组的名称常以组成滑轮组的定滑轮和动滑轮数来表示，如由四个定滑轮和四个动滑轮组成的滑轮组称为四四滑轮组；五个定滑轮和四个动滑轮组成的滑轮组称为五四滑轮组;其余类推。

滑轮组跑头拉力的大小,主要取决于工作线数和滑轮轴承处的摩擦阻力大小。滑轮组绳索可从定滑轮引出绳头(跑头),也可从动滑轮引出,如图8-11所示。

滑轮组绳索的跑头拉力S,可按下式计算:

$$S = KQ \quad (8-4)$$

式中　S——跑头拉力;
　　　Q——计算荷载;
　　　K——滑轮组省力系数;

$$K = \frac{f^n(f-1)}{f^n - 1} \quad (8-5)$$

式中　f——单个滑轮阻力系数。青铜轴套轴承$f = 1.04$;滚珠轴承$f = 1.02$;无轴套轴承$f = 1.06$;
　　　n——工作线数。若绳索从定滑轮引出,则n = 定滑轮数 + 动滑轮数 + 1;若绳索从动滑轮引出,则n = 定滑轮数 + 动滑轮数。

起重机械用的滑轮多用青铜轴套轴承,其滑轮组省力系数见表8-3。

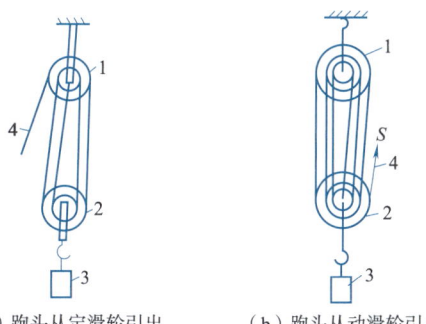

(a)跑头从定滑轮引出　(b)跑头从动滑轮引出

1—定滑轮;2—动滑轮;3—重物;4—绳索。

图 8-11　滑轮组

表 8-3　青铜轴套滑轮组省力系数

工作线数 n	省力系数 K	工作线数 n	省力系数 K
1	1.040	11	0.114
2	0.529	12	0.106
3	0.360	13	0.100
4	0.275	14	0.095
5	0.224	15	0.090
6	0.190	16	0.086
7	0.166	17	0.082
8	0.148	18	0.079
9	0.134	19	0.076
10	0.123	20	0.074

三、钢丝绳

结构安装工程中常用的钢丝绳是先由若干根钢丝捻成股;再由若干股围绕绳芯捻成绳。它是吊装工艺中的主要绳索,具有强度高、韧性好、耐磨性好等优点。同时,钢丝绳被磨损后,表面产生许多毛刺,易被发现,便于防止事故的发生。

(一)钢丝绳的种类

1. 按每股钢丝的根数分类

①$6 \times 19 + 1$,即6股钢丝,每股19根钢丝,中间加一根绳芯。这种钢丝绳粗、硬而耐磨,一般用作缆风绳。

②$6 \times 37 + 1$,即6股钢丝,每股37根钢丝,中间加一根绳芯。这种钢丝绳比较柔软,一般用于穿滑轮组和作吊索。

③$6 \times 61 + 1$,即6股钢丝,每股61根钢丝,中间加一根绳芯。这种钢丝绳质地软,一般用于重型起重机械的吊索。

2. 按抗拉强度分类

1 400 N/mm²、1 550 N/mm²、1 700 N/mm²、1 850 N/mm²和2 000 N/mm²五种。

3. 按钢丝和钢丝股搓捻的方向分类

①顺捻绳。每股钢丝的搓捻方向与钢丝股的搓捻方向相同。这种钢丝绳柔性好,表面较平整,不易磨

损;但容易松散和扭结卷曲,吊重物时,易使重物旋转。一般多用于拖拉或牵引装置。

②反捻绳。每股钢丝的搓捻方向与钢丝股的搓捻方向相反。这种钢丝绳较硬,强度较高,不易松散,吊重物时不会扭结旋转,多用于吊装工作。

(二)钢丝绳允许拉力的计算

钢丝绳允许拉力可按下式计算:

$$S_g \leqslant \frac{P_m}{K} = \frac{\alpha P_g}{K} \tag{8-6}$$

式中　S_g——钢丝绳的允许拉力,kN;
　　　P_m——钢丝绳的破断拉力,kN;
　　　P_g——钢丝绳的破断拉力总和,kN;
　　　α——钢丝绳破断拉力换算系数,查表 8-4;
　　　K——钢丝绳安全系数,查表 8-5。

表 8-4　钢丝绳破断拉力换算系数

钢丝绳结构	换算系数 α
6×19+1	0.85
6×37+1	0.82
6×61+1	0.80

表 8-5　钢丝绳安全系数

用　途	安全系数	用　途	安全系数
作缆风绳	3.5	作吊索、无弯曲时	6~7
用于手动起重设备	4.5	作捆绑吊索	8~10
用于机动起重设备	5~6	用于载人的升降机	14

(三)钢丝绳选择计算

起重滑轮组钢丝绳的选择,应根据滑轮组绕出绳索的跑头拉力,考虑钢丝绳进入卷扬机途中经过导向滑轮的阻力影响来选择。可按下式计算:

$$S_G = S f^m \tag{8-7}$$

式中　S_G——钢丝绳所受拉力,kN;
　　　S——滑轮组跑头拉力,kN;
　　　m——导向滑轮数;
　　　f——导向滑轮阻力系数。

(四)钢丝绳使用时注意事项

①使用中不准超载。当在吊重物的过程中,如绳股间有大量油挤出来时,说明荷载过大,必须立即检查。

②钢丝绳穿过滑轮时,滑轮槽的直径应比绳的直径大 1~2.5 mm;所需滑轮最小直径符合有关规定。

③为减少钢丝绳的腐蚀和磨损,应定期加润滑油(一般以工作时间 4 个月左右加一次)。存放时,应保持干燥,并成卷排列、不得堆压。

④使用旧钢丝绳,应事先进行检查。经检查有不合格者,应予以报废。

四、吊具

1. 吊钩

吊钩有单钩和双钩两种,如图 8-12 所示。吊装时一般都用单钩,双钩多用于桥式或塔式起重机。使用前,应认真检查,表面不得有刻痕、裂缝、剥裂等缺陷。吊钩不得直接钩在构件的吊环中。

2. 吊索(千斤绳)

作吊索用的钢丝绳要求质地柔软,容易弯曲,直径大于 11 mm。根据形式不同,可分为环状吊索(万能吊索)和开口吊索,如图 8-13 所示。

3. 卡环(卸甲)

卡环用于吊索之间或吊索与构件吊环之间的连接,由弯环与销子两部分组成。弯环形式有直形和马蹄形;销子的连接形式有螺栓式和活络式,如图 8-14 所示。活络卡环的销子端头和弯环孔眼无螺纹,可以直接抽出,多用于吊装柱子。当柱子就位并临时固定后,可以在地面上用绳将销子拉出,解除吊索,避免在高空作业。卡环外形及柱子的绑扎法如图 8-15 所示。

图 8-12 吊钩

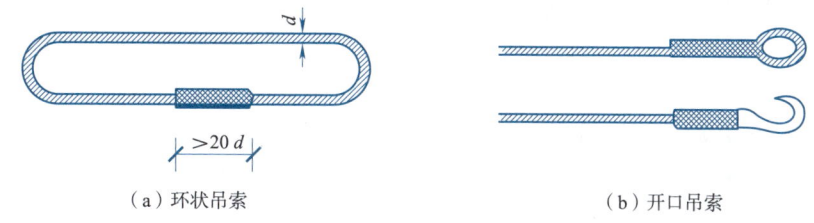

（a）环状吊索　　　　　　（b）开口吊索

图 8-13 吊索

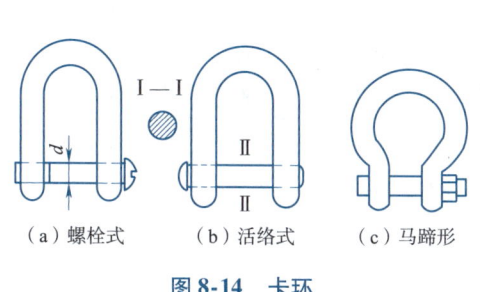

（a）螺栓式　（b）活络式　（c）马蹄形

图 8-14 卡环

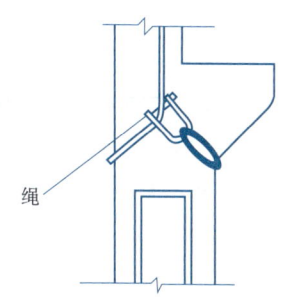

图 8-15 活络卡环绑扎柱子

4. 钢丝绳卡扣

钢丝绳卡扣主要用来固定钢丝绳端部。卡扣外形如图 8-16 所示。选用夹头时,必须使 U 形的内侧净距等于钢丝绳的直径。使用夹头的数量与钢丝绳的粗细有关,粗绳用得较多。

5. 横吊梁

横吊梁又称铁扁担,常用于柱和屋架等构件的吊装。用横吊梁吊柱,使柱身保持垂直,便于安装;用横吊梁吊屋架可降低起吊高度和减小吊索的水平分力对屋架的压力。

图 8-16 钢丝绳卡扣

横吊梁的型式有:钢板横吊梁,如图 8-17 所示;钢管横吊梁,如图 8-18 所示。

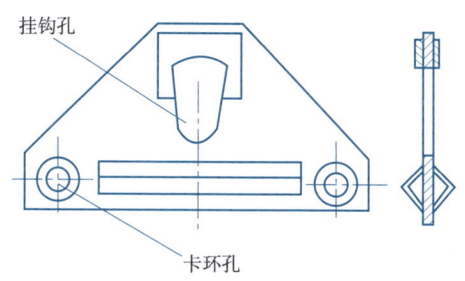

图 8-17 钢板横吊梁

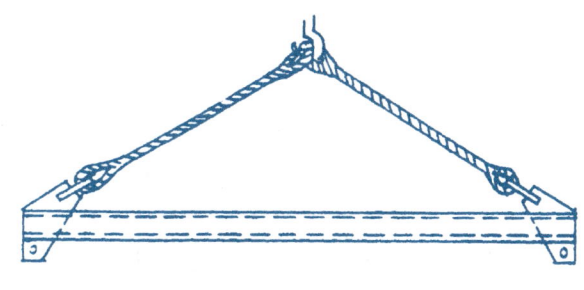

图 8-18 钢管横吊梁

知识模块 3 装配式钢筋混凝土单层工业厂房结构安装

单层工业厂房一般除基础在施工现场就地浇筑外,其他构件均为预制构件。其主要预制构件有柱、吊车梁、连系梁、屋架、天窗架、屋面板、各种支撑等。大型构件(柱、屋架等)一般在施工现场就地制作;中小型构件多集中在构件厂制作,运到施工现场安装。

一、构件吊装前的准备工作

构件吊装前的准备工作包括清理及平整场地,铺设临时道路,敷设水、电管线,构件运输、堆放,构件的拼装与加固,构件的质量检查,构件的弹线编号,基础准备及吊装机具的准备等。

1. 场地清理与铺设道路

起重机进场之前,按照现场平面布置图,标出起重机的开行路线,清理道路上的杂物,并进行平整压实,路面宽度和转弯半径应满足构件运输要求。在回填土或松软地基上,要用枕木或厚钢板铺垫。雨季施工要做好施工现场排水工作。

2. 构件的运输和堆放

在构件厂制作的构件,一般根据构件的尺寸、重量、数量和运距,以及现有运输工具等具体情况,多采用汽车和平板拖车将构件直接运到工地构件堆放处。构件运输时的混凝土强度应不低于设计强度等级的70%。在运输过程中必须保证构件不变形、不倾倒、不损坏;道路应平整坚实,并按路面情况掌握行车速度,尽量保持平稳,减少振动和冲击;构件支垫位置和方法应正确、合理,装卸吊点符合设计要求,防止构件开裂。

构件进场后,应按照施工组织设计的平面布置图进行堆放,以避免二次搬运。堆放构件的场地应平整坚实并有排水措施。水平分层堆放的构件,层与层之间应以垫木隔开,各层垫木的位置应保持在同一条垂直线上,支垫数量要符合设计要求。构件的叠放高度应按构件强度、地面承载力、垫木的强度和堆垛的稳定性而定。一般梁可叠放2~3层,屋面板可叠放6~8层。构件吊环要向上,标志要向外。

3. 构件的拼装与加固

大跨度屋架可在预制厂分成几块进行预制,运至现场后再进行拼装。构件拼装有平拼和立拼两种方法。平拼就是将构件平卧在地面或操作台上进行拼装,拼完后进行翻身,该方法操作方便,不需要支撑,但由于在翻身中容易损坏或变形,所以平拼构件在吊装前要临时加固后翻身扶直,此法仅限于天窗架等小型构件。立拼是将块体立着拼装,两侧有夹木支撑,可以直接拼装在起吊时的就位位置,减少了翻身扶直的工序,避免了大型屋架在翻身中容易造成损坏或变形的问题。图8-19为预应力钢筋混凝土屋架拼装示意。

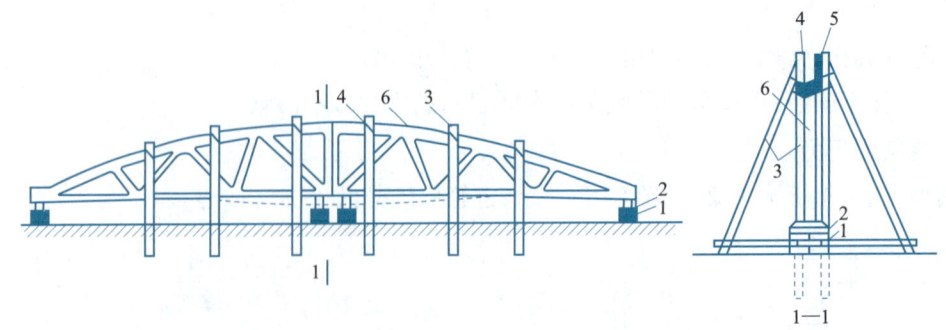

1—砖砌支垫;2—方木或钢筋混凝土垫块;3—三角架;4—铁丝;5—木楔;6—屋架块体。

图8-19 预应力钢筋混凝土屋架拼装示意图

4. 构件的质量检查

为保证施工质量,在结构吊装前,应对所有构件进行全面检查,以确保吊装工作的顺利进行。主要内容为检查构件的型号、数量、外形尺寸、预埋件位置及尺寸、吊环位置是否符合设计要求;构件表面有无损伤、裂缝和变形,吊环有无变形损伤;构件混凝土的强度是否达到设计规定的吊装要求,如果无设计要求,构件吊装时混凝土强度应不低于混凝土设计强度等级的75%,对一些大跨度构件,如屋架则应达到100%,预应力混凝土构件孔道灌浆的强度应不低于15 N/mm²。

5. 构件的弹线与编号

吊装前,在每个构件表面弹出吊装准线,作为构件安装、对位、校正的依据。同时,根据设计图纸对构件进行编号。

（1）柱子

在柱身的三个面上弹出安装中心线、基础顶面线、地坪标高线,如图8-20所示。矩形截面柱安装中心线为几何中心线;工字形截面柱除在矩形部分弹出中心线外,为便于观测和避免视差,还应在翼缘部位弹出一条与中心线平行的线。所弹中心线的位置应与柱基杯口面上的安装中心线相吻合。此外,在柱顶面与牛腿顶面上要弹出屋架及吊车梁的安装中心线。

（2）屋架

在屋架上弦顶面弹出几何中心线,并从跨度中央向两端分别弹出天窗架、屋面板的安装中心线,在屋架的两个端头弹出屋架的安装中心线。

（3）梁

在梁的两端及顶面弹出安装中心线。

6. 杯形基础的准备

杯形基础的准备工作主要是在柱吊装前对杯底抄平和在杯口顶面弹线,如图8-21所示。

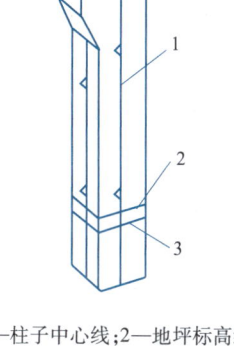

1—柱子中心线;2—地坪标高线;
3—基础顶面线;4—吊车梁对位线;
5—柱顶中心线。

图8-20　柱子弹线

杯底抄平即对杯底标高进行检查和调整,以保证吊装后牛腿面标高符合设计要求。基础施工时,杯底标高一般比设计要求低50 mm。杯底抄平的做法是:先在杯口内弹出比杯口顶面设计标高低100 mm的水平线,随后对杯底实际标高(H_1)进行测量,小柱测中间一点,大柱测四个角点;牛腿设计标高(H_2)与杯底实际标高(H_1)之间的差值即为柱脚底面至牛腿面的应有长度($l_1 = H_2 - H_1$),其与柱底至牛腿顶面的实际长度(l_2)之差,即为杯底标高的调整值($\Delta H = l_1 - l_2$)。根据调整值在杯口内做出标志,如图8-22所示,然后用水泥砂浆或细石混凝土将杯底抹平至标志处。标高允许误差为±5 mm。

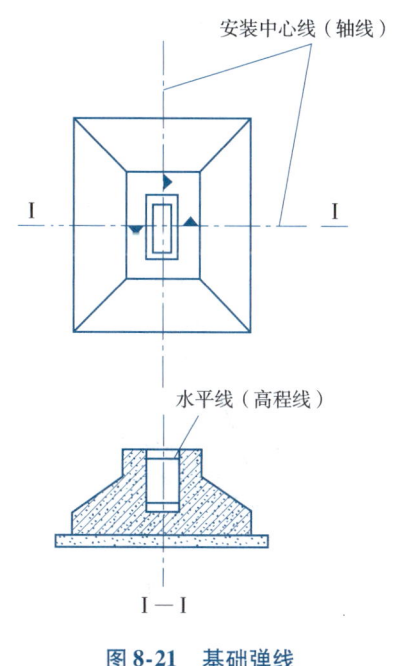

图8-21　基础弹线

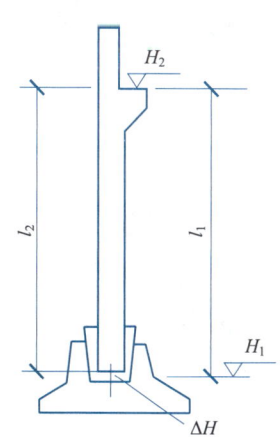

图8-22　柱基抄平与调整

杯口顶面弹线即根据柱网轴线在基础顶面弹十字交叉的安装中心线,并与柱的安装中心线相对应,作为柱吊装对位及校正的依据。安装中心线与定位轴线的允许误差为±10 mm。

二、构件吊装工艺

预制构件吊装过程主要包括绑扎、吊升、对位、临时固定、校正、最后固定等工序。

(一)柱的吊装

1. 绑扎

柱的绑扎工具有吊索、卡环和铁扁担等。为使在高空中脱钩方便,尽量采用活络式卡环。为避免起吊时吊索磨损构件表面,要在吊索与构件之间垫以麻袋或木板。

柱的绑扎方法、绑扎位置和绑扎点数应视柱的形状、长度、配筋、起吊方法及起重机性能等因素而定。一般中、小型柱子(重 130 kN 以下),可以采用一点绑扎;重型柱子或配筋少而细长的柱子(如抗风柱),为防止起吊过程中柱身断裂,多为两点绑扎,有的甚至多点绑扎。对于有牛腿的柱,其绑扎点应选在牛腿以下 200 mm 处。工字形截面和双肢柱,绑扎点应选在实心处(工字形柱的矩形截面处和双肢柱的平腹杆处),否则,应在绑扎位置用方木加固翼缘,以免翼缘在起吊时损坏。特殊情况下,绑扎点要计算确定。

按柱起吊后柱身是否垂直,分为直吊法和斜吊法,其相应的绑扎方法如下:

(1)斜吊绑扎法

当柱平放起吊,抗弯强度满足要求时,可采用斜吊绑扎法,如图 8-23 所示。这种方法是将柱平放绑扎起吊,起吊后柱呈倾斜状态,吊索在柱的一侧,起重钩可低于柱顶。该方法的特点是柱不需要翻身,起重机的起重高度可小些,起重臂可短些,但因柱身倾斜,对位时比较困难。

(2)直吊绑扎法

当柱平放起吊,抗弯强度不足时,可在吊装前,先将柱子翻身后再起吊,如图 8-24 所示。采用这种方法,柱抗弯能力强,起吊后,铁扁担跨在柱顶上,柱身呈直立状态,便于插入杯口。但起重机吊钩超过柱顶,需要的起重高度比斜吊法大,起重臂比斜吊法长。

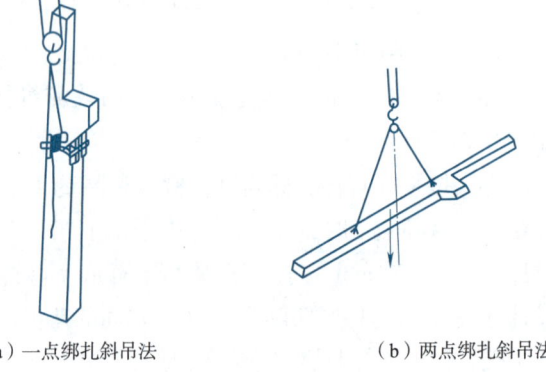

(a)一点绑扎斜吊法　　　　(b)两点绑扎斜吊法

图 8-23　斜吊绑扎法

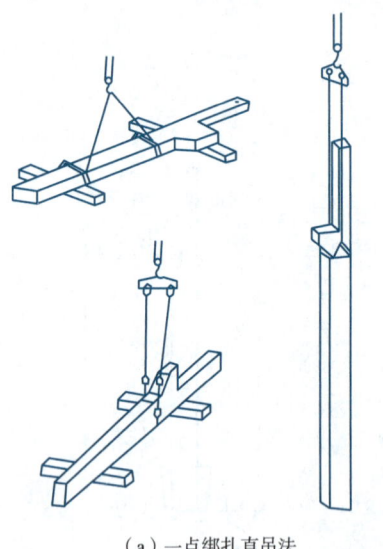

(a)一点绑扎直吊法　　　　(b)两点绑扎直吊法

图 8-24　直吊绑扎法

2. 吊升

柱子的吊升方法,根据柱的重量及现场施工条件而定,一般有旋转法和滑行法两种。根据起重机的数量又可分为单机吊升和双机抬吊两种。

（1）旋转法

采用旋转法吊升柱时,柱的平面布置应满足柱的绑扎点、柱脚中心、柱基础杯口中心三点共弧,位于吊柱时起重半径 R 为半径的圆弧上,柱脚靠近基础杯口。柱吊升时,起重臂边升钩、边回转,柱顶随起重机回转及吊钩上升而逐渐上升,使柱绕柱脚旋转而呈直立状态。然后,起重机将柱吊离地面,回转起重臂把柱吊至基础杯口上方,插入杯口,如图 8-25 所示。旋转法吊升柱受振动小,生产效率高,但对起重机的机动性要求高。

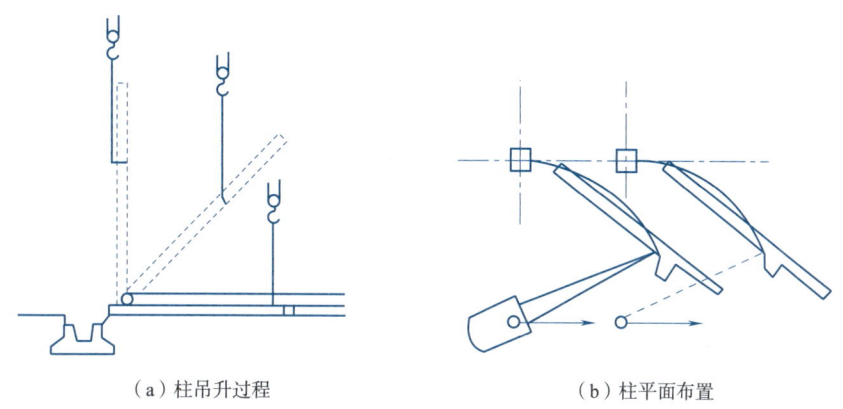

（a）柱吊升过程　　　　（b）柱平面布置

图 8-25　旋转法吊装柱

（2）滑行法

采用滑行法吊升柱时,柱的平面布置应满足柱的绑扎点与柱基础杯口中心二点共弧,位于吊柱时起重半径 R 为半径的圆弧上,绑扎点靠近基础杯口。柱子吊升时,起重机只升钩,起重臂不转动,使柱脚沿地面滑行逐渐转为直立状态。然后,起重臂旋转把柱吊至基础杯口上方,插入杯口,如图 8-26 所示。滑行法吊升时,柱在滑行过程中受振动,起吊前应采取保护措施,但对起重机械的要求较低。

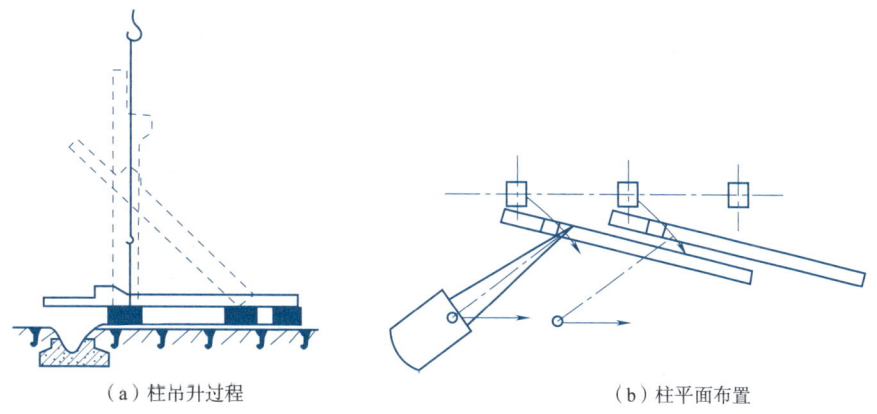

（a）柱吊升过程　　　　（b）柱平面布置

图 8-26　滑行法吊装柱

重型柱由于柱的体型大、重量大,当一台起重机不能满足吊装要求时,可用两台或多台起重机抬吊,也可将柱分节吊装。

3. 对位和临时固定

柱插入杯口后,距杯底 30～50 mm 处进行对位。对位时,先在柱的四边放入杯口八只木楔或钢楔,并用撬棍撬动柱脚,使柱的安装中心线对准杯口上的安装中心线,并使柱子基本保持垂直。柱就位后,略打紧楔块,再放松吊钩,检查柱沉至杯底的对中情况,若符合要求,即将楔块打紧,将柱临时固定。

吊装重型柱或细长柱时,按上述方法不能满足临时固定的稳定时,可增设缆绳或斜撑来加强临时固定。

4. 校正

柱的校正包括平面位置校正、标高校正和垂直度校正。平面位置的校正,一般在临时固定前,就位时已完成。标高校正则在柱吊装前已通过按实际柱长调整杯底标高的方法完成。垂直度的校正,则应在柱临时固定后进行。

柱垂直度偏差的检查,是用两台经纬仪从柱的相邻两面检查柱的安装中心线的垂直度。垂直度偏差要在规范允许范围内,其允许偏差值为:当柱高≤5 m 时,为 5 mm;柱高＞5 m 时,为 10 mm;柱高＞10 m 时,为 $H/1\,000$,且不大于 20 mm。若偏差超过允许偏差值,可以采用螺旋千斤顶进行斜顶或平顶,或者利用钢管支撑进行斜顶等方法进行校正,如图 8-27 所示。如果柱顶设有缆风绳,也可以用缆风绳进行校正。

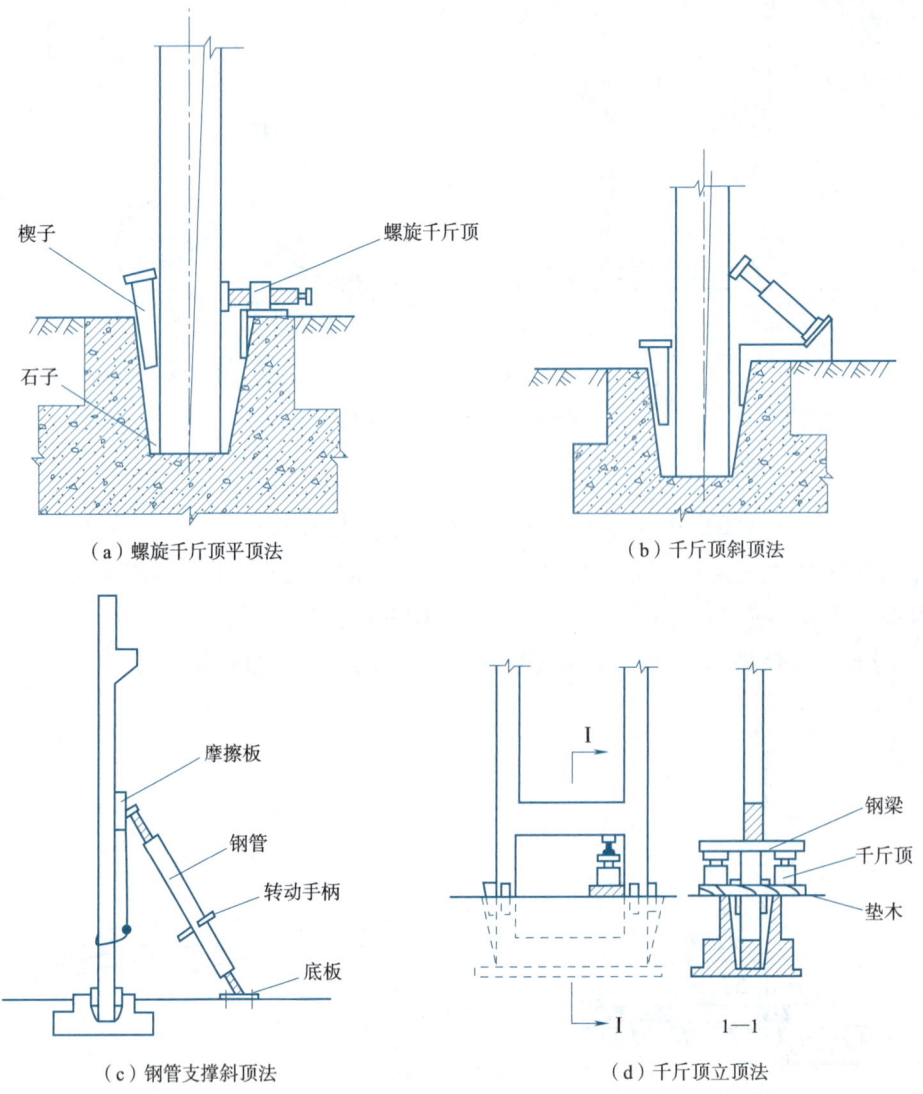

图 8-27 柱垂直度的校正方法

5. 最后固定

柱子校正后应立即进行最后固定。最后固定的方法是在柱脚与基础杯口的空隙处灌注比柱混凝土强度等级高一级的细石混凝土并振捣密实。灌注工作分两个阶段进行,先浇至楔块底面,待混凝土达到 25%设计强度等级后,拔出楔块,将杯口灌满细石混凝土。

(二)吊车梁的吊装

吊车梁的吊装必须在基础杯口二次灌注的混凝土强度达到设计强度的 70%以上时方可进行。

1. 绑扎、吊升、对位与临时固定

吊车梁绑扎时应采用两点绑扎,左右对称,两根吊索等长,吊钩对准重心,起吊后基本保持水平,如图 8-28 所示。梁的两端用溜绳控制,以免在吊升过程中碰撞柱子。

吊车梁对位时应缓慢落钩,争取一次将吊车梁端安装中心线与柱牛腿面的轴线对准。对位过程中,不宜用撬棍在纵轴方向撬动吊车梁,因为柱在此方向刚度较差,过分撬动会使柱身弯曲产生偏移。吊车梁本身的稳定性较好,就位时用垫铁垫平后即可脱钩,不需要采用临时固定措施。但当梁的高与底宽之比大于4时,可用8号铁丝将梁捆在柱子上,以防止梁倾倒。

2. 校正和最后固定

吊车梁的校正工作一般在屋面构件安装校正并最后固定后进行。以免屋架安装时,引起柱子偏移,造成吊车梁新的位置偏差。但对重量大的吊车梁,脱钩后校正比较困难,应采取边吊边校正的方法。

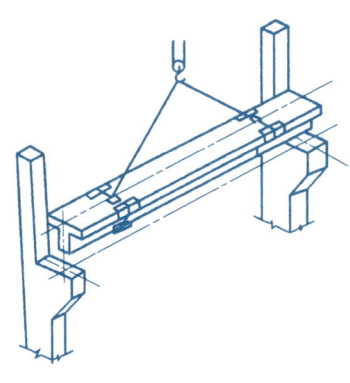

图 8-28　吊车梁吊装

吊车梁校正内容有标高校正、垂直度校正和平面位置校正。

吊车梁的标高主要取决于柱牛腿标高,在柱吊装前已经调整。如仍存在偏差,可待安装吊车轨道时,在吊车梁顶面抹一层砂浆找平层进行调整。

吊车梁垂直度校正一般采用吊线锤的方法检查,如存在偏差,在梁的支座处垫上薄钢板调整。其垂直度的允许偏差为5 mm。

吊车梁的平面位置的校正常用通线法和平移轴线法。

(1)通线法

根据柱的定位轴线,在跨端地面定出吊车梁定位轴线位置并打木桩。先用钢尺检查两列吊车梁之间的跨距是否符合要求,然后用经纬仪将端跨的四根吊车梁位置校正准确,再根据校正好的端部吊车梁沿其轴线拉上钢丝通线,逐根检查并拨正吊车梁,使其中心线与钢丝重合,如图8-29所示。

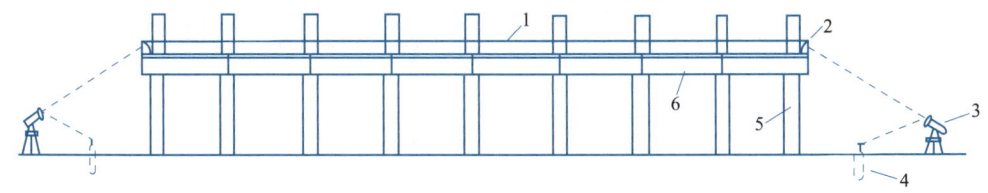

1—通线;2—支架;3—经纬仪;4—木桩;5—柱;6—吊车梁。

图 8-29　通线法校正吊车梁

(2)平移轴线法

在柱列外侧设置经纬仪,用经纬仪逐根将杯口处的吊装准线投射到吊车梁顶面处的柱身上,并做出标志。若标志线到柱轴线的距离为 a,吊车梁轴线距柱轴线的距离为 λ,则标志线距吊车梁轴线应为 $\lambda - a$,据此逐根拨正吊车梁中心线。并检查两列吊车梁之间的跨距是否符合要求,如图8-30所示。

吊车梁校正完毕后,立即电焊作最后固定,并在接头处、吊车梁与柱的空隙处支模浇筑细石混凝土。

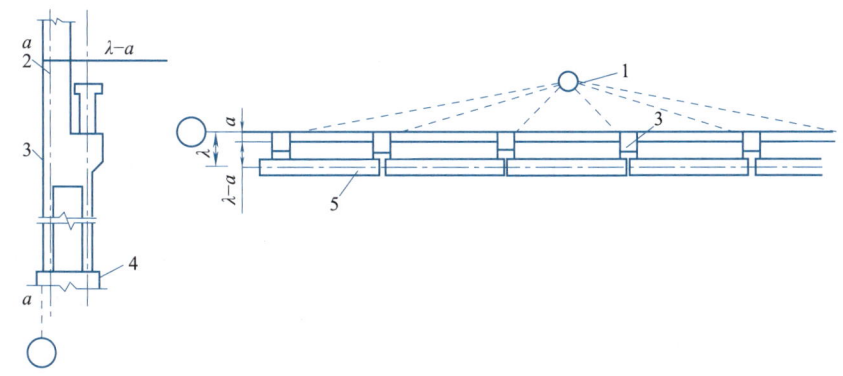

1—经纬仪;2—标志;3—柱;4—柱基础;5—吊车梁。

图 8-30　平移轴线法校正吊车梁

(三)屋架的吊装

1. 绑扎

屋架的绑扎点应选在上弦节点处,左右对称,各吊索拉力的合力作用点应高于屋架重心,吊索与水平线的夹角,翻身扶直时不宜小于60°,吊装时不宜小于45°,以免屋架承受过大的横向压力。

屋架吊点数目及位置与屋架的型式和跨度有关,应符合设计要求。一般屋架跨度小于或等于18 m时两点绑扎;当跨度大于18 m时四点绑扎;当跨度大于30 m时,应考虑采用横吊梁,以减少吊索高度;对三角组合屋架等刚度较差的屋架,下弦不能承受过大压力,故绑扎时也应采用横吊梁,如图8-31所示。

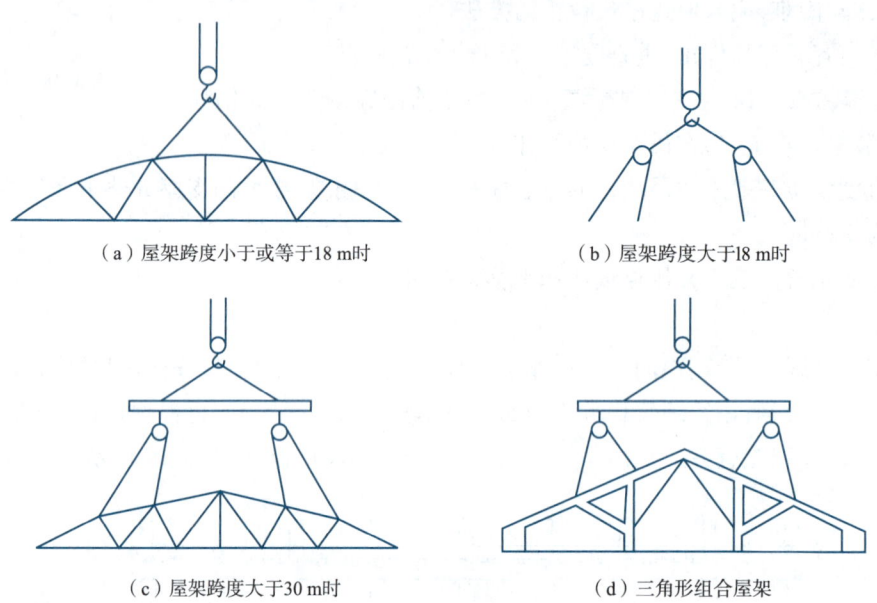

(a)屋架跨度小于或等于18 m时　　　　(b)屋架跨度大于18 m时

(c)屋架跨度大于30 m时　　　　(d)三角形组合屋架

图8-31　屋架的绑扎

2. 扶直与就位

钢筋混凝土屋架一般均在施工现场平卧叠浇。屋架在吊装前需翻身扶直,将平卧的屋架竖直并吊往安装前规定的位置就位。屋架翻身扶直时,为防止屋架扶直过程中突然下滑损坏,需在屋架两端搭井子架或枕木垛,以便在屋架由平卧转为直立后将屋架搁置其上。

按照起重机与屋架预制时相对位置不同,屋架扶直有正向扶直和反向扶直两种。

(1)正向扶直

起重机位于屋架下弦一侧,吊钩对准上弦中点,收紧吊钩后略起臂使屋架脱模,然后升钩并起臂使屋架以下弦为轴缓慢转为直立状态,如图8-32(a)所示。

(2)反向扶直

起重机位于屋架上弦一侧,吊钩对准上弦中点,收紧吊钩,接着升钩并降臂,使屋架以下弦为轴缓慢转为直立状态,如图8-32(b)所示。

正向扶直与反向扶直不同之处在于前者升臂,后者降臂。升臂比降臂易于操作且比较安全,故应尽可能采用正向扶直。

屋架扶直后应按规定位置就位。屋架的就位位置与起重机性能和安装方法有关。当屋架的就位位置与预制位置位于起重机开行路线同一侧时,称为同侧就位,如图8-32(a)所示;当屋架的就位位置与预制位置位于起重机开行路线两侧时,称为异侧就位,如图8-32(b)所示。

3. 屋架的吊升、对位与临时固定

屋架吊升方法有单机吊装和双机抬吊。屋架重量不大时,可用单机起吊。先将屋架吊离地面约500 mm,然后转吊至吊装位置下方,升钩将屋架吊升至超过柱顶约300 mm,再缓降至柱顶,进行对位并立即进行临时固定,然后起重机脱钩。

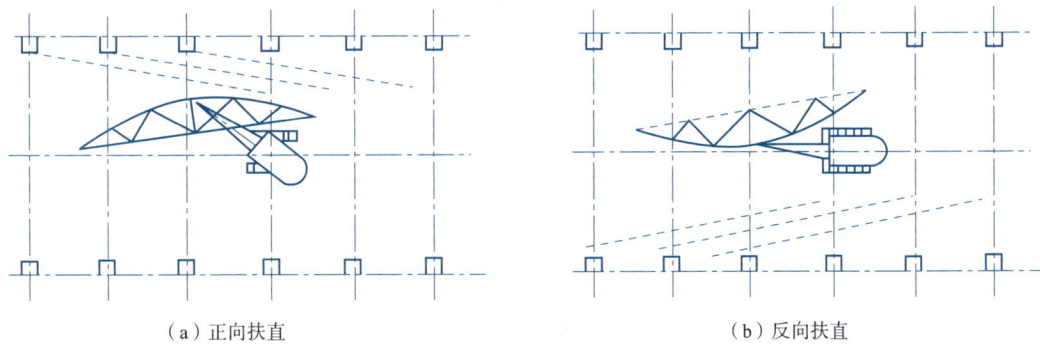

(a) 正向扶直　　　　　　　　　(b) 反向扶直

图 8-32　屋架的扶直

第一榀屋架的临时固定,一般用四根缆风绳从两边拉牢。若有抗风柱时,可与抗风柱连接作为临时固定。第二榀以及以后各榀屋架可至少用两个屋架校正器(工具式支撑)临时固定到前一榀屋架上,如图 8-33 和图 8-34 所示。

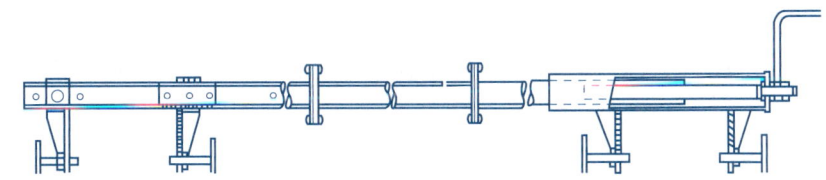

图 8-33　屋架校正器

4. 校正与最后固定

屋架的校正内容主要是检查并校正垂直度,可以用经纬仪或锤球检查。施工规范规定屋架上弦中部对通过两支座中心的垂直面偏差不得大于 $h/250$ (h 为屋架高度)。如超过偏差允许值,用屋架校正器校正,并在屋架端部支承面垫入薄钢片。

用经纬仪检查屋架垂直度时,分别在屋架上弦中央和屋架两端各安装一个卡尺,以上弦几何中心线为起点,分别在三个卡尺上量出 500 mm,并做出标记,然后在距屋架上弦几何中心线 500 mm 处的地面上设一台经纬仪,用来检查三个卡尺上的标志是否在同一个垂直面上,如图 8-34 所示。

用锤球检测屋架垂直度时,卡尺标志的设置与经纬仪检查方法相同,标志距屋架上弦几何中心线的距离取 300 mm。在两端卡尺标志之间连一通线,从中央卡尺的标志处向下挂锤球,检查三个卡尺的标志是否在同一垂直面上。

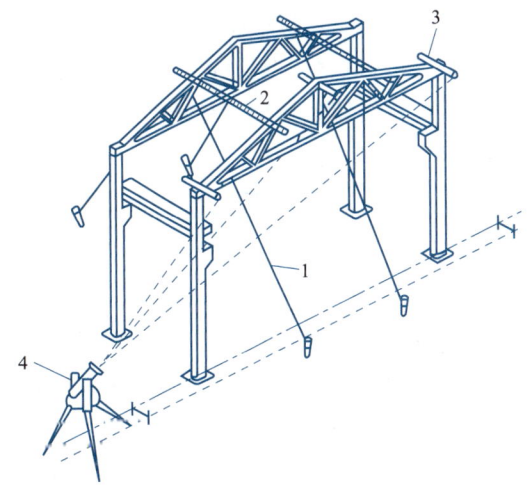

1—缆风绳;2—屋架校正器;3—卡尺;4—经纬仪。

图 8-34　屋架的临时固定与校正

屋架校正无误后,应立即用电焊或螺母固定。焊接时,应在屋架两端的不同侧同时施焊,以防止因焊缝收缩而导致屋架倾斜。

(四) 屋面板的吊装

屋面板一般预埋有吊环,用带钩的吊索钩住吊环即可安装。起吊时,应使四根吊索长度相等,屋面板保持水平。一般可一钩多吊,以加快吊装速度,如图 8-35 所示。屋面板吊装时应由两边檐口对称地逐块铺向屋脊,这有利于屋架稳定,受力均匀。屋面板就位后,应立即与屋架上弦焊牢,每块屋面板应该焊三点,最后一块只能焊两点。

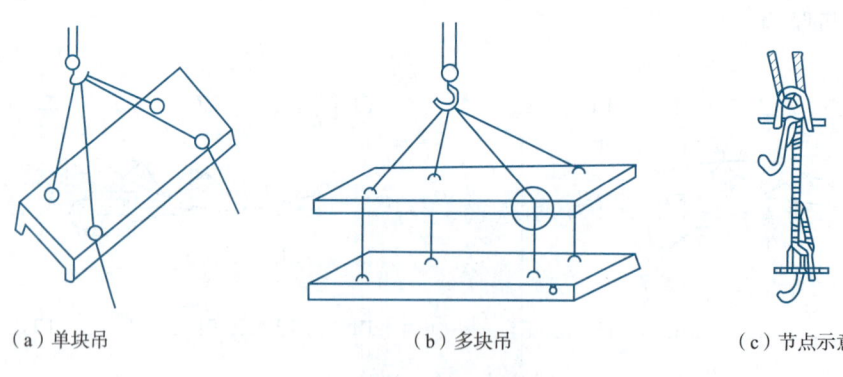

(a)单块吊　　　　　　　(b)多块吊　　　　　　(c)节点示意

图 8-35　屋面板吊装

三、结构吊装方案

单层工业厂房结构吊装方案的内容主要包括:结构吊装方法的选择、起重机械的选择、起重机的开行路线及构件的平面布置等。确定吊装方案时应根据结构形式、跨度、构件的重量及安装高度、吊装工程量、工期要求及现有起重设备等因素综合研究决定。

(一)起重机的选择

起重机是结构安装工程的主导机械设备,它直接影响结构安装方法、起重机开行路线与停机位置以及构件的平面布置等。

1. 起重机类型的选择

起重机类型主要是根据厂房的结构特点、跨度、构件重量、安装高度、安装方法、施工现场条件和现有起重机械设备等确定。要综合考虑其合理性、可行性和经济性。

一般中小型厂房跨度不大,构件的重量及安装高度也不大,可采用履带式起重机、轮胎式起重机或汽车式起重机等自行式起重机,以履带式起重机应用最为普遍。当厂房结构的高度和长度较大时,可选用塔式起重机安装屋盖系统。在缺乏上述自行式起重机时,可采用桅杆式起重机。重型工业厂房跨度大、构件重,选用的起重机既要能安装厂房的承重结构,又要能完成设备的安装,所以多选用大型自行式起重机、重型塔式起重机、大型牵缆式桅杆起重机等。对于重型构件,当一台起重机无法吊装时,也可用两台起重机抬吊。

2. 起重机型号的选择

起重机的类型确定之后,还需要根据构件的尺寸、重量及安装高度来选择起重机的型号及起重臂的长度。所选起重机的三个工作参数,起重量 Q、起重高度 H、起重半径 R 要满足构件吊装的要求。

(1)起重量

选择的起重机的起重量,必须大于或等于所吊装构件的重量与索具重量之和,即

$$Q \geqslant Q_1 + q \tag{8-8}$$

式中　Q——起重机的起重量,kN;

Q_1——构件的重量,kN;

q——索具的重量,kN。

(2)起重高度

选择的起重机的起重高度,必须满足所吊装构件的安装高度要求,即(见图 8-36)

$$H \geqslant h_1 + h_2 + h_3 + h_4 \tag{8-9}$$

式中　H——起重机的起重高度,m,从停机面起算至吊钩中心;

h_1——安装支座表面高度,m,从停机面算起;

h_2——安装间隙,视具体情况而定,不小于 0.3 m;

h_3——绑扎点至起吊后构件底面的距离,m;

h_4——索具高度,m,自绑扎点至吊钩中心距离,视具体情况而定。

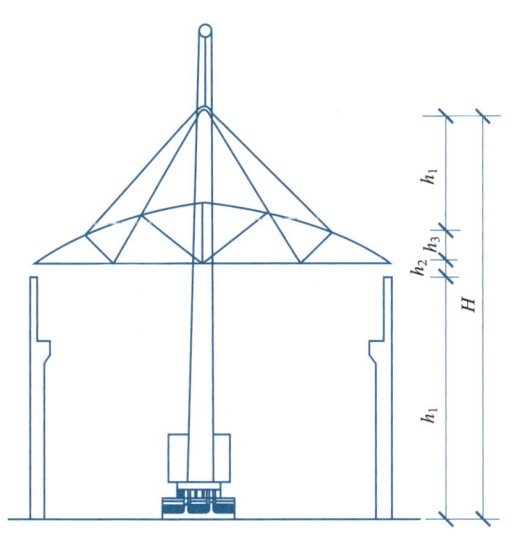
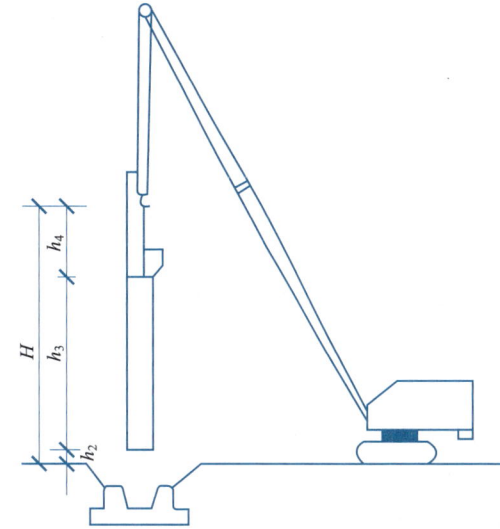

图 8-36 起重高度计算简图

(3)起重半径

当起重机不受限制可直接开到吊装位置附近去吊装构件时,不需验算半径 R。根据计算的起重量 Q 及起重高度 H,查阅起重机性能曲线或性能表,来选择起重机型号和起重臂长度 L,根据 Q、H 查得的相应的起重半径 R,即为起吊该构件时的起重半径。

当起重机停机位置受到限制,起重机不能开到吊装位置附近去吊装构件时,就要根据实际情况确定起吊时的起重半径 R,根据此时的起重量 Q、起重高度 H、起重半径 R 三个参数查阅起重机性能曲线或性能表,来初步选定起重机型号及起重臂长,再按下式进行计算(见图 8-37):

$$R_{min} = F + D + 0.5b \quad (8-10)$$

$$D = g + (h_1 + h_2 + h'_3 - E)\cot\alpha \quad (8-11)$$

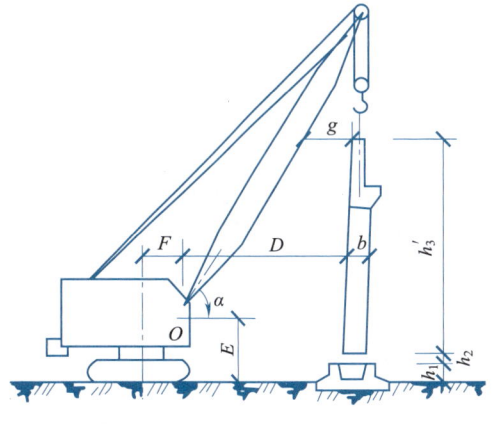

图 8-37 起重半径计算简图

式中 F——起重臂枢轴中心距回转中心距离,m;

D——起重臂枢轴中心距所吊构件边缘距离,m;

b——构件的宽度,m;

g——构件上口边缘与起重臂之间的水平空隙,不小于 0.5 m;

E——吊杆枢轴心距地面高度,m;

α——起重臂的倾角;

h_1,h_2——含义同前;

h'_3——所吊构件的高度,m。

如果起重机在吊装构件时,起重臂需要跨越已安装好的构件吊装时(如跨越屋架安装屋面板),为了不使起重臂与安装好的构件相碰,需求出起重机起吊该构件的最小臂长及相应的起重半径 R。

起重机的最小臂长,可用数解法和图解法求出。

①数解法。如图 8-38 所示的几何关系,起重机最小臂长可按下式计算:

$$L_{min} \geq l_1 + l_2 = \frac{h}{\sin\alpha} + \frac{f+g}{\cos\alpha} \quad (8-12)$$

式中 L_{min}——起重臂的最小长度,m;

h——起重臂下铰至安装构件支座顶面高度，m；

f——吊钩需跨过已安装好的构件的水平距离，m；

g——起重臂轴线与已安装好构件间的水平距离，至少取 1 m；

α——起重臂的仰角，可按下式计算：

$$\alpha = \arctan \sqrt[3]{\frac{h}{f+g}} \tag{8-13}$$

②图解法。如图 8-39 所示，图解法求最小臂长步骤如下：

第一步：按一定比例绘出厂房一个节间的纵剖面图，并画出起重机吊装屋面板时起重钩位置处垂线 Y—Y；画出平行于停机面的水平线 H—H，该线距停机面的距离为 E（E 为起重臂下铰点至停机面的距离）。

第二步：在垂线 Y—Y 上定出起重臂上定滑轮中心点 G（G 点到停机面距离为 $H_0 = h_1 + h_2 + h_3 + h_4 + d$，$d$ 为吊钩至起重臂顶端定滑轮中心的最小高度，一般取 2.5~3.5 m）。

第三步：自屋架顶面向起重机方向水平量出一距离 $g = 1$ m，定出一点 P。

第四步：连接 GP，其延长线与 H—H 相交于 G_0，GG_0 即为起重臂的最小臂长，α 即为吊装时起重臂的仰角。

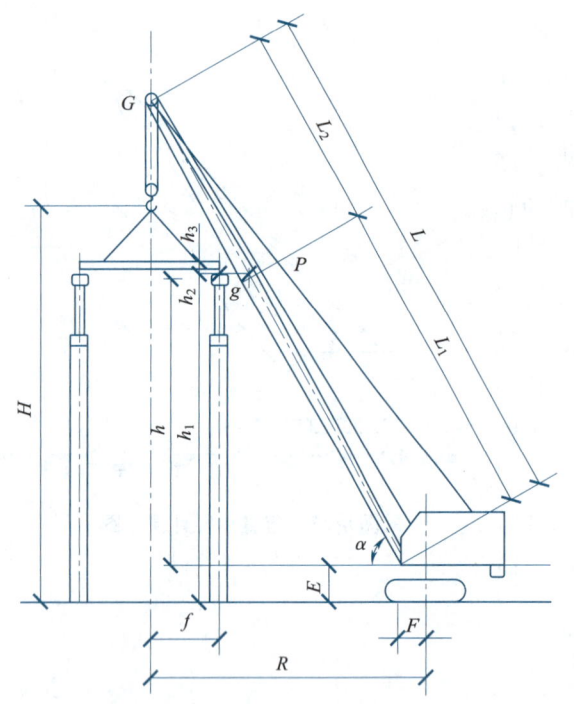

图 8-38 数解法求最小起重臂长示意图

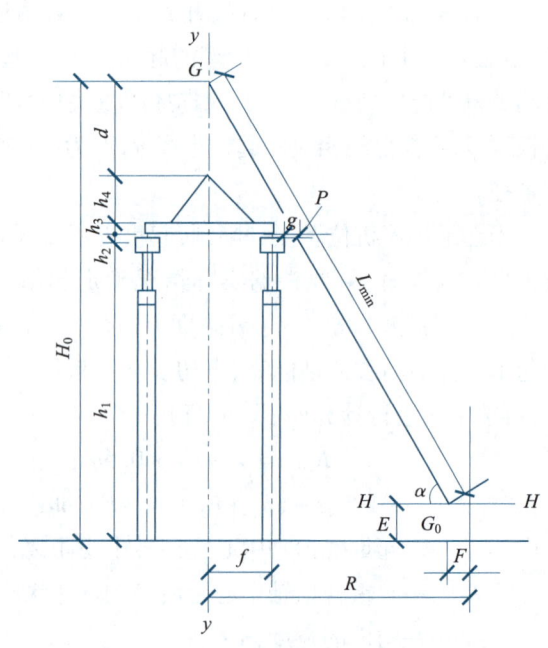

图 8-39 图解法求最小起重臂长示意图

根据所求得的最小臂长 $L_{\min}$，查起重机性能曲线或性能表，可选择起重机起重臂长度。根据起重臂长度和 α 值按下式可求得相应起重半径 R。

$$R = F + L\cos\alpha \tag{8-14}$$

3. 起重机数量的确定

起重机数量可按下式计算：

$$N = \frac{1}{TCK}\sum \frac{Q_i}{P_i} \tag{8-15}$$

式中　N——起重机台数；

T——工期，天；

C——每天工作班数；

K——时间利用系数,一般取 $0.8 \sim 0.9$;

Q_i——每种构件安装工程量,件或吨;

P_i——起重机相应的产量定额,件/台班或吨/台班。

此外,在决定起重机数量时,还应考虑几台起重机同时工作时工作面是否允许,相互之间是否会相互干扰、影响工效等,同时还应考虑构件的装卸和就位等工作的需要。

(二)结构吊装方法

单层厂房的结构吊装方法主要有分件吊装法、节间吊装法和综合吊装法三种。

1. 分件吊装法

分件吊装法是指在厂房结构吊装时,起重机每开行一次只吊装一种或两种构件。

分件吊装法由于起重机每次开行只吊装一种或一类构件,起重机可根据构件的重量及安装高度来选择,不同构件选用不同型号的起重机,能够充分发挥起重机的工作性能。而且,在吊装过程中,索具不需要经常更换,工人操作熟练,安装速度快。采用这种吊装方法,还能给构件充分的校正时间,构件供应及平面布置也比较容易。但起重机开行路线长,不能为后续工作及早提供工作面。

2. 节间吊装方法

节间吊装法是指在厂房结构吊装时,起重机一次开行,以节间为单位将所有构件全部安装完成。这种吊装方法起重机行走路线短,停机次数少,能及时为下道工序创造工作面。但由于起重机要同时吊装各种类型的构件,起重机的性能不能充分发挥;吊装索具更换频繁,影响生产效率;构件校正要配合构件吊装工作,校正时间短;构件供应及平面布置也比较复杂。

3. 综合吊装法

综合吊装法是指建筑物内一部分构件采用分件吊装法,一部分构件采用节间吊装法吊装的方法。综合吊装法吸取了分件吊装法和节间吊装法的优点,是结构吊装中常用的吊装方法。普遍做法是采用分件吊装法吊装全部或一个区段的柱子,并对柱子逐一进行校正和最后固定;待杯口第二次灌入的混凝土达到70%的强度后,再吊装吊车梁和连系梁以及柱间支撑等;然后以节间为单位安装屋架、天窗架、屋面板及屋面支撑等屋面系统构件。

(三)起重机的开行路线及停机位置

起重机的开行路线及停机位置与起重机的性能、构件的尺寸及重量、构件的平面位置、构件的供应方式以及吊装方法等因素有关。

吊装屋架、屋面板等屋面构件时,起重机大多沿着跨中开行。

吊装柱子时,根据厂房跨度大小、柱子尺寸和重量及起重机性能,可以沿跨中开行,也可以沿跨边开行。

如果用 L 表示厂房跨度,用 b 表示柱距,用 a 表示起重机开行路线到跨边的距离,那么,当 $R \geqslant L/2$ 时,起重机可沿着跨中开行,每个停机位置可吊装 $2 \sim 4$ 根柱子;当 $R < L/2$ 时,起重机需沿着跨边开行,每个停机位置可吊装 $1 \sim 2$ 根柱子,如图8-40所示。

当柱子的就位布置在跨外时,起重机一般沿跨外开行,停机位置与跨边开行相似。

(四)构件的平面布置与运输堆放

构件的平面布置与构件的吊装方法、起重机的性能、构件的制作方法有关。在选定了起重机型号、确定了施工方法后,应根据施工现场实际情况,进行构件的平面布置。

1. 构件的平面布置原则

①构件布置场地应平整坚实,回填土要加以夯实,以防不均匀下沉引起构件开裂。

②构件的布置,应便于支模及浇筑混凝土。若为预应力混凝土构件,应考虑抽管、穿筋等操作所需场地。

③构件的布置,要满足安装工艺的要求,尽可能布置在起重机的起重半径内,尽量减少起重机负荷行

驶的距离及起伏起重臂的次数。

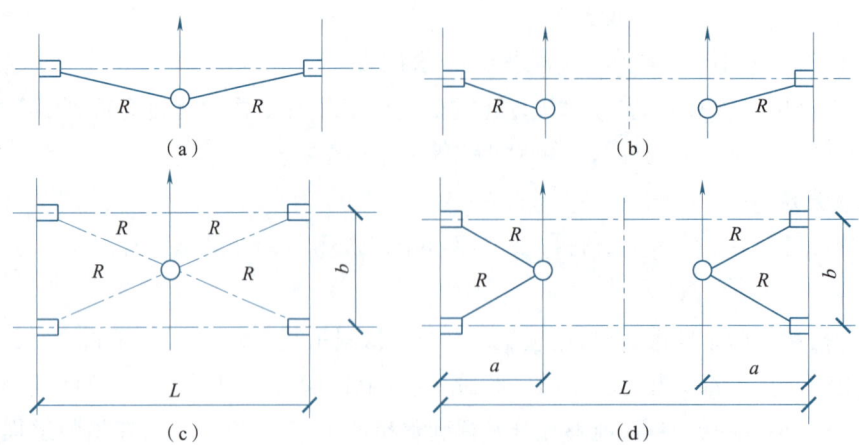

图 8-40　起重机吊装柱时的开行路线及停机位置

④各跨构件尽量布置在本跨内，如有困难时，也可布置在跨外便于安装的地方。

⑤构件布置时，要注意安装朝向，避免在吊装时空中调头，影响安装进度和安全。

⑥构件的布置，力求占地最少，保证起重机械、运输车辆的道路畅通。起重机回转时，机身不得与构件相碰。

2. 预制阶段构件的平面布置

（1）柱的布置

柱的布置方式与场地大小、吊装方法有关，主要有斜向布置和纵向布置两种。

①柱的斜向布置。柱采用旋转法起吊，可按三点共弧斜向布置。确定预制位置，可采用作图法，如图 8-41 所示。

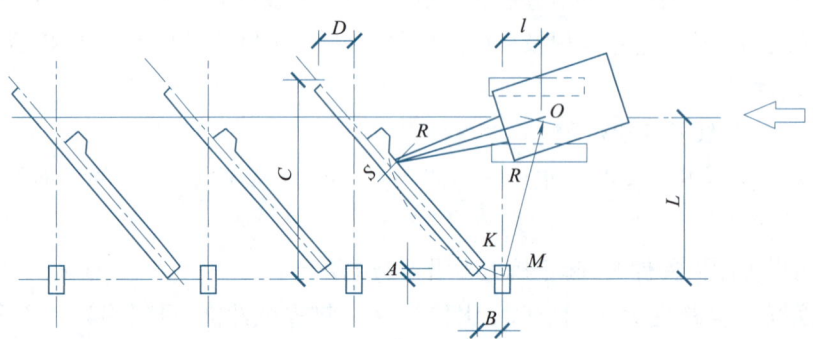

图 8-41　柱的三点共弧斜向布置

a. 确定起重机开行路线。起重机开行路线到柱基中线的距离 L，L 与起重机吊装柱子时起重机相应的起重半径 R、起重机的最小起重半径的关系，要求

$$R_{\min} < L \leqslant R \tag{8-16}$$

同时，开行路线不要通过回填土地段，不要靠近构件，防止起重机回转时碰撞构件。

b. 确定起重机的停机点。以要安装的基础杯口中心 M 为圆心，所选的起重半径 R 为半径，画弧相交开行路线于点 O，O 点即为安装该柱的停机点。安装柱子时，起重机位于所吊柱子的横轴线稍后的范围内比较合适，这样，司机可看到柱子的吊装情况，便于安装对位。

c. 确定柱的预制位置。以停机点 O 为圆心，OM 为半径画弧，在靠近柱基的弧上任选一点 K 作为预制时的柱脚中心。以 K 点为圆心，柱脚到吊点的长度为半径画弧，与 OM 半径所画的弧相交于 S，连接 KS，得出柱中心线，即可画出柱子的模板位置图。量出柱顶、柱脚中心点到柱列纵横轴线的距离 A、B、C、D，作为支模时的参考。

柱的布置还要注意柱牛腿的朝向,避免吊装时在空中调头。当柱布置在跨内时,牛腿应面向起重机;布置在跨外时,牛腿应背向起重机。

②柱的纵向布置。对于一些较轻的柱,起重机能力有富余,考虑到节约场地,方便构件制作,可顺柱列纵向布置,如图8-42所示。柱纵向布置时,起重机的停机点应安排在两柱基的中点,使 $OM = OM_2$,这样每一停机点可吊两根柱。

为了减少用地,节约模板,也可采取两柱叠浇生产。预制时,先吊装的柱放在上层,在吊点处埋设吊环,两柱之间要做好隔离措施。

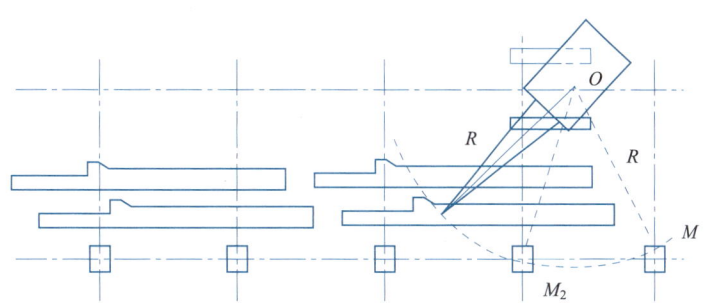

图8-42 柱的纵向布置

(2)屋架的布置

屋架一般安排在跨内平卧叠浇预制,每叠3~4榀。布置的方式有正面斜向布置、正反斜向布置、正反纵向布置等三种,如图8-43所示。应优先考虑采用正面斜向布置方式,因为它便于屋架的扶直就位。只有在场地受限制时才考虑采用其他两种形式。

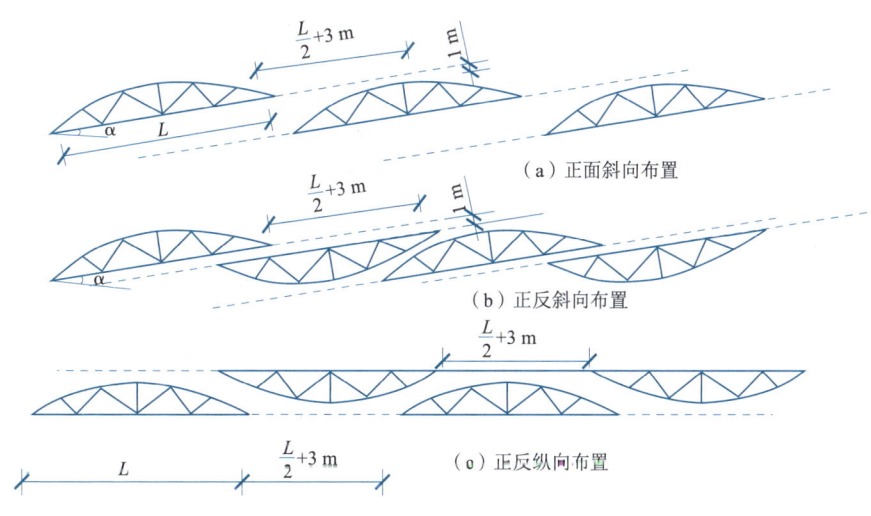

(a)正面斜向布置

(b)正反斜向布置

(c)正反纵向布置

图8-43 屋架预制时的布置方式

屋架正面斜向布置时,下弦与厂房纵轴线的夹角 $\alpha = 10° \sim 20°$。预应力混凝土屋架,采用钢管预留孔洞时,屋架两端应留出 $L/2 + 3$ m 的距离(L 为屋架跨度)作为抽管、穿筋的操作场地;如在一端抽管时,应留出 $L + 3$ m 的距离。如用胶皮管预留孔洞时,距离可适当缩短。屋架之间的间隙可取1 m左右以便支模及浇筑混凝土。屋架之间互相搭接的长度视场地大小及需要而定。

(3)吊车梁的布置

当吊车梁安排在现场预制时,可靠近柱基顺纵向轴线或略作倾斜布置。也可插在柱子的空当中预制。如具有运输条件,也可在场外集中预制。

3. 安装阶段构件的就位布置及运输堆放

安装阶段的就位布置,是指柱子安装完毕后,其他构件的就位布置。包括屋架的扶直就位,吊车梁、屋面板等构件的运输就位等。

(1) 屋架的扶直就位

屋架可靠柱边斜向就位或成组纵向就位。

①屋架的斜向就位。确定就位位置的方法,可采用作图法,如图8-44所示。

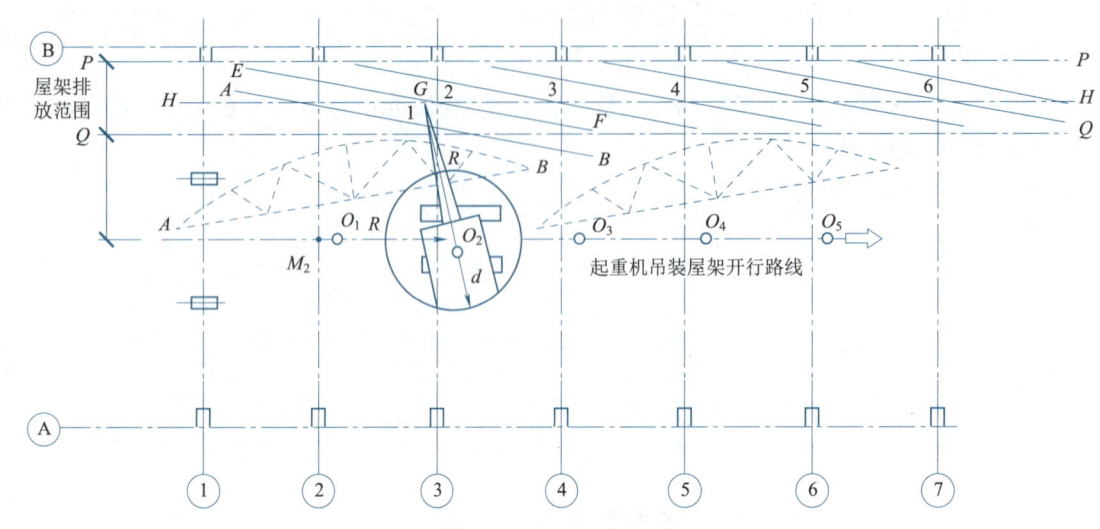

(虚线表示屋架预制时的位置)

图8-44　屋架的斜向就位

a. 确定起重机安装屋架时的开行路线及停机点。安装屋架时,起重机一般沿跨中开行。首先在跨中画出平行于纵轴线的开行路线,再以安装的某轴线(如②轴线)的屋架中心点M_2为圆心,以选择好的起重半径R为半径画弧,相交开行路线上于点O_2,O_2点即为安装②轴线屋架时的停机点。

b. 确定屋架的就位范围。屋架一般靠柱边就位,但应离开柱边不小于200 mm。当受场地限制时,屋架的端头也可稍许伸出跨外。根据以上原则,确定屋架就位范围的外边界线PP;起重机安装屋架及屋面板时,机身需要回转,设起重机尾部至机身回转中心的距离为A,则在距开行路线为$A+0.5$ m的范围内,不宜布置屋架和其他较高的构件,据此画出就位范围的内边界线QQ。两条边界线PP、QQ之间,即为屋架的就位范围。当厂房跨度较大导致这一范围的宽度过宽时,可根据实际情况加以缩小。

c. 确定屋架的就位位置。屋架的就位范围确定后,画出PP、QQ两边界线的中线HH,屋架就位后,屋架的中点均应在HH线上。以②轴线屋架为例,就位位置可按以下方法确定:以停机点O_2为圆心,安装屋架时的起重半径R为半径,画弧交中线HH于G点,G点即为②号屋架就位后屋架的中点。再以G点为圆心,屋架跨度的一半为半径,画弧交PP、QQ两线于E、F两点,连EF,即为②号屋架的就位位置。其他屋架的就位位置,均平行于此屋架,但①号屋架由于抗风柱的阻挡,要退到②号屋架的附近就位。

②屋架的成组纵向就位。屋架纵向就位,一般以4~5榀为一组靠柱边顺轴线纵向就位。屋架与柱之间、屋架与屋架之间的净距不小于200 mm,相互之间用铅丝及支撑拉紧撑牢。每组屋架之间,应留3 m左右的间距作为横向通道。布置屋架时,每组屋架的就位中心线,可大致安排在该组屋架倒数第二榀安装轴线之后2 m处,可避免在已安装好的屋架下面去绑扎、吊装屋架,屋架起吊后不与已安装的屋架相碰,如图8-45所示。

(2) 吊车梁、连系梁、屋面板的运输及就位堆放

单层工业厂房一般除了柱和屋架在施工现场制作外,其他构件,如吊车梁、连系梁、屋面板等,均在预制厂或附近的露天预制场制作,然后运至工地吊装。构件运至现场后,应按施工组织设计所规定的位置,按编号及构件吊装顺序就位或集中堆放。

吊车梁、连系梁的就位位置,一般在其吊装位置的柱列附近,跨内跨外均可,有时也可不用就位,而从运输车辆上直接吊装。屋面板的就位位置,跨内或跨外均可,根据起重机吊装屋面板时所需的起重半径确定。一般情况下,当布置在跨内时,大约应向后退3~4个节间开始就位;当布置在跨外时,应向后退1~2个节间开始就位。

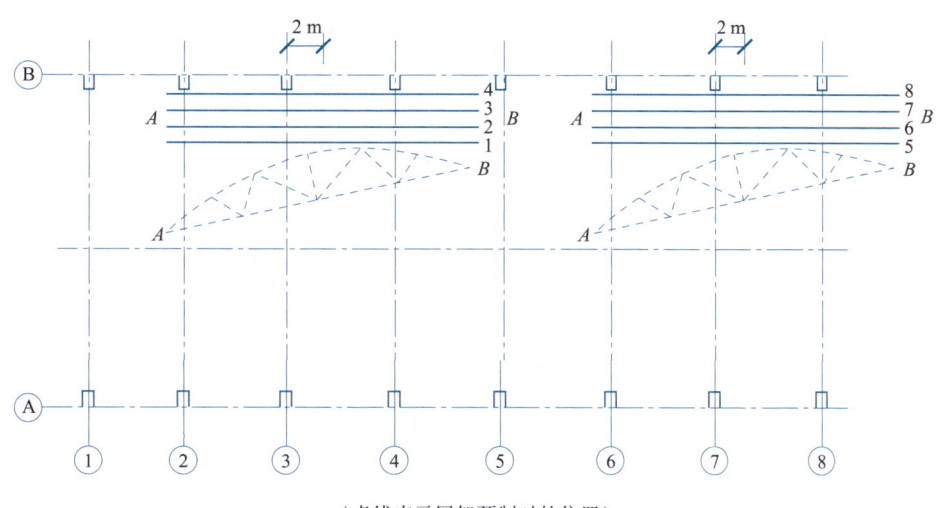

（虚线表示屋架预制时的位置）

图 8-45　屋架成组纵向就位

四、结构安装工程的质量要求

构件进行运输或吊装前，应认真对构件的制作质量进行复查验收，主要内容包括构件的混凝土强度和构件的观感质量。检查混凝土的强度，看其强度是否符合设计要求和运输、吊装要求；检查构件的观感质量，主要检查构件有无裂缝或裂缝宽度、混凝土密实度（蜂窝、孔洞及露筋情况）和外形尺寸偏差是否符合设计要求和规范要求。混凝土预制构件的尺寸偏差应符合表 8-6 的规定。构件的安装要力求准确，保证构件的偏差在允许偏差范围内，其允许偏差和检验方法见表 8-7。

表 8-6　预制构件尺寸的允许偏差及检验方法

项　　目		允许偏差/mm	检　验　方　法
长度	板、梁	+10、-5	钢尺检查
	柱	+5、-10	
	墙板	±5	
	薄腹梁、桁架	+15、-10	
宽度、高(厚)度	板、梁、柱、墙板、薄腹梁、桁架	±5	钢尺量一端及中部，取其中较大值
侧向弯曲	梁、柱、板	$l/750$ 且 ≤ 20	拉线、钢尺量最大侧向弯曲处
	墙板、薄腹梁、桁架	$l/1\,000$ 且 ≤ 20	
预埋件	中心线位置	10	钢尺检查
	螺栓位置	5	
	螺栓外露长度	+10、-5	
预留孔	中心线位置	5	钢尺检查
预留洞	中心线位置	15	钢尺检查
主筋保护层厚度	板	+5、-3	钢直尺或保护层厚度测定仪量测
	梁、柱、墙板、薄腹梁、桁架	+10、-5	
对角线差	板、墙板	10	钢直尺量两个对角线
表面平整度	板、墙板、柱、梁	5	2 m 靠尺和塞尺检查
预应力构件预留孔道位置	梁、墙板、薄腹梁、桁架	3	钢直尺检查
翘曲	板	$l/750$	调平尺在两端量测
	墙板	$l/1\,000$	

注：1. l 为构件长度（单位：mm）。

2. 检查中心线、螺栓和孔道位置时，应沿纵、横两个方向量测，并取其中的较大值。

3. 对形状复杂或有特殊要求的构件，其尺寸偏差应符合标准图样或设计的要求。

表 8-7　柱、梁、屋架等构件安装的允许偏差和检验方法

序号	项	目		允许偏差/mm	检 验 方 法
1	杯形基础	中心线对轴线位置偏移		10	尺量检查
		杯底安装标高		+0、-10	用水准仪检查
2	柱	中心线对轴线位置偏移		5	尺量检查
		上下柱接口中心位置偏移		3	
		垂直度	≤5 m	5	用经纬仪或吊线和尺量检查
			>5 m	10	
			≥10 m多节柱	1/1 000 柱高,且不大于20	
		牛腿上表面和柱顶标高	≤5 m	+0、-5	用水准仪或尺量检查
			>5 m	+0、-8	
3	梁或吊车梁	中心定位线对轴线位置偏移		5	尺量检查
		梁上表面标高		+0、-5	用经纬仪或尺量检查
4	屋架	下弦中心对定位轴线位置偏移		5	用经纬仪或
		垂直度	桁架拱形屋架	1/250 屋架高	用经纬仪或吊线和尺量检查
			薄腹梁	5	
5	天窗架	构件中心定位线对轴线位置偏移		5	用经纬仪或吊线和尺量检查
		垂直度		1/300 天窗架高	
6	托架梁	底座中心定位线对轴线位置偏移		5	用经纬仪或吊线和尺量检查
		垂直度		10	
7	板	相邻板下表面平整度	抹灰	5	用直尺和楔形塞尺检查
			不抹灰	5	
8	楼梯、阳台	水平位置偏移		10	尺量检查
		标高		±5	用水准仪和尺量检查
9	工业厂房墙板	标高		±5	
		墙板两端高低差		±5	

自 测 训 练

1. 履带式起重机的主要技术性能包括(　　　　)、(　　　　)和(　　　　)三个主要参数。
2. 钢丝绳按每股钢丝的根数可分为(　　　)、(　　　)和(　　　)三种。
3. 构件运输时的混凝土强度应不低于设计强度等级的(　　　　)。
4. 构件吊装前,混凝土的强度应达到设计规定的吊装要求,如果无设计要求,构件吊装时混凝土强度应不低于混凝土设计强度等级的(　　　　)。
5. 柱的绑扎按柱起吊后柱身是否垂直,可分为(　　　　)和(　　　　)。
6. 柱子的吊升方法,根据柱的重量及现场施工条件,一般有(　　　　)和(　　　　)两种。
7. 采用滑行法吊升柱时,柱的平面布置应满足柱的(　　　　)与(　　　　)二点共弧,位于吊柱时起重半径 R 为半径的圆弧上,(　　　　)靠近基础杯口。
8. 按照起重机与屋架预制时相对位置不同,屋架扶直有(　　　　)和(　　　　)两种。
9. 屋面板吊装时应由(　　　)对称地逐块铺向(　　　　),这有利于屋架稳定,受力均匀。
10. 单层厂房的结构吊装方法主要有(　　　　)、(　　　　)和(　　　　)三种。

任务8 计 划 单

学习情境二	主体工程施工	任务8	结构安装工程施工
工作方式	组内讨论、团结协作共同制订计划:小组成员进行工作讨论,确定工作步骤	计划学时	
完成人			
计划依据			
序号	计划步骤	具体工作内容描述	
1	准备工作 (准备编制施工方案的工程资料,谁去做)		
2	组织分工 (成立组织,人员具体都完成什么)		
3	选择结构安装工程施工方法 (谁负责、谁审核)		
4	确定结构安装工程施工工艺流程 (谁负责、谁审核)		
5	明确结构安装工程施工要点 (谁负责、谁审核)		
6	明确结构安装工程施工质量控制要点 (谁负责、谁审核)		
制订计划说明	(写出制订计划中人员为完成任务的主要建议或可以借鉴的建议、需要解释的某一方面)		

任务8 决 策 单

学习情境二	主体工程施工		任务8	结构安装工程施工
决策学时				
决策目的				
决策方案过程	工作内容	内容类别		必要	非必要（可说明原因）
		内容记录	性质描述		
决策方案描述					

任务 8 作 业 单

学习情境二	主体工程施工		任务 8	结构安装工程施工
参加人员	第　组		开始时间：	
	签名：		结束时间：	
序号	工作内容记录		分工（负责人）	
1				
2				
⋮				
小结	主要描述完成的成果		存在的问题	

任务8 检 查 单

学习情境二	主体工程施工		任务8	结构安装工程施工			
检查学时				第 组			
检查目的及方式							
序号	检查项目	检查标准	检查结果分级 （在检查相应的分级框内画"√"）				
			优秀	良好	中等	合格	不合格
1	准备工作	资源是否已查到，材料是否准备完整					
2	分工情况	安排是否合理、全面，分工是否明确					
3	工作态度	小组工作是否积极主动、全员参与					
4	纪律出勤	是否按时完成负责的工作内容，是否遵守工作纪律					
5	团队合作	是否相互协作、互相帮助，成员是否听从指挥					
6	创新意识	任务完成不照搬照抄，看问题具有独到见解、创新思维					
7	完成效率	工作单是否记录完整，是否按照计划完成任务					
8	完成质量	工作单填写是否准确，记录单检查及修改是否达标					
检查评语						教师签字：	

学习情境二 主体工程施工

任务8 评 价 单

1. 小组工作评价单

学习情境二	主体工程施工		任务8	结构安装工程施工		
评价学时						
班级：				第　组		
考核情境	考核内容及要求	分值(100)	小组自评(10%)	小组互评(20%)	教师评价(70%)	实得分(Σ)
汇报展示(20)	演讲资源利用	5				
	演讲表达和非语言技巧应用	5				
	团队成员补充配合程度	5				
	时间与完整性	5				
质量评价(40)	工作完整性	10				
	工作质量	5				
	报告完整性	25				
团队情感(25)	核心价值观	5				
	创新性	5				
	参与度	5				
	合作性	5				
	劳动态度	5				
安全文明(10)	工作过程中的安全保障情况	5				
	工具正确使用和保养、放置规范	5				
工作效率(5)	能够在要求的时间内完成，每超时5 min扣1分	5				

2. 小组成员素质评价单

课程	建筑施工技术		
学习情境二	主体工程施工	学时	40
任务8	结构安装工程施工	学时	6
班级		第 组	成员姓名
评分说明	每个小组成员评价分为自评和成员互评两部分,取平均值计算,作为该小组成员的任务评价个人分数。评价项目共设计五个,依据评分标准给予合理量化打分。小组成员自评分后,要找小组其他成员不记名方式打分,成员互评分为其他小组成员的平均分		
对象	评分项目	评分标准	评分
自评（100 分）	核心价值观（20 分）	是否践行社会主义核心价值观	
	工作态度（20 分）	是否按时完成负责的工作内容、遵守纪律,是否积极主动参与小组工作,是否全过程参与,是否吃苦耐劳,是否具有工匠精神	
	交流沟通（20 分）	是否能良好地表达自己的观点,是否能倾听他人的观点	
	团队合作（20 分）	是否与小组成员合作完成,是否做到相互协助、相互帮助、听从指挥	
	创新意识（20 分）	看问题是否能独立思考、提出独到见解,是否能够创新思维解决遇到的问题	
成员互评（100 分）	核心价值观（20 分）	是否践行社会主义核心价值观	
	工作态度（20 分）	是否按时完成负责的工作内容、遵守纪律,是否积极主动参与小组工作,是否全过程参与,是否吃苦耐劳,是否具有工匠精神	
	交流沟通（20 分）	是否能良好地表达自己的观点,是否能倾听他人的观点	
	团队合作（20 分）	是否与小组成员合作完成,是否做到相互协助、相互帮助、听从指挥	
	创新意识（20 分）	看问题是否能独立思考、提出独到见解,是否能够创新思维解决遇到的问题	
最终小组成员得分			
小组成员签字		评价时间	

任务 8　教学反思单

学习情境二	主体工程施工		任务 8	结构安装工程施工
班级		第　　组	成员姓名	
情感反思	通过对本任务的学习和实训,你认为自己在社会主义核心价值观、职业素养、学习和工作态度等方面有哪些需要提高的部分?			
知识反思	通过对本任务的学习,你掌握了哪些知识点?请画出思维导图。			
技能反思	在完成本任务的学习和实训过程中,你主要掌握了哪些技能?			
方法反思	在完成本任务的学习和实训过程中,你主要掌握了哪些分析和解决问题的方法?			

任务 8　教学反思单

学习情境三 防水工程施工

●●●● 学习指南 ●●●●

情境导入

根据防水工程施工过程,选取地下防水工程施工、屋面防水工程施工两个真实工作任务为载体,使学生通过训练掌握防水工程各分部工程的施工准备工作、施工工艺、施工要点、施工质量控制要点、常见施工问题的处理办法及施工计算等内容。通过阅读勘察设计报告和施工图纸,学生能够编制防水工程施工方案,并完成防水工程施工技术交底任务,从而胜任施工员、质检员、监理员等岗位的工作。

学习目标

1. 知识目标

(1)了解地下室防水工程的施工工艺、施工流程;

(2)了解地下室防水工程的质量控制点、常见施工问题的处理办法等基础知识;

(3)了解屋面防水工程的施工工艺、施工流程;

(4)了解屋面防水工程的质量控制点、常见施工问题的处理办法等基础知识。

2. 能力目标

(1)能够通过阅读勘察设计报告和施工图纸,合理制定地下室防水工程施工方案并指导施工,能够解决施工中的常见问题;

(2)能够通过阅读勘察设计报告和施工图纸,合理制定屋面防水工程施工方案并指导施工,能够解决施工中的常见问题。

3. 素质目标

(1)具备"严谨认真、吃苦耐劳、诚实守信"的职业精神;

(2)具备与他人合作的团队精神和责任意识。

工作任务

1. 地下防水工程施工;

2. 屋面防水工程施工。

任务9 地下防水工程施工

任 务 单

课程	建筑施工技术		
学习情境三	防水工程施工	学时	8
任务9	地下防水工程施工	学时	4
布置任务			
任务目标	1. 能够陈述地下防水工程施工工艺流程； 2. 能够阐述地下防水工程施工要点； 3. 能够列举地下防水工程施工质量控制点； 4. 能够开展地下防水工程施工准备工作； 5. 能够处理地下防水工程施工常见问题； 6. 能够编制地下防水工程施工方案； 7. 具备吃苦耐劳、主动承担的职业素养，具备团队精神和责任意识，具备保证质量建设优质工程的爱国情怀		
任务描述	在进行地下防水工程施工时，项目技术负责人应根据项目施工图纸、施工现场周边环境、设备材料供应等情况编写地下防水工程施工方案，进行地下防水工程施工技术交底。其具体工作如下： 1. 进行编写地下防水工程施工方案的准备工作。 2. 编写地下防水工程施工方案： (1)进行地下防水工程施工准备； (2)选择地下防水工程施工方法； (3)确定地下防水工程施工工艺流程； (4)明确地下防水工程施工要点； (5)明确地下防水工程施工质量控制点。 3. 进行地下防水工程施工技术交底		
学时安排	布置任务与资讯	计划	决策	实施	检查	评价
	（1学时）	（0.5学时）	（0.5学时）	（1学时）	（0.5学时）	（0.5学时）
对学生的要求	1. 具备建筑施工图识读能力； 2. 具备建筑施工测量知识； 3. 具备任务咨询能力； 4. 严格遵守课堂纪律，不迟到、不早退；学习态度认真端正； 5. 每位同学必须积极参与小组讨论； 6. 每组均提交"地下室防水工程施工方案"		

信 息 单

课程	建筑施工技术	
学习情境三	防水工程施工	学时 8
任务9	地下防水工程施工	学时 4

资讯思维导图

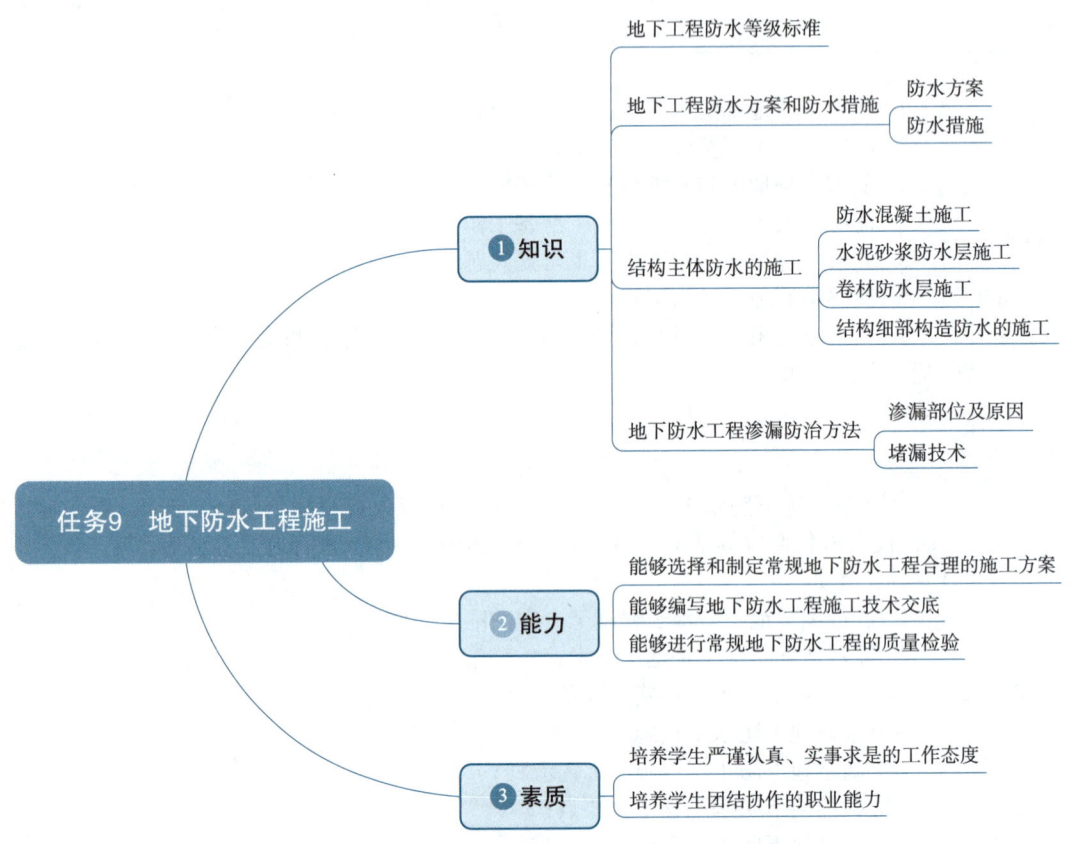

知识模块1　地下工程防水等级标准

地下防水工程是防止地下水对地下构筑物或建筑物基础的长期浸透,保证地下构筑物或地下室使用功能正常发挥的一项重要工程。由于地下工程常年受到地表水、潜水、上层滞水、毛细管水等的作用,所以对地下工程防水的处理比屋面防水工程要求更高,防水技术难度更大。而如何正确选择合理有效的防水方案就成为地下防水工程中的首要问题。

地下工程防水等级分四级,各级标准应符合表9-1的规定。

表9-1　地下工程防水等级标准

防水等级	标　准
1级	不允许渗水,结构表面无湿渍
2级	不允许漏水,结构表面可有少量湿渍。 工业与民用建筑:湿渍总面积不大于总防水面积的1‰,单个湿渍面积不大于0.1 m²,任意100 m² 防水面积不超过1处。 其他地下工程:湿渍总面积不大于总防水面积的6‰,单个湿渍面积不大于0.2 m²,任意100 m² 防水面积不超过4处

续表

防水等级	标准
3级	有少量漏水点,不得有线流和漏泥沙。 单个湿渍面积不大于0.3 m²,单个漏水点的漏水量不大于2.5L/d,任意100 m²防水面积不超过7处
4级	有漏水点,不得有线流和漏泥沙。 整个工程平均漏水量不大于2L/d,任意100 m²防水面积的平均漏水量不大于4 L/m²·d

知识模块2 地下工程防水方案和防水措施

一、防水方案

地下工程的防水方案,应遵循"防、排、截、堵结合,刚柔相济,因地制宜,综合治理"的原则,根据使用要求、自然环境条件及结构形式等因素确定。常用的防水方案有以下三类:结构自防水、设防水层、渗排水防水。

二、防水措施

地下工程的钢筋混凝土结构,应采用防水混凝土,并根据防水等级的要求采用防水措施。

其防水措施选用应根据地下工程开挖方式确定,明挖法地下工程的防水设防要求参见表9-2,暗挖法地下工程的防水设防要求参见表9-3。

表9-2 明挖法地下工程防水设防

工程部位		主体						施工缝					后浇带			变形缝、诱导缝						
防水措施		防水混凝土	防水砂浆	防水卷材	防水涂料	塑料防水板	金属板	遇水膨胀止水条	中埋式止水带	外贴式止水带	外抹防水砂浆	外涂防水涂料	膨胀混凝土	遇水膨胀止水条	外贴式止水带	防水嵌缝材料	中埋式止水带	外贴式止水带	可缺式止水带	防水嵌缝材料	外贴防水卷材	外涂防水涂料	遇水膨胀止水条
防水等级	1级	应选	应选一至二种					应选二种					应选	应选二种			应选	应选二种					
	2级	应选	应选一种					应选一至二种					应选	应选一至二种			应选	应选一至二种					
	3级	应选	宜选一种					宜选一至二种					宜选	宜选一至二种			宜选	宜选一至二种					
	4级	应选						宜选一种					宜选	宜选一种			应选	宜选一种					

表9-3 暗挖法地下工程防水设防

工程部位		主体				内衬砌施工缝					内衬砌变形缝、诱导缝				
防水措施		复合式衬砌	离壁式衬砌、衬套	贴壁式衬砌	喷射混凝土	外贴式止水带	遇水膨胀止水带	防水嵌缝材料	中埋式止水带	外涂防水涂料	中埋式防水止水带	外贴式止水带	可卸式止水带	防水嵌缝材料	遇水膨胀止水条
防水等级	一级	应选一种				应选二种					应选	应选二种			
	二级	应选一种				应选一至二种					应选	应选一至二种			
	三级	应选一种				宜选一至二种					应选	宜选一种			
	四级	应选一种				宜选一种					应选	宜选一种			

知识模块3 结构主体防水的施工

一、防水混凝土施工

防水混凝土是指以本身的密实性而具有一定防水能力的整体式混凝土或钢筋混凝土结构。它具有承重、维护和抗渗的功能,还可满足一定的耐冻融及耐腐蚀要求。

①防水混凝土的种类。防水混凝土一般分为普通防水混凝土、外加剂防水混凝土和膨胀水泥防水混凝土三种。

②防水混凝土施工。防水混凝土结构工程质量的优劣,除取决于合理的设计、材料的性质及配合成分以外,还取决于施工质量的好坏。因此,对施工中的各主要环节,如混凝土搅拌、运输、浇筑、振捣、养护等,均应严格遵循施工及验收规范和操作规程的各项规定进行施工。若两侧模板需用对拉螺栓固定时,应在螺栓或套筒中间加焊止水环,螺栓加堵头(见图9-1)。

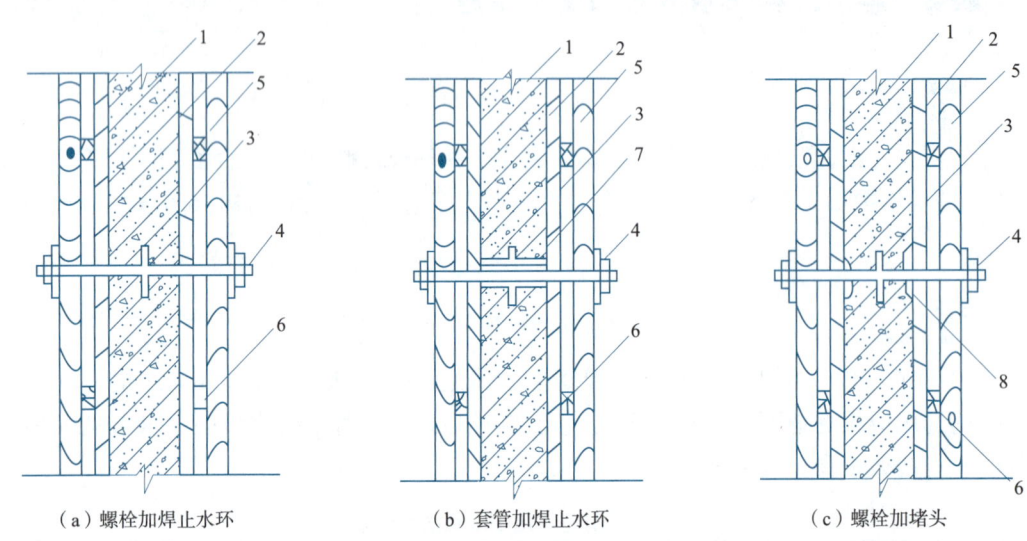

(a)螺栓加焊止水环　　(b)套管加焊止水环　　(c)螺栓加堵头

1—防水建筑;2—模板;3—止水环;4—螺栓;5—水平加劲肋;6—垂直加劲肋;
7—预埋套管(拆模后将螺栓拔出,套管内用膨胀水泥砂浆封堵);
8—堵头(拆模后将螺栓沿平凹坑底割去,再用膨胀水泥砂浆封堵)。

图9-1　螺栓穿墙止水措施

③钢筋不得用钢丝或铁钉固定在模板上,必须采用同配合比细石混凝土或砂浆作垫块,并确保钢筋保护层厚度符合规定,不得有负误差。如结构内设置的钢筋确需用铁丝绑扎时,均不得接触模板。

④防水混凝土的配合比应通过试验选定。选定配合比时,应按设计要求抗渗标号提高0.2 MPa。

⑤防水混凝土应连续浇筑,尽量不留或少留施工缝。必须留设施工缝时,宜留在下列部位:墙体水平施工缝不应留在剪力与弯矩最大处或底板与侧墙的交接处,应留在高出底板表面不小于300 mm的墙体上;拱(板)墙结合的水平施工缝,宜留在拱(板)墙接缝线以下150~300 mm处;墙体有预留孔洞时,施工缝距孔洞边缘不小于300 mm;垂直施工缝应避开地下水和裂缝水较多的地段,并宜与变形缝相结合。施工缝防水的构造形式如图9-2所示。

⑥施工缝浇灌混凝土前,应将其表面浮浆和杂物清除干净,先铺净浆,再铺30~50 mm厚的1∶1水泥砂或涂刷混凝土界面处理剂,并及时浇灌混凝土,垂直施工缝可不铺水泥砂浆,选用的遇水膨胀止水条,应牢固地安装在缝表面或预留槽内。

⑦防水混凝土终凝后(一般浇后4~6 h),即应开始覆盖浇水养护,养护时间应在14 d以上,冬季施工混凝土入模温度不应低于5 ℃,宜采用综合蓄热法、蓄热法、暖棚法等养护方法,并应保持混凝土表面湿润,防止混凝土早期脱水。不宜采用蒸汽养护和电热养护,地下构筑物应及时回填分层夯实,以避免由于干缩和温差产生裂缝。防水混凝土结构须在混凝土强度达到设计强度40%以上时方可拆模。拆模时,混凝土表面温度与环境温度之差,不得超过15 ℃,以防混凝土表面出现裂缝。

⑧防水混凝土浇筑后严禁打洞,因此,所有的预留孔和预埋件在混凝土浇筑前必须埋设准确。对防水混凝土结构内的预埋铁件、穿墙管道等防水薄弱之处,应采取措施,仔细施工。

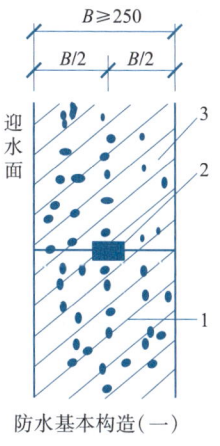
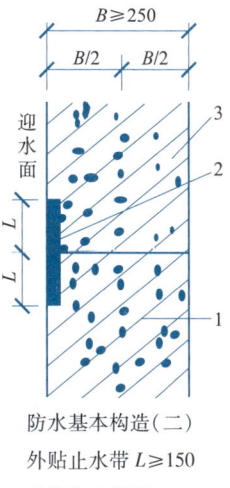
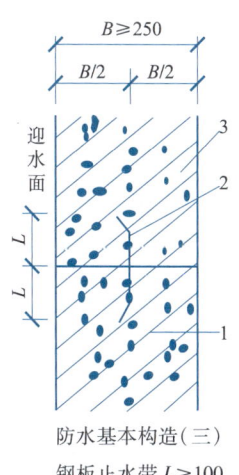

图 9-2　施工缝防水构造（单位:mm）

⑨拌制防水混凝土所用材料的品种、规格和用量，每工作班检查不应少于两次，混凝土在浇筑地点的坍落度，每工作班至少检查两次，防水混凝土抗渗性能，应采用标准条件下养护混凝土抗渗试件的实验结果评定，试件应在浇筑地点制作。

⑩防水混凝土的施工质量检验，应按混凝土外露面积每 100 m² 抽查 1 处，每处 10 m²，且不得少于 3 处，细部构造应全数检查。

⑪防水混凝土的抗压强度和抗渗压力必须符合设计要求，其变形缝、施工缝、后浇带、穿墙管道、埋设件等设置和构造均要符合设计要求，严禁有渗漏。防水混凝土结构表面的裂缝宽度不应大于 0.2 mm，并不得贯通，其结构厚度不应小于 250 mm，迎水面钢筋保护层厚度不应小于 50 mm。

二、水泥砂浆防水层施工

刚性抹面防水根据防水砂浆材料组成及防水层构造不同可分为掺外加剂的水泥砂浆防水层与刚性多层抹面防水层两种。

1. 水泥砂浆防水层材料组成

水泥砂浆防水层所采用的水泥强度等级不应低于 32.5 级，宜采用中砂，其粒径在 3 mm 以下，外加剂的技术性能应符合国家或行业标准一等品及以上的质量要求。

2. 刚性多层抹面防水层方法

一般在防水工程的迎水面采用五层抹面做法（见图 9-3），在背水面采用四层抹面做法（少一道水泥浆）。

3. 施工要点

施工前要注意对基层的处理，使基层表面保持润湿、清洁、平整、坚实、粗糙，以保证防水层与基层表面结合牢固，不空鼓和密实不透水。施工时应注意素灰层与砂浆层应在同一天完成。施工应连续进行，尽可能不留施工缝。一般顺序为先平面后立面，分层做法如下：第一层，在浇水湿润的基层上先抹 1mm 厚素灰（用铁板用力挂抹 5～6 遍），再抹 1 mm 找平。第二层，在素灰层初凝后终凝前进行，使砂浆压入素灰层 0.5 mm 并扫出横纹。第三层，在第二层凝固后进行，做

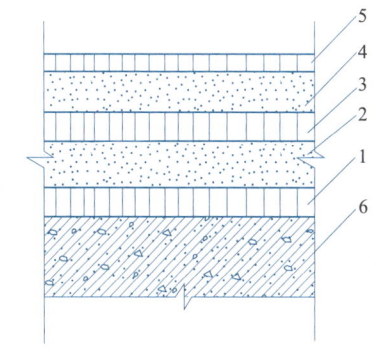

1、3—素灰层 2 mm；2、4—砂浆层 4～5 mm；
5—水泥浆 1 mm；6—结构层。

图 9-3　五层抹面做法构造

法同第一层。第四层,同第二层做法,抹后在表面用铁板抹压5~6遍,最后压光。第五层,在第四层抹压二遍后刷水泥浆一遍,随第四层压光。水泥砂浆铺抹时,采用砂浆收水后二次抹光,使表面坚固密实。防水层的厚度应满足设计要求,一般为18~20 mm,聚合物水泥砂浆防水层厚度要视施工层数而定。施工时应注意素灰层与砂浆层应在同一天完成,防水层各层之间应结合牢固,不空鼓。每层宜连续施工,尽可能不留施工缝,必须留施工缝时,应采用阶梯坡形槎,但离开阴阳角处不小于200 mm,防水层的阴阳角应做成圆弧形。水泥砂浆防水层不宜在雨天及5级以上大风中施工,冬季施工不应低于5 ℃,夏季施工不应在35 ℃以上或烈日照射下施工。如采用普通水泥砂浆做防水层,铺抹的面层终凝后应及时进行养护,且养护时间不得少于14 d。对聚合物水泥砂浆防水层未达硬化状态时,不得浇水养护或受雨水冲刷,硬化后应采用干湿交替的养护方法。

三、卷材防水层施工

卷材防水层是用沥青胶结材料粘贴卷材而成的一种防水层,属于柔性防水层。卷层防水层具有良好的韧性和延伸性,能适应一定的结构振动和微小变形,对酸、碱、盐溶液具有良好的耐腐蚀性,是地下防水工程常用的施工方法。采用改性沥青防水卷材和高分子防水卷材,抗拉强度高,延伸率大,耐久性好,施工方便。但沥青防水卷材吸水率大,耐久性差,机械强度低,直接影响防水层质量,而且材料成本高,施工工序多,操作条件差,工期较长,发生渗漏后修补困难。

(1)铺贴方案

地下防水工程一般把卷材防水层设置在建筑结构的外侧迎水面上称为外防水,这种防水层的铺贴法可以借助土压力压紧,并与结构一起抵抗有压地下水的渗透和侵蚀作用,防水效果良好,采用比较广泛。

注意事项:①卷材防水层用于建筑物地下室,应铺设在结构主体底板垫层至墙体顶端的基面上,在外围形成封闭的防水层,卷材防水层为一至二层,防水卷材厚度应满足表9-4的规定;②阴阳角处应做成圆弧或135°折角,其尺寸视卷材品质而定,在转角处、阴阳角等特殊部位,应增贴1~2层相同的卷材,宽度不宜小于500 mm。

表9-4 防水卷材厚度

防水等级	设防道数	合成高分子卷材	高聚物改性沥青卷材
一级	三道或三道以上设防	单层:不应小于1.5 mm;双层:每层不应小于1.2 mm	单层:不应小于4 mm;双层:每层不应小于3 mm
二级	二道设防		
三级	一道设防	不应小于1.5 mm	不应小于4 mm
	复合设防	不应小于1.2 mm	不应小于3 mm

(2)外防水的卷材防水层铺贴方法,按其与地下防水结构施工的先后顺序分为外贴法和内贴法两种。

外贴法是在地下建筑墙体做好后,直接将卷材防水层铺贴在墙上,然后砌筑保护墙,如图9-4所示。

内贴法是在地下建筑墙体施工前先砌筑保护墙,然后将卷材防水层铺贴在保护墙上,最后施工并浇筑地下建筑墙体,如图9-5所示。

外贴法施工程序:首先浇筑需防水结构的底面混凝土垫层;并在垫层上砌筑永久性保护墙下干铺油毡一层,墙高不小于结构底板厚度 $B + (200 \sim 500)$ mm;在永久性保护墙上用石灰砂浆砌临时保护墙,墙高为150 mm×(油毡层数+1);在永久性保护墙上和垫层上抹1:3水泥砂浆找平层,临时保护墙上用石灰砂浆找平;待找平层基本干燥后,即在其上满涂冷底子油,然后分层铺贴立面和平面卷材防水层,并将顶端临时固定。在铺贴好的卷材表面做好保护层后,再进行需防水结构的底板和墙体施工。在防水结构施工完成后,将临时固定的接槎部位的各层卷材揭开并清理干净,再在此区段的外墙外表面上补抹水泥砂浆找平层,找平层上满涂冷底子油,将卷材分层错槎搭接向上铺贴在结构墙上。卷材接槎的搭接长度,高聚物改性沥青卷材为150 mm,合成高分子卷材为100 mm,当使用两层卷材时,卷材应错槎接缝,上层卷材应盖过下层卷材;应及时做好防水层的保护结构。

内贴法施工程序:先在垫层上砌筑永久保护墙,然后在垫层及保护墙上抹1:3水泥砂浆找平层,待其基本干燥后满涂冷底子油,沿保护墙与垫层铺设防水层。卷材防水层铺贴完成后,在立面防水层上涂刷最后一层沥青胶时,趁热粘上干净的热砂或散麻丝,待冷却后,随即抹一层10~20 mm厚1:3水泥砂浆保护层。在平面上可铺设一层30~50 mm厚1:3水泥砂浆或细石混凝土保护层。最后进行需防水结构的施工。

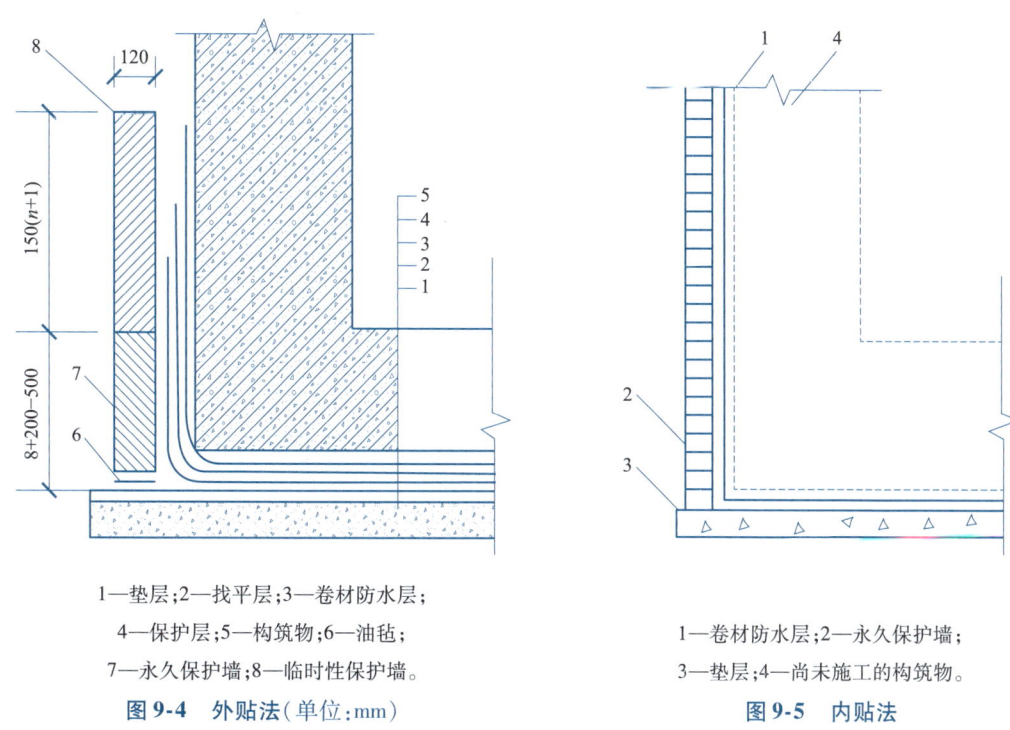

1—垫层;2—找平层;3—卷材防水层;
4—保护层;5—构筑物;6—油毡;
7—永久保护墙;8—临时性保护墙。

图9-4 外贴法(单位:mm)

1—卷材防水层;2—永久保护墙;
3—垫层;4—尚未施工的构筑物。

图9-5 内贴法

四、结构细部构造防水的施工

1. 变形缝

地下结构物的变形缝是防水工程的薄弱环节,防水处理比较复杂。如处理不当会引起渗漏现象,从而直接影响地下工程的正常使用和寿命。

用于伸缩的变形缝宜不设或少设,可根据不同的工程结构、类别及工程地质情况采用诱导缝、加强带、后浇带等代替措施。用于沉降的变形缝宽度宜为20~30 mm,用于伸缩的变形缝宽度宜小于此值,变形缝处混凝土结构的厚度不应小于300 mm,变形缝的防水措施可根据工程开挖方法、防水等级按表9-2和表9-3选用。

对止水材料的基本要求:适应变形能力强;防水性能好,耐久性高;与混凝土粘结牢固等。常见的变形缝止水带材料有橡胶止水带、塑料止水带、氯丁橡胶止水带和金属止水带(如镀锌钢板等)。

止水带位置设置要点:止水带埋设位置应准确,其中间空心圆环与变形缝的中心线应重合;止水带应妥善固定,顶、底板内止水带应成盆状安设,宜采用专用钢筋套或扁钢固定;止水带不得穿孔或用铁钉固定,损坏处应修补;止水带应固定牢固、平直,不能有扭曲现象。

变形缝接缝处要求:两侧应平整、清洁、无渗水,并涂刷与嵌缝材料相容的基层处理剂;嵌缝应先设置与前锋材料隔离的背衬材料,并嵌填密实,与两侧粘结牢固;在缝上粘贴卷材或涂刷料前,应在缝上设置隔离层后才能进行施工。

止水带的构造形式通常有埋入式、可卸式、粘贴式等。目前采用较多的是埋入式。根据防水设计的要求,有时在同一变形缝处,可采用数层、数种止水带的构造形式。图9-6是埋入式橡胶(或塑料)止水带的构造图,图9-7和图9-8分别是可卸式止水带和粘贴式止水带的构造图。

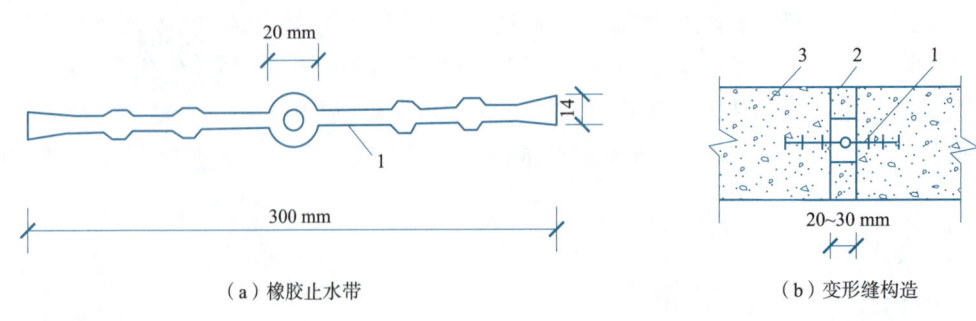

(a) 橡胶止水带　　　　　　　　(b) 变形缝构造

1—止水带；2—沥青麻丝；3—构筑物。

图 9-6　埋入式橡胶（或塑料）止水带构造

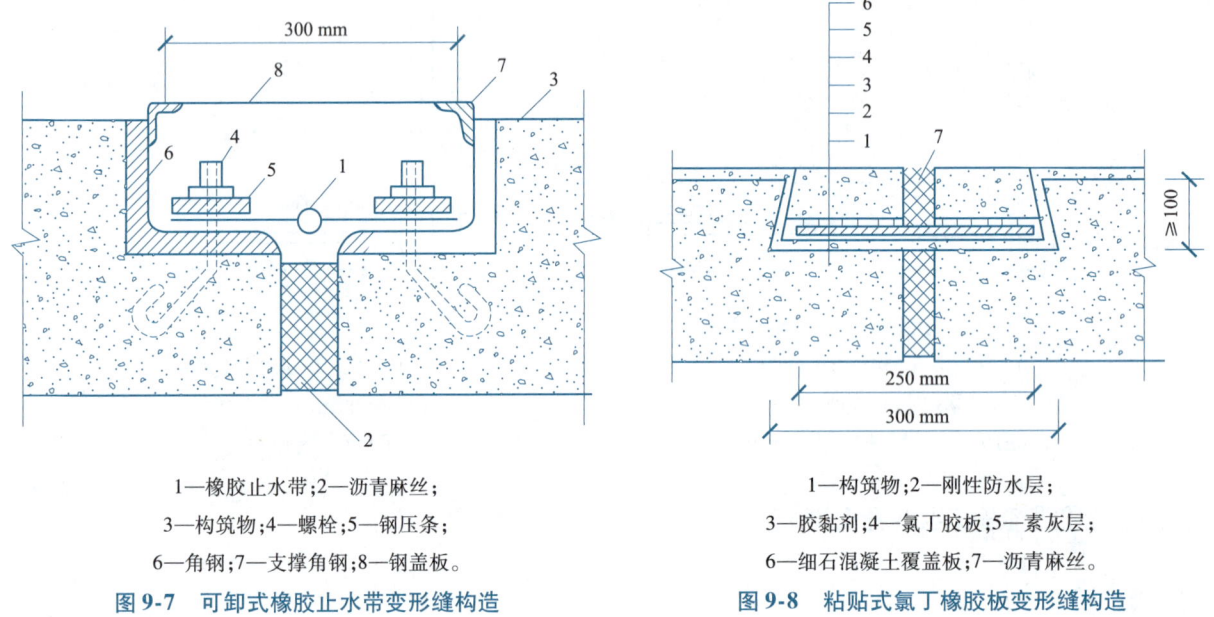

1—橡胶止水带；2—沥青麻丝；
3—构筑物；4—螺栓；5—钢压条；
6—角钢；7—支撑角钢；8—钢盖板。

图 9-7　可卸式橡胶止水带变形缝构造

1—构筑物；2—刚性防水层；
3—胶黏剂；4—氯丁胶板；5—素灰层；
6—细石混凝土覆盖板；7—沥青麻丝。

图 9-8　粘贴式氯丁橡胶板变形缝构造

2. 后浇带的处理

后浇带（也称后浇缝）是对不允许留设变形缝的防水混凝土结构工程（如大型设备基础等）采用的一种刚性接缝。

防水混凝土基础后浇缝留设的位置及宽度应符合设计要求；其断面形式可留成平直缝或阶梯缝，但结构钢筋不能断开；如必须断开，则主筋搭接长度应大于 45 倍主筋直径，并应按设计要求加设附加钢筋；留缝时应采取支模或固定钢板网等措施，保证留缝位置准确、断口垂直、边缘混凝土密实；后浇带需超前止水时，后浇带部位混凝土应局部加厚，并增设外贴式或埋入式止水带；留缝后要注意保护，防止边缘毁坏或缝内进入杂物。

知识模块 4　地下防水工程渗漏防治方法

地下防水工程，常常由于设计考虑不周、选材不当或施工质量差而造成渗漏，直接影响生产和使用。渗漏水易发生的部位主要在施工缝、蜂窝麻面、裂缝、变形缝及穿墙管道等处。渗漏水的形式主要有孔洞漏水、裂缝漏水、防水面渗水或是上述几种渗漏水的综合。因此，堵漏前必须先查明其原因，确定其位置，弄清水压大小，然后根据不同情况采取不同的防治措施。

一、渗漏部位及原因

1. 防水混凝土结构渗漏的部位及原因

由于模板表面粗糙或清理不干净，模板浇水湿润不够，脱模剂涂刷不均匀，接缝不严，振捣混凝土不密实等原因,致使混凝土出现蜂窝、孔洞、麻面而引起渗漏;墙板和底板及墙板与墙板间的施工缝处理不当而造成地下水沿施工缝渗入;由于混凝土中砂石含泥量大、养护不及时等,产生干缩和温度裂缝而造成渗漏;混凝土内的预埋件及管道穿墙处未作认真处理而致使地下水渗入。

2. 卷材防水层渗漏部位及原因

由于保护墙和地下工程主体结构沉降不同,致使粘在保护墙上的防水卷材被撕裂而造成漏水;卷材的压力和搭接接头宽度不够,搭接不严,结构转角处卷材铺贴不严实,后浇或后砌结构时卷材被破坏,或由于卷材韧性较差,结构不均匀沉降而造成卷材被破坏,产生渗漏;管道处的卷材与管道粘结不严,出现张口翘起现象而引起渗漏。

3. 变形缝处渗漏原因

止水带固定方法不当,埋设位置不准确或浇筑混凝土时被挤动,止水带两翼的混凝土包裹不严,特别是底板止水带下面的混凝土振捣不实造成渗漏;钢筋过密,浇筑混凝土时下料和振捣不当,造成止水带周围骨料集中、混凝土离析,产生蜂窝、麻面造成渗漏;混凝土分层浇筑前,止水带周围的木屑杂物等未清理干净,混凝土中形成薄弱的夹层,造成渗漏。

二、堵漏技术

堵漏技术就是根据地下防水工程特点,针对不同程度的渗漏水情况,选择相应的防水材料和堵漏方法,进行防水结构渗漏水处理。在拟定处理渗漏水措施时,应本着将大漏变小漏,片漏变点漏,使漏水部位集于一点或数点,最后堵塞的方法进行。

对防水混凝土工程的修补堵漏,通常采用的方法是用促凝剂和水泥拌制而成的快凝水泥胶浆,进行快速堵漏或大面积修补。近年来,采用膨胀水泥(或掺膨胀剂)作为防水修补材料,其抗渗堵漏效果更好。对混凝土的微小裂缝,则采用化学灌浆堵漏技术。

1. 快硬性水泥胶浆堵漏法

(1)堵漏材料

促凝剂:促凝剂是以水玻璃为主,并与硫酸铜、重铬酸钾及配制而成。配制时按配合比先把定量的水加热至100 ℃,然后将硫酸铜和重铬酸钾倒入水中,继续加热并不断搅拌至完全溶解后,冷却至30~40 ℃,再将此溶液倒入称好的水玻璃液体中,搅拌均匀,静置0.5 h后就可以使用。

快凝水泥胶浆:快凝水泥胶浆的配合比是水泥:促凝剂为1:(0.5~0.6)。这种胶浆凝固快(一般1 min左右就凝固),使用时应注意随拌随用。

(2)堵漏方法

地下防水工程的渗漏水情况比较复杂,堵漏的方法也较多。因此,选用时要因地制宜。常用的堵漏方法有堵塞法和抹面法。

①堵塞法。堵塞法适用于孔洞漏水或裂缝漏水的修补处理。孔洞漏水常用直接堵塞法和下管堵塞法。直接堵塞法适用于水压不大、漏水孔洞较小的情况。操作时,先将漏水孔洞处剔槽,槽壁必须与基面垂直,并用水刷洗干净,随即将配制好的快凝水泥胶浆捻成与槽尺寸相近的锥形团,在胶浆开始凝固时,迅速压入槽内,并挤压密实,保持0.5 min左右即可。当水压力较大、漏水孔洞较大时,可采用下管堵塞法,如图9-9所示。孔洞堵塞好后,在胶浆表面抹素灰一层、砂浆一层,以作保护。待砂浆有一定的强度后,将胶管拔出,按直接堵塞法将管孔堵塞。最后拆除挡水墙,再做防水层。裂缝漏水的处理方法有裂缝直接堵塞法和下绳堵塞法。裂缝直接堵塞法适用于水压较小的裂缝漏水,操作时,沿裂缝剔成八字形坡的沟槽,刷洗干净后,用快凝水泥胶浆直接堵塞,经检查无渗水,再做保护层和防水层。当水压力较大,裂缝较长时,可采用下绳堵塞法,如图9-10所示。

②抹面法。抹面法适用于较大面积的渗水面,一般先降低水压或降低地下水位,将基层处理好,然后用抹面法做刚性防水层修补处理。先在漏水严重处用凿子剔出半贯穿性孔眼,插入胶管将水导出。这样就使"片渗"变为"点漏",在渗水面做好刚性防水层修补处理。待修补的防水层砂浆凝固后,拔出胶管,再按"孔洞直接堵塞法"将管孔堵填好。

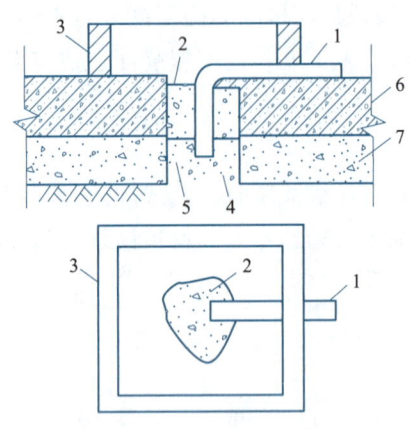

1—胶皮管;2—快凝胶浆;3—挡水墙;
4—油毡一层;5—碎石;6—构筑物;7—垫层。

图 9-9 下管堵塞法

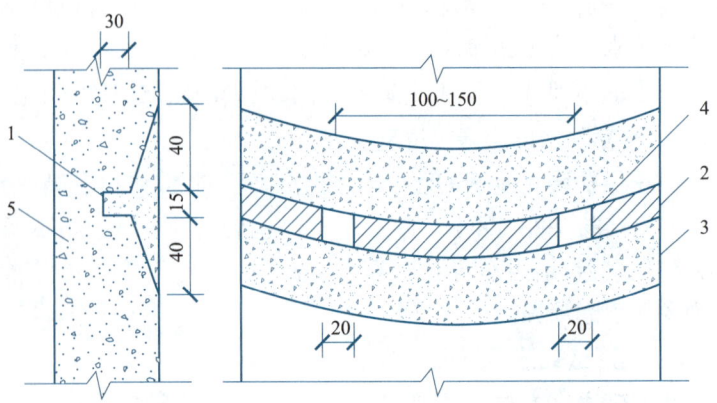

1—小绳(导水用);2—快凝胶浆填缝;
3—砂浆层;4—暂留小孔;5—构筑物。

图 9-10 下绳堵塞法(单位:mm)

2. 化学灌注浆堵漏法

(1)氰凝。氰凝的主要成分是以多异氰酸酯与含羟基的化合物(聚酯、聚醚)制成的预聚体。使用前,在预聚体内掺入一定量的副剂(表面活性剂、乳化剂、增塑剂、溶剂与催化剂等),搅拌均匀即配制成氰凝浆液。氰凝浆液不遇水不发生化学反应,稳定性好;当将浆液灌入漏水部位后,立即与水发生化学反应,生成不溶于水的凝胶体;同时释放二氧化碳气体,使浆液发泡膨胀,向四周渗透扩散直至反应结束。

(2)丙凝。丙凝由双组分(甲溶液和乙溶液)组成。甲溶液是丙烯酰胺和 N-N′-甲撑双丙烯酰胺及 B-二甲铵基丙腈的混合溶液。乙溶液是过硫酸铵的水溶液。两者混合后很快形成不溶于水的高分子硬性凝胶,这种凝胶可以密封结构裂缝,从而达到堵漏的目的。

灌浆堵漏施工,可分为对混凝土表面处理、布置灌浆孔、埋设灌浆嘴、封闭漏水部位、压水试验、灌浆、封孔等工序。

灌浆孔的间距一般为 1 m,并要交错布置;灌浆嘴的埋设如图 9-11 所示;灌浆结束,待浆液固结后,拔出灌浆嘴并用水泥砂浆封固灌浆孔。

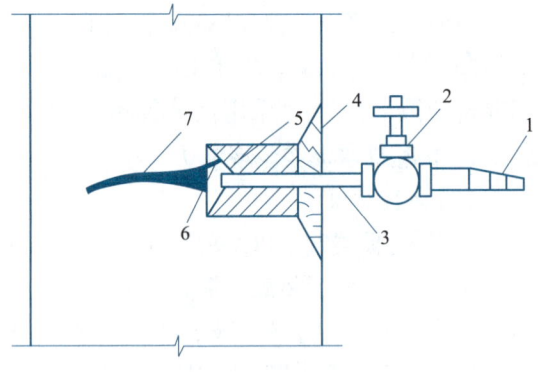

1—进浆嘴;2—阀门;3—灌浆嘴;
4—一层素灰一层砂浆找平;5—快硬水泥;
6—半圆铁片;7—混凝土墙裂缝。

图 9-11 埋入式灌浆嘴埋设方法

自 测 训 练

1. 地下工程的防水等级分(   )级。
2. 地下工程常用的防水方案有以下(   )、(   )和(   )三类。
3. 防水混凝土一般分为普通防水混凝土、(   )和膨胀水泥防水混凝土三种。
4. 防水混凝土终凝后(一般浇后 4~6 h),即应开始覆盖浇水养护,养护时间应在(   )以上,冬季施工混凝土入模温度不应低于(   ),宜采用综合蓄热法、蓄热法、暖棚法等养护方法。
5. 防水混凝土的施工质量检验,应按混凝土外露面积每(   )抽查 1 处,每处 10 m²,且不得少于(   )处,细部构造应全数检查。
6. 卷材防水层是用沥青胶结材料粘贴卷材而成的一种防水层,属于(   )防水层。
7. 地下防水工程一般把卷材防水层设置在(   )称为外防水。
8. 外防水的卷材防水层铺贴方法,按其与地下防水结构施工的先后顺序分为(   )和(   )两种。

任务9 计 划 单

学习情境三	防水工程施工	任务9	地下防水工程施工
工作方式	组内讨论、团结协作共同制订计划:小组成员进行工作讨论,确定工作步骤	计划学时	
完成人			
计划依据			

序号	计划步骤	具体工作内容描述
1	准备工作 (准备编制施工方案的工程资料,谁去做)	
2	组织分工 (成立组织,人员具体都完成什么)	
3	选择地下防水工程施工方法 (谁负责、谁审核)	
4	确定地下防水工程施工工艺流程 (谁负责、谁审核)	
5	明确地下防水工程施工要点 (谁负责、谁审核)	
6	明确地下防水工程施工质量控制要点 (谁负责、谁审核)	
制订计划说明	(写出制订计划中人员为完成任务的主要建议或可以借鉴的建议、需要解释的某一方面)	

任务9　决　策　单

学习情境三	防水工程施工		任务9	地下防水工程施工	
决策学时					
决策目的					
决策方案过程	工作内容	内容类别		必要	非必要（可说明原因）
		内容记录	性质描述		
决策方案描述					

任务9 作 业 单

学习情境三	防水工程施工	任务9	地下防水工程施工
参加人员	第 组 签名：	开始时间： 结束时间：	
序号	工作内容记录		分工 （负责人）
1			
2			
⋮			
小结	主要描述完成的成果		存在的问题

任务9 检 查 单

学习情境三	防水工程施工		任务9	地下防水工程施工		
检查学时				第 组		
检查目的及方式						
序号	检查项目	检查标准	检查结果分级 （在检查相应的分级框内画"√"）			
			优秀	良好	中等	合格	不合格
1	准备工作	资源是否已查到,材料是否准备完整					
2	分工情况	安排是否合理、全面,分工是否明确					
3	工作态度	小组工作是否积极主动、全员参与					
4	纪律出勤	是否按时完成负责的工作内容,是否遵守工作纪律					
5	团队合作	是否相互协作、互相帮助,成员是否听从指挥					
6	创新意识	任务完成不照搬照抄,看问题具有独到见解、创新思维					
7	完成效率	工作单是否记录完整,是否按照计划完成任务					
8	完成质量	工作单填写是否准确,记录单检查及修改是否达标					
检查评语					教师签字：		

任务9　评　价　单

1. 小组工作评价单

学习情境三	防水工程施工		任务9		地下防水工程施工	
评价学时						
班级：			第　组			
考核情境	考核内容及要求	分值（100）	小组自评（10%）	小组互评（20%）	教师评价（70%）	实得分（Σ）
汇报展示（20）	演讲资源利用	5				
	演讲表达和非语言技巧应用	5				
	团队成员补充配合程度	5				
	时间与完整性	5				
质量评价（40）	工作完整性	10				
	工作质量	5				
	报告完整性	25				
团队情感（25）	核心价值观	5				
	创新性	5				
	参与度	5				
	合作性	5				
	劳动态度	5				
安全文明（10）	工作过程中的安全保障情况	5				
	工具正确使用和保养、放置规范	5				
工作效率（5）	能够在要求的时间内完成，每超时5 min扣1分	5				

2. 小组成员素质评价单

课程	建筑施工技术		
学习情境三	防水工程施工	学时	8
任务9	地下防水工程施工	学时	4
班级	第　组	成员姓名	
评分说明	每个小组成员评价分为自评和成员互评两部分,取平均值计算,作为该小组成员的任务评价个人分数。评价项目共设计五个,依据评分标准给予合理量化打分。小组成员自评分后,要找小组其他成员不记名方式打分,成员互评分为其他小组成员的平均分		
对象	评分项目	评分标准	评分
自评 (100分)	核心价值观 (20分)	是否践行社会主义核心价值观	
	工作态度 (20分)	是否按时完成负责的工作内容、遵守纪律,是否积极主动参与小组工作,是否全过程参与,是否吃苦耐劳,是否具有工匠精神	
	交流沟通 (20分)	是否能良好地表达自己的观点,是否能倾听他人的观点	
	团队合作 (20分)	是否与小组成员合作完成,是否做到相互协助、相互帮助、听从指挥	
	创新意识 (20分)	看问题是否能独立思考、提出独到见解,是否能够创新思维解决遇到的问题	
成员互评 (100分)	核心价值观 (20分)	是否践行社会主义核心价值观	
	工作态度 (20分)	是否按时完成负责的工作内容、遵守纪律,是否积极主动参与小组工作,是否全过程参与,是否吃苦耐劳,是否具有工匠精神	
	交流沟通 (20分)	是否能良好地表达自己的观点,是否能倾听他人的观点	
	团队合作 (20分)	是否与小组成员合作完成,是否做到相互协助、相互帮助、听从指挥	
	创新意识 (20分)	看问题是否能独立思考、提出独到见解,是否能够创新思维解决遇到的问题	
最终小组成员得分			
小组成员签字		评价时间	

任务9　教学反思单

学习情境三	防水工程施工	任务9	地下防水工程施工
班级		第　　组	成员姓名
情感反思	通过对本任务的学习和实训,你认为自己在社会主义核心价值观、职业素养、学习和工作态度等方面有哪些需要提高的部分?		
知识反思	通过对本任务的学习,你掌握了哪些知识点?请画出思维导图。		
技能反思	在完成本任务的学习和实训过程中,你主要掌握了哪些技能?		
方法反思	在完成本任务的学习和实训过程中,你主要掌握了哪些分析和解决问题的方法?		

任务 10 屋面防水工程施工

任 务 单

课程	建筑施工技术		
学习情境三	防水工程施工	学时	8
任务 9	地下防水工程施工	学时	4
布置任务			
任务目标	1. 能够陈述屋面防水工程施工工艺流程； 2. 能够阐述屋面防水工程施工要点； 3. 能够列举屋面防水工程施工质量控制点； 4. 能够开展屋面防水工程施工准备工作； 5. 能够处理屋面防水工程施工常见问题； 6. 能够编制屋面防水工程施工方案； 7. 具备吃苦耐劳、主动承担的职业素养，具备团队精神和责任意识，具备保证质量建设优质工程的爱国情怀		
任务描述	在进行屋面防水工程施工时，项目技术负责人应根据项目施工图纸、施工现场周边环境、设备材料供应等情况编写屋面防水工程施工方案，进行屋面防水工程施工技术交底。其具体工作如下： 1. 进行编写屋面防水工程施工方案的准备工作。 2. 编写屋面防水工程施工方案： （1）进行屋面防水工程施工准备； （2）选择屋面防水工程施工方法； （3）确定屋面防水工程施工工艺流程； （4）明确屋面防水工程施工要点； （5）明确屋面防水工程施工质量控制点。 3. 进行屋面防水工程施工技术交底		
学时安排	布置任务与资讯	计划	决策	实施	检查	评价
	（1学时）	（0.5学时）	（0.5学时）	（1学时）	（0.5学时）	（0.5学时）
对学生的要求	1. 具备建筑施工图识读能力； 2. 具备建筑施工测量知识； 3. 具备任务咨询能力； 4. 严格遵守课堂纪律，不迟到、不早退；学习态度认真端正； 5. 每位同学必须积极参与小组讨论； 6. 每组均提交"屋面防水工程施工方案"		

信息单

课程	建筑施工技术	
学习情境三	防水工程施工	学时 8
任务 10	屋面防水工程施工	学时 4

资讯思维导图

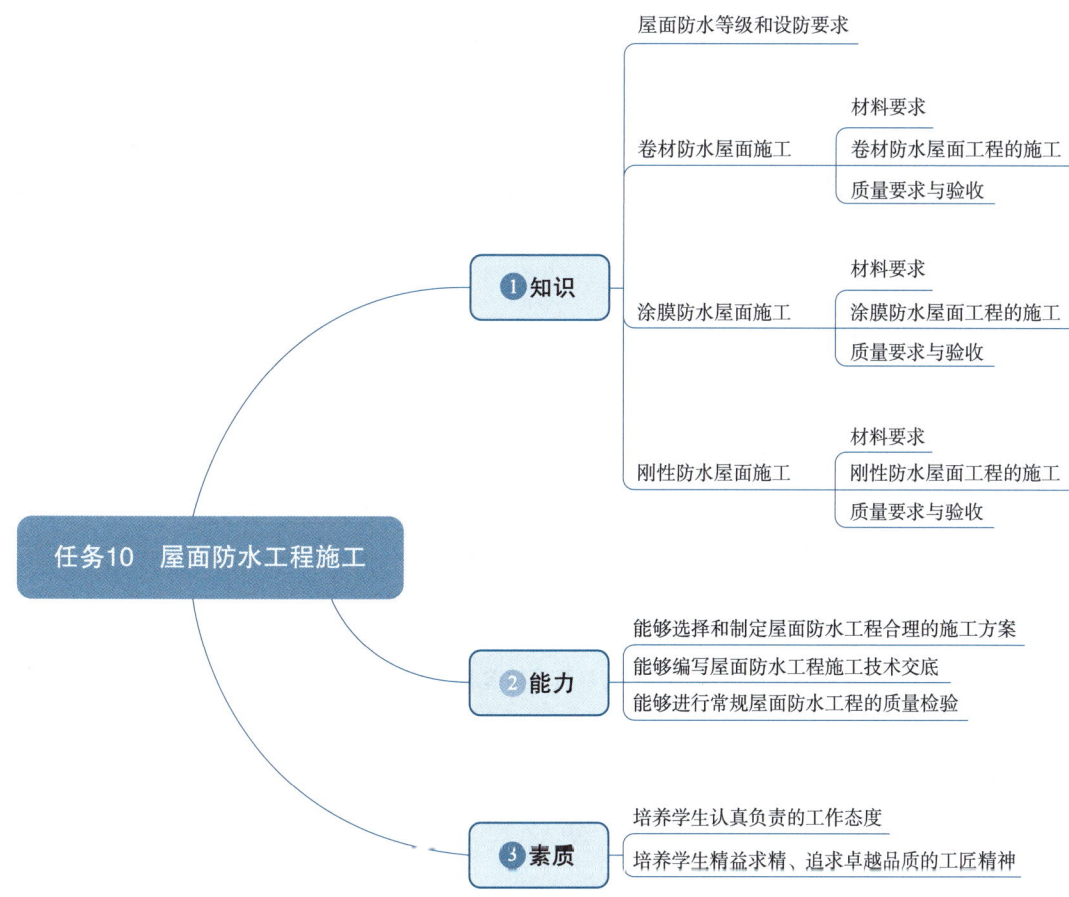

知识模块 1　屋面防水等级和设防要求

屋面工程根据建筑物的性质、重要程度、使用功能及防水层合理使用年限等,将屋面防水划分为四个等级,并按不同等级进行设防,见表10-1。

表 10-1　屋面防水等级和设防要求

项　目	屋面防水等级			
	Ⅰ	Ⅱ	Ⅲ	Ⅳ
建筑物类别	特别重要或对防水有特殊要求的建筑	重要的建筑和高层建筑	一般的建筑	非永久性的建筑
防水层合理使用年限	25 年	15 年	10 年	5 年

续表

项目	屋面防水等级			
	I	II	III	IV
防水层选用材料	宜选用合成高分子防水卷材、高聚物改性沥青防水卷材、金属板材、合成高分子防水涂料、细石混凝土等材料	宜选用高聚物改性沥青防水卷材、金属板材、合成高分子防水涂料、高聚物改性沥青防水涂料、细石混凝土、平瓦、油毡瓦等材料	宜选用三毡四油沥青防水卷材、高聚物改性沥青防水卷材、合成高分子防水卷材、金属板材、高聚物改性沥青防水涂料、合成高分子防水涂料、细石混凝土、平瓦、油毡瓦等材料	可选用二毡三油沥青防水卷材、高聚物改性沥青防水涂料等材料
设防要求	三道或三道以上防水设防	二道防水设防	一道防水设防	一道防水设防

知识模块2 卷材防水屋面施工

卷材防水屋面是采用粘结胶粘贴卷材或采用带底面粘结胶的卷材进行热熔或冷粘贴于屋面基层进行防水的屋面。卷材防水屋面的构造如图10-1所示。防水卷材可分为合成高分子卷材、高聚物改性沥青卷材、沥青卷材等,目前沥青卷材已经逐渐被淘汰。

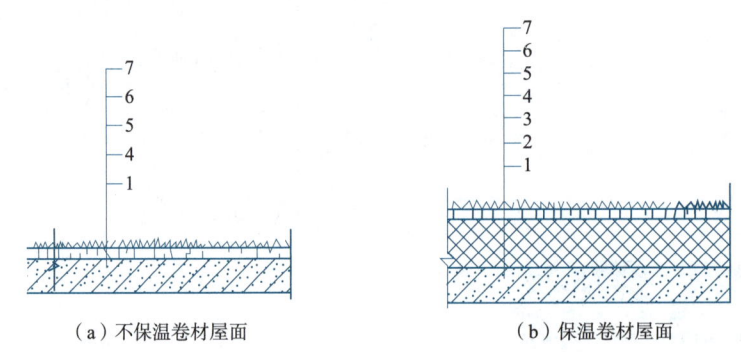

(a) 不保温卷材屋面　　　　　　(b) 保温卷材屋面

1—结构层;2—隔汽层;3—保温层;4—找平层;5—基层处理剂;6—防水层;7—保护层。

图10-1 卷材屋面构造层次示意图

一、材料要求

1. 卷材

(1) 高聚物改性沥青卷材

高聚物改性沥青防水卷材是以合成高分子聚合物改性沥青为涂盖层,纤维织物或纤维毡为胎体,粉状、粒状、片状或薄膜材料为覆面材料制成的可卷曲片状防水材料。

高聚物改性沥青防水卷材具有高温不流淌、低温不脆裂、抗拉强度高、延伸率大等特点。根据高聚物改性材料的种类不同,目前常用的高聚物改性沥青卷材的主要品种有 SBS、APP、APAO、再生胶改性沥青卷材等。

高聚物改性沥青防水卷材外观质量、规格和物理性能应符合表10-2~表10-4的要求。

表10-2 高聚物改性沥青卷材外观质量要求

项　　目	质　量　要　求
孔洞、缺边、裂口	不允许
边缘不整齐	不超过10 mm
胎体露白、未浸透	不允许
撒布材料粒度、颜色	均匀
每卷卷材的接头	不超过1处,较短的一段不应小于1 000 mm,接头处应加长150 mm

表 10-3　高聚物改性沥青卷材规格

厚度/mm	宽度/mm	每卷长度/m
2.0	≥1 000	15.0～20.0
3.0	≥1 000	10.0
4.0	≥1 000	7.5
5.0	≥1 000	5.0

表 10-4　高聚物改性沥青卷材的物理性能

项　目		性 能 要 求		
		聚酯毡胎体	玻纤毡胎体	聚乙烯毡胎体
拉力		≥450 N/50 mm	纵向≥350 N/50 mm 横向≥250 N/50 mm	≥100 N/50 mm
延伸率		最大拉力时≥30%		断裂时≥200%
耐热度(2 h)		SBS 卷材 90 ℃,APP 卷材 110 ℃,无滑动、流淌、滴落		PEE 卷材 90 ℃,无流淌、起泡
低温柔度		SBS 卷材 -18 ℃,APP 卷材 -5 ℃,PEE 卷材 -10 ℃, 3 mm 厚,$r=15$ mm;4 mm 厚,$r=25$ mm;3 s 弯 180°,无裂纹		
不透水性	压力/MPa	≥0.3	≥0.2	≥0.3
	保持时间/min	≥30		

（2）合成高分子卷材

合成高分子防水卷材是以合成橡胶、合成树脂或两者共混体为基料,加入适量的化学助剂和填充料,经不同工序加工而成的卷曲片状防水材料;或将上述材料与合成纤维等复合形成两层或两层以上可卷曲的片状防水材料。

合成高分子卷材具有拉伸强度高,断裂伸长率大,抗撕裂强度高,耐热性能好,低温柔性好,耐腐蚀、耐老化等特点。目前使用的合成高分子卷材主要有三元乙丙、氯化聚乙烯、聚氯乙烯、氯磺化聚乙烯防水卷材等。

合成高分子卷材外观质量、规格和物理性能应符合表 10-5～表 10-7 的要求。

表 10-5　合成高分子卷材外观质量要求

项　目	质 量 要 求
折痕	每卷不超过 2 处,总长度不超过 20 mm
杂质	大于 0.5 mm 颗粒不允许,每 1 m² 不超过 9 mm²
胶块	每卷不超过 6 处,每处面积不大于 4 mm²
凹痕	每卷不超过 6 处,深度不超过本身厚度的 30%;树脂类深度不超过 15%
每卷卷材的接头	橡胶类每 20 m 不超过 1 处,较短的一段不应小于 3 000 mm,接头处应加长 150 mm;树脂类 20 m 长度内不允许有接头

表 10-6　合成高分子卷材规格

厚度/mm	宽度/mm	每卷长度/m
1.0	≥1 000	20.0
1.2	≥1 000	20.0
1.5	≥1 000	20.0
2.0	≥1 000	10.0

表 10-7 合成高分子卷材的物理性能

项　目		性能要求			
		硫化橡胶类	非硫化橡胶类	树脂类	纤维增强类
撕裂拉伸强度/MPa		≥6	≥3	≥10	≥9
扯断伸长率/%		≥400	≥200	≥200	≥10
低温弯折		-30	-20	-20	-20
不透水性	压力/MPa	≥0.3	≥0.2	≥0.3	≥0.3
	保持时间/min	≥30			
加热收缩率/%		<1.2	<2.0	<2.0	<1.0
热老化保持率 (80±2)℃,168 h	撕裂拉伸强度/%	≥80			
	扯断伸长率/%	≥70			

2. 基层处理剂

基层处理剂是为了增强防水材料与基层之间的粘结力,在防水层施工前,预先涂刷在基层上的稀质涂料。其选择应与所用卷材的材性相容。

3. 胶黏剂

高聚物改性沥青防水卷材可选用橡胶或再生橡胶改性沥青的汽油溶液或水乳液作胶黏剂,其粘结剪切强度应大于 0.05 MPa,粘结剥离强度应大于 8 N/10 mm。

合成高分子防水卷材可选用以氯丁橡胶和丁基酚醛树脂为主要成分的胶黏剂或以氯丁橡胶乳液制成的胶黏剂,其粘结剥离强度不应小于 15 N/10 mm,其用量为 0.4~0.5 kg/m^2。

胶黏剂均由卷材生产厂家配套供应。

4. 贮运保管

(1) 进场检验

材料进场后要对卷材按规格取样复验。同一品种、牌号和规格的卷材,抽样数量为:大于 1 000 卷抽取 5 卷;500~1 000 卷抽取 4 卷;100~499 卷抽取 3 卷;100 卷以下抽 2 卷。将抽验的卷材开卷进行规格和外观质量检验。在外观质量检验合格的卷材中,任取 1 卷进行物理性能检验。全部指标达到标准规定时,即为合格;其中如有一项指标达不到要求,应在受检产品中加倍取样复验,全部达到标准规定为合格。复验时,有一项不合格,则判定该产品不合格。不合格的防水材料严禁使用。

(2) 贮运保管

不同品种、标号、规格和等级的产品应分别堆放。

防水卷材及配套的胶黏剂、基层处理剂、密封胶带等应贮存在阴凉通风的室内,避免雨淋、日晒和受潮。严禁接近火源和热源,避免与化学介质及有机溶液等有害物质接触。胶黏剂、基层处理剂应用密封桶包装。

卷材宜直立堆放,其高度不宜超过两层,并不得倾斜或横压,短途运输平放不得超过四层。

二、卷材防水屋面工程的施工

(一) 隔汽层

屋面结构层为现浇混凝土时,宜随捣随找平;结构层为装配式预制板时,应在板缝灌掺膨胀剂的 C20 细石混凝土,然后铺抹水泥砂浆。找平层宜在砂浆收水后进行二次压光,表面应平整。

隔汽层可采用单层卷材或涂膜。卷材可采用空铺法,其搭接宽度不得小于 70 mm,搭接要严密;涂膜隔汽层,则应在板端处留分格缝,嵌填密封材料。隔汽层在屋面与墙面连接处应沿墙面向上连续铺设,高出保温层上表面不得小于 150 mm。

(二) 保温层

保温层采用的材料,可为松散保温材料、板状保温材料或整体保温材料。

松散保温材料主要有膨胀珍珠岩、膨胀蛭石、工业炉渣等。松散保温材料保温层应分层铺设,并适当压实,每层虚铺厚度不宜大于150 mm,压实程度与厚度应事先根据设计要求实验确定。压实后不得在其上行车或堆放重物。

板状保温材料有水泥、沥青或有机材料作胶结料的膨胀珍珠岩、蛭石保温板、微孔硅酸钙板、泡沫混凝土、加气混凝土和岩棉板、挤塑或模压聚苯乙烯泡沫板、发泡聚氨酯板、泡沫玻璃等。其中聚苯乙烯泡沫板、发泡聚氨酯板和泡沫玻璃吸水率低、表观密度小,保温性能好,应用越来越广泛。铺设板状保温材料的基层应平整、干净、干燥。干铺板状保温材料,应紧靠基层表面,铺平、垫稳,分层铺设时,上下接缝应相互错开,接缝处应用同类材料碎屑填嵌饱满。粘贴板状保温材料,应铺砌平整、严实,分层铺设的接缝应错开,胶粘剂应视保温材料的材性选用。板缝间或缺角处应用碎屑加胶拌匀填补密实。

整体现浇保温层目前有水泥膨胀珍珠岩、沥青膨胀珍珠岩及膨胀蛭石等。水泥膨胀珍珠岩、沥青膨胀珍珠岩及膨胀蛭石应采取人工搅拌,避免颗粒破碎。施工时,保温层的基层应平整、干净、干燥,保温层应拍实抹平至设计厚度,虚铺厚度和压实厚度应根据试验确定。

(三)找平层施工

找平层是铺贴卷材防水层的基层,其质量直接影响到防水层的质量。因此,找平层应具有足够的强度和刚度,具有足够的排水坡度,表面应平整、坚固,不起砂,不起皮,不酥松,不开裂,并做到表面干净、干燥。找平层一般采用水泥砂浆、细石混凝土或沥青砂浆,其技术要求见表10-8。

表10-8 找平层厚度和技术要求

类 别	基层种类	厚度/mm	技术要求
水泥砂浆找平层	整体混凝土	15～20	1:2.5～1:3(水泥:砂)体积比,水泥强度等级不低于32.5级
	整体或板状材料保温层	20～25	
	装配式混凝土板、松散材料保温层	20～30	
细石混凝土找平层	松散材料保温层	30～35	混凝土强度等级不低于C20
沥青砂浆找平层	整体混凝土	15～20	质量比1:8(沥青:砂)
	装配式混凝土板、整体或板状材料保温层	20～25	

找平层的排水坡度应符合设计要求,见表10-9。在屋面平面与立面交接处,找平层均应做成圆弧形,其圆弧半径沥青防水卷材为100～150 mm,高聚物改性沥青防水卷材为50 mm,合成高分子防水卷材为20 mm。为了避免或减少找平层开裂,找平层宜留设分格缝,缝宽一般为5～20 mm,缝中宜嵌密封材料。分格缝兼作排气道时,分格缝可适当加宽,并应与保温层连通。分格缝宜留在板端缝处,其纵横向最大间距,当找平层采用水泥砂浆或细石混凝土时,不宜大于6 m;采用沥青砂浆时,则不宜大于4 m。

表10-9 找平层的坡度要求

项 目	平 屋 面		天沟、檐沟		落水口周围 Φ500 范围
	结构找坡	材料找坡	纵向找坡	沟底水落差	
坡度要求	≥3%	≥2%	≥1%	≤200 mm	≥5%

(四)卷材防水层施工

卷材防水层施工工艺流程如图10-2所示。

1. 卷材铺贴的一般要求

(1)铺设方向

卷材铺贴的方向应根据屋面坡度和屋面是否受振动而确定。当屋面坡度小于3%时,卷材宜平行于屋脊铺贴;屋面坡度在3%～15%之间时,卷材可平行或垂直于屋脊铺贴;屋面坡度大于15%或屋面受振动时,沥青卷材、高聚物改性沥青卷材应垂直于屋脊铺贴,合成高分子防水卷材可平行或垂直于屋脊铺贴。在叠层铺贴卷材时,上下层卷材不得互相垂直铺贴。屋面坡度大于25%时,卷材宜垂直于屋脊铺贴,并应采取固定措施,固定点应密封。

（2）施工顺序

防水层施工时，应先做好节点、附加层和屋面排水比较集中部位（如屋面与水落口连接处、檐口、天沟、檐沟、屋面转角处、板端缝等）的处理，然后由屋面最低标高处向上施工。铺贴天沟、檐沟卷材时，宜顺天沟、檐口方向，减少搭接。铺贴多跨和有高低跨的屋面时，应该按先高后低、先远后近的顺序进行。等高的大面积屋面，先铺贴离上料地点较远的部位，后铺贴较近的部位。划分施工段施工时，其界限宜设在屋脊、天沟、变形缝等处。

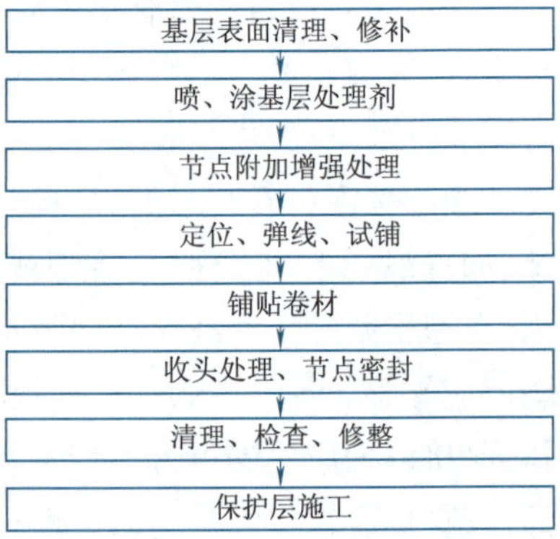

基层表面清理、修补
喷、涂基层处理剂
节点附加增强处理
定位、弹线、试铺
铺贴卷材
收头处理、节点密封
清理、检查、修整
保护层施工

图 10-2　卷材防水层施工工艺流程

（3）搭接方法及宽度要求

铺贴卷材应采用搭接法，上下层及相邻两幅卷材的搭接缝应错开。平行于屋脊的搭接缝应该顺水流方向搭接；垂直于屋脊的搭接缝应该顺年最大频率风向（主导风向）搭接。

叠层铺设的各层卷材，在天沟与屋面的连接处应采用叉接法搭接，搭接缝应错开；接缝宜留在屋面或天沟侧面，不宜留在沟底。

各种卷材的搭接宽度应符合表 10-10 的要求。

表 10-10　卷材搭接宽度

搭接方向		短边搭接宽度/mm		长边搭接宽度/mm	
卷材种类		满粘法	空铺法 点粘法 条粘法	满粘法	空铺法 点粘法 条粘法
沥青防水卷材		100	150	70	100
高聚物改性沥青防水卷材		80	100	80	100
合成高分子防水卷材	胶粘剂	80	100	80	100
	胶粘带	50	60	50	60
	单焊缝	60，有效焊接宽度不小于 25			
	双焊缝	80，有效焊接宽度 10×2+空腔宽			

同时，相邻两幅卷材的接头还应相互错开 500 mm 以上，以免接头处因多层卷材相重叠而粘不实。叠层铺设时，上下两层卷材的搭接应错开 1/3 或 1/2 幅宽，如图 10-3 所示。

不小于70 mm
第二层
第一层
不小于100 mm
不小于500 mm
1/3或
1/2毡宽

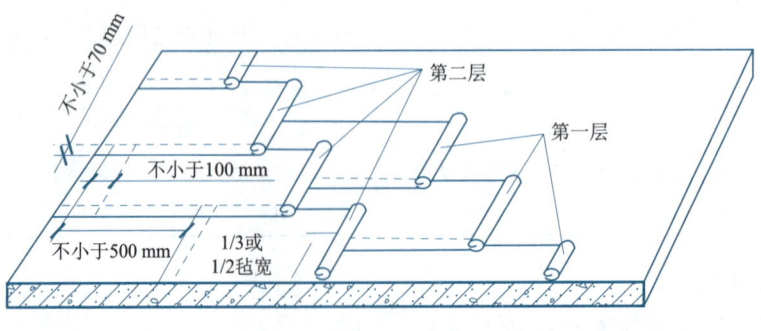

图 10-3　卷材搭接及铺贴示意图

（4）卷材与基层的粘贴方法

卷材与基层的粘结方法可分为满粘法、点粘法、条粘法和空铺法等形式。通常采用满粘法，而条粘法、点粘法和空铺法更适合于防水层上有重物覆盖或基层变形较大的场合，是一种克服基层变形拉裂卷材防水层的有效措施。

无论采用空铺法、条粘法还是点粘法，施工时都必须注意，距屋面周边 800 mm 内的防水层应满粘，以保证防水层四周与基层粘结牢固；卷材与卷材之间应满粘，以保证搭接严密。

(5)屋面特殊部位的铺贴要求

天沟、檐沟、檐口、水落口、泛水、变形缝和伸出屋面管道的防水构造,必须符合设计要求。天沟、檐沟、檐口、泛水和立面卷材收头的端部应裁齐,塞入预留凹槽内。用金属压条,钉压固定,最大钉距不应大于900 mm,并用密封材料嵌填封严,凹槽距屋面找平层不小于250 mm,凹槽上部墙体应做防水处理,如图10-4所示。

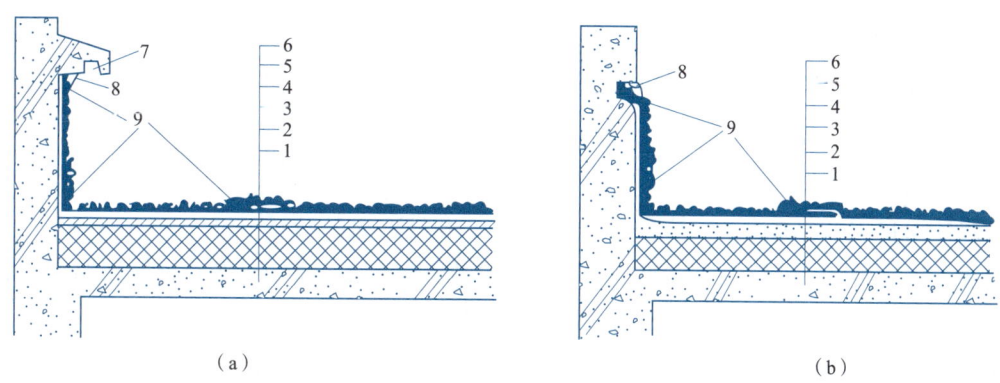

1—结构层;2—保温层;3—找平层;4—胶黏剂;5—防水层;6—保护层;7—滴水槽;8—107胶水泥砂浆;9—膏状胶黏剂。

图10-4 卷材接缝及收头处理

水落口杯应牢固地固定在承重结构上,如系铸铁制品,所有零件均应除锈,并刷防锈漆。天沟、檐沟铺贴卷材应从沟底开始,如沟底过宽,卷材纵向搭接时,搭接缝必须用密封材料封口,密封材料嵌填必须密实、连续、饱满,粘结牢固,无气泡,无开裂脱落。沟内卷材附加层在与屋面交接处宜空铺,其空铺宽度不小于200 mm,其卷材防水层应由沟底翻上至沟外檐顶部,卷材收头应用水泥钉固定并用密封材料封严,铺贴檐口800 mm范围内的卷材应采取满粘法。

铺贴泛水处的卷材应采取满粘法,防水层贴入水落口杯内不小于50 mm,水落口周围直径500 mm范围内的坡度不小于5%,并用密封材料封严。变形缝处的泛水高度不小于250 mm,伸出屋面的管道周围与找平层或细石混凝土防水层之间,应预留20 mm×20 mm的凹槽,并用密封材料嵌填严密,在管道根部直径500 mm范围内,找平层应抹出高度不小于30 mm的圆台。管道根部四周应增设附加层,宽度和高度均不小于300 mm。管道上的防水层收头应用金属箍紧固,并用密封材料封严。

(6)排汽屋面的施工

卷材应铺设在干燥的基层上。当屋面找平层干燥有困难而又急需铺设屋面卷材时,则应采用排汽屋面。排汽屋面是整体连续的,在屋面与垂直面连接的地方,隔汽层应延伸到保温层顶部,并高出150 mm,以便与防水层相连,要防止房间内的蒸汽进入保温层,造成防水层起鼓破坏,保温层的含水率必须符合设计要求。在铺贴第一层卷材时,采用条粘、点粘、空铺等方法使卷材与基层之间留有纵横相互贯通的空隙作排汽道(见图10-5),排汽道的宽度30~40 mm。对于有保温层的屋面,也可在保温层上的找平层上留槽作排汽道,并在屋面或屋脊上设置一定的排汽孔(每36 m²左右一个)与大气相通,这样就能使潮湿基层中的水分蒸发排出,防止了卷材起鼓。排汽屋面适用于气候潮湿,雨量充沛,夏季阵雨多,保温层或找平层含水率较大,且干燥有困难地区。

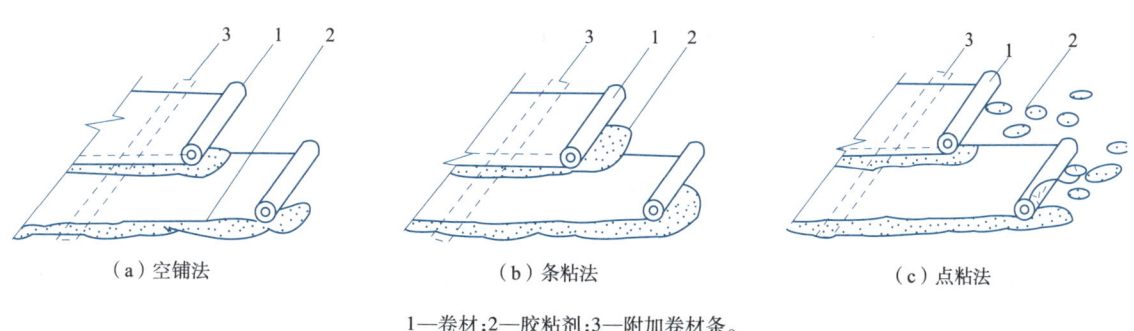

1—卷材;2—胶粘剂;3—附加卷材条。

图10-5 排汽屋面卷材铺法

2. 高聚物改性沥青防水卷材施工

（1）清理基层

基层要保证平整，无空鼓、起砂，阴阳角应呈圆弧形，坡度符合设计要求，尘土、杂物要清理干净，保持干燥。

（2）涂刷基层处理剂

基层处理剂是利用汽油等溶液稀释胶粘剂制成，应搅拌均匀，用长把滚刷均匀涂刷在基层表面上，涂刷时要均匀一致。

（3）高聚物改性沥青防水卷材施工

高聚物改性沥青防水卷材施工方法有冷粘法、热熔法和自粘法。

①冷粘法施工。冷粘法施工是利用毛刷将胶粘剂涂刷在基层或卷材上，然后直接铺贴卷材，使卷材与基层、卷材与卷材粘结的方法。

基层处理剂干燥后，可先对排水口、管根部等容易发生渗漏的薄弱部位，在其中心 200 mm 范围内，均匀涂刷一层胶粘剂，涂刷厚度以 1 mm 左右为宜，涂胶后随即粘贴一层聚酯纤维无纺布，并在无纺布上再涂刷一道厚度为 1 mm 左右的胶粘剂，干燥后即可形成一层无接缝和弹塑性的整体增强层。

铺贴卷材时，应根据卷材的配置方案，在流水坡度的下坡处开始弹出基准线，边涂刷胶粘剂边向前滚铺卷材，并及时辊压压实。胶粘剂涂刷要均匀，不露底、不堆积；滚铺卷材不要卷入空气和异物；铺贴卷材时应平整顺直，搭接尺寸准确，辊压粘结牢固，不得扭曲。平面与立面相连接处的卷材，应由下向上压缝铺贴，并使卷材紧贴阴角，不允许存在明显的空鼓现象。当立面卷材超过 300 mm 时，应用氯丁系胶粘剂进行粘贴，或用木砖钉木压条与粘贴并用的方法处理，以达到粘贴牢固和封闭严密的目的。接缝口应用密封材料封严，宽度不应小于 10 mm，一般接缝用胶粘剂粘合，也可采用汽油喷灯进行加热熔接。

②热熔法施工。热熔法施工是指利用火焰加热器熔化热熔型防水卷材底层的热熔胶进行粘贴的方法。采用热熔法施工可节省冷粘剂，特别是当气温较低时或屋面基层略有湿气时尤为适合。

待基层处理剂干燥 8 h 以上，开始铺贴卷材。火焰加热器的喷嘴距卷材面的距离应适中，一般为 0.5 m 左右，幅宽内加热应均匀，以卷材表面熔融至光亮黑色为度，不得过分加热或烧穿卷材。卷材表面热熔后应立即滚铺卷材，滚铺时应排除卷材下面的空气，使之平展不得皱折。搭接部位宜采用热风焊枪加热，加热后随即粘贴牢固，溢出的自粘胶随即刮平封口。

③自粘法施工。自粘法施工是指采用带有自粘胶的防水卷材进行粘结的方法，不需热施工，也不需涂胶结材料。基层处理剂干燥后及时铺贴卷材。铺贴时，应先将自粘胶底面隔离纸完全撕净，排除卷材下面的空气，并辊压粘结牢固，不得有空鼓。搭接部位必须采用热风焊枪加热后随即粘贴牢固，溢出的自粘胶随即刮平封口。接缝口用不小于 10 mm 宽的密封材料封严。

3. 合成高分子防水卷材施工

（1）基层的处理

合成高分子卷材防水屋面应以水泥砂浆找平层作为基层，要求表面平整、清洁、干燥。当基层表面高低不平或凹坑较大时，可用掺加 107 胶的水泥砂浆找平。

（2）涂刷基层处理剂

待基层表面清理干净后，即可涂布基层处理剂。常用的基层处理剂一般是将聚氨酯涂膜防水材料的甲料、乙料、二甲苯氨按 1∶1.5∶3 的比例配合，搅拌均匀而成。在大面积涂刷前，用油漆刷蘸基层处理剂，在阴阳角、管根、水落口等部位均匀涂刷一遍，然后再用长把滚刷蘸满后均匀涂布在基层表面上，涂刷应厚薄一致，不得漏涂。涂刷后干燥 4～12 h，进行后道工序的施工。

(3) 合成高分子防水卷材施工

合成高分子防水卷材施工方法一般有冷粘法、自粘法和热风焊接法三种。

冷粘法、自粘法施工要求与高聚物改性沥青防水卷材基本相同,但冷粘法施工时搭接部位应采用与卷材配套的接缝专用胶粘剂,在搭接缝粘合面上涂刷均匀,并控制涂刷与粘合的间隔时间,排除空气,辊压粘结牢固。

热风焊接法是利用热空气焊枪进行防水卷材搭接粘合的方法。焊接前卷材铺放应平整顺直,搭接尺寸正确;施工时焊接缝的结合面应清扫干净,无水滴、油污及附着物。焊接时,先焊长边搭接缝,后焊短边搭接缝,焊接处不得有漏焊、缺焊、焊焦或焊接不牢的现象,也不得损害非焊接部位的卷材。

(五)保护层施工

卷材铺设完毕,经检查合格后,应立即进行保护层的施工,以保护防水层免受损伤,从而延长卷材防水层的使用年限。对于上人屋面可按设计要求做各种刚性防水层屋面保护层;不上人屋面可在防水层表面涂刷浅色、反射涂料保护层。

三、质量要求与验收

(一)质量要求

①屋面不得有渗漏和积水现象。

②所使用的材料必须符合设计要求和质量标准。

③天沟、檐沟、泛水和变形缝等构造,应符合设计要求。

④卷材铺贴方法和搭接顺序应符合设计要求,搭接宽度正确,接缝严密,无皱折、鼓泡和翘边现象。

⑤卷材防水层的基层、卷材防水层搭接宽度,附加层,天沟、檐沟、泛水和变形缝等细部做法,刚性保护层与卷材防水层之间设置的隔离层,密封防水处理部位等,应作隐蔽工程验收,并有记录。

(二)质量验收

卷材防水层的检验项目、要求及检验方法见表 10-11。

表 10-11 卷材防水层质量检验

	检 验 项 目	要 求	检 验 方 法
主控项目	卷材防水层所用卷材及其配套材料	必须符合设计要求	检查出厂合格证、质量检验报告和现场抽样复验报告
	卷材防水层	不得有渗漏和积水现象	雨后或淋水、蓄水试验
	卷材防水层在天沟、檐沟、泛水、变形缝和水落口等处细部做法	必须符合设计要求	观察检查和检查隐蔽工程验收记录
一般项目	卷材防水层的搭接缝	应粘(焊)结牢固、密封严密,并不得有皱折、鼓泡和翘边	观察检查
	防水层的收头	应与基层粘结并固定牢固,缝口封严,不得翘边	观察检查
	卷材防水层撒布材料和浅色涂料保护层	应铺撒或涂刷均匀,粘结牢固	观察检查
	卷材防水层的水泥砂浆或细石混凝土保护层与卷材防水层间	应设置隔离层	观察检查
	保护层的分格缝设置	应符合设计要求	观察检查
	卷材的铺设方向,卷材的搭接宽度允许偏差	铺设方向应正确,搭接宽度的允许偏差为 -10 mm	观察和尺量检查
	排气屋面的排气道、排气孔	应纵横贯通,不得堵塞;排气管应安装牢固、位置正确,封闭严密	观察和尺量检查

知识模块3　涂膜防水屋面施工

涂膜防水屋面是在屋面基层上涂刷防水涂料,经固化后形成一层有一定厚度和弹性的整体涂膜,从而达到防水目的的一种防水屋面形式,其典型的构造层次如图10-6所示。防水涂料具有防水性能好,固化后无接缝;施工操作简便,可适应各种形状复杂的防水基面;与基层粘结强度高;温度适应性强;施工速度快,易于修补等特点。适用于防水等级为Ⅲ级、Ⅳ级的屋面防水;也可作为Ⅰ级、Ⅱ级屋面多道防水设防中的一道防水层。

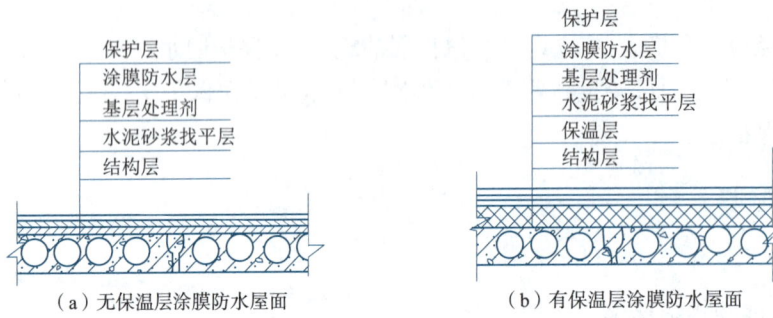

（a）无保温层涂膜防水屋面　　（b）有保温层涂膜防水屋面

图10-6　涂膜防水屋面构造图

一、材料要求

防水涂料按成膜物质的主要成分,可分为沥青基防水涂料、高聚物改性沥青防水涂料和合成高分子防水涂料。施工时,根据涂料品种和屋面构造形式的需要,可在涂膜防水层中增设胎体增强材料。各类防水涂料及胎体增强材料的质量要求分别见表10-12～表10-16。

表10-12　沥青基防水涂料质量要求

项　　目		质量要求
固体含量/%		≥50
耐热度(80 ℃,5 h)		无流淌、起泡和滑动
柔性[(10±1)℃)]		4 mm厚,绕Φ20 mm圆棒,无裂纹、断裂
不透水性	压力/MPa	≥0.1
	保持时间/min	≥30 不渗透
延伸[(20±2)℃拉伸]/mm		≥4.0

表10-13　水乳型或溶液型高聚物改性沥青防水涂料质量要求

项　　目		质量要求
固体含量/%		≥43
耐热度(80 ℃,5 h)		无流淌、起泡和滑动
柔性(−10 ℃)		3 mm厚,绕Φ20 mm圆棒,无裂纹、断裂
不透水性	压力/MPa	≥0.1
	保持时间/min	≥30 不渗透
延伸[(20±2)℃]/mm		≥4.5

表10-14　热熔型高聚物改性沥青防水涂料质量要求

项　　目	质量要求
耐热度(65 ℃,5 h)	无流淌、起泡和滑动
柔性(−20 ℃)	2 mm厚,绕Φ10 mm圆棒,无裂纹、断裂

续表

项　目		质　量　要　求
不透水性	压力/MPa	≥0.2
	保持时间/min	≥30 不渗透
延伸率[(20±2)℃]/%		≥300

表 10-15　合成高分子防水涂料性能要求

项　目		质　量　要　求		
		反应固化型	挥发固化型	聚合物水泥涂料
固体含量/%		≥94	≥65	≥65
拉伸强度/MPa		≥1.65	≥1.5	≥1.2
断裂延伸率/%		≥300	≥300	≥200
柔性/℃		-30,弯折无裂纹	-20,弯折无裂纹	-10,绕Φ10 mm圆棒,无裂纹
不透水性	压力/MPa	≥0.3		
	保持时间/min	≥30		

表 10-16　胎体增强材料质量要求

项　目		质　量　要　求		
		聚酯无纺布	化纤无纺布	玻纤网格布
外　观		均匀无团状,平整无折皱		
拉力(宽50 mm)/N	纵向	≥150	≥45	≥90
	横向	≥100	≥35	≥50
延伸率/%	纵向	≥10	≥20	≥3
	横向	≥20	≥25	≥3

防水涂料应贮存在清洁、密闭的塑料桶或内衬塑料桶的铁桶内,容器表面应有明显标志。不同规格、品种和等级的防水涂料应分别存放,存放时应保证通风、干燥,防止日光直接照射。胎体材料贮运、保管环境应干燥、通风,并远离火源。

进场的防水涂料和胎体增强材料应进行抽样复验,不合格产品不得使用。同一规格的防水涂料,每 10 t 为一批,不足 10 t 按一批抽样;胎体增强材料每 3 000 m² 为一批,不足 3 000 m² 按一批抽样。

二、涂膜防水屋面工程的施工

(一)找平层

涂膜防水层对找平层的平整度要求较高,否则涂膜防水层的厚度得不到保证,必将造成涂膜防水层的防水可靠性和耐久性降低。涂膜防水层是满粘于找平层的,找平层开裂易引起防水层的开裂,因此涂膜防水层的找平层应有足够的强度,尽可能避免开裂,出现裂缝应及时修补。涂膜防水层的找平层宜采用掺膨胀剂的细石混凝土,强度等级不低于C20,厚度不小于30 mm,以40 mm为宜。

(二)涂膜防水层施工

涂膜防水层施工工艺流程如图10-7所示。

1. 基层清理

涂膜防水层施工前,先将基层表面的杂物、砂浆硬块等清扫干净,基层表面平整,无起砂、起壳、龟裂等现象。

2. 涂刷基层处理剂

基层处理剂常采用稀释后的涂膜防水材料,其配合比应根据不同

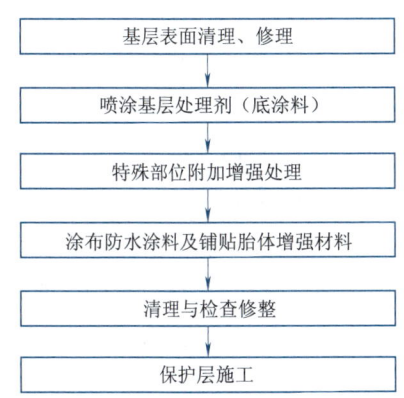

图 10-7　涂膜防水施工工艺流程

防水材料按要求配置。涂刷时,应用刷子用力薄涂,涂刷均匀,覆盖完全。

3. 附加涂膜层施工

涂膜防水层施工前,在管根部、水落口、阴阳角等部位必须先做附加涂层,附加涂层的做法是在附加层涂膜中铺设玻璃纤维布,用板刷涂刮驱除气泡,将玻璃纤维布紧密地贴在基层上,不得出现空鼓或折皱,可以多次涂刷涂膜。

4. 涂膜防水层施工

防水涂料的涂布可采用涂刷法或机械喷涂法。

涂刷法一般采用棕刷、长柄刷、圆滚刷蘸防水涂料进行涂刷,也可以边倒涂料边用刷子刷匀,但涂刷立面应采用蘸刷法。倒涂料时应注意控制涂料,均匀倒洒,不可在一处倒得太多,否则涂料难以刷开,造成厚薄不匀的现象;涂刷时应避免将气泡裹进涂层中,如果遇到起泡应立即消除。前遍涂层干燥后,应将涂层上的灰尘杂质清理干净后,再进行后一遍涂层的涂刷。

机械喷涂法是将防水涂料倒入喷涂设备内,通过喷枪将防水涂料均匀地喷涂于基层表面。其主要用于黏度较小的高聚物改性沥青防水涂料和合成高分子防水涂料的大面积施工。

涂膜防水层的施工应按"先高后低,先远后近"的原则进行。遇高低跨屋面时,一般先涂布高跨屋面,后涂布低跨屋面;相同高度屋面上,要合理安排施工段,先涂布距上料点远的部位,后涂布近处;同一屋面上先涂布排水较集中的水落口、天沟、檐口等节点部位,再进行大面积涂布。涂层应厚薄均匀、表面平整,不得有露底、漏涂和堆积现象。各道涂层之间的涂刷方向相互垂直,以提高防水层的整体性和均匀性。涂层间的接槎,在每遍涂刷时应退槎 50～100 mm,接槎时也应超过 50～100 mm,避免在搭接处发生渗漏。两涂层施工间隔时间不宜过长,否则易形成分层现象。

涂料涂布可分条进行,每条宽度应该与胎体增强材料宽度一致,以避免操作人员踩踏刚涂好的涂层。每次涂布前,应严格检查前遍涂层是否有缺陷,如出现气泡、露底、漏刷、胎体增强材料皱折、翘边、杂物混入等现象,应先进行修补,再涂布后遍涂层。

5. 铺设胎体增强材料

需铺设胎体增强材料时,在第二遍涂刷涂料时或第三遍涂刷前,即可加铺胎体增强材料,铺贴方法可采用湿铺法或干铺法。湿铺法是边倒涂料边涂刷,边铺贴;干铺法是在前一遍涂层干燥后,边干铺胎体增强材料,边在已经展平的表面上用橡皮刮板均匀满刮一道涂料。无论采用湿铺法或干铺法,必须使胎体增强材料铺贴平整,不起皱、不翘边、无空鼓,使胎体材料全部网眼浸满涂料,上下两层涂料能良好结合,确保防水效果。

在铺设胎体增强材料时,要注意铺设方向。当屋面坡度小于 15% 时可平行于屋脊铺设,当屋面坡度大于 15% 时,为了防止胎体增强材料下滑,宜垂直于屋脊铺设,并由屋面最低标高处开始向上铺设。胎体增强材料的搭接应该顺流水方向,搭接时,其长边搭接宽度不小于 50 mm,短边搭接宽度不小于 70 mm;采用二层胎体增强材料时,上下层不得相互垂直铺设,搭接缝应错开,其间距不应小于幅宽的 1/3。找平层分格缝处应增设胎体增强材料的空铺附加层,其宽度以 200～300 mm 为宜。

胎体增强材料铺设后,应严格检查表面是否有缺陷,如果有缺陷应及时修补完整,使它形成一个完整的防水层,然后才能在其上继续涂刷涂料。面层涂料应至少涂刷两遍以上,以增加涂膜的耐久性。

6. 收头处理

为了防止收头部位出现翘边现象,所有收头均应用密封材料压边,压边宽度不得小于 10 mm。收头处的胎体增强材料应剪裁整齐,如果有凹槽时,应压入凹槽内,不得出现翘边、皱折、露白等现象。否则应该先进行处理,然后再涂密封材料。

7. 保护层施工

涂膜防水屋面应设置保护层。保护层材料可采用绿豆砂、云母、蛭石、浅色涂料、水泥砂浆、细石混凝土或块材等。当采用水泥砂浆、细石混凝土或块材保护层时,应在防水涂膜与保护层之间设置隔离层,以防止因保护层的伸缩变形,将涂膜防水层破坏而造成渗漏。当用绿豆砂、云母、蛭石时,应在最后一遍涂料涂刷后随即撒上,并用扫帚轻扫均匀、轻拍粘牢。当用浅色涂料作保护层时。应在涂膜固化后进行。

三、质量要求与验收

(一)质量要求

①涂膜防水屋面不得有渗漏和积水现象。

②所用的防水涂料、胎体增强材料、配套进行密封处理的密封材料及复合使用的卷材和其他材料应有产品合格证书和性能检测报告;材料的品种、规格、性能等必须符合国家产品标准和设计要求。材料进场后,应按有关规范的规定进行抽样复验,并提出试验报告;不合格的材料,不得在屋面工程中使用。

③屋面坡度必须准确,找平层平整度不得超过 5 mm。不得有酥松、起砂、起皮等现象。出现裂缝应作修补。找平层的水泥砂浆配合比、细石混凝土的强度等级及厚度应符合设计要求。基层应平整、干净、干燥。

④水落口杯和伸出屋面的管道应与基层固定牢固,密封严密。各节点做法应符合设计要求。附加层设置正确,节点封固严密,不得开缝翘边。

⑤防水层与基层应粘结牢固,不得有裂纹、脱皮、流淌、鼓泡、露胎体和皱皮等现象,厚度应符合设计要求。

(二)质量验收

涂膜防水层质量检验项目、要求和检验方法见表10-17。

表10-17 涂膜防水层质量检验

检验项目		要 求	检验方法
主控项目	防水涂料和胎体增强材料	必须符合设计要求	检查出厂合格证、质量检验报告和现场抽样复验报告
	涂膜防水层	不得有渗漏和积水现象	雨后或淋水、蓄水试验
	涂膜防水层在天沟、檐沟、檐口、泛水、变形缝、水落口和伸出屋面管道等处细部做法	必须符合设计要求	观察检查和检查隐蔽工程验收记录
一般项目	涂膜防水层的厚度	平均厚度符合设计要求,最小厚度不应小于设计厚度的80%	针测法获取样量测
	防水层表观质量	与基层粘结牢固,表面平整,涂刷均匀,无流淌、皱折、鼓泡、露胎体和翘边等缺陷	观察检查
	涂膜防水层撒布材料和浅色涂料保护层	应铺撒或涂刷均匀,粘结牢固	观察检查
	涂膜防水层的水泥砂浆或细石混凝土保护层与卷材防水层间	应设置隔离层	观察检查
	刚性保护层的分格缝设置	应符合设计要求	观察检查

知识模块4 刚性防水屋面施工

刚性防水屋面是指利用刚性防水材料作防水层的屋面。主要有普通细石混凝土防水屋面、补偿收缩混凝土防水屋面、预应力混凝土防水屋面等。主要适用于防水等级为Ⅲ级的屋面防水,也可用作Ⅰ、Ⅱ级屋面多道防水设防中的一道防水层,不适用于设有松散材料保温层的屋面、大跨度屋面以及受振动或冲击的建筑屋面。刚性防水层的节点部位应与柔性材料复合使用,以保证防水的可靠性。

刚性防水屋面的一般构造形式如图10-8所示。

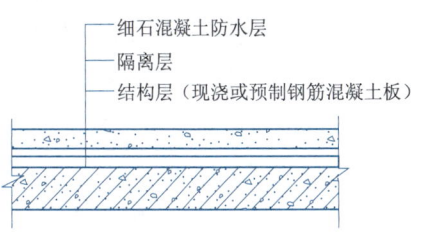

图10-8 刚性防水屋面构造

一、材料要求

(一)水泥

水泥宜采用普通硅酸盐水泥或硅酸盐水泥,如采用矿渣硅酸盐水泥时应采取减少泌水性措施。水泥强度等级不宜低于32.5级。不得使用火山灰质硅酸盐水泥。水泥应有出厂合格证,质量标准应符合国家标准的要求。

(二)骨料

细骨料应采用中砂或粗砂,含泥量不超过2%;粗骨料宜采用质地坚硬的碎石或卵石,最大粒径不宜超过15 mm,级配良好,含泥量不超过1%。

(三)混凝土

拌和用水应采用不含有害物质的洁净水。混凝土水灰比不应大于0.55,每立方米混凝土水泥用量不小于330 kg,含砂率宜为35%~40%,灰砂比应为1:2~2.5,混凝土强度不得低于C20,并宜掺外加剂。普通细石混凝土、补偿收缩混凝土的自由膨胀率应为0.05%~0.1%。

(四)外加剂

刚性防水层中常用外加剂有膨胀剂、防水剂、减水剂和引气剂等,施工时应根据不同品种的适用范围、技术要求来进行选择。

二、刚性防水屋面工程的施工

(一)基层要求

刚性防水屋面的结构层宜为整体现浇的钢筋混凝土。当屋面结构层采用装配式钢筋混凝土板时,应用强度等级不小于C20的细石混凝土灌缝,灌缝的细石混凝土宜掺膨胀剂。当屋面板板缝宽度大于40 mm或上窄下宽时,板缝内必须设置构造钢筋,灌缝高度与板面平齐,板端缝应用密封材料进行嵌缝密封处理。

(二)隔离层施工

在结构层与防水层之间宜增加一层低强度等级砂浆、卷材、塑料薄膜等材料,起隔离作用,使结构层和防水层的变形互相不受约束,以减少因结构变形而使防水混凝土产生的拉应力,减少刚性防水层的开裂。

1. 黏土砂浆隔离层施工

结构层表面应清扫干净,洒水湿润,但不得积水,将按石灰膏:砂:黏土 = 1:2.4:3.6 配制的材料拌和均匀,砂浆以干稠为宜,铺抹的厚度约10~20 mm,要求表面平整、压实、抹光,待砂浆基本干燥后,方可进行下道工序施工。

2. 石灰砂浆隔离层施工

施工方法同黏土砂浆隔离层施工。砂浆配合比为石灰膏:砂 = 1:4。

3. 卷材隔离层施工

用1:3水泥砂浆将结构层找平,并压实抹光养护,在干燥的找平层上铺一层3~8 mm干细砂滑动层,再在其上铺一层卷材,搭接缝用热沥青胶胶结。也可以在找平层上直接铺一层塑料薄膜。

做好隔离层继续施工时,要注意对隔离层加强保护。混凝土运输不能直接在隔离层表面进行,应采取垫板等措施;绑扎钢筋时不得扎破表面,浇捣混凝土时更不能振酥隔离层。

(三)细石混凝土防水层施工

1. 分格缝的留置

为防止刚性防水层因温差、混凝土收缩等影响而产生裂缝,应按设计要求设置分格缝。其位置应设在结构层屋面板的支承端、屋面转折处、防水层与突出屋面结构的交接处,并应与板缝对齐。分格缝的纵横间距一般不大于6 m,分格缝宽宜为10~20 mm。分格缝的一般做法是在施工刚性防水层前,先在隔离层上定好分格缝位置,再安放分格条,然后按分隔板块浇筑混凝土,待混凝土初凝后,将分格条取出。分格缝处可采用嵌填密封材料并加贴防水卷材的办法进行处理,以增加防水的可靠性。

2. 钢筋网片施工

钢筋网配置应按设计要求,一般设置直径为 4～6 mm、间距为 100～200 mm 的双向钢筋网片。可采用冷拔低碳钢丝。钢筋网片采用绑扎和焊接均可,其位置以居中偏上为宜,在分格缝处应断开,保护层厚度不小于 10 mm。

3. 细石混凝土防水层施工

浇捣混凝土前,应将隔离层表面清理干净,检查隔离层质量及平整度、排水坡度和完整性,支好分格缝模板,标出混凝土浇捣厚度,厚度不宜小于 40 mm。混凝土应采用机械搅拌,加入外加剂时,应准确计量,投料顺序得当,搅拌均匀,搅拌时间不少于 2 min。混凝土运输过程中应防止漏浆和离析。混凝土浇筑应按先远后近、先高后低的原则进行,一个分格缝内的混凝土必须一次浇筑完毕,不得留施工缝。混凝土浇筑时,应振捣密实,并确保防水层的设计厚度和排水坡度。待混凝土初凝收水后,应进行二次表面压光,要求做到表面平光,不起砂、起皮、无模板压痕为止。混凝土终凝后,立即进行养护,养护时间不应少于 14 d。施工环境气温宜为 5～35 ℃。

三、质量要求和验收

(一)质量要求

①刚性防水屋面不得有渗漏和积水现象。

②所用的混凝土、砂浆原材料,各种外加剂及配套使用的卷材、涂料、密封材料等必须符合质量标准和设计要求。进场材料应按规定检验合格。

③穿过屋面的管道等与屋面交接处,周围要用柔性材料增强密封,不得渗漏;各节点做法应符合设计要求。

④混凝土、砂浆的强度等级、厚度及补偿收缩混凝土的自由膨胀率应符合设计要求。

⑤屋面坡度应准确,排水系统应通畅,刚性防水层厚度符合要求。表面平整度不超过 5 mm。不得有起砂、起壳和裂缝现象。防水层内钢筋位置应准确。分格缝应平直、位置正确。密封材料应嵌填密实,盖缝卷材应粘贴牢固。

⑥施工过程中做好隐蔽工程的检查和记录。

(二)质量验收

细石混凝土刚性防水层质量检验项目、要求和检验方法见表 10-18。

表 10-18 细石混凝土刚性防水层质量检验项目、要求和检验方法

	检验项目	要求	检验方法
主控项目	细石混凝土的原材料	必须符合设计要求	检查出厂合格证、质量检验报告和现场抽样复验报告
	细石混凝土的配合比和抗压强度	必须符合设计要求	检查配合比和试块试验报告
	细石混凝土防水层	不得有渗漏和积水现象	雨后或淋水检验
	细石混凝土防水层有天沟、檐沟、檐口、泛水、变形缝、水落口和伸出屋面管道的防水构造	必须符合设计要求	观察检查和检查隐蔽工程验收记录
一般项目	细石混凝土防水层表面	应密实、平整、光滑,不得有裂缝、起壳、漆皮、起砂	观察检查
	细石混凝土防水层厚度和钢筋位置	必须符合设计要求	观察和尺量检查
	细石混凝土防水层分格缝的位置和间距	必须符合设计要求	观察和尺量检查
	细石混凝土防水层表面平整度	允许偏差为 5 mm	用 2 m 靠尺和楔形塞尺检查

自测训练

1. 高聚物改性沥青防水卷材具有高温（　　　）、低温（　　　）、抗拉强度（　　　）、延伸率（　　　）等特点。

2. 卷材宜（　　　）堆放，其高度不宜超过（　　　）层，并不得（　　　）。

3. 卷材铺贴的方向应根据屋面坡度和屋面是否受振动而确定。当屋面坡度小于（　　　）时，卷材宜平行于屋脊铺贴；屋面坡度在（　　　）之间时，卷材可平行或垂直于屋脊铺贴；屋面坡度大于（　　　）或（　　　）时，沥青卷材、高聚物改性沥青卷材应垂直于屋脊铺贴，合成高分子防水卷材可平行或垂直于屋脊铺贴。

4. 涂膜防水屋面是在屋面基层上涂刷（　　　），经固化后形成一层有一定（　　　）和（　　　）的整体涂膜，从而达到防水目的的一种防水屋面形式。

5. 防水涂料按成膜物质的主要成分，可分为（　　　）防水涂料、（　　　）防水涂料和（　　　）防水涂料。

6. 刚性防水屋面宜采用（　　　）水泥或（　　　）水泥，水泥强度等级不宜低于（　　　）级。

7. 刚性防水屋面混凝土水灰比不应大于（　　　），每立方米混凝土水泥最小用量不应小于（　　　）kg，混凝土强度不得低于（　　　）。

8. 在结构层与刚性防水层之间宜增加一层（　　　），使结构层和防水层变形互不受约束，以减少因结构变形使防水混凝土产生的拉应力，减少刚性防水层的开裂。

9. 刚性防水层钢筋网配置应按设计要求，一般设置直径为（　　　）mm、间距为（　　　）mm的双向钢筋网片。

10. 刚性防水层混凝土厚度不宜小于（　　　）mm。混凝土应采用机械搅拌，搅拌时间不少于（　　　）min。

笔记栏

任务 10　计 划 单

学习情境三	防水工程施工		任务 10	屋面防水工程施工
工作方式	组内讨论、团结协作共同制订计划：小组成员进行工作讨论，确定工作步骤		计划学时	
完成人				
计划依据				
序号	计划步骤		具体工作内容描述	
1	准备工作 （准备编制施工方案的工程资料，谁去做）			
2	组织分工 （成立组织，人员具体都完成什么）			
3	选择屋面防水工程施工方法 （谁负责、谁审核）			
4	确定屋面防水工程施工工艺流程 （谁负责、谁审核）			
5	明确屋面防水工程施工要点 （谁负责、谁审核）			
6	明确屋面防水工程施工质量控制要点 （谁负责、谁审核）			
制订计划说明	（写出制订计划中人员为完成任务的主要建议或可以借鉴的建议、需要解释的某一方面）			

任务10 决 策 单

学习情境三	防水工程施工		任务10	屋面防水工程施工
决策学时				
决策目的				
决策方案过程	工作内容	内容类别	必要	非必要（可说明原因）
		内容记录	性质描述		
决策方案描述					

任务 10 作业单

学习情境三	防水工程施工		任务 10	屋面防水工程施工
参加人员	第　组 签名：		开始时间： 结束时间：	
序号	工作内容记录		分工（负责人）	
1				
2				
⋮				
小结	主要描述完成的成果		存在的问题	

任务10 检查单

学习情境三	防水工程施工		任务10	屋面防水工程施工	
检查学时				第 组	
检查目的及方式					

序号	检查项目	检查标准	检查结果分级（在检查相应的分级框内画"√"）				
			优秀	良好	中等	合格	不合格
1	准备工作	资源是否已查到，材料是否准备完整					
2	分工情况	安排是否合理、全面，分工是否明确					
3	工作态度	小组工作是否积极主动、全员参与					
4	纪律出勤	是否按时完成负责的工作内容，是否遵守工作纪律					
5	团队合作	是否相互协作、互相帮助，成员是否听从指挥					
6	创新意识	任务完成不照搬照抄，看问题具有独到见解、创新思维					
7	完成效率	工作单是否记录完整，是否按照计划完成任务					
8	完成质量	工作单填写是否准确，记录单检查及修改是否达标					
检查评语							教师签字：

任务10 评 价 单

1. 小组工作评价单

学习情境三	防水工程施工		任务10	屋面防水工程施工	
评价学时					
班级：			第 组		
考核情境	考核内容及要求	分值（100）	小组自评（10%）	小组互评（20%）	教师评价（70%）	实得分（Σ）
汇报展示（20）	演讲资源利用	5				
	演讲表达和非语言技巧应用	5				
	团队成员补充配合程度	5				
	时间与完整性	5				
质量评价（40）	工作完整性	10				
	工作质量	5				
	报告完整性	25				
团队情感（25）	核心价值观	5				
	创新性	5				
	参与度	5				
	合作性	5				
	劳动态度	5				
安全文明（10）	工作过程中的安全保障情况	5				
	工具正确使用和保养、放置规范	5				
工作效率（5）	能够在要求的时间内完成，每超时5 min扣1分	5				

2. 小组成员素质评价单

课程	建筑施工技术		
学习情境三	防水工程施工	学时	8
任务10	屋面防水工程施工	学时	4
班级		第　组	成员姓名
评分说明	每个小组成员评价分为自评和成员互评两部分,取平均值计算,作为该小组成员的任务评价个人分数。评价项目共设计五个,依据评分标准给予合理量化打分。小组成员自评分后,要找小组其他成员不记名方式打分,成员互评分为其他小组成员的平均分		
对象	评分项目	评分标准	评分
自评 （100分）	核心价值观 （20分）	是否践行社会主义核心价值观	
	工作态度 （20分）	是否按时完成负责的工作内容、遵守纪律,是否积极主动参与小组工作,是否全过程参与,是否吃苦耐劳,是否具有工匠精神	
	交流沟通 （20分）	是否能良好地表达自己的观点,是否能倾听他人的观点	
	团队合作 （20分）	是否与小组成员合作完成,是否做到相互协助、相互帮助、听从指挥	
	创新意识 （20分）	看问题是否能独立思考、提出独到见解,是否能够创新思维解决遇到的问题	
成员互评 （100分）	核心价值观 （20分）	是否践行社会主义核心价值观	
	工作态度 （20分）	是否按时完成负责的工作内容、遵守纪律,是否积极主动参与小组工作,是否全过程参与,是否吃苦耐劳,是否具有工匠精神	
	交流沟通 （20分）	是否能良好地表达自己的观点,是否能倾听他人的观点	
	团队合作 （20分）	是否与小组成员合作完成,是否做到相互协助、相互帮助、听从指挥	
	创新意识 （20分）	看问题是否能独立思考、提出独到见解,是否能够创新思维解决遇到的问题	
最终小组成员得分			
小组成员签字		评价时间	

任务 10　教学反思单

学习情境三	防水工程施工		任务 10	屋面防水工程施工
班级		第　组	成员姓名	
情感反思	通过对本任务的学习和实训，你认为自己在社会主义核心价值观、职业素养、学习和工作态度等方面有哪些需要提高的部分？			
知识反思	通过对本任务的学习，你掌握了哪些知识点？请画出思维导图。			
技能反思	在完成本任务的学习和实训过程中，你主要掌握了哪些技能？			
方法反思	在完成本任务的学习和实训过程中，你主要掌握了哪些分析和解决问题的方法？			

学习情境四
装饰工程施工

学习指南

情境导入

根据装饰工程施工过程,选取抹灰工程施工、饰面工程施工、建筑地面工程施工、门窗工程施工四个真实工作任务为载体,使学生通过训练掌握装饰工程各分部工程的施工准备工作、施工工艺、施工要点、施工质量控制要点、常见施工问题的处理办法及施工计算等内容。通过识读施工图纸,学生能够编制装饰工程施工方案,并完成装饰工程施工技术交底任务,从而胜任施工员、质检员、监理员等岗位的工作。

学习目标

1. 知识目标
(1)了解抹灰工程的施工工艺、施工流程、质量控制点、常见施工问题的处理办法等基础知识;
(2)了解饰面工程的施工工艺、施工流程、质量控制点、常见施工问题的处理办法等基础知识;
(3)了解建筑地面工程的施工工艺、施工流程、质量控制点、常见施工问题的处理办法等基础知识;
(4)了解门窗工程的施工工艺、施工流程、质量控制点、常见施工问题的处理办法等基础知识。

2. 能力目标
(1)能够制定抹灰工程施工方案并指导施工,能够解决施工中的常见问题;
(2)能够制定饰面工程施工方案并指导施工,能够解决施工中的常见问题;
(3)能够制定建筑地面工程施工方案并指导施工,能够解决施工中的常见问题;
(4)能够制定门窗工程施工方案并指导施工,能够解决施工中的常见问题。

3. 素质目标
(1)具备"严谨认真、吃苦耐劳、诚实守信"的职业精神;
(2)具备与他人合作的团队精神和责任意识。

工作任务

1. 抹灰工程施工;
2. 饰面工程施工;
3. 建筑地面工程施工;
4. 门窗工程施工。

学习情境四 装饰工程施工

任务 11 抹灰工程施工

任 务 单

课程	建筑施工技术		
学习情境四	装饰工程施工	学时	8
任务 11	抹灰工程施工	学时	2
布置任务			
任务目标	1. 能够陈述抹灰工程施工工艺流程； 2. 能够阐述抹灰工程施工要点； 3. 能够列举抹灰工程施工质量控制点； 4. 能够开展抹灰工程施工准备工作； 5. 能够处理抹灰工程施工常见问题； 6. 能够编制抹灰工程施工方案； 7. 具备吃苦耐劳、主动承担的职业素养,具备团队精神和责任意识,具备保证质量建设优质工程的爱国情怀		
任务描述	在进行抹灰工程施工时,项目技术负责人应根据项目施工图纸、施工现场周边环境、设备材料供应等情况编写抹灰工程施工方案,进行抹灰工程施工技术交底。其具体工作如下： 1. 进行编写抹灰工程施工方案的准备工作。 2. 编写抹灰工程施工方案： (1)进行抹灰工程施工准备； (2)选择抹灰工程施工方法； (3)确定抹灰工程施工工艺流程； (4)明确抹灰工程施工要点； (5)明确抹灰工程施工质量控制点。 3. 进行抹灰工程施工技术交底		

学时安排	布置任务与资讯	计划	决策	实施	检查	评价
	(0.5学时)	(0.25学时)	(0.25学时)	(0.5学时)	(0.25学时)	(0.25学时)

| 对学生的要求 | 1. 具备建筑施工图识读能力；
2. 具备建筑施工测量知识；
3. 具备任务咨询能力；
4. 严格遵守课堂纪律,不迟到、不早退；学习态度认真端正；
5. 每位同学必须积极参与小组讨论；
6. 每组均提交"抹灰工程施工方案" |

信 息 单

课程	建筑施工技术	
学习情境四	装饰工程施工	学时 8
任务 11	抹灰工程施工	学时 2

资讯思维导图

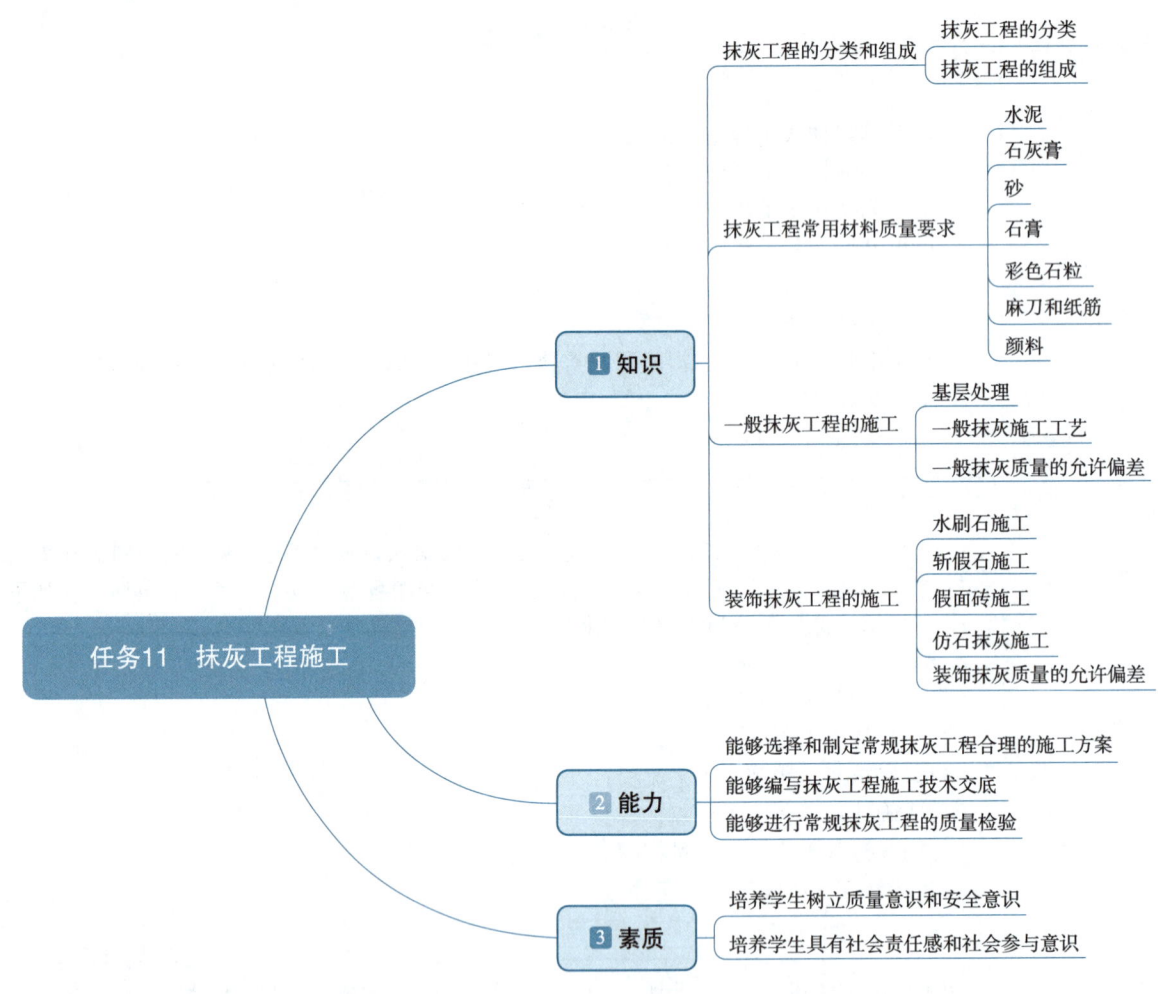

知识模块1　抹灰工程的分类和组成

一、抹灰工程的分类

1. 一般抹灰

一般抹灰为采用石灰砂浆、水泥混合砂浆、水泥砂浆、聚合物水泥砂浆、麻刀灰、纸筋石灰和石膏灰等抹灰材料进行的抹灰工程施工。按建筑物标准和质量要求一般抹灰分为如下两级：

（1）高级抹灰

高级抹灰由一层底层、数层中层和一层面层组成。抹灰要求阴阳角找方，设置标筋，分层赶平、修整。表面压光，要求表面光滑、洁净，颜色均匀，线角平直，清晰美观，无抹纹。高级抹灰用于大型公共建筑物，纪念性建筑物和有特殊要求的高级建筑物等。

(2) 普通抹灰

普通抹灰由一层底层,一层中层和一层面层(或一层底层,一层面层)组成。抹灰要求阳角找方,设置标筋,分层赶平、修整。表面压光,要求表面洁净,线角顺直、清晰,接槎平整。普通抹灰用于一般居住、公用和工业建筑以及建筑物中的附属用房,如汽车库、仓库、锅炉房、地下室、储藏室等。

2. 装饰抹灰

装饰抹灰为采用水刷石、水磨石、斩假石、干粘石、喷涂、滚涂、弹涂、仿石和彩色抹灰等为面层的抹灰工程施工。

二、抹灰工程的组成

1. 抹灰工程的分层

抹灰工程是分层进行施工的,其目的是增强层间的粘结,保证抹灰牢固,抹面平整。抹灰工程由底层、中层和面层组成,各层使用砂浆品种应视基层材料、部位、质量标准及各地气候条件决定,见表11-1。

表 11-1 抹灰的组成

层次	作 用	基层材料	一般做法
底层	主要起与基层粘结的作用,兼起初步找平作用,砂浆稠度 10~12 cm	砖墙基层	室内墙面一般采用石灰砂浆或水泥混合砂浆打底;室外墙面、门窗洞口外侧壁、屋檐、勒脚、压檐墙等及湿度较大的房间和车间宜采用水泥砂浆或水泥混合砂浆
		混凝土基层	宜先刷素水泥浆一道,采用水泥砂浆或水泥混合砂浆打底;高级装饰顶板宜用乳胶水泥砂浆打底
		加气混凝土基层	宜用水泥混合砂浆、聚合物水泥砂浆或掺增稠粉的水泥砂浆打底,打底前先刷一遍胶水溶液
		硅酸盐砌块基层	宜用水泥混合砂浆或掺增稠粉的水泥砂浆打底
		木板条、金属网基层	宜用麻刀灰、纸筋灰或玻璃丝灰打底,并将灰浆挤入基层缝隙内,以加强拉结
		平整光滑的混凝土基层,如顶棚、墙体基层	可不抹灰,采用刮粉刷石膏或刮腻子处理
中层	主要起找平作用,砂浆稠度 7~8 cm		基本与基层相同,砖墙则采用麻刀灰、纸筋灰或粉刷石膏;根据施工质量要求可以一次抹成,也可分遍进行
面层	主要起装饰作用,砂浆稠度 10 cm		要求平整、无裂纹,颜色均匀。室内一般采用麻刀灰、纸筋灰、玻璃丝灰或粉刷石膏;高级墙面用石膏灰,保温、隔热墙面应按设计要求。室外宜用水泥砂浆、水刷石、干粘石等

2. 抹灰层的厚度

抹灰层的平均总厚度,应根据抹灰层的部位及基层材料而定,要求应小于下列数值:

顶棚:板条、空心砖、现浇混凝土为 15 mm,预制混凝土为 18 mm,金属网为 20 mm;

内墙:普通抹灰为 20 mm,高级抹灰为 25 mm;

外墙:为 20 mm;

勒脚及突出墙面部分:为 25 mm;

石墙:为 35 mm。

3. 每遍抹面厚度

为保证抹灰粘结牢固,抹灰工程一般均采用多遍成活,每遍抹灰厚度一般控制如下:

水泥砂浆:每遍厚度为 5~7 mm;

石灰砂浆和混合砂浆:每遍厚度为 7~9 mm;

麻刀灰:每遍厚度为 3 mm;

纸筋灰、石膏灰:每遍厚度为 2 mm。

知识模块 2　抹灰工程常用材料质量要求

一、水泥

抹灰常采用普通硅酸盐水泥、矿渣硅酸盐水泥、白水泥及彩色硅酸盐水泥等,强度等级不低于 32.5 级。水泥的品种、强度等级应符合设计要求。出厂三个月后的水泥,应经试验后方能使用。受潮后结块的水泥应过筛试验后使用。

二、石灰膏

块状生石灰经熟化成石灰膏后使用,常温下熟化时间一般不少于 15 d,用于罩面的石灰膏,常温下熟化时间不应小于 30 d。石灰膏应洁白细腻,不得含有未熟化颗粒,已冻结风化的石灰膏不得使用。

三、砂

抹灰工程常用的是中砂或中砂与粗砂的混合砂。要求砂的颗粒坚硬洁净,使用前应过筛(不大于 5 mm 筛孔),不得含有黏土(含量不超过 2%)、草根、树叶、碱质及其他有机物等有害杂质。

四、石膏

建筑用石膏应磨成细粉,无杂质。宜用乙级建筑石膏,细度通过 0.15 mm 筛孔,筛余量不大于 10%。一般用于高级抹灰或抹灰龟裂的补平。

五、彩色石粒

彩色石粒是由天然大理石破碎而成,具有多种色泽,颗粒坚韧,适于用做水刷石,水磨石及斩假石等装饰抹灰的骨料。要求彩色石粒洁净,有棱角,不得含有风化的石粒,施工时应冲洗后使用。

六、麻刀和纸筋

麻刀和纸筋用在抹灰层中起拉结作用,能提高抹灰层的抗拉强度,增加抹灰层的弹性和耐久性,使抹灰层不易开裂脱落。

1. 麻刀

麻刀应均匀、坚韧、干燥,不含杂质,使用时将麻丝剪成 2~3 cm 长,随用随敲打松散。每 100 kg 石灰膏中掺入 1 kg 麻刀制成麻刀灰。

2. 纸筋

纸筋在使用时先撕碎,除净尘土,然后用清水浸透,每 100 kg 石灰膏中掺入 2.75 kg 纸筋。抹面时需用小钢磨搅拌打细,并用 3 mm 孔径筛过滤制成纸筋灰。

七、颜料

掺入装饰砂浆中的颜料,应采用耐碱和耐光的矿物颜料。

知识模块 3　一般抹灰工程的施工

一、基层处理

抹灰前应清除基层表面的灰尘、污垢和油渍等,并洒水湿润。表面凹凸明显的部位应剔平或用 1∶3 水泥砂浆补平;平整光滑的表面应作凿毛处理,或用掺 108 胶的水泥浆薄抹一层。检查门窗框位置是否正确,与墙体连接是否牢固,并将穿越墙体和楼板的管道孔洞、施工孔洞、管线沟槽及门窗框的缝隙填塞密实。不同材料的基层交接处应铺设金属网或纤维布,并使其绷紧牢固,金属网与各基层的搭接宽度从相接处起每边不少于100 mm,以防抹灰层因基层两种材料胀缩不同产生裂缝。

二、一般抹灰施工工艺

1. 墙面抹灰

(1)弹准线,抹灰饼、冲筋

对于普通抹灰,先用托线板检查墙面的垂直平整程度,大致决定墙面的抹灰厚度。在距顶棚约200 mm处,用与抹底层灰相同的砂浆在墙面的上角各做一个标准灰饼,再以这两个灰饼为基准,用托线板或吊线做墙面下角两个标准灰饼,其位置一般在踢脚线上方200~250 mm处;然后,根据上下灰饼,在灰饼附近墙缝内钉上钉子,上下左右拉通线,每间隔1.2~1.5 m上下加做若干标准灰饼。灰饼大小一般50 mm见方,厚度由墙面平整垂直的情况而定。待灰饼稍干后,在上下灰饼之间抹上宽约10 cm 的砂浆冲筋,用木杠刮平,厚度与灰饼相平,待稍干后进行底层抹灰,如图11-1所示。

对于高级抹灰,先将房间规方,小房间可以一面墙做基线,用方尺规方即可;如果房间面积较大,要在地面上先弹出十字线,作为墙角抹灰的准线,在距离墙角100 mm左右,用线坠吊直,在墙面弹一立线,再按房间规方地线(十字线)及墙面平整程度向里反弹出墙角抹灰准线,并在准线上下两端挂通线,做出标准灰饼及冲筋。

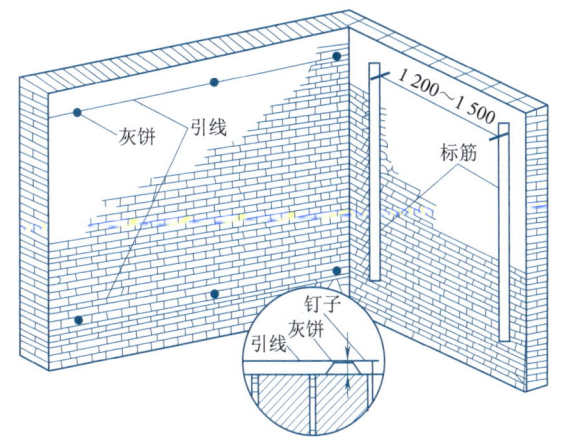

图11-1 灰饼、标筋位置示意图(单位:mm)

(2)做护角

室内墙面、柱面的阳角和门窗洞的阳角,如设计对护角线无规定时,一般可用1∶2水泥砂浆抹出护角,护角高度不应低于2 m,每侧宽度不小于50 mm。其做法是:根据灰饼厚度抹灰,然后粘好八字靠尺,并找方吊直,用1∶2水泥砂浆分层抹平。待砂浆稍干后,再用量角器和水泥浆抹出小圆角。

(3)抹底层灰

当标筋稍干后,用刮尺操作不致损坏时,即可抹底层灰。抹底层灰前,先应该对基体表面进行处理。应自上而下地在标筋间抹满底灰,随抹随用刮尺齐着标筋刮平。刮尺操作用力要均匀,不准将标筋刮坏或使抹灰层出现不平的现象。待刮尺基本刮平后,再用木抹子修补、压实、搓平、搓毛。

(4)抹中层灰

待底层灰凝结,达7~8成干后(用手指按压不软,但有指印和潮湿感),就可以抹中层灰,依冲筋厚以抹满砂浆为准,随抹随用刮尺刮平压实,再用木抹子搓平。中层灰抹完后,对墙的阴角用阴角抹子上下抽动抹平。中层砂浆凝固前,也可以在层面上交叉划出斜痕,以增强与面层的粘结。

(5)抹面层灰(也称罩面)

中层灰干至7~8成后,即可抹面层灰。如果中层灰已经干透发白,应先适度洒水湿润后,再抹罩面灰。用于罩面的常有麻刀灰、纸筋灰。抹灰时,用铁抹子抹平,并分两遍压光,使面层灰平整、光滑、厚度一致。

2. 顶棚抹灰

顶棚抹灰一般不做灰饼和标筋,而是根据500 mm线在顶棚四周的墙面上弹一条水平线以控制顶棚抹灰层厚度,并作为抹灰找平的依据。

抹灰前,先清除板底浮灰、砂石和松动的混凝土,剔平混凝土突出部分,清除板面隔离剂。当隔离剂为滑石粉或其他粉状物时,先用钢丝刷刷除,再用清水冲洗干净;当为油脂类隔离剂时,先用质量分数为10%的火碱溶液洗刷干净,再用清水冲洗干净。

抹底层灰前一天,用水湿润基层;抹底层灰的当天,根据顶棚湿润情况,用茅草帚洒水、湿润,接着满刷 108 胶素水泥浆一道,随刷随抹底层灰。操作时需用力压,将底灰挤入顶板细小孔隙中。紧接着抹中层砂浆,抹后用软刮尺刮抹顺平,用木抹子搓平。待中层灰 6~7 成干后,即可抹罩面灰。罩面灰分两遍成活。第一遍罩面灰越薄越好,紧跟着抹第二遍,要找平。待罩面灰稍干,用抹子顺抹纹压实、压光。

三、一般抹灰质量的允许偏差

一般抹灰质量的允许偏差及检验方法见表 11-2。

表 11-2　一般抹灰质量的允许偏差和检验方法

项次	项目	允许偏差/mm 普通抹灰	允许偏差/mm 高级抹灰	检验方法
1	立面垂直	4	3	用 2 m 垂直检测尺检查
2	表面平整	4	3	用 2 m 靠尺和楔形塞尺检查
3	阴、阳角垂直	4	3	用直角检测尺检查
4	分格条(缝)平线度	4	3	拉 5 m 线,不足 5 m 拉通线,用钢直尺检查
5	墙裙勒脚上口直线度	4	3	拉 5 m 线,不足 5 m 拉通线,用钢直尺检查

注:1. 普通抹灰,本表第 3 项阴角方正可不检查。
　　2. 顶棚抹灰,本表第 2 项表面平整度可不检查,但应顺平。

知识模块 4　装饰抹灰工程的施工

一、水刷石施工

水刷石一般多用于建筑物墙面、檐口、腰线、窗楣、门窗套、柱面、阳台、雨篷、勒脚等部位。

水刷石底层和中层抹灰操作要点与一般抹灰相同,抹好的中层表面要划毛。中层砂浆抹好后,弹线分格,粘分格条。中层砂浆 6~7 成干时,根据中层抹灰的干燥程度浇水湿润,紧接着薄刮水灰比为 0.37~0.40 的水泥浆一遍作为结合层,随即抹水泥石粒浆或水泥石灰膏石粒浆。抹水泥石粒浆时,应边抹边用铁抹子压实压平,待稍收水后再用铁抹子整面,将露出的石子尖棱轻轻拍平使表面平整密实。待面层开始凝固时,即用刷子蘸清水刷掉面层水泥浆,使石子外露,然后用水将表面水泥浆冲洗干净。

水刷石装饰抹灰要求使石粒清晰,分布均匀,紧密平整,色泽一致,不得有掉粒和接槎痕迹。

二、斩假石施工

斩假石又称剁斧石,是仿制天然石料的一种建筑饰面。但由于造价高,工效低,一般用于小面积的外装饰工程。

施工时底层与中层表面应划毛,涂抹面层砂浆前,要认真浇水湿润中层抹灰,并满刮水灰比为 0.37~0.40 的纯水泥浆一道,按设计要求弹线分格,粘分格条。罩面时一般分两次进行,先薄抹一层砂浆,稍收水后再抹一遍砂浆,用刮尺与分格条赶平,待收水后再用木抹子打磨压实。面层抹灰完成后,不得受烈日暴晒或遭冰冻,常温下养护 2~3 d,其强度应控制在 5 MPa。后开始试斩,以石子不脱落为准。斩剁前,应先弹顺线,相距约 100 mm,按线操作,以免剁纹跑斜。斩剁时应由上而下进行,先仔细剁好四周边缘和棱角,再斩中间墙面。在墙角、柱子等处,宜横向剁出边条或留有 15~20 mm 宽的窄小条不剁。

斩假石装饰抹灰要求剁纹均匀顺直,深浅一致,质感典雅。阳角处横剁和留出不剁的边条,应宽窄一致,棱角不得有损坏。

三、假面砖施工

假面砖抹灰是用水泥、石灰膏配合一定量的矿物颜料制成彩色砂浆,抹成贴面砖的效果,适于装饰外墙面。

其做法是先用1∶3的水泥砂浆打底,然后抹1∶1水泥砂浆垫层,厚3 mm。接着抹面层砂浆3～4 mm厚。面层稍收水后,用靠尺板使铁梳子或铁辊由上向下划纹,深度不超过1 mm。然后,根据面砖的宽度用铁钩子沿靠尺板横向划沟,深度以露出垫层灰为准,划好后将飞边砂砾扫净。

四、仿石抹灰施工

仿石抹灰施工一般适用于影剧院、宾馆内墙面和厅院外墙面等装饰抹灰。

仿石抹灰基层处理及底层、中层抹灰要求与一般抹灰相同。中层要刮平、搓平、划痕。抹面层灰前,要检查墙面干湿程度,并浇水湿润。面层抹后,用刮尺沿分格条刮平,用木抹子搓平。等稍收水后,用竹丝帚扫出条纹。扫好条纹后,立即起出分格条,随手将分格缝飞边砂粒清净,并用素灰勾好缝。

五、装饰抹灰质量的允许偏差

装饰抹灰质量的允许偏差及检验方法见表11-3。

表11-3 装饰抹灰质量的允许偏差和检验方法

项次	项 目	允许偏差/mm				检 验 方 法
		水刷石	斩假石	干粘石	假面砖	
1	立面垂直度	5	4	5	5	用2 m垂直检测尺检查
2	表面平整度	3	3	5	4	用2 m靠尺和楔形塞尺检查
3	阳角方正	3	3	4	4	用直角检测尺检查
4	分格条(缝)直线度	3	3	3	3	拉5 m线,不足5 m拉通线,用钢直尺检查
5	墙裙、勒脚上口直线度	3	3	—	—	拉5 m线,不足5 m拉通线,用钢直尺检查

自 测 训 练

1. 抹灰工程按使用材料和装饰效果不同可分为(　　　　)和(　　　　　)。
2. 抹灰工程是分层进行施工的,其目的是(　　　　　　　　　　　)。
3. 抹灰工程由(　　　)、(　　　　)和(　　　)组成,各层使用砂浆品种应视基层材料、部位、质量标准及各地气候条件决定。
4. 抹灰常采用(　　　　)水泥、(　　　　)水泥、白水泥及彩色硅酸盐水泥等,强度等级不低于(　　　)级。

📖 **笔记栏**

任务11 计 划 单

学习情境四	装饰工程施工	任务11	抹灰工程施工
工作方式	组内讨论、团结协作共同制订计划:小组成员进行工作讨论,确定工作步骤	计划学时	
完成人			
计划依据			
序号	计划步骤		具体工作内容描述
1	准备工作 (准备编制施工方案的工程资料,谁去做)		
2	组织分工 (成立组织,人员具体都完成什么)		
3	选择抹灰工程施工方法 (谁负责、谁审核)		
4	确定抹灰工程施工工艺流程 (谁负责、谁审核)		
5	明确抹灰工程施工要点 (谁负责、谁审核)		
6	明确抹灰工程施工质量控制要点 (谁负责、谁审核)		
制订计划说明	(写出制订计划中人员为完成任务的主要建议或可以借鉴的建议、需要解释的某一方面)		

任务 11　决　策　单

学习情境四	装饰工程施工	任务 11	抹灰工程施工
决策学时			
决策目的			

决策方案过程	工作内容	内容类别		必要	非必要（可说明原因）
		内容记录	性质描述		

决策方案描述	

任务11 作 业 单

学习情境四	装饰工程施工		任务11	抹灰工程施工
参加人员	第　组 签名：			开始时间： 结束时间：
序号	工作内容记录		分工 （负责人）	
1				
2				
⋮				
	主要描述完成的成果		存在的问题	
小结				

任务11 检 查 单

学习情境四	装饰工程施工	任务11	抹灰工程施工
检查学时			第 组
检查目的及方式			

序号	检查项目	检查标准	检查结果分级 (在检查相应的分级框内画"√")				
			优秀	良好	中等	合格	不合格
1	准备工作	资源是否已查到,材料是否准备完整					
2	分工情况	安排是否合理、全面,分工是否明确					
3	工作态度	小组工作是否积极主动、全员参与					
4	纪律出勤	是否按时完成负责的工作内容,是否遵守工作纪律					
5	团队合作	是否相互协作、互相帮助,成员是否听从指挥					
6	创新意识	任务完成不照搬照抄,看问题具有独到见解、创新思维					
7	完成效率	工作单是否记录完整,是否按照计划完成任务					
8	完成质量	工作单填写是否准确,记录单检查及修改是否达标					
检查评语						教师签字:	

任务11　评　价　单

1. 小组工作评价单

<table>
<tr><td>学习情境四</td><td colspan="2">装饰工程施工</td><td>任务11</td><td colspan="3">抹灰工程施工</td></tr>
<tr><td colspan="3">评价学时</td><td colspan="4"></td></tr>
<tr><td colspan="3">班级：</td><td colspan="4">第　组</td></tr>
<tr><td>考核情境</td><td>考核内容及要求</td><td>分值（100）</td><td>小组自评（10%）</td><td>小组互评（20%）</td><td>教师评价（70%）</td><td>实得分（Σ）</td></tr>
<tr><td rowspan="4">汇报展示（20）</td><td>演讲资源利用</td><td>5</td><td></td><td></td><td></td><td></td></tr>
<tr><td>演讲表达和非语言技巧应用</td><td>5</td><td></td><td></td><td></td><td></td></tr>
<tr><td>团队成员补充配合程度</td><td>5</td><td></td><td></td><td></td><td></td></tr>
<tr><td>时间与完整性</td><td>5</td><td></td><td></td><td></td><td></td></tr>
<tr><td rowspan="3">质量评价（40）</td><td>工作完整性</td><td>10</td><td></td><td></td><td></td><td></td></tr>
<tr><td>工作质量</td><td>5</td><td></td><td></td><td></td><td></td></tr>
<tr><td>报告完整性</td><td>25</td><td></td><td></td><td></td><td></td></tr>
<tr><td rowspan="5">团队情感（25）</td><td>核心价值观</td><td>5</td><td></td><td></td><td></td><td></td></tr>
<tr><td>创新性</td><td>5</td><td></td><td></td><td></td><td></td></tr>
<tr><td>参与度</td><td>5</td><td></td><td></td><td></td><td></td></tr>
<tr><td>合作性</td><td>5</td><td></td><td></td><td></td><td></td></tr>
<tr><td>劳动态度</td><td>5</td><td></td><td></td><td></td><td></td></tr>
<tr><td rowspan="2">安全文明（10）</td><td>工作过程中的安全保障情况</td><td>5</td><td></td><td></td><td></td><td></td></tr>
<tr><td>工具正确使用和保养、放置规范</td><td>5</td><td></td><td></td><td></td><td></td></tr>
<tr><td>工作效率（5）</td><td>能够在要求的时间内完成，每超时 5 min 扣 1 分</td><td>5</td><td></td><td></td><td></td><td></td></tr>
</table>

2. 小组成员素质评价单

课程	建筑施工技术			
学习情境四	装饰工程施工		学时	8
任务11	抹灰工程施工		学时	2
班级		第　组	成员姓名	
评分说明	每个小组成员评价分为自评和成员互评两部分，取平均值计算，作为该小组成员的任务评价个人分数。评价项目共设计五个，依据评分标准给予合理量化打分。小组成员自评分后，要找小组其他成员不记名方式打分，成员互评分为其他小组成员的平均分			
对象	评分项目	评分标准		评分
自评 （100分）	核心价值观 （20分）	是否践行社会主义核心价值观		
	工作态度 （20分）	是否按时完成负责的工作内容、遵守纪律，是否积极主动参与小组工作，是否全过程参与，是否吃苦耐劳，是否具有工匠精神		
	交流沟通 （20分）	是否能良好地表达自己的观点，是否能倾听他人的观点		
	团队合作 （20分）	是否与小组成员合作完成，是否做到相互协助、相互帮助、听从指挥		
	创新意识 （20分）	看问题是否能独立思考、提出独到见解，是否能够创新思维解决遇到的问题		
成员互评 （100分）	核心价值观 （20分）	是否践行社会主义核心价值观		
	工作态度 （20分）	是否按时完成负责的工作内容、遵守纪律，是否积极主动参与小组工作，是否全过程参与，是否吃苦耐劳，是否具有工匠精神		
	交流沟通 （20分）	是否能良好地表达自己的观点，是否能倾听他人的观点		
	团队合作 （20分）	是否与小组成员合作完成，是否做到相互协助、相互帮助、听从指挥		
	创新意识 （20分）	看问题是否能独立思考、提出独到见解，是否能够创新思维解决遇到的问题		
最终小组成员得分				
小组成员签字			评价时间	

任务11　教学反思单

学习情境四	装饰工程施工	任务11	抹灰工程施工
班级		第　组	成员姓名

情感反思	通过对本任务的学习和实训,你认为自己在社会主义核心价值观、职业素养、学习和工作态度等方面有哪些需要提高的部分?
知识反思	通过对本任务的学习,你掌握了哪些知识点?请画出思维导图。
技能反思	在完成本任务的学习和实训过程中,你主要掌握了哪些技能?
方法反思	在完成本任务的学习和实训过程中,你主要掌握了哪些分析和解决问题的方法?

任务 12　饰面工程施工

任 务 单

课程	建筑施工技术		
学习情境四	装饰工程施工	学时	8
任务 12	饰面工程施工	学时	2
布置任务			
任务目标	1. 能够陈述饰面工程施工工艺流程； 2. 能够阐述饰面工程施工要点； 3. 能够列举饰面工程施工质量控制点； 4. 能够开展饰面工程施工准备工作； 5. 能够处理饰面工程施工常见问题； 6. 能够编制饰面工程施工方案； 7. 具备吃苦耐劳、主动承担的职业素养,具备团队精神和责任意识,具备保证质量建设优质工程的爱国情怀		
任务描述	在进行饰面工程施工时,项目技术负责人应根据项目施工图纸、施工现场周边环境、设备材料供应等情况编写饰面工程施工方案,进行饰面工程施工技术交底。其具体工作如下： 1. 进行编写饰面工程施工方案的准备工作。 2. 编写饰面工程施工方案： (1)进行饰面工程施工准备； (2)选择饰面工程施工方法； (3)确定饰面工程施工工艺流程； (4)明确饰面工程施工要点； (5)明确饰面工程施工质量控制点。 3. 进行饰面工程施工技术交底		
学时安排	布置任务与资讯	计划	决策	实施	检查	评价
	(0.5学时)	(0.25学时)	(0.25学时)	(0.5学时)	(0.25学时)	(0.25学时)
对学生的要求	1. 具备建筑施工图识读能力； 2. 具备建筑施工测量知识； 3. 具备任务咨询能力； 4. 严格遵守课堂纪律,不迟到、不早退；学习态度认真端正； 5. 每位同学必须积极参与小组讨论； 6. 每组均提交"饰面工程施工方案"		

信 息 单

课程	建筑施工技术	
学习情境四	装饰工程施工	学时 8
任务 12	饰面工程施工	学时 2

资讯思维导图

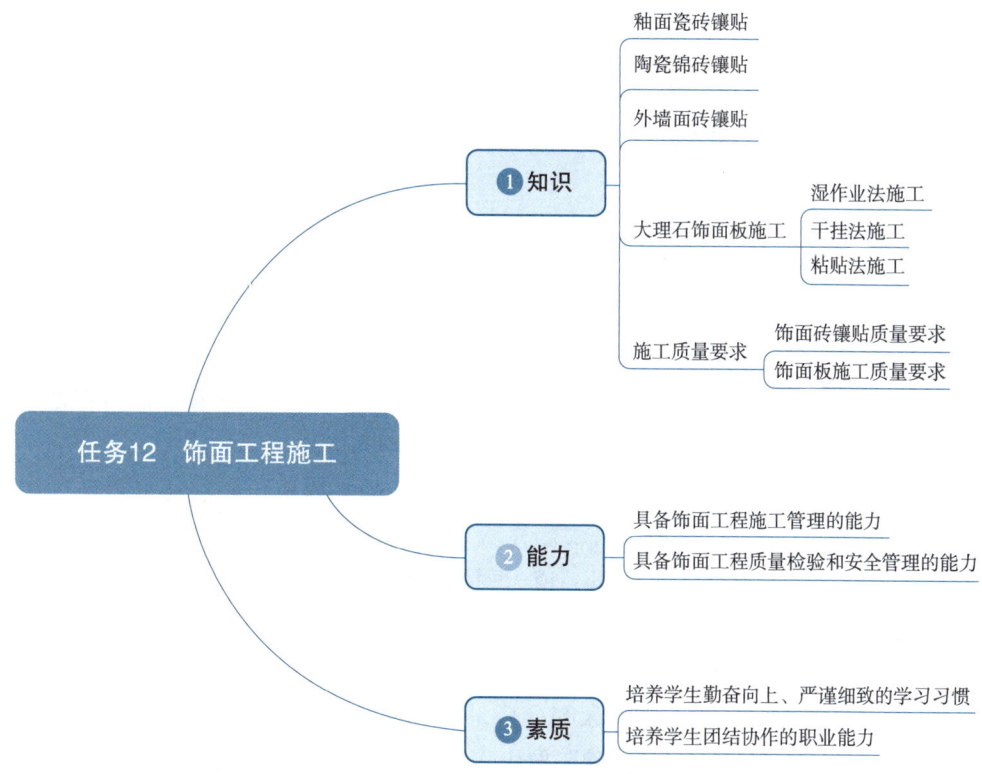

饰面工程是指把饰面材料镶贴或安装到基体表面,形成既有保护功能,又具有装饰功能的装饰层。饰面材料的种类很多,但基本上可以分为饰面板和饰面砖两大类。其中,小块料以采用直接粘贴的镶贴工艺为主,大块料以采用构造连接方式的安装工艺为主。

知识模块 1 釉面瓷砖镶贴

釉面瓷砖是用于内墙面装饰的陶瓷面砖,瓷面有白色、彩色、印花、图案等多种。

镶贴前,应根据设计要求,挑选规格一致,形状平整方正,不缺棱掉角、不开裂、不脱釉、无凹凸扭曲、颜色均匀的砖块和各种配件。将釉面瓷砖清扫干净,放入清水中浸泡,浸泡到不冒泡为止,且不少于 2 h。然后,取出阴干备用,阴干的时间视天气而定,一般 0.5 h 左右,以砖的表面无水膜又有潮湿感为准。

为保证饰面砖粘贴牢固,应对基层表面进行处理。光滑的基层表面应凿毛,其深度 5~15 mm,间距 30 mm 左右。基层表面的灰浆、灰尘和油渍等要清理干净。基体表面凹凸明显部位,应事先剔平或用 1∶3 水泥砂浆找平。不同材料的基层表面相交处,应铺钉金属网。门窗口与立墙交接处,应用水泥砂浆嵌填密实。

基层处理后,用水泥砂浆打底,厚 7~10 mm,随即用木杠刮平、扫毛,打底后养护 1~2 d 方可镶贴。镶贴前应找好规矩,按砖实际尺寸弹出横竖控制线,定出水平标准和皮数,并用废瓷砖按粘结层厚度用混合砂浆贴灰饼,间距一般为1.5 m左右。

镶贴时先浇水湿润底层,根据弹线稳好平尺板,作为镶贴第一皮瓷砖的依据。镶贴顺序一般为从阳角开始,自下而上逐层粘贴,使不成整块的留在阴角或次要部位。铺贴一般用1∶2(体积比)水泥砂浆,为改善砂浆的和易性,便于操作,可掺入不大于水泥用量15%的石灰膏,用铲刀将混合砂浆均匀地涂抹于瓷砖背面,厚度一般为5~6 mm,最大不大于8 mm。砂浆用量以铺贴后刚好满浆为止,按线贴于墙面的釉面瓷砖应用力按压并用橡皮锤轻轻敲击,以便粘贴牢固,并用靠尺随时检查平直方正情况,修正缝隙。凡遇缺灰、粘结不密实等情况,应取下瓷砖重新粘贴,不得在砖口塞灰,以防止空鼓。如有水池、镜框者,应以水池、镜框为中心往两边分贴;如果墙面有突出的管线、灯具、卫生器具支撑物等,应用整砖套割吻合,不得用非整砖拼凑镶贴。

镶贴后,应用釉面瓷砖同色的水泥浆擦缝。待整个墙面与嵌缝材料硬化后,用棉丝擦干净或用稀盐酸溶液刷洗瓷砖表面,然后随即用清水冲洗干净。

知识模块 2　陶瓷锦砖镶贴

陶瓷锦砖又称"马赛克",是以优质瓷土烧制成片状小块瓷砖,拼接成各种图案贴在纸上的饰面材料。它质地坚硬,色泽多样,耐酸碱、耐火、耐磨,不渗水,抗压力强,吸水率小,适用于室内卫生间、盥洗室、游泳池和室外墙面等。由于陶瓷锦砖规格小,不宜分块铺贴,其成品是将陶瓷锦砖按各种图案组合反贴在纸板上,每张大小约30 cm见方,称作一联。

镶贴前,应按照设计图纸要求及图纸尺寸核实墙面的实际尺寸,根据排砖模数和分格要求,绘制出施工大样图,加工好分格条,并对陶瓷锦砖统一编号,便于镶贴时对号入座。

基层上用厚10~15 mm的1∶3水泥砂浆打底,找平划毛,洒水养护。底层要求表面平整、阴阳角方正,无空鼓、裂缝现象。镶贴前应根据锦砖纸板的模数尺寸和基体的实际尺寸,弹出水平、垂直分格线,找好规矩。然后在湿润的底层上刷素水泥浆一道,再抹一层2~3 mm厚1∶0.3的水泥纸筋灰或3 mm厚的1∶1水泥砂浆(掺2%乳胶)作粘结层,用靠尺刮平、抹子抹平。同时将陶瓷锦砖底面朝上铺在木垫板上,用1∶2水泥细砂干灰填缝,再刮一层1~2 mm厚的素水泥浆,随即将托板上的陶瓷锦砖纸板对准分格线贴于底层上,并拍平拍实。待水泥砂浆初凝后,用软毛刷将护纸刷水润湿,约0.5 h后揭纸,并检查缝的平直大小,校正拨直。粘贴48 h后,除了取出用分格条后留下的大缝用1∶1水泥砂浆嵌缝外,其他小缝均用素水泥浆嵌平。待嵌缝材料硬化后用棉丝将表面擦净或用稀盐酸溶液刷洗,并随即用清水冲洗干净。

知识模块 3　外墙面砖镶贴

外墙面砖按质地可分为陶底及瓷底两种,按表面处理可分为有釉和无釉两种。外墙面砖规格繁多,有方形、条形多种,厚度多为9~15 mm。外墙面砖应具有生产厂的出厂检验报告及产品合格证,进场后应按规定项目进行复检。

镶贴前,应对外墙面砖及基层进行处理,其基本要求与釉面瓷砖镶贴基本相同,但外墙面砖一般应隔夜浸泡。

基层处理后,用1∶3水泥砂浆打底,厚7 mm,随即用木杠刮平、扫毛,打底后养护1~2 d方可镶贴。镶贴前应根据设计要求,统一弹线分格、排砖,弹出横竖控制线,一般要求横缝与窗脸或窗台一平。用面砖做灰饼,找出墙面、柱面、门窗套等横竖标准,阳角处要双面排直,灰饼间距不大于1.5 m。

镶贴时,在面砖背面满铺1∶0.2∶2的混合砂浆,厚12~15 mm,按线贴于墙面,然后用小铲轻轻敲击,使之与基层粘贴牢固,并用靠尺随时检查平直方正情况,修正缝隙。砖缝间的嵌缝条应在镶贴面砖次日(也可在当日)取出,在面砖镶贴完成一定流水段落后,立即用1:1水泥砂浆勾缝。

整个工程完工后,可用浓度10%稀盐酸刷洗表面,并随即用水冲洗干净。

知识模块4　大理石饰面板施工

大理石是一种变质岩,其主要矿物成分为方解石、白云石等,结晶细小、结构细致。颜色有纯黑、纯白、纯灰和各种混杂花纹色彩。大理石主要用于建筑物的室内地面、墙面、柱面、墙裙、窗台、踢脚线以及电梯、楼梯间等部位的干燥环境中。

大理石进场拆除包装后,应逐块进行检查,将破碎、变色、局部污染和缺棱掉角的石板挑出另行堆放。对轻微破裂的石材,可用环氧树脂胶粘剂粘结;表面有洼坑、麻点或缺棱掉角的石材,可用环氧树脂腻子修补。然后,按设计尺寸要求在平地上进行试拼,校正尺寸,使接缝平直均匀,并调整颜色、花纹,力求色调一致,上下左右纹理通顺。试拼后分部位逐块按安装顺序予以编号,以便安装时对号入座。

大理石安装前应检查基层的垂直度、平整度情况,偏差较大者应剔凿、修补,对表面光滑的基层进行凿毛处理。然后将基层表面清理干净,并洒水湿润,抹水泥砂浆找平层。找平层干燥后,在基层上分块弹出水平线和垂直线,并在地面上顺墙(柱)弹出大理石外轮廓尺寸线,在外轮廓尺寸线上再弹出每块大理石板的就位线,板缝应符合有关规定。

大理石的安装,小规格(边长小于400 mm)可采用粘贴法,大规格可采用安装方法。

一、湿作业法施工

1. 传统湿作业法

传统湿作业法即绑扎固定灌浆法。这种方法是先在基体上焊接或绑扎钢筋骨架,然后将石材与钢筋骨架固定,最后在缝隙内灌水泥砂浆固定。

(1)绑扎钢筋网

按照设计要求在基层表面绑扎好钢筋网,与结构预埋件绑扎牢固。其做法为在基层结构内预埋铁环,与钢筋网绑扎,如图12-1所示;也可用冲击电钻在基层打$\Phi6.5 \sim 8.5$ mm、深度≥ 60 mm的孔,再将$\Phi6 \sim 8$ mm钢筋埋入,外露50 mm以上并弯钩,在同一标高的插筋上置水平钢筋,二者用绑扎或焊接方法固定,如图12-2所示。

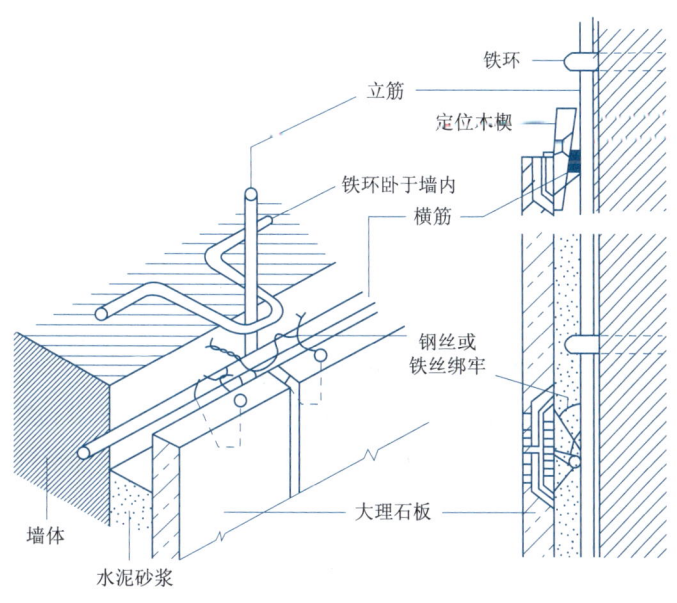

图12-1　饰面板钢筋网固定

(2)钻孔、剔槽、穿丝

对大理石进行修边、钻孔、剔槽,以便穿绑铜丝(或铅丝)与墙面钢筋片绑牢,固定饰面板,如图12-3所示。当板宽在500 mm以内时,每块板的上、下边钻孔数量均不得少于两个,如板宽超过500 mm应不少于三个。打眼的位置应与基层上钢筋网的横向钢筋位置相适应,一般在板材断面上由背面算起2/3处,用笔画好钻孔位置,然后用手电钻钻孔,使竖孔、横孔相引通,孔径一般为5 mm,能满足穿线即可。将铜丝穿入孔后,可用环氧树脂固结,也可以用铅皮挤紧铜丝,起到连接作用。为了使铜丝通过处不占水平缝位置,在石板侧面的孔壁再轻轻剔一道槽,深约5 mm,以便埋卧铜丝。

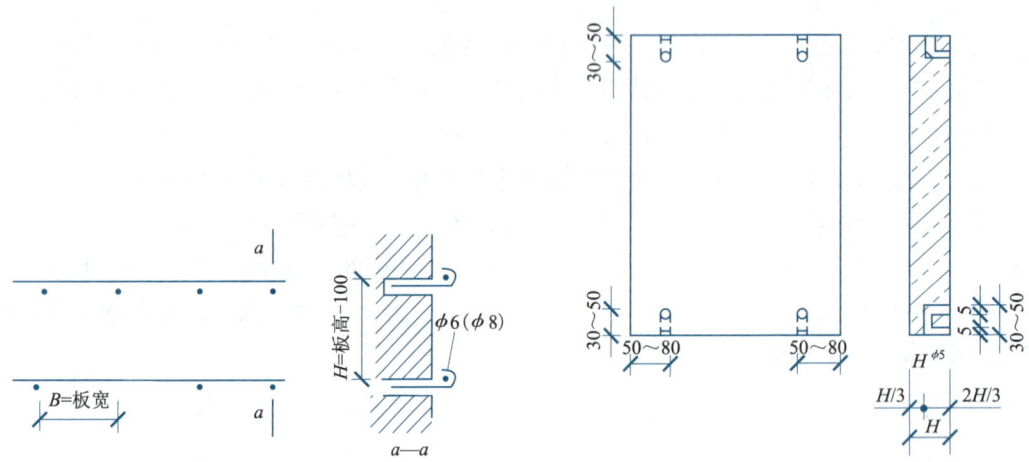

图12-2 水平钢筋固定(单位:mm)　　图12-3 大理石钻孔与剔槽(单位:mm)

(3)板材安装

安装前要按照事先找好的水平线和垂直线进行预排,然后在最下一行两头用板材找平找直,拉上横线,再从中间或一端开始安装,并用铜丝或不锈钢钢丝把板材与钢筋骨架绑扎固定,随时用托线板靠直靠平,保证板与板交接处四角平整。在灌浆前应该用石膏进行临时固定,以防止发生移位。待石膏硬化后再进行灌浆。灌浆时,应分层灌入1∶2.5水泥砂浆,稠度一般为80~120 mm。每次灌浆高度一般为200~300 mm,待初凝后再继续灌浆,直到距上口50~100 mm停止。清理上口的余浆杂物,安装第二行板材,依次由下往上安装板材。

全部板材安装完毕后,清洁表面,然后用按板材颜色调制的水泥色浆嵌缝。边嵌边擦干净,使缝隙密实、均匀、干净,颜色一致。

2. 改进的湿作业法

改进的湿作业法即U形钉固定灌浆法。这种方法不用绑扎钢筋骨架,基体处理完之后,利用U形钉将板材紧固在基体上,然后分层灌浆。

(1)基体处理

大理石安装前,先对清理干净的基体用水湿润,并抹上1∶1水泥砂浆。大理石饰面板背面也要用清水刷洗干净,以提高其粘结力。

(2)石板钻孔

将大理石饰面板直立固定于木架上,用手电钻在距板两端1/4处居板厚中心钻孔,孔径6 mm,孔深35~40 mm。然后,将板旋转90°固定于木架上,在板两侧分别各打直孔1个,孔位距板下端100 mm处,孔径6 mm,孔深35~40 mm。上下直孔都在板背面方向剔槽,槽深7 mm,以便安卧U形钉,如图12-4(a)所示。

(3)基体钻孔

板材钻孔后,按基体放线分块位置临时就位,在对应板材上下直孔的基体位置上,用冲击钻钻成与板材孔数相等的斜孔,斜孔成45°,孔径6 mm,孔深40~50 mm,如图12-4(b)所示。

(4)板材安装、固定

基体钻孔后,将板材按大样图就位,根据板材与基体相距的孔距,用直径5 mm的不锈钢丝现制成U形钉,其尺寸如图 12-4(c)所示。一端钩进大理石板直孔内,随即用硬木小楔楔紧;另一端钩进基体斜孔内,校正板的上下口位置及板面的垂直度和平整度,随后用小楔子楔紧。接着用大头木楔紧固在板材与基体之间,如图 12-4(d)所示。

大理石饰面板位置校正准确、临时固定后,就可以进行分层灌浆固定,其工序与前述绑扎固定灌浆法相同。

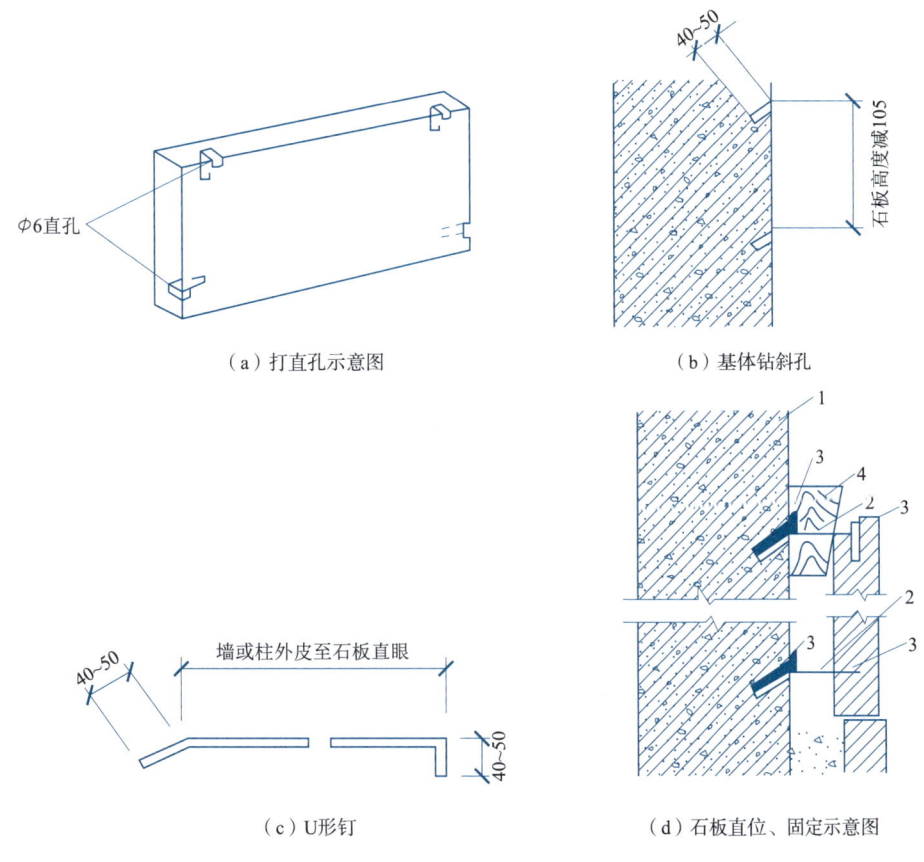

1—基体;2—U形钉;3—硬木小楔;4—大头木楔。

图 12-4 传统湿作业法改进工艺(单位:mm)

二、干挂法施工

干挂工艺是利用高强螺栓和耐腐蚀、强度高的柔性连接件,将石材挂在建筑结构的外表面,石材与结构之间留出 40~50 mm 的空隙。此工艺多用于 30 m 以下的钢筋混凝土结构,不适用于砖墙或加气混凝土墙,如图 12-5 所示。其施工工艺如下:

1. 石材准备

根据设计图纸要求在现场进行板材切割并磨边,要求板块边角挺直、光滑。然后在石材侧面钻孔,用于穿插不锈钢销钉连接固定相邻板块。在板材背面涂刷防水材料,以增强其防水性能。

2. 基体处理

清理结构表面,弹出安装石材的水平和垂直控制线。

3. 固定锚固体

在结构上定位钻孔,埋置膨胀螺栓;支底层饰面板托架,安装连接件。

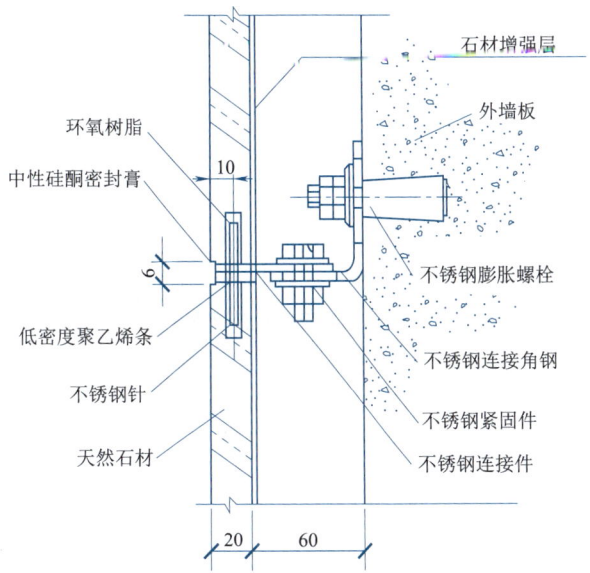

图 12-5 干挂安装示意图(单位:mm)

4. 安装固定石材

先安装底层石板,把连接件上的不锈钢针插入板材的预留接孔中,调整面板,当确定位置准确无误后,即可紧固螺栓,然后用环氧树脂或密封膏堵塞连接孔。底层石板安装完毕后,经过检查合格可依次循环安装上层面板,每层应注意上口水平、板面垂直。

5. 嵌缝

嵌缝前,先在缝隙内嵌入泡沫塑料条,然后用胶枪注入密封胶。为防止污染板面,注胶前应沿面板边缘贴胶纸带覆盖缝两边板面,注胶后将胶带揭去。

三、粘贴法施工

粘贴法适用于小规格板材(边长 400 mm 以下),其施工工艺如下:

1. 基层处理

将基层表面清理干净,洒水湿润。对表面光滑的基层进行凿毛处理,对垂直度、平整度偏差较大的基层进行剔凿或修补处理。

2. 抹底层灰

用 1∶2.5(体积比)水泥砂浆分两次打底,厚为 10～20 mm。

3. 弹线、分块

弹出水平线和垂直线,进行横竖预排,使接缝均匀。

4. 镶贴

在湿润并阴干的饰面板背面均匀地抹上厚度 5～6 mm 特种胶粉或环氧树脂水泥浆,依照水平线,先镶贴底层两端的两块饰面板,然后拉通线依次镶贴。第一层镶贴完毕,进行第二层镶贴,直至贴完。镶贴过程中应随时用靠尺、吊线锤将饰面板校正、找直,并将板缝中挤出的水泥浆在凝结前擦净。

知识模块 5　施工质量要求

一、饰面砖镶贴质量要求

饰面砖镶贴质量检验项目、允许偏差及检验方法见表 12-1 和表 12-2。

表 12-1　饰面砖镶贴质量检验项目和检验方法

项	序号	项　　目	检　验　方　法
主控项目	1	饰面砖的品种、规格、图案、颜色和性能符合设计要求	观察,检查产品合格证书、进场验收记录、性能检测报告和复验报告
	2	饰面砖粘结工程的找平、防水、粘结和勾缝材料及施工方法应符合设计要求及国家现行产品标准和工程技术标准的规定	检查产品合格证书、复验报告和隐蔽工程验收记录
	3	饰面砖粘结必须牢固	检查样板件粘结强度检测报告和施工记录
	4	满粘法施工的饰面砖工程应无空鼓、裂缝	观察,用小锤轻击检查
一般项目	1	饰面砖表面应平整、洁净、色泽一致,无裂痕和缺损	观察
	2	阴阳角处搭接方式,非正砖使用部位应符合设计要求	观察
	3	墙面突出物周围的饰面砖应整砖套割吻合,边缘整齐。墙裙、窗脸突出墙面的厚度应一致	观察,尺量检查
	4	饰面砖接缝应平直、光滑,填嵌应连续、密实;宽度和深度应符合设计要求	观察,尺量检查
	5	有排水要求的部位应做滴水线(槽),滴水线(槽)应顺直,流水坡正确,坡度符合设计要求	观察,用水平尺检查

表 12-2　饰面砖粘贴的允许偏差和检验方法

项次	项目	允许偏差/mm		检验方法
		外墙面砖	内墙面砖	
1	立面垂直度	3	2	用 2 m 垂直检测尺检查
2	表面平整度	4	3	用 2 m 靠尺和塞尺检查
3	阴阳角方正	3	3	用直角检测尺检查
4	接缝直线度	3	2	拉 5 m 线,不足 5 m 拉通线,用钢直尺检查
5	接缝高低差	1	0.5	用钢直尺和塞尺检查
6	接缝宽度	1	1	用钢直尺检查

二、饰面板施工质量要求

饰面板施工质量检验项目、允许偏差及检验方法见表 12-3 和表 12-4。

表 12-3　饰面板施工质量检验项目和检验方法

项	序号	项目	检验方法
主控项目	1	饰面板的品种、规格、颜色和性能符合设计要求	观察,检查产品合格证书、进场验收记录和性能检测报告
	2	饰面板孔、槽的数量、位置和尺寸应符合设计要求	检查进场验收记录和施工记录
	3	饰面板安装工程预埋件(或后置埋件)、连接件的数量、规格、位置、连接方法和防腐处理必须符合设计要求,后置埋件的现场拉拔强度必须符合设计要求。饰面板安装必须牢固	手扳检查;检查进场验收记录、现场拉拔检测报告、隐蔽工程验收记录和施工记录
一般项目	1	饰面砖表面应平整、洁净、色泽一致,无裂痕和缺损,石材表面应无泛碱等污染	观察
	2	饰面板嵌缝应密实、平直,宽度和深度应符合设计要求,嵌填材料色泽应一致	观察,尺量检查
	3	采用湿作业施工的饰面板工程,石材应进行防碱背涂处理。饰面板与基层之间的灌注材料应饱满、密实	用小锤轻击检查,检查施工记录
	4	饰面板上的孔洞应套割吻合,边缘整齐	观察

表 12-4　饰面板安装的允许偏差和检验方法

项次	项目	允许偏差/mm							检查方法
		天然石			瓷板	木材	塑料	金属	
		光面	剁斧石	蘑菇石					
1	立面垂直度	2	3	3	2	1.5	2	2	用 2 m 垂直检测尺检查
2	表面平整度	2	3	—	1.5	1	3	3	用 2 m 靠尺和塞尺检查
3	阴阳角方正	2	4	4	2	1.5	3	3	用直角检测尺检查
4	接缝直线度	2	4	4	2	1	1	1	拉 5 m 线,不足 5 m 拉通线,用钢尺检查
5	墙裙、勒脚上口直线度	2	3	3	2	1	2	2	拉 5 m 线,不足 5 m 拉通线,用钢尺检查
6	接缝高低差	0.5	3	—	0.5	0.5	1	1	用钢直尺和塞尺检查
7	接缝宽度	1	2	2	1	1	1	1	用钢直尺检查

自 测 训 练

1. 饰面工程是指把饰面材料(　　　)到基体表面,形成既有保护功能,又具有装饰功能的装饰层。

2. 饰面材料的种类很多,但基本上可以分为(　　　)和(　　　)两大类。其中,小块料以采用直接粘贴的镶贴工艺为主,大块料以采用构造连接方式的安装工艺为主。

任务12 计 划 单

学习情境四	装饰工程施工		任务12	饰面工程施工
工作方式	组内讨论、团结协作共同制订计划:小组成员进行工作讨论,确定工作步骤		计划学时	
完成人				
计划依据				
序号	计划步骤		具体工作内容描述	
1	准备工作 (准备编制施工方案的工程资料,谁去做)			
2	组织分工 (成立组织,人员具体都完成什么)			
3	选择饰面工程施工方法 (谁负责、谁审核)			
4	确定饰面工程施工工艺流程 (谁负责、谁审核)			
5	明确饰面工程施工要点 (谁负责、谁审核)			
6	明确饰面工程施工质量控制要点 (谁负责、谁审核)			
制订计划说明	(写出制订计划中人员为完成任务的主要建议或可以借鉴的建议、需要解释的某一方面)			

任务 12　决 策 单

学习情境四	装饰工程施工	任务 12	饰面工程施工
决策学时			
决策目的			

决策方案过程	工作内容	内容类别		必要	非必要（可说明原因）
		内容记录	性质描述		

决策方案描述	

任务 12 作 业 单

学习情境四	装饰工程施工	任务 12	饰面工程施工
参加人员	第　组　　　　　　　　　　　　　　　　　　　　　签名：		开始时间： 结束时间：
序号	工作内容记录		分工 （负责人）
1			
2			
⋮			
小结	主要描述完成的成果		存在的问题

任务12 检 查 单

学习情境四	装饰工程施工		任务12	饰面工程施工	
检查学时				第　组	
检查目的及方式					
序号	检查项目	检查标准	检查结果分级 （在检查相应的分级框内画"√"）				
			优秀	良好	中等	合格	不合格
1	准备工作	资源是否已查到，材料是否准备完整					
2	分工情况	安排是否合理、全面，分工是否明确					
3	工作态度	小组工作是否积极主动、全员参与					
4	纪律出勤	是否按时完成负责的工作内容，是否遵守工作纪律					
5	团队合作	是否相互协作、互相帮助，成员是否听从指挥					
6	创新意识	任务完成不照搬照抄，看问题具有独到见解、创新思维					
7	完成效率	工作单是否记录完整，是否按照计划完成任务					
8	完成质量	工作单填写是否准确，记录单检查及修改是否达标					
检查评语					教师签字：	

任务 12 评 价 单

1. 小组工作评价单

学习情境四	装饰工程施工		任务 12	饰面工程施工	
评价学时					
班级：			第 组		
考核情境	考核内容及要求	分值（100）	小组自评（10%）	小组互评（20%）	教师评价（70%）	实得分（Σ）
汇报展示（20）	演讲资源利用	5				
	演讲表达和非语言技巧应用	5				
	团队成员补充配合程度	5				
	时间与完整性	5				
质量评价（40）	工作完整性	10				
	工作质量	5				
	报告完整性	25				
团队情感（25）	核心价值观	5				
	创新性	5				
	参与度	5				
	合作性	5				
	劳动态度	5				
安全文明（10）	工作过程中的安全保障情况	5				
	工具正确使用和保养、放置规范	5				
工作效率（5）	能够在要求的时间内完成,每超时 5 min 扣 1 分	5				

2. 小组成员素质评价单

课程	建筑施工技术			
学习情境四	装饰工程施工		学时	8
任务 12	饰面工程施工		学时	2
班级		第 组	成员姓名	
评分说明	每个小组成员评价分为自评和成员互评两部分,取平均值计算,作为该小组成员的任务评价个人分数。评价项目共设计五个,依据评分标准给予合理量化打分。小组成员自评分后,要找小组其他成员不记名方式打分,成员互评分为其他小组成员的平均分			
对象	评分项目	评分标准		评分
自评（100分）	核心价值观（20分）	是否践行社会主义核心价值观		
	工作态度（20分）	是否按时完成负责的工作内容、遵守纪律,是否积极主动参与小组工作,是否全过程参与,是否吃苦耐劳,是否具有工匠精神		
	交流沟通（20分）	是否能良好地表达自己的观点,是否能倾听他人的观点		
	团队合作（20分）	是否与小组成员合作完成,是否做到相互协助、相互帮助、听从指挥		
	创新意识（20分）	看问题是否能独立思考、提出独到见解,是否能够创新思维解决遇到的问题		
成员互评（100分）	核心价值观（20分）	是否践行社会主义核心价值观		
	工作态度（20分）	是否按时完成负责的工作内容、遵守纪律,是否积极主动参与小组工作,是否全过程参与,是否吃苦耐劳,是否具有工匠精神		
	交流沟通（20分）	是否能良好地表达自己的观点,是否能倾听他人的观点		
	团队合作（20分）	是否与小组成员合作完成,是否做到相互协助、相互帮助、听从指挥		
	创新意识（20分）	看问题是否能独立思考、提出独到见解,是否能够创新思维解决遇到的问题		
最终小组成员得分				
小组成员签字			评价时间	

任务12　教学反思单

学习情境四	装饰工程施工	任务12	饰面工程施工
班级		第　　组　　成员姓名	
情感反思	通过对本任务的学习和实训，你认为自己在社会主义核心价值观、职业素养、学习和工作态度等方面有哪些需要提高的部分？		
知识反思	通过对本任务的学习，你掌握了哪些知识点？请画出思维导图。		
技能反思	在完成本任务的学习和实训过程中，你主要掌握了哪些技能？		
方法反思	在完成本任务的学习和实训过程中，你主要掌握了哪些分析和解决问题的方法？		

任务 13　建筑地面工程施工

任　务　单

课程	建筑施工技术		
学习情境四	装饰工程施工	学时	8
任务 13	建筑地面工程施工	学时	2
布置任务			
任务目标	1. 能够阐述楼地面的组成与分类； 2. 能够阐述各类楼地面的施工工艺； 3. 能够处理建筑地面工程施工常见问题； 4. 能够编制建筑地面工程施工方案； 5. 具备吃苦耐劳、主动承担的职业素养，具备团队精神和责任意识，具备保证质量建设优质工程的爱国情怀		
任务描述	在进行建筑地面工程施工时，项目技术负责人应根据项目施工图纸、施工现场周边环境、设备材料供应等情况编写建筑地面工程施工方案，进行建筑地面工程施工技术交底。其具体工作如下： 1. 进行编写建筑地面工程施工方案的准备工作。 2. 编写建筑地面工程施工方案： (1)进行建筑地面工程施工准备； (2)选择建筑地面工程施工方法； (3)确定建筑地面工程施工工艺流程； (4)明确建筑地面工程施工要点； (5)明确建筑地面工程施工质量控制点。 3. 进行建筑地面工程施工技术交底		
学时安排	布置任务与资讯	计划	决策	实施	检查	评价
	（0.5 学时）	（0.25 学时）	（0.25 学时）	（0.5 学时）	（0.25 学时）	（0.25 学时）
对学生的要求	1. 具备建筑施工图识读能力； 2. 具备建筑施工测量知识； 3. 具备任务咨询能力； 4. 严格遵守课堂纪律，不迟到、不早退；学习态度认真端正； 5. 每位同学必须积极参与小组讨论； 6. 每组均提交"建筑地面工程施工方案"		

信 息 单

课程	建筑施工技术	
学习情境四	装饰工程施工	学时 8
任务13	建筑地面工程施工	学时 2

资讯思维导图

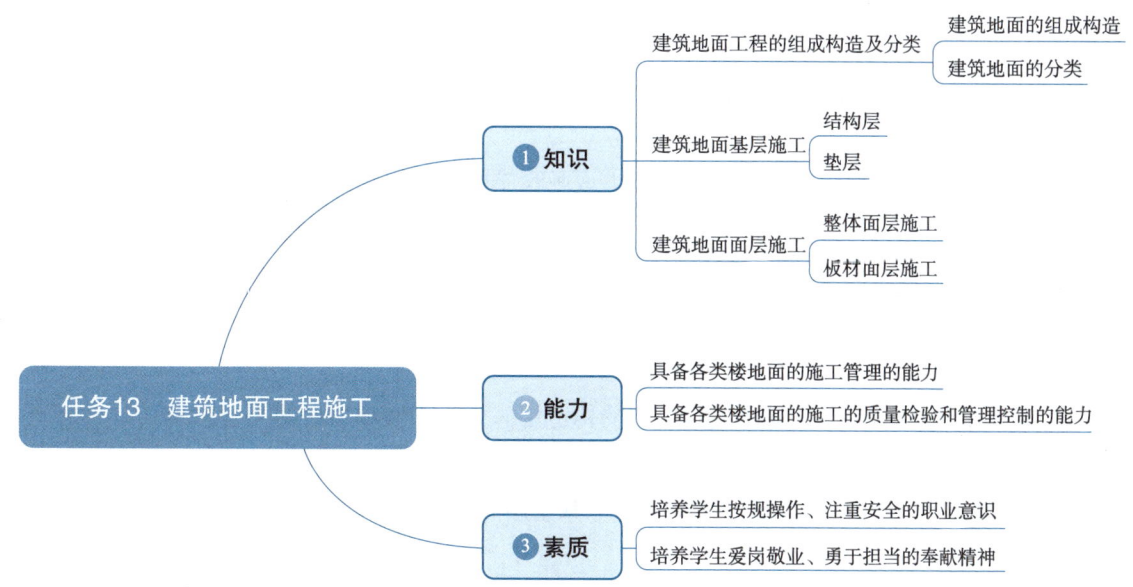

知识模块1 建筑地面工程的组成构造及分类

一、建筑地面的组成构造

建筑地面是房屋建筑底层地面（即地面）和楼层地面（即楼面）的总称，它是构成房屋建筑各层的水平结构层。主要由基层和面层两大基本构造层组成。基层部分包括结构层和垫层，它起着承受和传递来自面层的荷载的作用，因此应具有一定的强度和刚度；面层部分即地面与楼面的表面层，它直接承受表面层的各种荷载，因此应具有一定的强度，同时还应满足耐磨、防潮、防水、防腐蚀、隔热、保温、清洁等功能性要求。当基层和面层两大基本构造层不能满足使用和构造上的要求时，需增设相应的结合层、找平层、填充层、隔离层等附加构造层。

建筑地面工程的各层构造示意图如图13-1和图13-2所示。

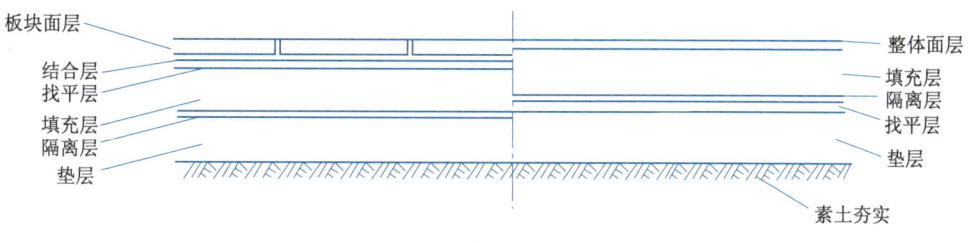

图13-1 地面工程构造示意图

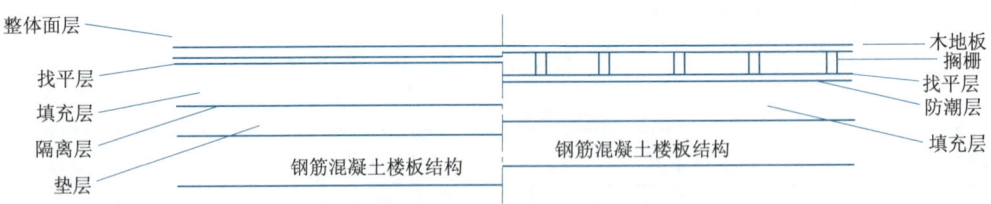

图 13-2　楼面工程构造示意图

1. 面层

面层是直接承受外力冲击、摩擦等物理和化学作用的表面层。

2. 结合层

结合层是面层与下一层相连接的中间层,也可作为面层的弹性基层。

3. 找平层

找平层是在垫层、楼板或填充层上起整平、找坡或加强作用的构造层。

4. 填充层

填充层是主要在建筑地面上起隔声、保温、找坡或敷设暗管线等作用的构造层。

5. 隔离层

隔离层是防止建筑地面面层上的水、油、腐蚀性(或非腐蚀性)液体等各种液体的侵蚀,以及防止地下水和潮气渗透地面而增设的构造层。

6. 垫层

垫层是承受和传递地面荷载至基土或楼板上的构造层。分为刚性和柔性两类。

7. 基土

基土是底层地面的结构层,它是地面垫层下的地基土层。

8. 楼板

楼板是楼层地面的结构层,它承受楼面上的荷载。

二、建筑地面的分类

建筑地面按面层材料不同分为混凝土地面、水泥砂浆地面、水磨石地面、大理石地面、木质地面和塑料地面等;按面层结构不同可分为整体地面(如水泥砂浆地面、混凝土地面、现浇水磨石地面等)、块材(如马赛克、石材等)地面和涂布地面等。

知识模块 2　建筑地面基层施工

建筑地面基层施工前,先检测各个房间的地坪标高,并将统一水平标高线弹在各房间离地面 500 mm 处的四壁上。

一、结构层

1. 底层地面结构层

底层地面结构层为基土。基土经夯实后的表面应平整,均匀密实,用 2 m 靠尺和楔形塞尺检查,要求基土表面凹凸不大于 15 mm,标高应符合设计要求,其偏差应控制在(0, −50 mm)之间。

2. 楼地面结构层

楼地面结构层一般为现浇混凝土楼板,如为预制钢筋混凝土楼板应做好楼板板缝灌浆、堵塞和板面清理工作。

二、垫层

1. 刚性垫层

刚性垫层是指用水泥混凝土、水泥碎砖混凝土、水泥炉渣混凝土等各种低强度等级混凝土做垫层。混凝土垫层的厚度一般不小于 60 mm，强度等级不低于 C10，粗骨料最大粒径不大于 50 mm，并不得超过垫层厚度的 2/3。

2. 柔性垫层

柔性垫层包括用土、砂、石、炉渣等散状材料经压实的垫层。砂垫层厚度不小于 60 mm，用平板振动器振实；砂石垫层的厚度不小于 100 mm，要求粗细颗粒混合摊铺均匀，浇水使砂石表面湿润，碾压或夯实不少于三遍至不松动为止。

知识模块 3　建筑地面面层施工

一、整体面层施工

1. 水泥砂浆面层

水泥砂浆面层是应用最为广泛的一种建筑地面类型。其优点是造价低廉，坚固耐磨，表面平整，易于清扫；缺点是当施工操作不当时，易出现空鼓、裂缝、起砂、脱皮等现象。

水泥砂浆面层有单层和双层两种做法，其构造做法如图 13-3 所示。

水泥宜采用不低于 32.5 级的硅酸盐或普通硅酸盐水泥；砂采用中砂或粗砂，含泥量不大于 3%，若采用石屑代砂，其粒径宜为 3~5 mm，含粉量不大于 3%。

水泥砂浆面层的厚度不应小于 20 mm，强度等级不小于 M15。水泥砂浆的配制必须严格按照配合比配制，且应按施工规范的规定搅拌、制作试件与养护等。

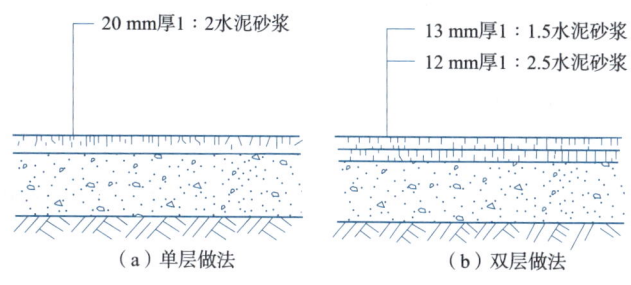

图 13-3　水泥砂浆地面面层

面层施工前，先按设计要求测定地面面层标高，将垫层清扫干净并洒水湿润，要求密实、平整，不允许有凹凸不平和起砂现象。水泥砂浆铺设前，在基层表面涂刷一层水泥浆作为粘结层，水灰比 0.4~0.5。摊铺水泥砂浆后，用刮尺赶平，并用木抹子压实，要求在水泥砂浆初凝前完成抹平，终凝前完成压光。压光一般分三遍成活，当砂浆表面收水后，随即进行第一遍压光，先用木抹子搓平、压实，再用铁抹子稍用力抹压直到出浆为止，使面层铺布均匀，与基层结合紧密。待水泥砂浆开始凝结，即人踩上去有脚印但不下陷时，即可用铁抹子压第二遍，抹压时不得漏压，且要把凹坑、砂眼等压平。当水泥砂浆凝结，即当人踩上去稍有脚印而无抹子印时，即可进行第三遍抹压，抹压时用力要大而且均匀，将整个地面压实压光，并且要把第二遍留下的脚印、抹痕等压平，使表面平整、密实、光滑。

水泥砂浆面层铺设好并压光后 24 h，应开始进行养护。一般采用满铺湿润材料，洒水养护，常温下养护 5~7 d。

2. 水磨石面层

水磨石面层是应用较为广泛的建筑地面之一，其特点是表面平整光滑、不起灰，可按设计和使用要求做成各种彩色图案。

水磨石面层厚度一般为 12~18 mm。所用的材料主要有水泥、石粒、颜料和分格条等。水泥宜采用强度等级不低于 32.5 级的硅酸盐水泥、普通硅酸盐水泥、矿渣硅酸盐水泥，白色或浅色的水磨石面层应采用白水泥；石粒应选用坚硬可磨的岩石加工而成，粒径为 4~14 mm；颜料应选用耐碱、耐光性强、着色力好的矿物颜料,掺量一般为水泥重量的3%~6%,或由试验确定;分格条可采用铜条或玻璃条,也可采用彩色塑料条。

水磨石面层铺设前,应检查基层的标高和平整度,必要时对其进行补强,并清理干净。提前24 h将基层面洒水湿润,然后满刷一遍水泥浆粘结层,水灰比一般以0.4~0.5为宜,厚度控制在1 mm以内。边刷水泥浆边铺设1∶3(体积比)水泥砂浆结合层。当水泥砂浆结合层的抗压强度达到1.2 MPa后方可进行水磨石面层的施工。

铺抹水泥砂浆结合层并养护2~3 d后,可按设计要求进行嵌条分格,分格间距以1 m为宜,如图13-4所示。嵌条时,用木条顺线找平,将嵌条紧靠在木条边上,用素水泥浆涂抹嵌条的一边,先稳好一面,然后拿开木条在嵌条的另一边涂抹水泥浆。在分格条下的水泥浆形成八字角,素水泥浆涂抹高度应比分格条低3 mm。分格嵌条应平直、牢固,接头严密。嵌条后,应洒水养护3~4 d,待素水泥浆硬化后,铺面层水泥石子浆。

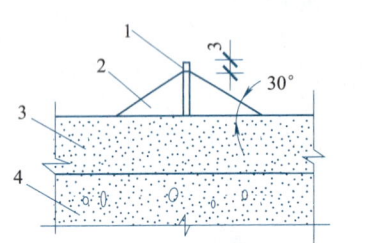
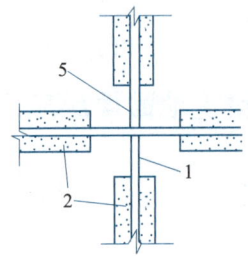

1—分格条;2—素水泥浆;3—水泥砂浆找平层;4—混凝土垫层;5—40~50 mm内不抹素水泥浆。

图13-4 分格嵌条设置示意图

铺设水泥石子浆面层前,应在基层表面刷一遍与面层颜色相同水泥浆粘结层,水灰比0.4~0.5,随刷随铺设水磨石拌和料,铺设厚度要高于分格条1~2 mm,先铺分格条两侧,并用抹子将两侧约10 cm内的水泥石子浆轻轻拍压平实,然后铺分格条中间的石子浆,以防滚压时挤压分格条,铺设水泥石子浆后,用滚筒压实,待表面出浆后,再用抹子抹平。1 d后开始进行洒水养护,常温下养护5~7 d。

水磨石开磨前应先试磨,以表面石粒不松动方可开磨,一般开磨时间见表13-1。

表13-1 水磨石面层开磨时间

平均温度/℃	开磨时间/d	
	机 磨	人 工 磨
20~30	2~3	1~2
10~20	3~4	1.5~2.5
5~10	5~6	2~3

水磨石面层一般采用磨石机按"二浆三磨"法施工,即整修研磨过程中磨光三遍,补浆二次。第一遍用60~80号油石磨光,边磨边加水冲洗,要求磨匀磨平,使全部分格条外露。磨后将泥浆冲洗干净,用同色水泥浆涂抹,以填补面层所呈现的细小孔隙和凹痕,洒水养护2~3 d。第二遍用90~120号油石磨光,要求磨到表面光滑为止,其他同第一遍。第三遍用180~240号油石磨光,磨至表面石子颗粒显露,平整光滑,无砂眼细孔,用水冲洗后,涂抹溶化冷却的草酸溶液(热水∶草酸=1∶0.35)一遍。普通水磨石面层,磨光遍数不应少于三遍,当为高级水磨石面层时,采用240~300号油石,适当增加磨光遍数。磨光工序完成后,在面层上薄薄涂一层蜡,待干后再用钉有细帆布(或麻布)的木块代替油石,装在磨石机的磨盘上进行研磨,或用打蜡机打磨,直到光滑洁亮为止。上蜡后铺锯末进行养护。

3. 水泥混凝土面层

水泥混凝土面层主要用于承受较大的机械磨损和冲击作用的工业厂房和一般辅助的生产车间、仓库和非生产用房。

水泥混凝土面层的厚度一般为30~40 mm,强度等级按设计要求,但不应低于C20。水泥采用硅酸盐水泥、普通硅酸盐水泥、矿渣硅酸盐水泥,强度等级不低于32.5级;砂采用粗砂或中粗砂,含泥量不大于3%;石子采用碎石或卵石,最大粒径不大于面层厚度的2/3,含泥量不大于2%。

混凝土铺设时,先在地面四周弹面层厚度控制线,然后在基层表面刷一层水灰比为0.4~0.5的水泥浆,随刷随铺混凝土,用刮尺赶平,用表面振动器振捣密实或采用滚筒压实。振实后,应做好面层的抹平和压光工作。水泥混凝土初凝前,应完成抹平工作,终凝前完成压光工作,浇筑完成后24 h内加以覆盖并浇水养护,常温下连续养护不少于7 d。

4. 整体面层的允许偏差和检验方法

整体面层的允许偏差和检验方法见表13-2。

表13-2 整体面层的允许偏差和检验方法

项次	项 目	允许偏差/mm						检验方法
		水泥混凝土面层	水泥砂浆面层	普通水磨石面层	高级水磨石面层	水泥钢(铁)屑面层	防油渗混凝土和不发火(防爆)面层	
1	表面平整度	5	4	3	2	4	5	用2 m靠尺和楔形塞尺检查
2	踢脚线上口平直	4	4	3	3	4	4	拉5 m线,不足5 m拉通线和用钢尺检查
3	缝格平直	3	3	3	2	3	3	

二、板材面层施工

1. 砖面层

砖面层结构致密、平整光洁、抗腐耐磨、色调均匀、种类繁多、施工方便、装饰效果好,但其性脆、抗冲击韧性差,热稳定性较低,骤冷骤热易开裂。

砖面层一般采用陶瓷锦砖、缸砖、陶瓷地砖和水泥花砖等板块料在水泥砂浆、沥青胶结料或粘结剂结合层上铺设而成。各种块料质量应符合现行国家标准规定;水泥宜采用强度等级不低于32.5级的硅酸盐水泥、普通硅酸盐水泥或矿渣硅酸盐水泥;砂采用洁净无有机杂质的中砂或粗砂,含泥量不大于3%;沥青胶结料宜用石油沥青与纤维、粉状或纤维和粉状混合物的填充料配制;粘结剂应根据基层所铺材料和面层的使用要求,通过试验确定。

(1)陶瓷锦砖面层施工

结合层水泥砂浆抗压强度达到1.2 MPa后,将结合层表面清理干净并洒水湿润。铺贴前,应撒干水泥面并淋水或刷素水泥浆一道,厚2~2.5 mm,同时用排笔蘸水将待铺的陶瓷锦砖刷湿,随即按控制线铺砖,铺贴时还应用方尺控制方正,当铺贴快到尽头时,应提前量尺预排。铺贴一定面积后,用橡胶锤和拍板依次拍平压实,拍至素水泥浆挤满缝隙为止。铺贴完毕后,进行纸面淋水、揭纸,然后灌缝扫严、拨缝拍实,并及时将陶瓷锦砖表面水泥砂浆擦净,铺完24 h后进行养护,养护3~5 d后方可上人。

(2)陶瓷地砖面层施工

铺贴前,应事先将陶瓷地砖浸水湿润后阴干备用。结合层水泥砂浆抗压强度达到1.2 MPa后,清扫基层并提前一天浇水湿润,摊铺一层1:3的水泥砂浆结合层。根据设计要求确定地面标高线和平面位置线,用尼龙线或棉线在墙面标高点上拉出地面标高线以及垂直交叉的定位线。用1:2的水泥砂浆摊在地砖背面上,按定位线的位置将地砖铺于地面结合层上,并用橡胶锤敲击砖面,使其与地面标高线吻合,用水平尺检查平整度并随时调整。整幅地面铺贴完毕24 h内,根据各类砖面层的要求,分别进行擦缝、勾缝或压缝工作。缝的深度宜为砖厚度的1/3,擦缝和勾缝应采用同品种、同强度等级、同颜色的水泥。同时应随即将地砖表面清理干净。

2. 大理石面层和花岗石面层施工

大理石面层和花岗石面层质地坚硬,密度大,抗压强度高,硬度大,耐磨性和耐久性好,吸水率小,耐冻性强,施工速度快,装饰效果好,但其自重大,质脆,耐火性差,硬度大,不利于开采加工。

大理石面层和花岗石面层是分别采用天然大理石板材和花岗石板材在结合层上铺设而成。大理石和花岗石应符合国家现行的行业标准的规定;水泥宜采用强度等级不低于32.5级的普通硅酸盐水泥;砂采用洁净无杂质的中砂或粗砂,粒径一般不大于 5 mm。

大理石和花岗石在铺砌前,应按设计要求或实际尺寸在现场进行切割和磨平。结合层水泥砂浆抗压强度达到 1.2 MPa 后,将基层表面清干净,对基层表面较大偏差处应凿平或分层填平,使其达到平整、粗糙、洁净,施工前一天洒水润湿。根据设计要求,确定平面标高位置,再结合 500 线和基层标高,在墙四周弹出控制厚度的水平线,然后弹出房间的十字中心线,并将线一直引到墙根,用以控制石板的位置。若地面有坡度,还应弹出坡度线。

正式铺设前,应按设计的图案、颜色和纹路等要求,就地按线进行试拼。试拼过程中,要充分考虑现有板块的图案、颜色、纹理,使整体图面与色调和谐、美观。同时,还要进行试排,以调整板块间的缝隙,核对板块与墙、柱、洞口等部位的相对位置。根据试拼、试排的情况进行逐块就位、编号,并按编号码放整齐。施工前应将板材浸水湿润,并阴干或擦干后备用。正式铺砌前,还要进行试铺,以调整纵横缝隙。合适后,将板材揭起,在结合层上均匀撒布一层干水泥面并淋水,也可采用水泥浆作粘结,进行正式铺砌。铺贴时,要将板块四角同时平稳下落,并用木锤或皮锤敲击使其密实、平整,准确就位。铺设完毕后的板块应保持四角平整、缝路顺直、嵌缝正确,板材间、板材与结合层以及在墙角、镶边和靠墙、柱处均应紧密砌合,不得有空隙。对面层上溢出的水泥浆,要在凝结前擦净。板块铺完 1~2 d 进行灌浆擦缝。根据板块颜色,配制相应的水泥色浆灌入板材之间的缝隙。灌浆 1~2 h 后,用棉丝团蘸原稀水泥浆擦缝,与板面擦平,同时将板面上水泥浆擦净,然后对板材表面进行养护并加以保护。待结合层的水泥砂浆强度达到要求,揭去覆盖,清除其他污物和灰尘后,进行打蜡直到光滑亮洁。

3. 板材面层的允许偏差和检验方法

板材面层的允许偏差和检验方法见表 13-3。

表 13-3 板材面层的允许偏差和检验方法

项次	项目	允许偏差										检验方法
		陶瓷锦砖面层、高级水磨石板、陶瓷、地砖面层	缸砖面层	水泥花砖面层	预制水磨石板块面层	大理石面层和花岗岩面层	塑料板面层	预制水泥混凝土板面层	碎拼大理石、碎拼花岗岩面层	活动地板面层	条石面层	块石面层	
1	表面平整度	2	4	3	3	1	2	4	3	2	10	10	用 2 m 靠尺和楔形塞尺检查
2	缝格平直	3	3	3	3	2	3	3	—	2.5	8	8	拉 5 m 线,不足 5 m 拉通线和尺量检查
3	接缝高低差	0.5	1.5	0.5	1	0.5	0.5	1.5	—	0.4	2	—	尺量和楔形塞尺检查
4	踢脚线上口平直	3	4	—	4	1	2	4	1	—	—	—	拉 5 m 线,不足 5 m 拉通线和尺量检查
5	板块间隙宽度	2	2	2	2	1	—	6	—	0.3	5	—	尺量检查

自 测 训 练

1. 建筑地面是房屋建筑(　　　)和(　　　)的总称,它是构成房屋建筑各层的水平结构层。主要由(　　　)和(　　　)两大基本构造层组成。

2. 建筑地面按面层材料不同分为(　　　)、水泥砂浆地面、(　　　)、大理石地面、木质地面和塑料地面等。

3. 水泥砂浆面层的厚度不应小于(　　　)mm,强度等级不小于(　　　)。

4. 水磨石面层一般采用磨石机按(　　　)施工,即整修研磨过程中磨光(　　　),补浆(　　　)。

任务13 计 划 单

学习情境四	装饰工程施工	任务13	建筑地面工程施工
工作方式	组内讨论、团结协作共同制订计划：小组成员进行工作讨论，确定工作步骤	计划学时	
完成人			
计划依据			
序号	计划步骤		具体工作内容描述
1	准备工作 （准备编制施工方案的工程资料，谁去做）		
2	组织分工 （成立组织，人员具体都完成什么）		
3	选择建筑地面工程施工方法 （谁负责、谁审核）		
4	确定建筑地面工程施工工艺流程 （谁负责、谁审核）		
5	明确建筑地面工程施工要点 （谁负责、谁审核）		
6	明确建筑地面工程施工质量控制要点 （谁负责、谁审核）		
制订计划说明	（写出制订计划中人员为完成任务的主要建议或可以借鉴的建议、需要解释的某一方面）		

任务13 决策单

学习情境四	装饰工程施工		任务13	建筑地面工程施工
决策学时				
决策目的				

决策方案过程	工作内容	内容类别		必要	非必要（可说明原因）
		内容记录	性质描述		

决策方案描述	

任务 13 作 业 单

学习情境四	装饰工程施工	任务 13	建筑地面工程施工
参加人员	第 组 签名：	开始时间： 结束时间：	
序号	工作内容记录		分工 （负责人）
1			
2			
⋮			
小结	主要描述完成的成果		存在的问题

任务13 检 查 单

学习情境四	装饰工程施工	任务13	建筑地面工程施工		
检查学时			第 组		
检查目的及方式					
序号	检查项目	检查标准	检查结果分级 （在检查相应的分级框内画"√"）				
			优秀	良好	中等	合格	不合格
1	准备工作	资源是否已查到,材料是否准备完整					
2	分工情况	安排是否合理、全面,分工是否明确					
3	工作态度	小组工作是否积极主动、全员参与					
4	纪律出勤	是否按时完成负责的工作内容,是否遵守工作纪律					
5	团队合作	是否相互协作、互相帮助,成员是否听从指挥					
6	创新意识	任务完成不照搬照抄,看问题具有独到见解、创新思维					
7	完成效率	工作单是否记录完整,是否按照计划完成任务					
8	完成质量	工作单填写是否准确,记录单检查及修改是否达标					
检查评语						教师签字：	

任务13 评 价 单

1. 小组工作评价单

学习情境四	装饰工程施工		任务13	建筑地面工程施工	
	评价学时				
班级：			第 组		
考核情境	考核内容及要求	分值（100）	小组自评（10%）	小组互评（20%）	教师评价（70%）	实得分（∑）
汇报展示（20）	演讲资源利用	5				
	演讲表达和非语言技巧应用	5				
	团队成员补充配合程度	5				
	时间与完整性	5				
质量评价（40）	工作完整性	10				
	工作质量	5				
	报告完整性	25				
团队情感（25）	核心价值观	5				
	创新性	5				
	参与度	5				
	合作性	5				
	劳动态度	5				
安全文明（10）	工作过程中的安全保障情况	5				
	工具正确使用和保养、放置规范	5				
工作效率（5）	能够在要求的时间内完成，每超时5 min扣1分	5				

2. 小组成员素质评价单

课程	建筑施工技术		
学习情境四	装饰工程施工	学时	8
任务13	建筑地面工程施工	学时	2
班级	第　组	成员姓名	
评分说明	每个小组成员评价分为自评和成员互评两部分,取平均值计算,作为该小组成员的任务评价个人分数。评价项目共设计五个,依据评分标准给予合理量化打分。小组成员自评分后,要找小组其他成员不记名方式打分,成员互评分为其他小组成员的平均分		

对象	评分项目	评分标准	评分
自评 （100分）	核心价值观 （20分）	是否践行社会主义核心价值观	
	工作态度 （20分）	是否按时完成负责的工作内容、遵守纪律,是否积极主动参与小组工作,是否全过程参与,是否吃苦耐劳,是否具有工匠精神	
	交流沟通 （20分）	是否能良好地表达自己的观点,是否能倾听他人的观点	
	团队合作 （20分）	是否与小组成员合作完成,是否做到相互协助、相互帮助、听从指挥	
	创新意识 （20分）	看问题是否能独立思考、提出独到见解,是否能够创新思维解决遇到的问题	
成员互评 （100分）	核心价值观 （20分）	是否践行社会主义核心价值观	
	工作态度 （20分）	是否按时完成负责的工作内容、遵守纪律,是否积极主动参与小组工作,是否全过程参与,是否吃苦耐劳,是否具有工匠精神	
	交流沟通 （20分）	是否能良好地表达自己的观点,是否能倾听他人的观点	
	团队合作 （20分）	是否与小组成员合作完成,是否做到相互协助、相互帮助、听从指挥	
	创新意识 （20分）	看问题是否能独立思考、提出独到见解,是否能够创新思维解决遇到的问题	
最终小组成员得分			
小组成员签字		评价时间	

任务 13 教学反思单

学习情境四	装饰工程施工	任务 13	建筑地面工程施工
班级		第　组	成员姓名
情感反思	通过对本任务的学习和实训,你认为自己在社会主义核心价值观、职业素养、学习和工作态度等方面有哪些需要提高的部分?		
知识反思	通过对本任务的学习,你掌握了哪些知识点?请画出思维导图。		
技能反思	在完成本任务的学习和实训过程中,你主要掌握了哪些技能?		
方法反思	在完成本任务的学习和实训过程中,你主要掌握了哪些分析和解决问题的方法?		

任务14 门窗工程施工

任 务 单

课程	建筑施工技术		
学习情境四	装饰工程施工	学时	8
任务14	门窗工程施工	学时	2
布置任务			
任务目标	1. 能够阐述门窗的种类、形式； 2. 能够阐述各类门窗安装的施工工艺； 3. 能够处理门窗工程施工常见问题； 4. 能够编制门窗工程施工方案； 5. 具备吃苦耐劳、主动承担的职业素养，具备团队精神和责任意识，具备保证质量建设优质工程的爱国情怀		
任务描述	在进行门窗工程施工时，项目技术负责人应根据项目施工图纸、施工现场周边环境、设备材料供应等情况编写门窗工程施工方案，进行门窗工程施工技术交底。其具体工作如下： 1. 进行编写门窗工程施工方案的准备工作。 2. 编写建筑门窗工程施工方案： (1)进行门窗工程施工准备； (2)选择门窗工程施工方法； (3)确定门窗工程施工工艺流程； (4)明确门窗工程施工要点； (5)明确门窗工程施工质量控制点。 3. 进行门窗工程施工技术交底		
学时安排	布置任务与资讯	计划	决策	实施	检查	评价
	（0.5学时）	（0.25学时）	（0.25学时）	（0.5学时）	（0.25学时）	（0.25学时）
对学生的要求	1. 具备建筑施工图识读能力； 2. 具备建筑施工测量知识； 3. 具备任务咨询能力； 4. 严格遵守课堂纪律，不迟到、不早退；学习态度认真端正； 5. 每位同学必须积极参与小组讨论； 6. 每组均提交"门窗工程施工方案"		

信 息 单

课程	建筑施工技术	
学习情境四	装饰工程施工	学时 8
任务 14	门窗工程施工	学时 2

资讯思维导图

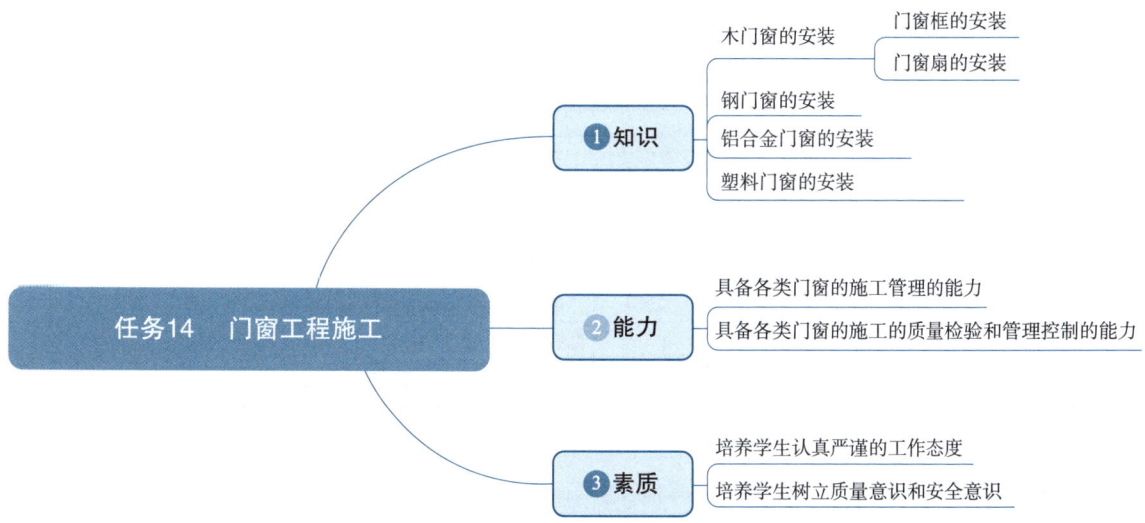

门窗具有保温、隔音、采光、通风等功能,并起到美化的作用。目前,建筑工程所用门窗主要有木门窗、钢门窗、塑料门窗、铝合金门窗等几大类型。一般门窗在工厂生产预拼成形,在施工现场仅需安装即可。

知识模块1 木门窗的安装

木门窗安装以安装门窗框及内扇为主要施工内容。

一、门窗框的安装

安装门窗框有两种方法: 一种是先立门窗框;另一种是后塞门窗框。

1. 先立门窗框

先立门窗框是指先立好门窗框,再砌筑两边的墙体。立门窗框前应看清门窗框在施工图上的位置、标高、型号、开启方向等,按图立口。立门窗框时应注意拉通线,用临时支撑撑牢,并用线坠找直吊正,在砌筑墙体时还应随时检查是否有倾斜或移动。

2. 后塞门窗框

后塞门窗框是指在砌墙时先留出门窗洞口,然后塞入门窗框。安装前应先检查门窗洞口的尺寸、垂直度及预埋木砖数量,如有问题,应及时修理。门窗框塞入后,先用木楔临时固定,校正无误后,用钉子将门窗框固定在墙内的预埋木砖上,每边的固定点不少于两处,间距不大于1.2 m。寒冷地区门窗框与外墙间的空隙应填塞保温材料。

二、门窗扇的安装

安装前检查门窗扇的型号、规格、质量是否符合要求,如发现问题,应事先修好或更换;量好门窗框净尺寸,考虑风缝的大小,再在扇上确定所需的高度和宽度,进行修刨。将扇放入框中试装合格后,按扇高的 1/8～1/10,在框上按合页大小画线,并剔出合页槽。装配五金,进行装扇。

木门窗安装的留缝限值、允许偏差和检验方法应符合表 14-1 的规定。

表 14-1　木门窗安装的留缝限值、允许偏差和检验方法

项次	项目		留缝宽度/mm		允许偏差/mm		检验方法
			普通	高级	普通	高级	
1	门窗槽口对角线长度差				3	2	用钢尺检查
2	门窗框的正、侧面垂直度				2	1	用垂直检测尺检查
3	框与扇、扇与扇接缝高低差				2	1	用钢直尺和塞尺检查
4	门窗扇对口缝		1～2.5	1.5～2			用塞尺检查
5	工业厂房双扇大门对口缝		2～5				
6	门窗扇与上框间留缝		1～2	1～1.5			
7	门窗扇与侧框间留缝		1～2.5	1～1.5			
8	窗扇与下框间留缝		2～3	2～2.5			
9	门扇与下框间留缝		3～5	3～4			
10	双层门窗内外框间距				4	3	用钢尺检查
11	无下框时门扇与地面间留缝	外门	4～7	5～6			用塞尺检查
		内门	5～8	6～7			
		卫生间门	8～12	8～10			
		厂房大门	10～20				

知识模块 2　钢门窗的安装

钢门窗现场安装前,应按照设计要求核对钢门窗的型号、规格、数量是否符合要求,各种零配件是否正确、齐全。钢门窗应逐樘检查,凡有变形、脱焊、松动等现象,应校正修复后方可安装。

钢门窗采用后塞口方法安装。安装前,检查洞口四周墙体预留孔和埋设铁件的位置、尺寸和数量是否符合钢门窗安装要求,如发现问题应进行修整或补凿洞口。按照设计图纸要求,在门窗洞口上弹出水平和垂直控制线。水平线应从 500 mm 线上量出门窗框下皮标高,拉通线;垂直线应从顶层楼门窗边线向下垂吊至底层,以控制每层边线,并做好标志。然后将门窗樘放入预留门窗洞口中,按墙厚居中位置或图纸标注距外墙皮的尺寸进行立樘,大体放正后,用木楔进行临时固定。随后用线锤和水平尺校正垂直与水平,做到横平竖直,高低一致,进出一致。门窗位置确定后,按照孔洞的位置装好铁脚,将铁脚与预埋件焊接或埋入预留墙洞内,用1:2.5 水泥砂浆或 C20 细石混凝土塞入孔洞内,捣实、抹平,并及时洒水养护。当孔洞内的水泥砂浆或混凝土达到规定的强度后,将木楔取出,用1:2.5 水泥砂浆将四周缝隙嵌填密实。

钢门窗安装的留缝限值、允许偏差和检验方法应符合表 14-2 的规定。

表 14-2　钢门窗安装的留缝限值、允许偏差和检验方法

项次	项目		留缝宽度/mm	允许偏差/mm	检验方法
1	门窗槽口宽度、高度	≤1 500	—	2.5	用钢尺检查
		>1 500	—	3.5	
2	门窗槽口对角线长度差	≤2 000	—	5	用钢尺检查
		>2 000	—	6	
3	门窗框的正、侧面垂直度		—	3	用 1 m 垂直检测尺检查
4	门窗横框的水平度		—	3	用 1 m 水平尺和塞尺检查
5	门窗横框标高		—	5	用钢尺检查

续表

项次	项 目	留缝宽度/mm	允许偏差/mm	检验方法
6	门窗竖向偏离中心	—	4	用钢尺检查
7	双层门窗内外框间距	—	5	用钢尺检查
8	门窗框、扇配合间隙	≤2	—	用塞尺检查
9	无下框时门扇与地面间留缝	4~8	—	用塞尺检查

知识模块3　铝合金门窗的安装

铝合金门、窗框一般是用后塞口方法安装。门窗框加工的尺寸应比洞口尺寸略小,门窗框与结构之间的间隙,应视不同的饰面材料而定。

安装前,应逐个检查门、窗洞口的尺寸与铝合金门、窗框的规格是否相适应,对于尺寸偏差较大的部位,应剔凿或填补处理。然后按室内地面弹出的500线和垂直线,标出门、窗框安装的基准线。要求同一立面的门窗在水平与垂直方向应做到整齐一致。按在洞口弹出的门、窗位置线,将门、窗框立于墙体中心线部位或内侧,并用木楔临时固定,待检查立面垂直度、左右间隙、上下位置等符合要求后,将镀锌锚固板固定在门、窗洞口内。锚固板是铝合金门、窗框与墙体固定的连接件,锚固板的一端固定在门、窗框的外侧,另一端固定在密实的洞口墙内,锚固板形状如图14-1所示。锚固板与结构的固定方法有射钉固定法、膨胀螺丝固定法和燕尾铁脚固定法。

图14-1　锚固板形状

铝合金门窗框安装固定后,应按设计要求及时处理窗框与墙体缝隙。若设计未规定具体堵塞材料时,应采用矿棉或玻璃棉毡分层填塞缝隙,外表面留5~8 mm深槽口,槽内填嵌密封材料。

门窗扇的安装,需在室内外装修基本完成后进行,框装上扇后应保证框扇的立面在同一平面内,窗扇就位准确,启闭灵活。平开窗的窗扇安装前应先将合页固定在窗框上,然后再将窗扇固定在合页上;推拉式门窗扇,应先装室内侧门窗扇,后装室外侧门窗扇;固定扇应装在室外侧,并固定牢固,确保使用安全。

玻璃安装是铝合金门、窗安装的最后一道工序,包括玻璃裁割、玻璃就位、玻璃密封与固定。玻璃裁割时,应根据门、窗扇的尺寸来计算下料尺寸。玻璃单块尺寸较小时,可用双手夹住就位;若单块玻璃尺寸较大,可用玻璃吸盘就位。玻璃就位后,及时用橡胶条固定。玻璃应放在凹槽的中间,内、外侧间距不应小于2 mm,也不宜大于5 mm。同时为防止因玻璃的胀缩而造成型材的变形,型材下凹槽内可放置3 mm厚氯丁橡胶垫块将玻璃垫起。

铝合金门窗交工前,应将型材表面的保护胶纸撕掉,如有胶迹,可用香蕉水清理干净。玻璃应用清水擦洗干净。

铝合金门窗安装的允许偏差和检验方法应符合表14-3的规定。

表14-3　铝合金门窗安装的允许偏差和检验方法

项次	项 目		允许偏差/mm	检验方法
1	门窗槽口宽度、高度	≤1 500 mm	1.5	用钢尺检查
		>1 500 mm	2	
2	门窗槽口对角线长度差	≤2 000 mm	3	用钢尺检查
		>2 000 mm	4	
3	门窗框的正、侧面垂直度		2.5	用垂直检测尺检查
4	门窗横框的水平度		2	用1 m水平尺和塞尺检查
5	门窗横框标高		5	用钢尺检查

续表

项次	项目	允许偏差/mm	检验方法
6	门窗竖向偏离中心	5	用钢尺检查
7	双层门窗内外框间距	4	用钢尺检查
8	推拉门窗扇与框搭接量	1.5	用直钢尺检查

知识模块4 塑料门窗的安装

塑料门窗运到现场后,应按设计图纸对其品种、规格、数量及质量进行检查。塑料门窗不得有开焊、断裂等损坏现象,如有损坏,应予以更换。存放地点应清洁、平整,避免日晒雨淋,环境温度应小于50 ℃并与热源距离不小于1 m。存放时应将塑料门、窗立放,立放角度不应小于70°,并应采取防倾倒措施。

塑料门窗在安装前,逐个核对门、窗洞口的尺寸与塑料门、窗框的规格是否适应,要求二者之间应留有10~20 mm的间隙,若尺寸不符合要求应进行处理。然后按设计图纸要求,在墙上弹出门、窗框安装位置线,在门、窗框上安装五金配件及连接件。将五金配件及连接件安装完成并检查合格的塑料门、窗框放入洞口内,调整至横平竖直后,用木楔将塑料框料四角塞牢作临时固定。随后将塑料门、窗框上已安装好的连接铁件按设计要求的连接方法与洞口的四周固定。固定后,卸下木楔,清除墙面和边框上的浮灰,对塑料门、窗框与墙体的缝隙进行处理,先用软质保温材料填充饱满,再在软填料内、外两侧的空槽内注入嵌缝膏密封。

塑料门窗安装的允许偏差和检验方法应符合表14-4的规定。

表14-4 塑料门窗安装的允许偏差和检验方法

序号	项目		允许偏差/mm	检验方法
1	门窗槽口宽度、高度	≤1 500	2	用钢尺检查
		>1 500	3	
2	门窗槽口对角线长度差	≤2 000	3	用钢尺检查
		>2 000	5	
3	门窗框的正、侧面垂直度		3	用垂直检测尺检查
4	门窗横框的水平度		3	用1 m水平尺和塞尺检查
5	门窗横框标高		5	用钢尺检查
6	门窗竖向偏离中心		5	用钢直尺检查
7	双层门窗内外框间距		4	用钢尺检查
8	同樘平开窗相邻扇高度差		2	用钢直尺检查
9	平开门窗铰链部位配合间隙		+2, -1	用塞尺检查
10	推拉门窗扇与框搭接量		+1.5, -2.5	用钢直尺检查
11	推拉门窗扇与竖框平行度		2	用1 m水平尺和塞尺检查

●●● 自 测 训 练 ●●●

1. 木门窗安装以安装( )及( )为主要施工内容。
2. 铝合金门、窗框一般采用( )方法安装。
3. 钢门窗采用( )方法安装。

任务 14 计 划 单

学习情境四	装饰工程施工	任务 14	门窗工程施工
工作方式	组内讨论、团结协作共同制订计划：小组成员进行工作讨论，确定工作步骤	计划学时	
完成人			
计划依据			

序号	计划步骤	具体工作内容描述
1	准备工作 （准备编制施工方案的工程资料，谁去做）	
2	组织分工 （成立组织，人员具体都完成什么）	
3	选择门窗工程施工方法 （谁负责、谁审核）	
4	确定门窗工程施工工艺流程 （谁负责、谁审核）	
5	明确门窗工程施工要点 （谁负责、谁审核）	
6	明确门窗工程施工质量控制要点 （谁负责、谁审核）	
制订计划说明	（写出制订计划中人员为完成任务的主要建议或可以借鉴的建议、需要解释的某一方面）	

任务14 决 策 单

学习情境四	装饰工程施工	任务14	门窗工程施工
决策学时			
决策目的			
决策方案过程	工作内容	内容类别		必要	非必要（可说明原因）
		内容记录	性质描述		
决策方案描述					

任务 14 作 业 单

学习情境四	装饰工程施工		任务 14	门窗工程施工
参加人员	第 组		开始时间：	
	签名：		结束时间：	
序号	工作内容记录		分工 （负责人）	
1				
2				
⋮				
	主要描述完成的成果		存在的问题	
小结				

任务14 检 查 单

学习情境四	装饰工程施工	任务14	门窗工程施工
检查学时			第 组
检查目的及方式			

序号	检查项目	检查标准	检查结果分级（在检查相应的分级框内画"√"）				
			优秀	良好	中等	合格	不合格
1	准备工作	资源是否已查到，材料是否准备完整					
2	分工情况	安排是否合理、全面，分工是否明确					
3	工作态度	小组工作是否积极主动、全员参与					
4	纪律出勤	是否按时完成负责的工作内容，是否遵守工作纪律					
5	团队合作	是否相互协作、互相帮助，成员是否听从指挥					
6	创新意识	任务完成不照搬照抄，看问题具有独到见解、创新思维					
7	完成效率	工作单是否记录完整，是否按照计划完成任务					
8	完成质量	工作单填写是否准确，记录单检查及修改是否达标					
检查评语						教师签字：	

任务14 评 价 单

1. 小组工作评价单

学习情境四	装饰工程施工		任务14	门窗工程施工	
	评价学时				
班级：			第 组		
考核情境	考核内容及要求	分值(100)	小组自评(10%)	小组互评(20%)	教师评价(70%)	实得分(Σ)
汇报展示(20)	演讲资源利用	5				
	演讲表达和非语言技巧应用	5				
	团队成员补充配合程度	5				
	时间与完整性	5				
质量评价(40)	工作完整性	10				
	工作质量	5				
	报告完整性	25				
团队情感(25)	核心价值观	5				
	创新性	5				
	参与度	5				
	合作性	5				
	劳动态度	5				
安全文明(10)	工作过程中的安全保障情况	5				
	工具正确使用和保养、放置规范	5				
工作效率(5)	能够在要求的时间内完成,每超时5 min扣1分	5				

2. 小组成员素质评价单

课程	建筑施工技术			
学习情境四	装饰工程施工		学时	8
任务 14	门窗工程施工		学时	2
班级		第　组	成员姓名	
评分说明	每个小组成员评价分为自评和成员互评两部分，取平均值计算，作为该小组成员的任务评价个人分数。评价项目共设计五个，依据评分标准给予合理量化打分。小组成员自评分后，要找小组其他成员不记名方式打分，成员互评分为其他小组成员的平均分			
对象	评分项目	评分标准		评分
自评 (100分)	核心价值观 (20分)	是否践行社会主义核心价值观		
	工作态度 (20分)	是否按时完成负责的工作内容、遵守纪律，是否积极主动参与小组工作，是否全过程参与，是否吃苦耐劳，是否具有工匠精神		
	交流沟通 (20分)	是否能良好地表达自己的观点，是否能倾听他人的观点		
	团队合作 (20分)	是否与小组成员合作完成，是否做到相互协助、相互帮助、听从指挥		
	创新意识 (20分)	看问题是否能独立思考、提出独到见解，是否能够创新思维解决遇到的问题		
成员互评 (100分)	核心价值观 (20分)	是否践行社会主义核心价值观		
	工作态度 (20分)	是否按时完成负责的工作内容、遵守纪律，是否积极主动参与小组工作，是否全过程参与，是否吃苦耐劳，是否具有工匠精神		
	交流沟通 (20分)	是否能良好地表达自己的观点，是否能倾听他人的观点		
	团队合作 (20分)	是否与小组成员合作完成，是否做到相互协助、相互帮助、听从指挥		
	创新意识 (20分)	看问题是否能独立思考、提出独到见解，是否能够创新思维解决遇到的问题		
最终小组成员得分				
小组成员签字			评价时间	

任务 14　教学反思单

学习情境四	装饰工程施工	任务 14	门窗工程施工
班级		第　　组　　成员姓名	

情感反思	通过对本任务的学习和实训,你认为自己在社会主义核心价值观、职业素养、学习和工作态度等方面有哪些需要提高的部分?
知识反思	通过对本任务的学习,你掌握了哪些知识点?请画出思维导图。
技能反思	在完成本任务的学习和实训过程中,你主要掌握了哪些技能?
方法反思	在完成本任务的学习和实训过程中,你主要掌握了哪些分析和解决问题的方法?